AF568406

EUL
VERLAG

Reihe: Rechnungslegung und Wirtschaftsprüfung · Band 30

Herausgegeben von Prof. (em.) Dr. Dr. h. c. Jörg Baetge, Münster, Prof. Dr. Hans-Jürgen Kirsch, Münster, und Prof. Dr. Stefan Thiele, Wuppertal

Dr. Tim Hoffmann

Unternehmerische Nachhaltigkeitsberichterstattung

Eine Analyse des GRI G3.1-Berichtsrahmens

Mit einem Geleitwort von Prof. Dr. Hans-Jürgen Kirsch, Westfälische Wilhelms-Universität Münster

Bibliografische Information der Deutschen Nationalbibliothek

Die Deutsche Nationalbibliothek verzeichnet diese Publikation in der Deutschen Nationalbibliografie; detaillierte bibliografische Daten sind im Internet über <http://dnb.d-nb.de> abrufbar.

Dissertation, Westfälische Wilhelms-Universität Münster, 2011, unter dem Titel: Eine kritische Analyse des GRI G3.1-Berichtsrahmens zur Nachhaltigkeitsberichterstattung

D 6

ISBN 978-3-8441-0057-0
1. Auflage Juli 2011

JOSEF EUL VERLAG GmbH
Brandsberg 6
53797 Lohmar
Tel.: 0 22 05 / 90 10 6-6
Fax: 0 22 05 / 90 10 6-88
E-Mail: info@eul-verlag.de
http://www.eul-verlag.de

Bei der Herstellung unserer Bücher möchten wir die Umwelt schonen. Dieses Buch ist daher auf säurefreiem, 100% chlorfrei gebleichtem, alterungsbeständigem Papier nach DIN 6738 gedruckt.

Geleitwort

Der Begriff der Nachhaltigkeit wird vor dem Hintergrund des Klimawandels und der immer noch weltweit vorherrschenden Armut in der öffentlichen Diskussion und den Medien zunehmend präsenter. Hierzu korrespondierend ist auch die Zahl von Nachhaltigkeitsberichten, in denen Unternehmen über ihre Auswirkungen auf die nachhaltige Entwicklung berichten, stark angestiegen. Vor diesem Hintergrund analysiert der Verfasser den GRI G3.1-Berichtsrahmen zur Nachhaltigkeitsberichterstattung, um Aussagen über die Ziele, Zwecke, Adressaten, sowie die Zweckdienlichkeit der Berichtsprinzipien und die konkreten Inhalte treffen zu können.

Die vorliegende Arbeit ist in sechs Kapitel gegliedert. Im ersten Kapitel werden die Problemstellung und der Aufbau der Arbeit vorgestellt.

Da mit der Bedeutungszunahme des Nachhaltigkeitsbegriffs auch die Beliebigkeit der Begriffsverwendung bis hin zu einer „Floskelhaftigkeit" gestiegen ist, setzt sich der Verfasser im zweiten Kapitel umfassend mit einer Begriffsabgrenzung der nachhaltigen Entwicklung der Gesellschaft auseinander. Da als Ausgangspunkt für eine öffentliche Diskussion oftmals die Nachhaltigkeitsdefinition der Brundtland-Kommission gewählt wird, baut der Verfasser den Gang seiner Untersuchung auf dieser Definition auf. Eine nachhaltige Entwicklung wird demnach erreicht, wenn heutige Generationen ihre Bedürfnisse decken, ohne künftigen Generationen die Möglichkeiten zur Deckung ihrer Bedürfnisse zu verbauen. Kern dieser Definition ist demnach die intra- und intergenerative Gerechtigkeit. In der aktuellen Literaturdiskussion wird an dieser Stelle die Definition nicht hinreichend konkretisiert. Der Verfasser schließt diese Lücke, indem er sich zunächst an die Gesellschaftstheorie von NIKLAS LUHMANN anlehnt, um den Gesellschaftsbegriff näher zu bestimmen. Nach dieser Theorie besteht die Gesellschaft aus unterschiedlichen, differenzierten Funktionssystemen, die durch Kommunikation entstehen. Diese gesellschaftlichen Funktionssysteme bilden demnach den Kern der Untersuchung. Die Analyse wird zudem anhand der Grund- bzw. Menschenrechte der Vereinten Nationen strukturiert, da diese zum einen die Aufgabe haben, die funktionale Differenzierung der Funktionssysteme zu schützen. Auf der anderen Seite kann aufgrund ihrer weltweiten Akzeptanz vermutet werden, dass wesentliche gesellschaftliche Funktionssysteme in den Menschenrechten der Vereinten Nationen enthalten sind. Da in der Brundtland-Definition allerdings explizit auf die Befriedigung von Bedürfnissen Bezug genommen wird, sind darüber hinaus noch die in der Umwelt der Gesellschaft angesiedelten (von Menschen produzierten) Güter sowie die Ökologie zu betrachten. Kombiniert mit der Gerechtigkeitstheorie von JOHN RAWLS, der Gerechtigkeit als institutionelle Fairness definiert, wird die Nachhaltigkeitsdefinition der Brundtland-Kommission wesentlich erweitert bzw. konkretisiert.

Das dritte Kapitel widmet sich dem Ziel der nachhaltigen Unternehmensentwicklung, das in der öffentlichen Diskussion, gerade von Vertretern der Wirtschaft, geäußert wird und in Deutschland im AktG sowie im DCGK normiert ist. Verglichen mit dem zweiten Kapitel fällt der deutlich geringere Umfang der Ausführungen auf. Dies begründet der Verfasser indes mit der Bedeutung der nachhaltigen Unternehmensentwicklung, die im Rahmen des GRI-Berichtsrahmens zur Nachhaltigkeitsberichterstattung lediglich von zweitrangiger Bedeutung ist.

Nachdem zwei unterschiedliche Arten von nachhaltiger Entwicklung definiert wurden, stellt der Verfasser im vierten Kapitel unterschiedliche Theorien zur Unternehmensverantwortung für die nachhaltige Entwicklung der Gesellschaft dar. Durch diese Untersuchungsperspektive soll auf der einen Seite gezeigt werden, mit welchen Ansprüchen Unternehmen in der Praxis konfrontiert werden. Auf der anderen Seite wird in diesem Kapitel eine Terminologie von Unternehmensverantwortung entwickelt, die genauer und damit für die weitere Analyse zielführender ist als der oftmals in der öffentlichen Diskussion verwendeten Begriff der Corporate Social Responsibility (CSR). Im Ergebnis kommt der Verfasser zu dem Schluss, dass die Terminologie des Wirtschaftsethikers KARL HOMANN am differenziertesten erscheint und verwendet sie daher im weiteren Verlauf der Arbeit. Nach dieser Terminologie haben Unternehmen eine Handlungsverantwortung, die ihr Handeln im Kerngeschäft umfasst, eine erweiterte Handlungsverantwortung, nach der sie sich für die Lösung von gesellschaftlichen Problemen einsetzen sollen sowie eine Ordnungsverantwortung, nach der sie an konstatierten Aktionen zur Veränderung der Zustände in der Welt zum Besseren mitwirken sollen. Da HOMANN philanthropisches Engagement unter die Handlungsverantwortung subsumiert, teilweise gerade aber dieses Engagement nicht als Teil der Unternehmensverantwortung bezeichnet wird, trennt der Verfasser philanthropisches Engagement von der Handlungsverantwortung und führt dieses als eigenständige Kategorie ein.

Diese Analyse ist dann der Gegenstand des fünften Kapitels. Hier analysiert der Verfasser den GRI G3.1-Berichtsrahmen zur Nachhaltigkeitsberichterstattung im Detail. Dazu werden zunächst mögliche Zwecke, die Adressaten sowie das Ziel des Berichts auf einer allgemeinen Ebene hergeleitet. An diversen Stellen werden dabei mangels eines eigenen Bezugsrahmens Analogien zur externen Finanzberichterstattung als Form der standardisierten, adressatenorientierten Unternehmensberichterstattung gezogen. Daran anschließend wird untersucht, ob diese allgemeinen Zwecke, Adressaten und Ziele auch durch den G3.1-Berichtsrahmen unterstützt werden. In Bezug auf die Zwecke kann festgestellt werden, dass der GRI-Nachhaltigkeitsbericht neben der Dokumentation der Themen vor allem der Rechenschaftslegung dient. Eine Kapitalerhaltung ist, vergleichbar mit dem handelsrechtlichen Konzernabschluss, lediglich auf Grund der zur Verfügung gestellten Informationen möglich und ist im GRI-Nachhaltigkeitsbericht lediglich implizit durch die Definition von nachhaltiger Entwicklung enthalten. Die Bestimmung von spezifischen Adressaten ist weder auf allgemeiner Ebene möglich, noch enthält der GRI-Leitfaden hierzu konkrete Angaben. Letztlich werden alle Stakeholder des Unternehmens als Adressaten des Berichts angesehen. Dies schließt explizit Gruppen ein, die ausschließlich an der finanziellen Lage des Unternehmens interessiert sind (bspw. Shareholder oder Finanzanalysten). Das Ziel des Nachhaltigkeitsberichts liegt auf den Zwecken und den Adressaten aufbauend zunächst in der Vermittlung eines den tatsächlichen Verhältnissen entsprechenden Bildes der Einflüsse des Unternehmens auf die nachhaltige Entwicklung der Gesellschaft. Sofern diese jedoch Rückwirkungen auf die nachhaltige Unternehmensentwicklung hat, sind diese ebenfalls im Nachhaltigkeitsbericht anzugeben.

In einem nächsten Abschnitt werden die Berichtsprinzipien des GRI G3.1-Leitfadens unter Berücksichtigung des aktuellen, im März 2011 veröffentlichten „Technical Protocol Applying the Report Content Principes“ analysiert. Auch hierbei wird zur Beurteilung der Vollständigkeit und Konsistenz des Systems von Berichtsprinzipien ein Vergleich mit der externen Finanzberichterstattung hergestellt, für den die Grundsätze ordnungsmäßiger Buchführung des deutschen Handelsrechts gewählt werden. Gerade aufgrund des in vielen Teilen nichtfinanziellen Charakters der Nachhaltigkeitsberichterstattung kommt hierbei den Prinzipien, die über die Aufnahme von Themen in den Nachhaltigkeitsbericht entscheiden, eine hohe Bedeutung zu. Die GRI hat zu diesem Thema im Technical Protocol Applying the Report Content Principles klargestellt, dass dieser Prozess in drei Stufen ablaufen soll. Zunächst ist auf der ersten Stufe zu bestimmen, welche Themen für die Aufnahme in den Bericht grundsätzlich in Frage kommen. Daran anschließend ist auf der zweiten Stufe auf Basis der Wesentlichkeit der Themen über ihre tatsächliche Aufnahme zu entscheiden. Die dritte Stufe dient der Vollständigkeitsprüfung. Gerade in Bezug auf die erste Stufe stellt der Verfasser heraus, dass diese in den aktuellen GRI-Berichtsprinzipien nicht adäquat umgesetzt wurde, da das hierfür vorgesehene Prinzip des Nachhaltigkeitskontextes keine Kriterien für die Aufnahme von Themen in den Bericht enthält, sondern sich nach seiner Definition und den zusätzlichen Erläuterungen lediglich auf die Darstellung von Themen im Bericht bezieht. Wird in Ermangelung dieser Kriterien auf das Prinzip der Wesentlichkeit zurückgegriffen, so kann dies zu Situationen führen, in denen Themen in den Bericht aufgenommen werden, die zwar die Einschätzungen und Entscheidungen der Stakeholder beeinflussen können, indes keine Auswirkungen auf die nachhaltige Entwicklung der Gesellschaft haben. Dies ist nach Ansicht des Verfassers nicht mit dem Ziel des Nachhaltigkeitsberichts vereinbar. Im Ergebnis wird in Bezug auf die Berichtsprinzipien herausgestellt, dass diese nicht vollständig sind und nicht in allen Fällen dazu führen, dass ein ziel- und zweckentsprechender Bericht erstellt wird.

Im Rahmen der sich anschließenden, in der Literatur erstmalig in dieser Differenziertheit vorgenommenen kritischen Analyse der konkreten Inhalte des Nachhaltigkeitsberichts, der sog. Standardangaben, legt der Verfasser seinen Schwerpunkt auf die Leistungsindikatoren; die Angaben zur Strategie und zum Profil des Unternehmens sowie die Angaben zum Managementansatz werden lediglich überblicksartig dargestellt. Die Struktur des Abschnitts orientiert sich, im Gegensatz zur Struktur des GRI-Leitfadens, an der im Grundlagenteil hergeleiteten Systematik der Gesellschaftstheorie von LUHMANN. Demnach wird die Analyse in die Auswirkungen des Unternehmens auf den Güterbestand, die Ökologie sowie die gesellschaftlichen Funktionssysteme gegliedert.

Zur Darstellung der Auswirkungen des Unternehmens auf den Güterbestand enthält der GRI-Leitfaden vor allem die Verpflichtung, eine Wertschöpfungsrechnung zu erstellen. Auch wenn durch diese grundsätzlich der Einfluss des Unternehmens auf den Güterbestand gezeigt werden kann, kritisiert der Verfasser bezugnehmend auf die volkswirtschaftliche Gesamtrechnung zutreffend, dass nicht zwischen der Share- und Stakeholderperspektive unterschieden wird, da bspw. Erlöse aus Anlagenverkäufen des Unternehmens nach dem GRI-Leitfaden berücksichtigt werden, die indes auf keiner Wertschöpfung des Unternehmens basieren.

Im Rahmen der Analyse der die Ökologie betreffenden Leistungsindikatoren des Unternehmens strukturiert der Verfasser seine Analyse nach den im Grundlagenteil hergeleiteten Möglichkeiten des Unternehmens, die Ökologie zu beeinflussen. Unterschieden wird hierbei zwischen unterschiedlichen Stufen der Wertschöpfungskette, auf denen jeweils die Angabe der aktuellen Auswirkungen des Unternehmens sowie von Programmen zur Minimierung der Auswirkungen gefordert wird.

Fraglich ist darüber hinaus, ob durch die Indikatoren Auswirkungen auf die intra- oder intergenerative Gerechtigkeit erfasst werden. Im Rahmen der Analyse stellt der Verfasser fest, dass der GRI-Leitfaden Leistungsindikatoren zu aktuellen Auswirkungen primär im Bereich der eigenen Produktionstätigkeit enthält. Leistungsindikatoren, die Initiativen zur Minimierung der negativen Einflüsse des Unternehmens auf die Ökologie erfassen, sind hingegen primär im Bereich der Produkte des Unternehmens enthalten. In Bezug auf die Auswirkungen des Unternehmens auf die intragenerative Gerechtigkeit wird festgestellt, dass kein Leistungsindikator des GRI-Leitfadens diese Einflüsse abdeckt. Insgesamt werden also die Einflüsse des Unternehmens auf die Ökologie durch den GRI-Leitfaden nur unvollständig vermittelt.

Die Analyse der die Einflüsse des Unternehmens auf die Gesellschaft betreffenden Leistungsindikatoren wird nach den durch die Menschenrechte der Vereinten Nationen vorgegebenen gesellschaftlichen Funktionssystemen gegliedert, wodurch aktuell im Leitfaden bestehende Zirkelschlüsse behoben werden. Hierbei ist zwischen Indikatoren zu unterscheiden, die alle Funktionssysteme betreffen, die sich nur auf spezielle gesellschaftliche Funktionssysteme beziehen und die Einflüsse des Unternehmens auf spezielle Funktionssysteme gesammelt darstellen (sog. Makroindikatoren). Auf allgemeiner Ebene stellt der Verfasser fest, dass der GRI G3.1-Leitfaden Leistungsindikatoren zu allen durch das Menschenrechtssystem der Vereinten Nationen vorgegebenen Bereichen enthält. Er kritisiert indes zutreffend, dass oftmals Leistungsindikatoren lediglich Informationen über die Existenz von Programmen und Richtlinien zur Minimierung schädlicher Einflüsse fordern; konkrete Auswirkungen des Unternehmens sind indes nicht anzugeben, so dass die Nachhaltigkeitsleistung des Unternehmens durch die Adressaten des Nachhaltigkeitsberichts nicht eingeschätzt werden kann. Darüber hinaus wird die hohe Anzahl von Makroindikatoren, unter denen die Einflüsse des Unternehmens auf unterschiedliche gesellschaftliche Funktionssysteme angegeben werden können, kritisiert, da diese Angaben nicht der Klarheit und Übersichtlichkeit des Nachhaltigkeitsberichts dienen.

Vor dem Hintergrund der im vierten Kapitel dargestellten Theorien von Unternehmensverantwortung wird durch den Verfasser darüber hinaus festgestellt, dass der GRI-Leitfaden primär Leistungsindikatoren enthält, die das Kerngeschäft von Unternehmen betreffen. Lediglich im Bereich der gesellschaftlichen Leistungsindikatoren gibt der Indikator EC 8, unter dem Investitionen in die öffentliche Infrastruktur angegeben werden können, die vorrangig im gesellschaftlichen Interesse getätigt wurden, einen Einblick in das philanthropische Engagement des Unternehmens.

Die Arbeit schließt im sechsten Kapitel mit einer Zusammenfassung und einem Ausblick.

Insgesamt zeichnet sich die vorgelegte Arbeit zum einen durch eine ausgesprochen fundierte und fachübergreifende Aufarbeitung der Grundlagen der Nachhaltigkeitsberichterstattung aus. So erweist sich die vergleichsweise ausführliche Auseinandersetzung mit Gedanken anderer Fachdisziplinen im weiteren Verlauf als unerlässlich, weil nur so Unschärfen und Missverständnisse der aktuellen Diskussion um Nachhaltigkeit und die Berichterstattung darüber behoben werden können. Zum anderen gelingt es dem Verfasser dann bei der ausführlichen Diskussion der bunten Welt der Leistungsindikatoren ausgezeichnet, trotz der (in der Natur der Sache liegenden) Unübersichtlichkeit des Indikatorenkatalogs, die einzelnen Indikatoren prägnant darzustellen und systematisch zu würdigen. Die Arbeit leistet damit insgesamt einen wichtigen Beitrag zur theoretischen, konzeptionellen Diskussion und konkreten Umsetzung der Nachhaltigkeitsberichterstattung. Insofern wünsche ich ihr eine weite Verbreitung sowohl in der weiterhin aktuellen theoretischen Diskussion als auch in der praktischen Weiterentwicklung der Nachhaltigkeitsberichterstattung.

Münster, im Juni 2011 Prof. Dr. Hans-Jürgen Kirsch

Vorwort

Die vorliegende Arbeit entstand während meiner Tätigkeit als wissenschaftlicher Mitarbeiter am Institut für Rechnungslegung und Wirtschaftsprüfung (IRW) der Westfälischen Wilhelms-Universität Münster und meiner Tätigkeit als fachlicher Mitarbeiter im Accounting and Reporting Services National Office der PricewaterhouseCoopers AG WPG in Frankfurt am Main. Sie wurde von der Wirtschaftswissenschaftlichen Fakultät in Münster im Juni 2011 als Dissertation angenommen.

An dieser Stelle möchte ich all denjenigen danken, die mich während der Anfertigung dieser Arbeit unterstützt haben. Zu allererst gilt mein Dank meinem verehrten akademischen Lehrer und Doktorvater, Herrn Prof. Dr. Hans-Jürgen Kirsch, der durch seine ständige Diskussionsbereitschaft, seine wertvollen fachlichen Hinweise und die Bereitschaft, an der ein oder anderen Stelle „über den Tellerrand hinauszublicken", maßgeblich zum Gelingen dieser Arbeit beigetragen hat. Für die Unterstützung der PwC AG WPG bedanke ich mich stellvertretend herzlich bei den Herren WP Dr. Gerd Fey sowie WP StB Dirk Rimmelspacher. Weiterhin gilt mein Dank Herrn Prof. Dr. Peter Kajüter für die Übernahme des Zweitgutachtens und Herrn Prof. Dr. Aloys Prinz für seine Mitwirkung in der Promotionskommission.

Großer Dank gilt auch Herrn Prof. Dr. Dr. h. c. Jörg Baetge und den Mitarbeitern seines Forschungsteams für die stets gute Zusammenarbeit und die fachlichen Anregungen in zahlreichen Doktorandenseminaren. Ebenfalls nicht zu vergessen sind meine (ehemaligen) Kolleginnen und Kollegen am IRW und meine Freunde, die mir sowohl durch fachliche Hinweise als auch durch die (zeitweise notwendige) Ablenkung von der Forschung eine große Hilfe waren. Namentlich erwähnen möchte ich hier Frau Dipl.-Kffr. Yasmine Bassen, Herrn Dr. Christoph Berentzen, Herrn Dipl.-Kfm. Dominik Dettenrieder, Herrn Dipl.-Theol. Robert Kläsener, Herrn Dipl.-Kfm. Matthias Knabe, Herrn Dipl.-Kfm. Gerrit Lütkeschümer, Herrn Dipl-Kfm. Alexander Olbrich, Herrn Dr. Oliver Tinz, Herrn Dipl.-Kfm. Christian Weber sowie Herrn Dr. Martin Wistuba. Besonderer Dank gilt darüber hinaus meinem Promotionskollegen, Herrn Dr. Daniel Siegel, der nicht nur das Büro, sondern auch die ein oder andere Tiefe während der Anfertigung der vorliegenden Arbeit mit mir geteilt hat.

Darüber hinaus ist es mir ein großes Anliegen, meinen Eltern für ihre vielfältige und bedingungslose Unterstützung während meines bisherigen Lebensweges zu danken. Ohne diese wäre die vorliegende Arbeit mit höchster Wahrscheinlichkeit nicht entstanden. Ebenso großer Dank gebührt meiner Freundin Tara, die mir nicht nur während der Anfertigung dieser Arbeit, sondern auch in den Jahren davor den Freiraum und die Unterstützung gegeben hat, ohne die das Schreiben dieser Arbeit nicht möglich gewesen wäre. Ihnen ist diese Arbeit gewidmet.

Münster, im Juni 2011 Tim Hoffmann

Inhaltsübersicht

Inhaltsverzeichnis

Abbildungsverzeichnis

Abkürzungsverzeichnis

a. A.	anderer Auffassung
Abs.	Absatz
Abschn.	Abschnitt
AErkl	Allgemeine Erklärung der Menschenrechte
AGG	Allgemeines Gleichbehandlungsgesetz
AJP	Allgemeine Juristische Praxis (Zeitschrift)
AK	Anschaffungskosten
AktG	Aktiengesetz
Art.	Artikel
ASiG	Gesetz über Betriebsärzte, Sicherheitsingenieure und Fachkräfte für Arbeitssicherheit
Aufl.	Auflage
BB	Betriebs-Berater (Zeitschrift)
BBK	Buchführung, Bilanzierung, Kostenrechnung (Zeitschrift)
BetrVG	Betriebsverfassungsgesetz
BRD	Bundesrepublik Deutschland
BSP	Bruttosozialprodukt
bspw.	beispielsweise
BT-Drs.	Bundestags-Drucksache
BWL	Betriebswirtschaftslehre
bzw.	beziehungsweise

CC	Corporate Citizenship
CERES	Coalition for Environmentally Responsible Economics
COSO-ERM	Committee of Sponsoring Organizations of the Treadway Commission - Enterprise Risk Management
CR	Corporate Responsibility
CRM	Customer Relationship Management
CSR	Corporate Social Responsibility
CO_2	Kohlenstoffdioxid
c. p.	ceteris paribus
DAX	Deutscher Aktienindex
DB	Der Betrieb (Zeitschrift)
DBW	Die Betriebswirtschaft (Zeitschrift)
DCGK	Deutscher Corporate Governance Kodex
DGFP	Deutsche Gesellschaft für Personalführung
d. h.	das heißt
EC	Leistungsindikator zur Erfassung der Auswirkungen des Unternehmens auf die Ökonomie
EG	Europäische Gemeinschaft
EMRK	Europäische Menschenrechtskonvention
EN	Leistungsindikator zur Erfassung der Auswirkungen des Unternehmens auf die Ökologie
Erg.	Ergänzung
EU	Europäische Union
evtl.	eventuell

f.	folgende
FCKW	Fluorchlorkohlenwasserstoff
GE	Geldeinheiten
ggf.	gegebenenfalls
GHG	Greenhouse Gas
GRC	Grundrechtecharta der Europäischen Union
grds.	grundsätzlich
GRI	Global Reporting Initiative
GoB	Grundsätze ordnungsmäßiger Buchführung
GuV	Gewinn- und Verlustrechnung
GWB	Gesetz gegen Wettbewerbsbeschränkungen
HAP	hazardous air pollutants
HGB	Handelsgesetzbuch
HK	Herstellungskosten
HR	Leistungsindikator zur Erfassung der Auswirkungen des Unternehmens auf die Menschenrechte
HRH	His Royal Highness
Hrsg.	Herausgeber
HS	Halbsatz
IAO	Internationale Arbeitsorganisation
IAS	International Accounting Standard

IASC	International Acounting Standards Commitee
IFRS	International Financial Reporting Standards
i. d. R.	in der Regel
IIRC	International Integrated Reporting Committee
insb.	insbesondere
IP	Indikatorprotokoll
IPbpR	Internationaler Pakt betreffend die bürgerlichen und politischen Rechte
IPSAS	International Public Sector Accounting Standards
IPwskR	Internationaler Pakt betreffend die wirtschaftlichen, sozialen und kulturellen Rechte
i. S.	im Sinne
i. S. v.	im Sinne von
IT	Informationstechnik
IUCN	International Union for Conservation of Nature
IÜS	Internes Überwachungssystem
i. V. m.	in Verbindung mit
JfB	Journal für Betriebswirtschaft (Zeitschrift)
Kg	Kilogramm
KRK	Kinderrechtskonvention
LA	Leistungsindikator zur Erfassung der Einflüsse des Unternehmens auf die Arbeitnehmerrechte
lit.	litera

lt.	laut
LWG NRW	Landes-Wassergesetz des Landes Nordrhein-Westfalen
Mk	Markusevangelium
Mrd.	Milliarden
Mt	Matthäusevangelium
NGO	Non Govermental Organisation
NIÖ	Neue Institutionenökonomik
NKF	Neues kommunales Finanzmanagement
NO_x	Stickoxide
Nr.	Nummer
NRW	Nordrhein-Westfalen
o. ä.	oder ähnliche
OECD	Organisation for Economic Cooperation and Development
OHSAS	Occupational Health and Safety Assessment Series
POP	Persistente organische Schadstoffe
PR	Public Relations; Leistungsindikator zur Erfassung der Produktverantwortung des Unternehmens
RL	Richtlinie
RIW	Recht der internationalen Wirtschaft (Zeitschrift)
S.	Seite, Seiten

SO Leistungsindikator zur Erfassung der Einflüsse des Unternehmens auf die Gesellschaft

s. o. siehe oben

sog. so genannt

SO_x Schwefeloxide

StgB Strafgesetzbuch

t Tonnen

u. a. unter anderem

u. ä. und ähnliche

UN United Nations (auch: Vereinte Nationen; VN)

UNEP United Nations Environmental Program

UNESCO United Nations Educational, Scientific and Cultural Organization

USA United States of America

US-GAAP United Stated-Generally Accepted Accounting Principles

u. U. unter Umständen

UV Ultraviolett

UWG Gesetz gegen den unlauteren Wettbewerb

v. von

Verf. Verfasser

vgl. vergleiche

VN Vereinte Nationen

VOC volatile organic compounds

VorstAG	Gesetz zur Angemessenheit der Vorstandsvergütung
VWL	Volkswirtschaftslehre
WPg	Die Wirtschaftsprüfung (Zeitschrift)
XBRL	Extensible Business Reporting Language
z. B.	zum Beispiel
ZEP	Zeitschrift für internationale Bildungsforschung und Entwicklungspädagogik
ZfB	Zeitschrift für Betriebswirtschaft
ZRFG	Zeitschrift für Risk, Fraud & Compliance
zzgl.	zuzüglich

1 Problemstellung und Gang der Untersuchung

> *„We are at present batteling to meet the 21st century challenges with, at best, 20th century decision making and reporting systems."*[1]

Nachhaltiges Handeln wird vor dem Hintergrund der globalen Erwärmung bzw. des Klimawandels und der immer noch in vielen Teilen der Welt bestehenden Armut in den Medien und der gesellschaftlichen Diskussion zunehmend präsenter. Seit den 70er Jahren hat ein Prozess des Umdenkens auf Ebene der **Gesellschaft** begonnen, durch den die Auswirkungen von Handlungen auf die Zukunftsfähigkeit der Gesellschaft in zunehmendem Maße in Entscheidungsprozesse mit einbezogen werden (sollen). Als bedeutender Schritt ist hierbei die Einberufung der Brundtland-Kommission für nachhaltige Entwicklung durch die Generalversammlung der Vereinten Nationen im Jahr 1983 zu sehen.[2] Nach dieser ist die Entwicklung einer Gesellschaft dann nachhaltig, wenn Menschen heute ihre Bedürfnisse befriedigen, ohne künftigen Generationen die Möglichkeiten zur Bedürfnisbefriedigung einzuschränken.[3] Daran anschließend sind in den letzten Jahren zahlreiche Bemühungen auf internationaler Ebene festzustellen, die u. a. dazu beitragen sollen, die negativen Auswirkungen des menschlichen Handelns auf die Ökologie zu minimieren und weltweite Differenzen im Wohlstandsniveau abzubauen. In Deutschland flossen die auf internationaler Ebene erzielten Ergebnisse u. a. in die Nachhaltigkeitsstrategie der Bundesregierung ein.[4]

Unternehmen können durch ihre Produktionstätigkeit oder die Art und Weise, in der sie Dienstleistungen erbringen, auf vielfältige Weise **Einfluss auf die Gesellschaft** nehmen. Dabei geraten sie zunehmend in den Verdacht, sich auf Kosten der Gesellschaft und in Konkurrenz zu gesellschaftlich anerkannten Werten zu entwickeln.[5] Allerdings kann nur eine langfristig stabile Gesellschaft zu Rahmenbedingungen für die Wirtschaft führen, unter denen Unternehmen dauerhaft profitabel wirtschaften können.[6] Auch auf der **Unternehmensebene** hat nicht zuletzt die Finanzmarktkrise in den Jahren 2008 bis 2010 zu der – zumindest so kommunizierten – Einsicht geführt, dass an kurzfristiger Gewinnerzielung ausgerichtetes Handeln von Unternehmen für diese selbst, wie auch für die Gesellschaft negative Auswirkungen haben kann. Als Konsequenz wurde das Ziel einer langfristig ausgerichteten, nachhaltigen Unternehmensentwicklung in Deutschland in das AktG und in den Deutschen Corporate Governance Kodex (DCGK) aufgenommen.

Neben dem Einfluss, den Unternehmen auf die nachhaltige Entwicklung haben können, ist aufgrund der speziellen Rahmenbedingungen bzw. Anreizstrukturen im Wirtschaftssystem jedoch umstritten,

---

1 HRH THE PRINCE OF WALES, abrufbar unter http://www.unglobalcompact.org/news/57-08-02-2010 (letzter Abruf am 22. April 2011).

2 Vgl. HAUFF, M. V./KLEINE, A., Nachhaltige Entwicklung, S. 6.

3 Vgl. WELTKOMMISSION FÜR UMWELT UND ENTWICKLUNG (Hrsg.), Unsere gemeinsame Zukunft, S. 9 f.

4 Vgl. BUNDESREGIERUNG DER BRD (Hrsg.), Strategie für eine nachhaltige Entwicklung.

5 Vgl. HEUSKEL, D., Von der sozialen zur strategischen Perspektive, S. 519. Ähnlich auch ANKELE, K., Unternehmen und gesellschaftliche Verantwortung, S. 165. Eine beispielhafte Auflistung von Fällen in den USA findet sich bei HEILBRONER, R. L. (Hrsg.), In the Name of Profit.

6 Vgl. EUROPÄISCHE KOMMISSION (Hrsg.), Grünbuch der EU, S. 3.

welche **Verantwortung** sie für diese tragen. Hierzu bestehen in unterschiedlichen Wissenschaftsdisziplinen teilweise erheblich voneinander abweichende Auffassungen, die sich neben der Begründung vor allem in der Reichweite der unternehmerischen Verantwortung unterscheiden. Dies betrifft vor allem die Frage, ob Unternehmen über ihr Kerngeschäft hinaus Verantwortung für die Gesellschaft tragen (können oder sollen).

Das sich Unternehmen den aus der Nachhaltigkeitsdebatte ergebenden Veränderungen der gesellschaftlichen Ansprüche bewusst sind,[7] lässt sich an einer stetigen Zunahme ihrer diesbezüglichen **Kommunikationsaktivitäten** erkennen.[8] Diese umfasst z. B. Nachhaltigkeitsberichte, Corporate (Social) Responsibility- oder Corporate Citizenship-Berichte, mit denen Unternehmen Rechenschaft gegenüber der Gesellschaft ablegen.[9] Informationen über die Auswirkungen auf die Nachhaltigkeit der unternehmerischen Handlungen können hierbei nur dann von PR-Instrumenten, dem sog. „greenwashing", unterschieden werden, wenn eindeutig definiert ist, was unter einer nachhaltigen Entwicklung der Gesellschaft und der nachhaltigen Unternehmensentwicklung zu verstehen ist. Auf der einen Seite ist es notwendig, den Nachhaltigkeitsbegriff **vermehrt zu verwenden**, um ein öffentliches Bewusstsein für die Probleme des 21. Jahrhunderts zu schaffen. Auf der anderen Seite entsteht hierdurch jedoch das Risiko einer floskelhaften Verwendung, die zu einer Bedeutungsabnahme des Begriffs der „Nachhaltigkeit" führt. Als Konsequenz hieraus wird dieser je nach Interessenlage und politischer Intention mit verschiedensten Bedeutungen ausgefüllt.[10] Nachhaltigkeit an sich ist unabhängig vom Objekt einer nachhaltigen Entwicklung (bspw. der Gesellschaft oder des Unternehmens) definiert als „sich für länger stark auswirkend; Ökologie nur in dem Maße, wie die Natur es verträgt; Jargon nur so groß, viel, dass zukünftige Entwicklungen nicht gefährdet sind"[11]. Ein Verwenden des Nachhaltigkeitsbegriffs ohne Klarstellung, auf welches Objekt er bezogen wird, kann somit entgegen der gängigen Praxis nicht als Grundlage einer (wissenschaftlichen) Diskussion dienen.

Der weltweit anerkannteste Leitfaden zur Nachhaltigkeitsberichterstattung[12] ist der von der **Global Reporting Initiative** (GRI) herausgegebene **G3.1-Berichtsrahmen**[13] zur Nachhaltigkeitsberichterstattung, der (bislang in der Vorversion 3.0) von zahlreichen Unternehmen auf freiwilliger Basis angewandt wurde.[14] Daneben sind seit dem Bilanzrechtsreformgesetz zumindest große Kapitalge-

---

7 Vgl. HERMANN, S., Corporate Sustainability Branding, S. 296.

8 Vgl. HERMANN, S., Corporate Sustainability Branding, S. 86.

9 Teilweise werden auch Cause-related-Marketing-Kampagnen diesen Kommunikationsaktivitäten zugeordnet; vgl. TROPP, J., Communicate CSR, S. 243.

10 Vgl. DIEFENBACHER, H., Ökologische Produktpolitik, S. 25; WERDER, A. V., Entwicklungen der Corporate Governance, S. 55.

11 DUDEN (Hrsg.), Deutsches Universalwörterbuch, Stichwort: „Nachhaltigkeit".

12 Nach Ansicht der GRI werden die Begriffe „Nachhaltigkeitsberichterstattung", „Triple-Bottom-Line-Reporting", „Corporate Responsibility-Reportung" u. ä. synonym verwendet; vgl. GRI (Hrsg.), G3 Leitfaden, S. 3. In der vorliegenden Arbeit wird ausschließlich der Begriff der Nachhaltigkeitsberichterstattung verwendet.

13 „G3.1" steht hierbei für die dritte Version des GRI-Berichtsrahmens, die im März 2011 erstmals überarbeitet veröffentlicht wurde.

14 Im Jahr 2009 betrug der Anteil der deutschen, nach dem GRI-Berichtsrahmen berichtenden Unternehmen im DJ STROXX Europe 600 ca. 42 %; vgl. EISELT, A., Nachhaltigkeitsberichterstattung als Instrument der Corporate Governance, S. 383. Vgl. ebenfalls FISCHER, T. M./SAWCZYN, A./BRAUCH, B., Nachhaltigkeit und Sustainability

sellschaften nach § 289 Abs. 3 HGB dazu verpflichtet, nichtfinanzielle Leistungsindikatoren (wie z. B. Umwelt- oder Arbeitnehmerbelange) in den Lagebericht zum handelsrechtlichen Jahresabschluss aufzunehmen, sofern diese für das Verständnis der wirtschaftlichen Lage des Unternehmens von Belang sind. Des Weiteren hat das sog. **International Integrated Reporting Commitee** (IIRC)[15] auf internationaler Ebene damit begonnen, Rahmenbedingungen für eine (vollständige) Integration des Nachhaltigkeitsberichts in die externe Finanzberichterstattung zu schaffen.[16]

Trotz der Bedeutung der Nachhaltigkeitsthematik und der zunehmenden Zahl von publizierten Nachhaltigkeitsberichten finden sich in der Literatur jedoch bisweilen vergleichsweise wenige Arbeiten, die sich kritisch und auf grundsätzlicher Ebene mit dem **GRI-Berichtsrahmen** zur Nachhaltigkeitsberichterstattung auseinandersetzen. Gerade vor dem Hintergrund der Einflussmöglichkeiten von Unternehmen auf die nachhaltige Entwicklung der Gesellschaft, der unterschiedlichen Auffassungen in Bezug auf die Verantwortung von Unternehmen für diese und den Anreizen, unverantwortliches Handeln durch „greenwashing“ schönzufärben, ist jedoch eine tiefergehende Analyse des GRI-Berichtsrahmens zur Nachhaltigkeitsberichterstattung erforderlich.

Fraglich ist hierbei zunächst, welches Ziel und welchen Zweck der Nachhaltigkeitsbericht verfolgt, d. h. auf welches Verständnis von „Nachhaltigkeit“ und Unternehmensverantwortung er sich beruft. Dies betrifft vor allem die Frage, ob sich eine nachhaltige Entwicklung auf die Gesellschaft oder auf das Unternehmen bezieht. Weiterhin ist zu untersuchen, welche Adressaten der Bericht anspricht, bzw. ansprechen soll, und welche Rolle die Adressaten des Nachhaltigkeitsberichts bei der Bestimmung der Berichtsthemen einnehmen. Ebenfalls ist zu untersuchen, ob die Berichtsgrenzen zielführend abgegrenzt werden, d. h. ob die Einflüsse aller vom berichterstattenden Unternehmen beeinflussbaren (Tochter-)Unternehmen im Nachhaltigkeitsbericht erfasst werden. Da aufgrund der vielfältigen Themen eine vollständige Vorgabe von Berichtsthemen nicht möglich ist, sind darüber hinaus die Berichtsprinzipien kritisch zu analysieren. In diesem Zusammenhang ist zu fragen, ob die GRI-Prinzipiensystematik vollständig und konsistent ist. Ein wesentlicher Bereich betrifft darüber hinaus die Frage, zu welchen Aspekten einer nachhaltigen Entwicklung der Gesellschaft und/oder des Unternehmens der GRI-Leitfaden konkrete Leistungsindikatoren enthält, die grds. als Mindestanforderungen für die Nachhaltigkeitsberichterstattung verstanden werden können. Diesbezüglich ist ebenfalls zu analysieren, ob die geforderten Angaben eindeutig definiert sind, um die zwischenbetriebliche Vergleichbarkeit von Nachhaltigkeitsberichten zu ermöglichen.

Im Folgenden wird somit zunächst im zweiten Kapitel die nachhaltige Entwicklung der Gesellschaft definiert, gefolgt von dem Ziel der nachhaltigen Unternehmensentwicklung (drittes Kapitel). Daran

---

Accounting, S. 280; LUNDIE, S./LENZEN, M., Quantitative Nachhaltigkeitsberichterstattung ohne Systemgrenzen, S. 99; THURM, R., Zukunftsperspektiven der Nachhaltigkeitsberichterstattung, S. 218; ZENTES, J./SCHRAMM-KLEIN, H., Nachhaltigkeitsberichterstattung, S. 197. Für eine Übersicht über weitere Leitfäden vgl. z. B. DAUB, C.-H., Stand und Entwicklungstendenzen in der Nachhaltigkeitsberichterstattung, S. 87 f. Zum Geschäftsmodell der GRI vgl. THURM, R., Zukunftsperspektiven der Nachhaltigkeitsberichterstattung, S. 226-228; HALLER, A./ ERNSTBERGER, J., GRI, S. 2518.

15 Vgl. http://www.integratedreporting.org.

16 Vgl. DRUCKMAN, P., Integrierte Berichterstattung, S. I. Dies fordern ebenfalls ECCLES und KRZUS, vgl. ECCLES, R. G./KRZUS, M. P., One Report sowie KPMG (Hrsg.), Integrated Reporting.

anschließend werden im vierten Kapitel unterschiedliche Theorien zur Verantwortung von Unternehmen für die nachhaltige Entwicklung der Gesellschaft dargestellt, mit denen Unternehmen in der Praxis konfrontiert werden. Der Kern der vorliegenden Arbeit ist die kritische Analyse des GRI G3.1-Berichtsrahmens zur Nachhaltigkeitsberichterstattung im fünften Kapitel. Den Gang der Untersuchung zeigt die folgende Abbildung:

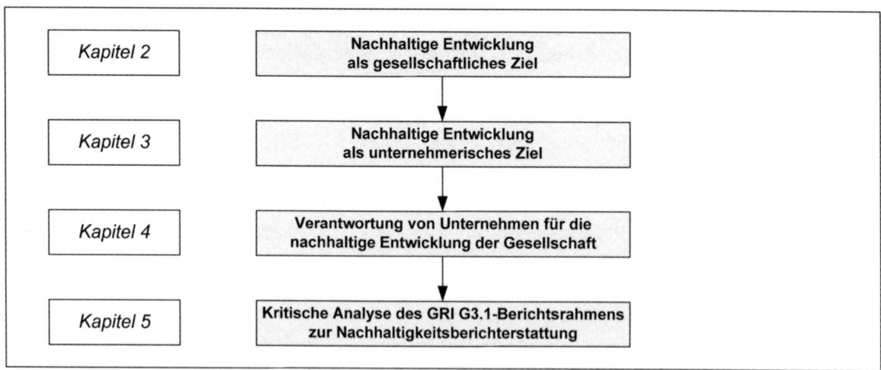

Abbildung 1-1: Gang der Untersuchung

2 Nachhaltige Entwicklung als gesellschaftliches Ziel

21 Überblick

Trotz oder gerade aufgrund des in den letzten Jahrzehnten in Teilen der Welt stark gestiegenen Wohlstandsniveaus setzte sich gegen Ende des letzten Jahrhunderts die Einsicht durch, dass eine Nutzung der weltweiten Ressourcen auf dem aktuellen Niveau der Industrieländer die Kapazitäten des Planeten Erde auf lange Sicht überfordern würde. Vor diesem Hintergrund begann eine Diskussion auf gesellschaftlicher Ebene, wie die Existenz der Menschheit nachhaltig, d. h. langfristig gesichert werden kann.

Mit der Zunahme der Relevanz des Nachhaltigkeitsbegriffs haben sich in den vergangenen Jahren die Definitionen der verwendeten Begriffe jedoch sprunghaft vermehrt.[17] Dies führte bzw. führt dazu, dass diese im Sprachgebrauch nicht mehr eindeutig belegt sind und so z. B. Nachhaltigkeit, nachhaltige Entwicklung, Corporate (Social) Responsibility (CSR bzw. CR), Corporate Citizenship (CC) u. a. synonym verwendet werden,[18] auch wenn die Begriffe näher betrachtet Unterschiede im Detail aufweisen, gänzlich voneinander zu trennen sind und/oder in einem Über- oder Unterordnungsverhältnis stehen.[19] Gerade der Begriff der Nachhaltigkeit wird aktuell geradezu inflationär verwendet, auch wenn oftmals nicht ersichtlich ist, in welchem Zusammenhang ein von Unternehmen kommuniziertes Thema mit der nachhaltigen Entwicklung der Gesellschaft steht.[20]

Definitionen dienen jedoch neben ihrer Funktion als Abkürzung „zur Klärung, Präzisierung und Bedeutungsfestlegung von Begriffen“[21] und machen somit eine wissenschaftliche Diskussion erst möglich. Da der Begriff der nachhaltigen Entwicklung in unterschiedlichen Kontexten und ohne eine allgemein anerkannte Definition verwendet wird, ist im folgenden Kapitel zunächst ein kurzer Abriss der historischen Entwicklung des Nachhaltigkeitskonzepts vorzunehmen, gefolgt von der heutzutage überwiegend anerkannten Definition der Brundtland-Kommission. Auf diese Definition aufbauend ist zunächst die „Gesellschaft“ als ein Objekt nachhaltiger Entwicklung abzugrenzen bzw. zu definieren. Um konkrete Bedingungen für die nachhaltige Entwicklung der Gesellschaft darstellen zu können, werden daran anschließend zwei weitere Theorien, die Gerechtigkeitstheorie von JOHN RAWLS und die Kapitalstocktheorie der Weltbank eingeführt, die als grundlegend für die Definition einer nachhaltigen Entwicklung der Gesellschaft angesehen werden können.

---

17 Für eine Übersicht zur Verankerung des Nachhaltigkeitsbegriffs im deutschen Recht vgl. LANGE, K. (Hrsg.), Nachhaltigkeit im Recht.

18 Ein sich durch einheitliche Probleme, Methoden, Theorien und Erkenntnisse abgrenzendes Forschungsgebiet „Nachhaltigkeit“ existiert bislang nicht; vgl. BECKER, E./JAHN, T., Transdisziplinäre Nachhaltigkeitsforschung, S. 67.

19 Vgl. LINGNAU, V., Sustainability Accounting, S. 77; RIETH, L., CSR Engagement deutscher Unternehmen, S. 102; MEFFERT, H./MÜNSTERMANN, M., CSR in Wissenschaft und Praxis, S. 3; HERZIG, C./PIANOWSKI, M., Nachhaltigkeitsberichterstattung, S. 218; HARDTKE, A., CSR, S. 16; KÖNIG, M., Nachhaltigkeit im Unternehmen, S. 481; PEARCE, D. W./WARFORD, J. J., World without End, S. 42.

20 Vgl. MÜLLER-CHRIST, G., Nachhaltiges Ressourcenmanagement, S. 50; KASTENHOLZ, H. G./ERDMANN, K.-H./ WOLFF, M., Perspektiven einer nachhaltigen Entwicklung, S. 1.

21 BALZER, W., Grundsätze der Wissenschaftstheorie, S. 72.

22 Historie des Nachhaltigkeitsbegriffs

Der **Ursprung** des Begriffs der „nachhaltigen Entwicklung" wird in der Forstwirtschaft des 17. Jahrhunderts[22] in Deutschland gesehen.[23] Zu dieser Zeit führte der expandierende Silberbergbau zu einem starken Anstieg des Holzverbrauchs, der durch den Betrieb von Schmelzöfen verursacht wurde. Da absehbar war, dass ein andauerndes Abholzen der Wälder über deren Regenerationsrate mittelfristig die Ressource Holz verknappen und somit den Silberbergbau wesentlich einschränken würde, verfasste der sächsische Oberberghauptmann HANS CARL VON CARLOWITZ das erste forstwissenschaftliche Werk mit dem Titel: „Sylvicultura Oeconomica".[24] Grundgedanke des Werkes ist die Forderung, natürliche Ressourcen nur derart zu nutzen, dass sie dauerhaft erhalten bleiben und somit auch für nachfolgende Generationen verfügbar sind.[25] Als Konsequenz daraus wurde die Forderung nach nachhaltigem Wirtschaften erstmals in den Forstgesetzen der damaligen Zeit verankert.[26] Darüber hinaus umriss VON CARLOWITZ den Ausgleich von ökonomischen, ökologischen und sozialen Prioritäten, die sog. Triple Bottom Line des heutigen Nachhaltigkeitsbegriffs.[27] Nach dieser sind für eine nachhaltige Entwicklung der Gesellschaft neben einer intakten Ökologie ein funktionierendes Wirtschaftssystem sowie eine stabile Gesellschaft notwendig, wobei zwischen den drei Teilbereichen multiple Interdependenzen bestehen.

Auch wenn der Nachhaltigkeitsbegriff dokumentiert bereits im 17. Jahrhundert zu finden ist, wurde in Deutschland erst im letzten Jahrhundert die Berichterstattung über einzelne Teilgebiete des heutigen Nachhaltigkeitsbegriffs vorangetrieben. In den 70er Jahren des letzten Jahrhunderts wurde versucht, mit **Sozialbilanzen** anhand von quantitativen und qualitativen Angaben die Ziele und Auswirkungen der gesellschaftsbezogenen Aktivitäten von Unternehmen darzustellen.[28] Diese Angaben wurden durch eine Wertschöpfungsrechnung ergänzt, die den vom Unternehmen geleisteten Wertzuwachs im Berichtszeitraum erfassen und darstellen sollte. Darüber hinaus wurde eine Sozialrechnung erstellt, die einen Überblick über den gesellschaftsbezogenen Aufwand des Unternehmens und die direkt erfassten gesellschaftlichen Beträge zeigen sollte.[29] Die Sozialberichterstattung setzte sich jedoch aus mehreren Gründen nicht durch. Zum einen wurden Sozialbilanzen von einigen Unternehmen aufgrund des Fehlens verbindlicher Standards vor allem als PR-Instrument genutzt, in-

---

22 Für eine Darstellung des historischen Verständnisses von verantwortlichem Handeln vgl. HARDTKE, A., CSR, S. 22-34.

23 Vgl. LOEW, T./ANKELE, K./BRAUN, S./CLAUSEN, J., Bedeutung der internationalen CSR-Diskussion für Nachhaltigkeit, S. 56; BOMS, A., Unternehmensverantwortung und Nachhaltigkeit, S. 82; a. A sind bspw. TOWNSEND, C. R./BEGON, M./HARPER, J. L., Ökologie, S. 365.

24 Vgl. LOEW, T./ANKELE, K./BRAUN, S./CLAUSEN, J., Bedeutung der internationalen CSR-Diskussion für Nachhaltigkeit, S. 56; HUBER, J., Nachhaltige Entwicklung, S. 10.

25 Vgl. BLANK, J., Sustainable Development, S. 375; RENN, O./KNAUS, A./KASTENHOLZ, H., Wege in eine nachhaltige Zukunft, S. 17; KRADOLFER, E., Nachhaltige Entwicklung und gesellschaftlicher Wandel, S. 20; WITTIG, R./STREIT, B., Ökologie, S. 279.

26 Vgl. BOMS, A., Unternehmensverantwortung und Nachhaltigkeit, S. 82.

27 Vgl. GAZDAR, K./KIRCHHOFF, K. R., Unternehmerische Wohltaten, S. 91; vertiefend zur Triple Bottom-Line vgl. Abschn. 23.

28 Vgl. HERZIG, C./PIANOWSKI, M., Nachhaltigkeitsberichterstattung, S. 222; SCHULZ, W. F./ BURSCHEL, C./LOSEN, D., Corporate Responsibility Reporting, S. 35.

29 Vgl. hierzu vertiefend ANTAL, A. B./SOBCZAK, A., Sozialbilanzen, S. 76.

dem nur über positive, nicht aber über negative Sachverhalte berichtet wurde.[30] Zum anderen folgten den Vorreiterunternehmen, die als erste Sozialbilanzen veröffentlichten, nicht genügend andere Unternehmen, so dass die Sozialbilanzen nicht weiter entwickelt wurden. Dies wurde u. a. darauf zurückgeführt, dass sich die wirtschaftspolitische Lage neoliberal veränderte und sich viele Unternehmen am Shareholder-Value ausrichteten.[31]

Auch wenn sich Sozialbilanzen in der Praxis nicht durchsetzen konnten, führten Umweltkatastrophen und die allgemeine Zunahme der Umweltverschmutzung Ende der 80er Jahre des letzten Jahrhunderts dazu, dass diese Problematik zunehmend durch die allgemeine Öffentlichkeit beachtet wurde,[32] wobei Unternehmen regelmäßig als Hauptverursacher im Mittelpunkt standen.[33] Um die Informationsbedürfnisse der Öffentlichkeit zu erfüllen, wurden bzw. werden neben den durch umweltrechtliche Vorgaben verpflichtend bereitzustellenden Informationen[34] freiwillige **Umweltberichte** oder Umwelterklärungen erstellt.[35] Diese umfassen neben Informationen zu den Auswirkungen des Unternehmens auf die ökologische Lage auch Interdependenzen zwischen ökologischer und wirtschaftlicher Lage des Unternehmens.[36] Während 1990 weltweit nur zehn eigenständige Umweltberichte erstellt wurden, machten diese 2004 bereits den größten Teil der veröffentlichten sog. „Extra-Financial Reports" aus,[37] so dass eine starke Bedeutungszunahme festgestellt werden kann.

Weltweite Aufmerksamkeit erreichte der Begriff der nachhaltigen Entwicklung erst durch den 1987 veröffentlichten Abschlussbericht der **Brundtland-Kommission**, die 1983 durch die Generalversammlung der Vereinten Nationen eingesetzt wurde.[38] Während der weltweite Wohlstand in den letzten Jahrzehnten deutlich gestiegen ist und auch im Kampf gegen Probleme wie Hunger, Analphabetismus oder die Kindersterblichkeit deutliche Erfolge erzielt werden konnten, setzte und setzt sich dennoch immer mehr die Erkenntnis durch, dass die hierfür verantwortlichen Prozesse unseren Planeten, d. h. die Umwelt[39] in der wir leben und damit auch die Menschheit auf Dauer überfordern werden.[40] Die Hauptziele der Kommission bestanden vor diesem Hintergrund in der Analyse umwelt- und entwicklungspolitischer Problemstellungen, auf denen aufbauend realistische Lösungsvorschläge sowie neue Formen der internationalen Zusammenarbeit entwickelt werden sollten. Ferner bestand ein Ziel darin, Verständnis und die Bereitschaft zur Mitarbeit in der Öffentlichkeit zu

---

30 Vgl. HERZIG, C./PIANOWSKI, M., Nachhaltigkeitsberichterstattung, S. 222.

31 Vgl. ANTAL, A. B./SOBCZAK, A., Sozialbilanzen, S. 77.

32 Vgl. MÖLLER, E., Pro Umwelt, S. 12. Zu nennen sind in diesem Zusammenhang bspw. Schlagworte wie Waldsterben, Ozonloch und Treibhauseffekt; vgl. SCHUBERT, B., Shell in der Krise, S. 13.

33 Vgl. HERZIG, C./PIANOWSKI, M., Nachhaltigkeitsberichterstattung, S. 223.

34 Hierunter sind bspw. Informationen an öffentliche Kontroll- und Genehmigungsinstitutionen zu verstehen; vgl. LANGE, C./DALDRUP, H., Grundsätze ordnungsmäßiger Umweltschutz-Publizität, S. 658.

35 Vgl. SCHULZ, W. F./BURSCHEL, C./LOSEN, D., Corporate Responsibility Reporting, S. 35 f.

36 Vgl. LANGE, C./AHSEN, A. V., Externes Umweltschutz-Reporting, S. 447.

37 Vgl. HERZIG, C./PIANOWSKI, M., Nachhaltigkeitsberichterstattung, S. 223. „Extra-Financial Reports" enthalten Informationen, die über die rein finanzielle Leistung des Unternehmens hinausgehen.

38 Vgl. WELTKOMMISSION FÜR UMWELT UND ENTWICKLUNG (Hrsg.), Unsere gemeinsame Zukunft.

39 Der Begriff der Umwelt umfasst hierbei lediglich die Ökologie. In der Terminologie der vorliegenden Arbeit, die sich an der Systemtheorie von LUHMANN orientiert (vgl. Abschn. 242), ändert sich die Umwelt in Abhängigkeit des betrachteten gesellschaftlichen Funktionssystems.

40 Vgl. WELTKOMMISSION FÜR UMWELT UND ENTWICKLUNG (Hrsg.), Unsere gemeinsame Zukunft, S. 2.

wecken.[41] Auch wenn immer noch zahlreiche Definitionen von nachhaltiger Entwicklung in der Literatur verwendet werden und sich eine herrschende Meinung gerade erst bildet, kann die von der Brundtland-Kommission getroffene Definition im Kern als die am häufigsten verwendete Definition angesehen werden.[42]

23 Definition von Nachhaltigkeit durch die Brundtland-Kommission

Der Ausgangspunkt der Arbeit der Brundtland-Kommission war die Erkenntnis, dass die Auswirkungen des menschlichen Handelns nicht nach Ländern, nach Branchen (z. B. Energie, Landwirtschaft, Handel) oder nach noch weiter gefassten Kategorien (Ökonomie, Ökologie, Gesellschaft) klassifiziert werden können, sondern dass multiple Interdependenzen zwischen unterschiedlichen Teilbereichen bestehen. Hieraus folgt, dass eine Krise in einem Bereich, z. B. der Ökologie, signifikanten Einfluss auf die nachhaltige Entwicklung der anderen Bereiche nehmen kann.[43]

Ziel einer nachhaltigen Entwicklung auf gesellschaftlicher Ebene muss es demnach sein, *„den gegenwärtigen Bedarf zu decken [...], ohne gleichzeitig späteren Generationen die Möglichkeit zur Deckung des ihren zu verbauen“*[44].

Im Kern geht es bei nachhaltiger Entwicklung um die Möglichkeit, Bedürfnisse zu befriedigen.[45] „Bedürfnisse sind der Wunsch nach Veränderung (Beseitigung, Einschränkung) von als negativ empfundenen Mangelzuständen.“[46] Hierbei ist es gleichgültig, ob der Mangel objektiv vorhanden ist oder nur subjektiv empfunden wird,[47] d. h. nur die befragte Person kann darüber Auskunft geben, ob ein Bedürfnis vorliegt oder nicht.[48] Nach MASLOW werden Bedüfnisse unterteilt in das Bedürfnis nach Selbstverwirklichung, das Bedürfnis nach Wertschätzung, das Bedürfnis nach Zugehörigkeit, das Bedürfnis nach Sicherheit und die physiologischen Bedürfnisse.[49] Mittel, die Bedürfnisse befriedigen, werden als Güter bezeichnet.[50] Dabei ist der Nutzen aus dem Güterverbrauch als ein Maß individueller, subjektiv empfundener Bedürfnisbefriedigung zu verstehen.[51] Güter können in freie Güter und begrenzte (sog. wirtschaftliche) Güter unterteilt werden.[52] Wirtschaftliche Güter sind knapp; die Knappheitsverhältnisse spiegeln sich grds. in den Preisen der Güter wider.[53] Die Zah-

---

41 Vgl. WELTKOMMISSION FÜR UMWELT UND ENTWICKLUNG (Hrsg.), Unsere gemeinsame Zukunft, S. 3 f.

42 Vgl. HARDTKE, A., CSR, S. 17; MÜLLER-CHRIST, G., Nachhaltiges Ressourcenmanagement, S. 48.

43 Vgl. WELTKOMMISSION FÜR UMWELT UND ENTWICKLUNG (Hrsg.), Unsere gemeinsame Zukunft, S. 4 f.; DEUTSCHER BUNDESTAG (Hrsg.), Abschlussbericht der Enquete-Kommission, S. 18.

44 WELTKOMMISSION FÜR UMWELT UND ENTWICKLUNG (Hrsg.), Unsere gemeinsame Zukunft, S. 9 f.; UMWELTBUNDESAMT (Hrsg.), Sustainability in Germany, S. 1; JONKER, J./STARK, W./TEWES, S., CSR und nachhaltige Entwicklung, S. 6.

45 Vgl. KÖNIG, M., Nachhaltigkeit im Unternehmen, S. 483; WEIß, R., Betriebliche Lernprozesse, S. 12.

46 DOMSCHKE, W., Grundlagen der BWL, S. 1; so auch FALKE, W., Das Bedürfnis, S. 14 f.

47 Vgl. THOMMEN, J.-P./ACHLEITNER, A.-K., Allgemeine BWL, S. 35.

48 Vgl. ARZBERGER, K./MURCK, M./SCHUMACHER, J., Die Bürger, S. 1.

49 Vgl. MASLOW, A. H., Motivation und Persönlichkeit, S. 74-94.

50 Vgl. HEWEL, B./NEUBÄUMER, R., Einführung in die VWL, S. 6; SCHUMANN, J./MEYER, U./ STRÖBELE, W., Mikroökonomische Theorie, S. 4.

51 Vgl. SCHUMANN, J./MEYER, U./STRÖBELE, W., Mikroökonomische Theorie, S. 4.

52 Vgl. HEWEL, B./NEUBÄUMER, R., Einführung in die VWL, S. 6.

53 Vgl. FRENZ, W./UNNERSTALL, H., Nachhaltige Entwicklung im Europarecht, S. 83.

lungsbereitschaft der Konsumenten ist somit ein monetäres Maß für den Nutzen, den die Konsumenten aus dem Konsum des Gutes ziehen können.[54]

Die Definition von nachhaltiger Entwicklung besteht aus zwei Teilbereichen, die auf der Bedürfnisbefriedigung basieren. Zunächst ist es den gegenwärtig lebenden Generationen zu ermöglichen, ihre Bedürfnisse zu decken. Hierunter ist die sog. **intragenerative Gerechtigkeit** zu verstehen, d. h. alle Menschen haben ein Recht, ihre Bedürfnisse befriedigen zu können.[55] Insbesondere zielt dieser Teil der Definition auf das Missverhältnis der Ressourcenallokation zwischen Industrie- und Entwicklungsländern.[56] Des Weiteren wird von der Definition auch die soziale Gerechtigkeit innerhalb von einzelnen Ländern bzw. Gesellschaften eingeschlossen. Neben der intragenerativen Gerechtigkeit trifft die Definition der Brundtland-Kommission jedoch ebenfalls eine Aussage zum Verhältnis von aktueller Generation und künftigen Generationen, die sog. **intergenerative Gerechtigkeit**. Demnach dürfen künftige Generationen nicht durch das Handeln der aktuell lebenden Generationen in ihren Möglichkeiten eingeschränkt werden.[57] Ein Überordnungsverhältnis kann zwischen den Begriffen nicht festgestellt werden, so dass die Ziele der intra- und der intergenerativen Gerechtigkeit mit gleicher Priorität zu verfolgen sind.

Damit die Ziele der intra- und intergenerativen Gerechtigkeit erfüllt werden können, definiert die Brundtland-Kommission Wirtschaftswachstum als grundlegende Voraussetzung, da nur dadurch das Wohlstandsgefälle zwischen Industrie- und Entwicklungsländern überwunden werden könne.[58] Wirtschaftswachstum kann jedoch nur dann erreicht werden, wenn Unternehmen auf intakte Gesellschaftsstrukturen und auf eine intakte Ökologie zurückgreifen können. Darüber hinaus ist zu beachten, dass sich nicht alle Bedürfnisse durch den Konsum von durch Menschenhand geschaffenen Gütern befriedigen lassen (z. B. stiftet eine intakte Ökologie ebenfalls Nutzen). Demnach wird im Zusammenhang mit nachhaltiger Entwicklung i. d. R. von der sog. **Triple Bottom-Line** gesprochen, die aus den Teilbereichen der Ökonomie[59], der Ökologie und der Gesellschaft besteht.[60]

---

54 Vgl. SCHUMANN, J./MEYER, U./STRÖBELE, W., Mikroökonomische Theorie, S. 226.

55 Vgl. KNORR, A., Nachhaltige Entwicklung und Freihandel, S. 19.

56 Vgl. GAZDAR, K./KIRCHHOFF, K. R., Unternehmerische Wohltaten, S. 93. Problematisch ist hierbei neben Gerechtigkeitsaspekten vor allem die Verknüpfung von Armut und Bevölkerungswachstum, das wiederum weitreichende Konsequenzen für die Ökologie mit sich bringt; vgl. WEBER, B., Nachhaltige Entwicklung und Weltwirtschaftsordnung, S. 23. Zur Armutsbekämpfung mit den Prinzipien des strategischen Marketing vgl. KOTLER, P./ LEE, N. R., Social Marketing.

57 Vgl. HANLEY, N./SHOGREN, J. F./WHITE, B., Environmental Economics, S. 133; NARODOSLAWSKY, M., Kreislaufwirtschaft, Ressourcenschonung und Nachhaltigkeit, S. 42.

58 Vgl. WELTBANK (Hrsg.), Weltentwicklungsbericht 2003, S. 18; BLANK, J., Sustainable Development, S. 374. Die Theorie, nach der Volkswirtschaften aus der Umweltverschmutzung „herauswachsen" können, wird in der Literatur unter der Bezeichnung „Environmental Kuznets Curve" (EKC) nach ihrem Entwickler SIMON KUZNETS diskutiert. Vgl. HANLEY, N./SHOGREN, J. F./WHITE, B., Environmental Economics, S. 129; RADKE, V., Nachhaltige Entwicklung, S. 3; FRENZ, W./UNNERSTALL, H., Nachhaltige Entwicklung im Europarecht, S. 117.

59 In der Literatur wird die ökonomische Dimension der Nachhaltigkeit oftmals auf die nachhaltige Unternehmensentwicklung bezogen, für die betriebswirtschaftliche Ziele wie langfristige Sicherstellung der Liquidität und Erfüllung der Renditeforderungen der Eigenkapitalgeber notwendige Bedingungen sind; vgl. z. B. FISCHER, T. M./ SAWCZYN, A./BRAUCH, B., Nachhaltigkeit und Sustainability Accounting, S. 263; JONKER, J./STARK, W./ TEWES, S., CSR und nachhaltige Entwicklung, S. 8 f.; LACKMANN, J., Auswirkungen des Nachhaltigkeitsberichts auf den Kapitalmarkt, S. 9. Im normativen Leitbild auf politischer Ebene ist indes unter Ökonomie lediglich die

Auch wenn die Definition von nachhaltiger Entwicklung der Brundtland-Kommission als die am meisten anerkannte Definition von nachhaltiger Entwicklung gilt, ist sie nicht gänzlich frei von Kritik. Problematisch ist vor allem, dass die Brundtland-Definition zwar als Vision in die richtige Richtung zeigt, jedoch keine Anleitung für die operative Umsetzung bietet.[61] Um bestimmen zu können, ob Unternehmenshandlungen die nachhaltige Entwicklung der Gesellschaft fördern, muss in einem ersten Schritt definiert werden, was unter „Gesellschaft" zu verstehen ist. Hierzu wird im nächsten Abschnitt die Gesellschaftstheorie von NIKLAS LUHMANN eingeführt, der die Gesellschaft als die Gesamtheit differenzierter Funktionssysteme betrachtet. Zwar existieren in der Soziologie (wie in jeder anderen Wissenschaftsdisziplin auch) eine Vielzahl an unterschiedlichen Theorien, jedoch erhebt LUHMANN für seine Systemtheorie einen „Universalitätsanspruch"[62], indem er den Anwendungsbereich auf den gesamten Bereich der Wirklichkeit ausdehnt und somit auch Systeme anderer Wissenschaftsdisziplinen, z. B. der Biologie oder der Neurophysiologie, einbezieht.[63] Daran anschließend ist zu konkretisieren, inwiefern die – eine nachhaltige Entwicklung determinierenden – Begriffe der inter- und intragenerativen Gerechtigkeit auszulegen sind.

24 Gesellschaft als Gesamtheit differenzierter Funktionssysteme

241. Überblick

Zur Definition der Gesellschaft als einem Objekt einer nachhaltigen Entwicklung werden im aktuellen Abschnitt zu Beginn die Grundlagen der Systemtheorie von LUHMANN dargestellt. Hierbei wird in Grundzügen beschrieben, wie gesellschaftliche Funktionssysteme entstehen und wie sie sich an Veränderungen ihrer Umwelt anpassen. Um die Einflüsse von Unternehmen auf die Gesellschaft zu strukturieren, wird im Folgenden auf die Menschenrechte abgestellt. Diese sind die Voraussetzung sozialer Differenzierung und bilden demnach die Grundlage für Gesellschaften. Gerade aufgrund der weltweiten Akzeptanz kann angenommen werden, dass wesentliche Bereiche der Gesellschaft durch die Menschenrechte der Vereinten Nationen abgedeckt werden, die im Anschluss an die Grundlagen der Systemtheorie dargestellt werden. Ferner werden der Güterbestand von Volkswirtschaften, der menschliche Bedürfnisse befriedigen kann, und die Ökologie definiert.

242. Systemtheorie nach LUHMANN

Nach LUHMANN besteht eine **Gesellschaft** aus unterschiedlichen Systemen, die sich in ihrer Art und in ihrer Funktion unterscheiden und so die Komplexität minimieren (sog. funktionale Differenzie-

---

nachhaltige Entwicklung des Wirtschaftssystems zu verstehen; vgl. beispielsweise DEUTSCHER BUNDESTAG (Hrsg.), Abschlussbericht der Enquete-Kommission, S. 18.

60 Vgl. CRONE, H. C. V. D./HOCH, M., Nachhaltigkeit und Nachhaltigkeitsreporting, S. 40.

61 Vgl. GAZDAR, K./KIRCHHOFF, K. R., Unternehmerische Wohltaten, S. 94 f.; BIRN, K., Nachhaltige Entwicklung, S. 29 f.

62 LUHMANN, N., Soziale Systeme, S. 33; JANIK, A., Investor Relations in der Unternehmenskommunikation, S. 32.

63 Vgl. BERGHAUS, M., Luhmann leicht gemacht, S. 25; REESE-SCHÄFER, W., Politische Theorie der Gegenwart, S. 62; RÜEGG-STÜRM, J., Organisationaler Wandel, S. 76. In der vorliegenden Arbeit wird die Systemtheorie primär zur Systematisierung der einzelnen Teilbereiche einer nachhaltigen Entwicklung der Gesellschaft verwendet.

rung).[64] Bevor jedoch auf einzelne dieser Systeme näher eingegangen wird, sind die beiden wesentlichen und konstituierenden Merkmale von Systemen darzustellen, nämlich die Autopoiesis sowie die Abgrenzung zwischen Systemen und ihrer Umwelt.

Zum einen ist zu bestimmen, wie Systeme entstehen und erhalten werden. Hierzu greift LUHMANN auf den von dem Kognitionsbiologen HUMBERTO MATURANA geprägten Begriff der **Autopoiesis** (bestehend aus dem altgriechischen Wort αὐτός „selbst" und ποιέιν „schaffen, bauen") zurück.[65] Demnach produzieren Körperzellen die für ihre Existenz erforderlichen spezifischen Bestandteile (komplexe organische Moleküle) selber.[66] Auf soziale Systeme bezogen bedeutet dies, dass sich die gesellschaftlichen Funktionssysteme durch Kommunikation eigenständig erschaffen und erhalten.[67]

Zum anderen ist ein wesentliches Charakteristikum von Systemen der Unterschied zwischen dem System und der das System umgebenden **Umwelt**. Bezogen auf biologische Systeme bedeutet dies, dass erst die Existenz einer Grenze („Zellmembran") die Autopoiesis der Zelle möglich macht.[68] Systeme sind operativ geschlossen, d. h. sie verfügen nur über eine begrenzte Möglichkeit von Operationen.[69] Während für biologische Systeme die Fragen der Abgrenzung und des Bestehens des Systems durch die Kriterien tot/lebendig eindeutig zu beantworten sind, fehlen solche Kriterien im Bereich der gesellschaftlichen Systeme. Ähnlich wie Zellen, die lediglich auf Einwirkungen reagieren, die sie zu Veränderungen zwingen, nehmen soziale Systeme ihre Umwelt nur dann wahr, wenn die Umweltveränderungen einen Einfluss auf ihre Fähigkeit zur Selbsterhaltung haben, d. h. in die Kommunikationsmuster des Systems „passen". Das System grenzt sich somit durch Kommunikation gegenüber seiner Umwelt ab, wobei jedes System einen eigenen **binären Entscheidungscode** besitzt.[70] Als binäre Codes von einigen gesellschaftlichen Großsystemen schlägt LUHMANN vor:

- Wirtschaft: zahlen/nicht zahlen;
- Politik: Macht/keine Macht;
- Religion: Immanenz/Transzendenz;
- Rechtssystem: Recht/Unrecht;
- Wissenschaftssystem: wahr/unwahr;
- (Massen-)Medien: Information/Nichtinformation.[71]

---

64 Vgl. THIEME, J. H., Wirtschaftssysteme, S. 5. Zur Systemtheorie in der BWL, die jedoch i. d. R. nicht den Komplexitätsgrad der Theorie von LUHMANN erreicht, vgl. z. B. MÜLLER, A., ganzheitliches Controlling, S. 32 f.; KUNATH, O., Systemdynamische Werttreiberplanung, S. 131-143; HERMANN, S., Corporate Sustainability Branding, S. 102 f.; FRIEDRICH, D., Systemtheorie und ökonomische Modelle; HEßHAUS, W., Unternehmensführung und Unternehmensziele, S. 162-168.

65 Vgl. DIECKMANN, J., Schlüsselbegriffe der Systemtheorie, S. 27.

66 Vgl. REESE-SCHÄFER, W., Politisches Denken heute, S. 84.

67 Vgl. SCHWEGLER, R., Moralisches Handeln, S. 47.

68 Vgl. REESE-SCHÄFER, W., Politisches Denken heute, S. 84.

69 Vgl. LUHMANN, N., Gesellschaft der Gesellschaft, S. 92.

70 Vgl. DIECKMANN, J., Schlüsselbegriffe der Systemtheorie, S. 89; SCHWEGLER, R., Moralisches Handeln, S 71.

71 Vgl. REESE-SCHÄFER, W., Politisches Denken heute, S. 120.

Zwar sind Systeme in der Lage, mit anderen Systemen zu kommunizieren; Informationen können jedoch nicht von einem in ein anderes System übertragen werden, sondern sind nur innerhalb des jeweiligen Systems gültig. Aus der durch Sprache übermittelten Botschaft können jedoch in dem betroffenen System wieder Informationen entstehen.[72] Veränderungen der Umwelt können ein System somit niemals direkt verändern, sondern stören („pertubieren“) es lediglich und regen so Ausgleichsreaktionen des Systems an.[73] „Störung heißt also, einen Informationsverarbeitungsprozess in Gang zu setzen, der im System operativ gehandhabt werden kann, etwa im Bewusstsein durch Überlegung oder durch Umlenkung der Wahrnehmung auf die Störstelle bewältigt oder in der Kommunikation kommunikativ behandelt werden kann.“[74]

Beeinflussen sich Systeme gegenseitig, wird dieser Prozess als „**strukturelle Kopplung**“ bezeichnet.[75] Strukturelle Kopplungen zwischen Systemen und ihrer Umwelt bestehen dann, wenn das jeweilige System Erwartungsstrukturen aufbaut, die es für bestimmte Irritationen sensibler macht. So kann das politische System bspw. alle Informationen im Medium Geld (Code: zahlen/nicht zahlen) zwar nicht beobachten, weil sein Code aus Regierung/Opposition besteht, aber es kann sich Aggregierungsdaten schaffen (wie das BSP, die Steuerquote oder das Staatsdefizit). Verändert sich das Wirtschaftssystem (z. B. sinkende Wirtschaftsleistung und damit sinkende Steuereinnahmen), kann dies das Politiksystem beeinflussen, was die Informationen jedoch nicht in dem Code zahlen/nicht zahlen, sondern in **Auswirkungen** auf den Machterhalt **transformiert**. Die Umwelt des Systems kann demnach zu seiner Destruktion beitragen; erhalten werden kann das System durch die Umwelt indes nicht, d. h. ein positiver Einfluss der Umwelt auf das System ist nicht möglich.[76] Auch wenn Systeme operativ geschlossen sind, sind sie dennoch in einem gewissen Maße offen, da sie äußere Einflüsse beobachten und durch sie zu Veränderungen angeregt werden können.[77] Systeme müssen demnach aus Selbsterhaltungsgründen zwei Fähigkeiten entwickeln:

1) Anpassungsfähigkeit an veränderte Umstände der sie umgebenden Welt;
2) durchlässige Grenzen, um die zu ihnen passenden Neuerungen aus ihrer Umwelt aufzunehmen, um auf diese Weise ihre Entwicklung und damit ihren Bestand sichern zu können.

LUHMANN unterscheidet unterschiedliche Arten von Systemen. Biologische Systeme erzeugen Leben; psychische Systeme erzeugen ein Bewusstsein. Im Mittelpunkt der Systemtheorie von Luhmann stehen jedoch die sozialen Systeme. Diese umfassen zunächst die Gesellschaft, die aus verschiedenen Sub- bzw. Funktionssystemen besteht. Diese bilden sich durch funktionale Differenzierung und übernehmen für die Gesellschaft exklusiv eine spezifische Funktion (z. B. Rechtssystem, politisches System, Erziehungssystem, Wirtschaftssystem, und viele mehr).[78] Systeme können dabei auch in Form von Subsystemen innerhalb von Systemen bestehen. LUHMANN hat hierzu in ver-

72 Vgl. REESE-SCHÄFER, W., Politisches Denken heute, S. 85.
73 Vgl. REESE-SCHÄFER, W., Politisches Denken heute, S. 85.
74 LUHMANN, N., Einführung in die Systemtheorie, S. 127.
75 Vgl. LUHMANN, N., Einführung in die Systemtheorie, S. 123.
76 Vgl. LUHMANN, N., Einführung in die Systemtheorie, S. 120.
77 Vgl. LUHMANN, N., Gesellschaft der Gesellschaft, S. 97.
78 Vgl. LUHMANN, N., Soziale Systeme, S. 405-411.

schiedenen, auf seinem Grundwerk aufbauenden Untersuchungen gezeigt, dass sämtliche Funktionssysteme „bei aller Sachverschiedenheit vergleichbare Strukturen aufweisen“[79]. Die unterschiedlichen Funktionssysteme können in kein hierarchisches Verhältnis gebracht werden, sondern stehen gleichberechtigt nebeneinander.

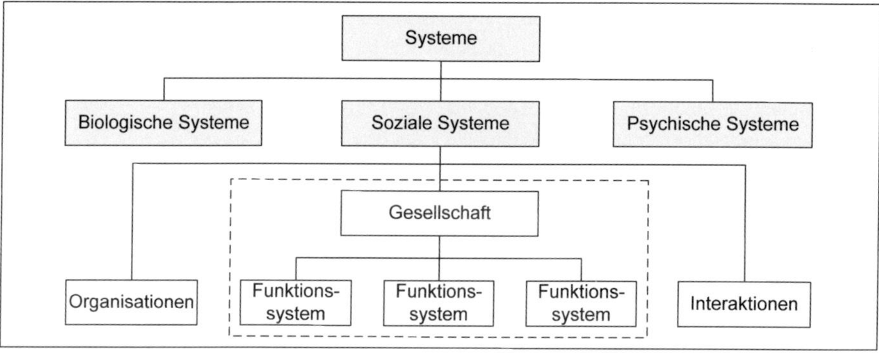

Abbildung 2-1: Systemarten nach LUHMANN[80]

Auf der nächsten Ebene der sozialen Systeme stehen **Organisationen**. Organisationen können ebenfalls als System bezeichnet werden, sind jedoch kein Funktionssystem (z. B. Wirtschaft), sondern lediglich ein Teil davon (z. B. Unternehmen, Verbände oder Gewerkschaften).[81] Damit ein soziales System als Organisation bezeichnet werden kann, ist das Bestehen von bestimmten Bedingungen für die Mitgliedschaft in der Organisation erforderlich, wobei der Mitgliedschaft immer eine Entscheidung vorangeht.[82] Auf der untersten Ebene stehen **Interaktionen**, die immer dann entstehen, wenn zwei Menschen miteinander kommunizieren.[83]

Grundlegende Voraussetzung für soziale Systeme und damit für das Bestehen einer Gesellschaft ist das **Leben**. Der Mensch wird von LUHMANN jedoch nicht als System betrachtet, sondern ist ein Teil der Umwelt der sozialen Systeme[84] und teilt sich auf auf in ein biologisches System (Körper) sowie ein psychisches System (Bewusstsein).[85] Der Mensch ist somit ein Teil der Umwelt der Gesellschaft bzw. der jeweiligen Subsysteme. Darüber hinaus kann in der Systemtheorie von LUHMANN nicht von einem „**Ökosystem**“ gesprochen werden, da es sich mangels Kommunikation nicht von der Umwelt abgrenzen kann. Die Ökologie ist somit in den Bereich der Umwelt jedes Funkti-

---

79 LUHMANN, N., Die Kunst der Gesellschaft, S. 7.
80 Vgl. LUHMANN, N., Soziale Systeme, S. 16.
81 Vgl. DIECKMANN, J., Schlüsselbegriffe der Systemtheorie, S. 212.
82 Vgl. DIECKMANN, J., Schlüsselbegriffe der Systemtheorie, S. 213.
83 Interaktionen werden aufgrund fehlender Relevanz für die voliegende Untersuchung im weiteren Verlauf der Arbeit nicht weiter betrachtet.
84 Vgl. DIECKMANN, J., Schlüsselbegriffe der Systemtheorie, S. 204.
85 Vgl. BERGHAUS, M., Luhmann leicht gemacht, S. 33.

onssubsystems einzuordnen, so dass zwischen der Ökologie und dem System strukturelle Kopplungen bestehen. Verändert sich die Ökologie, führt dies zu Anpassungsreaktionen im System.[86]

In Bezug auf das **Verhältnis von Unternehmen und Gesellschaft** sind drei Fälle denkbar. Zunächst sind dies Fälle, in denen die Entwicklung von Unternehmen und Gesellschaft voneinander abhängig sind. Hierbei ist die nachhaltige Entwicklung der Gesellschaft nur möglich, wenn sich auch das Unternehmen nachhaltig entwickelt, da die Insolvenz des Unternehmens wesentliche Auswirkungen auf die gesellschaftlichen Funktionssysteme oder die Umwelt der Gesellschaft hätte („systemrelevante Unternehmen"). Es sind jedoch auch Fälle denkbar, in denen sich ein Bereich nur auf Kosten seiner Umwelt entwickeln kann. Dies kann bedeuten, dass die nachhaltige Entwicklung der Gesellschaft nur dann möglich ist, wenn das Unternehmen nicht dauerhaft besteht. Dies betrifft Unternehmen, die im Rahmen ihrer Produktion die Umwelt der Gesellschaft oder einzelne Funktionssysteme gravierend schädigen. Fraglich ist, ob eine nachhaltige Entwicklung von Unternehmen auf Kosten der Gesellschaft möglich ist. Da die Gesellschaft und ihre Umwelt jedoch für das Bestehen des Unternehmens eine Grundvoraussetzung darstellen, scheint dieser Fall (zumindest auf langfristige Sicht) nur schwer vorstellbar.

Die Systemtheorie von LUHMANN wird im weiteren Verlauf der Arbeit primär verwendet, um mögliche Einflüsse des Unternehmens auf die nachhaltige Entwicklung der Gesellschaft zu strukturieren. Hierbei ist fraglich, welchen Einfluss das Unternehmen auf die Umwelt der gesellschaftlichen Funktionssysteme hat, d. h. auf die von Menschen produzierten Güter und auf die Ökologie. Des Weiteren ist zu untersuchen, welche direkten Einflüsse das Unternehmen auf die gesellschaftlichen Funktionssysteme selbst hat. Da zwischen den gesellschaftlichen Funktionssystemen, der Ökologie und dem Güterbestand multiple Interdependenzen bestehen, ist es oftmals möglich, die Auswirkungen einer Maßnahme bspw. unterschiedlichen Funktionssystemen zuzuordnen. In solchen Fällen werden die Auswirkungen unter dem Funktionssystem angegeben, das primär betroffen ist.

Im Folgenden werden die Menschenrechte der Vereinten Nationen vorgestellt, die im Verlauf der vorliegenden Arbeit zur Strukturierung der Einflüsse von Unternehmen auf die gesellschaftlichen Funktionssysteme verwendet werden.

243. Menschenrechte als Voraussetzung sozialer Differenzierung

In der Systemtheorie von LUHMANN stabilisieren die Grund- oder Menschenrechte die soziale Differenzierung, indem sie das Funktionssystem der Politik einschränken.[87] Da jedes Thema mehr oder weniger politisierbar ist, könnte das Politiksystem sich ansonsten in andere (eigentlich autonome) Funktionssysteme ausbreiten.[88] Die Menschenrechte, die die Freiheit und Menschenwürde sichern, schaffen hierbei Raum für die Selbstdarstellung individueller Persönlichkeiten, die das menschliche

[86] Näher wird der Bereich der Ökologie von LUHMANN nicht betrachtet; vgl. weiterführend Abschn. 245.

[87] Vgl. LUHMANN, N., Grundrechte, S. 51 f.; RÖHL, K. F., Rechtssoziologie, S. 402; NOLL, A., Menschenrechte bei Luhmann, S. 239. Insofern erfüllen die Grundrechte die selbe Funktion wie auch die Gewaltenteilung zwischen Exekutive, Legislative und Judicative.

[88] Vgl. LUHMANN, N., Grundrechte, S. 188 f.; RÖHL, K. F., Rechtssoziologie, S. 402

Überleben in einer differenzierten Gesellschaft und damit auch das Überleben der Gesellschaft selbst sichern.[89] Diese Funktion erfüllen auch die Rechte der Glaubens-, Meinungs-, Versammlungs- und Vereinigungsfreiheit, die ebenfalls den Prozess der sozialen Kommunikation und Interaktion selbst regulieren.[90] Die Berufsfreiheit und die Eigentumsgarantie sichern den Bestand des Wirtschaftssystems, das ansonsten vom Staat durch direkte Eingriffe gesteuert werden könnte.[91] Überspitzt formuliert verhindern die Menschenrechte soziale Konflikte im Zusammenleben der Menschen.[92] Manche Grundrechte dienen somit allgemein der Entwicklung bzw. Aufrechterhaltung einer differenzierten Gesellschaft, andere Rechte beziehen sich auf spezifische gesellschaftliche Funktionssysteme (hier die Berufsfreiheit und die Eigentumsgarantie).[93] Indem Unternehmen gegen Menschenrechte verstoßen, können sie folglich direkten Einfluss auf die Gesellschaft nehmen. Nachfolgend wird aufgrund seiner weltweiten Akzeptanz[94] das Menschenrechtssystem der Vereinten Nationen vorgestellt, das im weiteren Verlauf der Untersuchung die Auswirkungen von Unternehmen auf die Gesellschaft strukturiert.

Das **Menschenrechtssystem der Vereinten Nationen** besteht im Kern aus drei Teilen: der Allgemeinen Erklärung der Menschenrechte (AErkl) von 1948, dem Pakt über bürgerliche und politische Rechte (IPbpR; Bürgerrechtspakt) und dem Pakt über wirtschaftliche, soziale und kulturelle Rechte (IPwskR), beide Pakte aus dem Jahr 1966.[95] Die allgemeine Erklärung der Menschenrechte wurde aufgrund der politischen Umstände kurz nach dem zweiten Weltkrieg im Jahr 1948, im Gegensatz zu den beiden Pakten, als nicht bindende Deklaration verabschiedet, um die Zustimmung möglichst vieler Staaten zu erreichen.[96]

Unterschieden werden kann in der AErkl zwischen drei Typen von Rechten: Abwehrrechte dienen dem Schutz des Einzelnen vor Eingriffen des Staats in seine Privatsphäre; Gestaltungsrechte, auch Partizipationsrechte genannt, regeln die Möglichkeiten zur Teilnahme an der öffentlichen (politischen) Willensbildung. Diese Rechte werden allgemein als Freiheitsrechte bezeichnet. Ferner be-

89 Vgl. RÖHL, K. F., Rechtssoziologie, S. 402.

90 Vgl. LUHMANN, N., Grundrechte, S. 130 f.

91 Vgl. RÖHL, K. F., Rechtssoziologie, S. 402.

92 Vgl. GLASER, A., Nachhaltige Entwicklung und Demokratie, S. 69.

93 An dieser Stelle sei bereits angemerkt, dass in der AErkl und den IPbpR und IPwskR weitere Grundrechte verankert sind, die sich auf spezifische Funktionssysteme beziehen. Diese sind das Recht auf den Schutz der Familie, das Recht auf Bildung und das Recht auf Teilnahme am kulturellen Leben.

94 Vgl. EHLERS, D., Europäische Menschenrechtskonvention, S. 26.

95 Die Pakte gelten heute in 75 % der weltweit existierenden Staaten; vgl. EHLERS, D., Europäische Menschenrechtskonvention, S. 26. Darüber hinaus werden in der Literatur sog. „Menschenrechte der dritten Generation" diskutiert (z. B. das Recht auf Entwicklung, das Recht auf Frieden oder das Recht auf gesunde Umwelt), die die klassischen Menschenrechte erweitern sollen; vgl. BARTHEL, A., Menschenrechte der dritten Generation; ALBRECHT, A., Menschenrechte im demokratischen Rechtsstaat, S. 19. Auf diese Rechte wird in der vorliegenden Arbeit nicht explizit eingegangen, wobei sie (teilweise implizit) der Definition einer nachhaltigen Entwicklung der Gesellschaft zu Grunde liegen.

96 Vgl. BUERGENTHALER, T./THÜRER, D., Menschenrechte, S. 29. Auf Europäischer Ebene ist darüber hinaus im Jahr 1953 die Europäische Menschenrechtskonvention in Kraft getreten, die in ihrer Präambel auf die AErkl verweist; vgl. EHLERS, D., Europäische Menschenrechtskonvention, S. 26.

stehen Leistungs- und Versorgungsrechte, nach denen jeder Mensch das Recht auf ein menschenwürdiges Leben in den Bereichen Wirtschaft und Kultur hat.[97] Diese Rechte bilden die Sozialrechte.

Der IPbpR und der IPwskR unterscheiden sich von der allgemeinen Erklärung der Menschenrechte primär durch den Grad ihrer Verbindlichkeit.[98] Der Bürgerrechtspakt verpflichtet die Vertragsstaaten, die enthaltenen Rechte durchzusetzen. Hierzu müssen sie nach Art. 2 IPbpR alle erforderlichen gesetzgeberischen und sonstigen Maßnahmen treffen (sog. Ergebnispflichten).[99] Im Gegensatz dazu enthält der IPwskR lediglich die Verpflichtung, dass die Staaten sukzessive alle Maßnahmen treffen müssen, um die enthaltenen Rechte „nach und nach" durchzusetzen (Art. 2 Abs. 1 IPwskR). Erklären lässt sich diese Differenz durch die Tatsache, dass die Rechte des IPbpR bereits durch den Verzicht auf Maßnahmen (z. B. Folter) durchgesetzt werden können, während im Falle der Rechte des IPwskR aufwendigere Maßnahmen notwendig sind, die in vielen Fällen eine weit entwickelte Wirtschaft voraussetzen (z. B. Systeme für die soziale Sicherheit oder Gesundheitsversorgung).[100] Allen Rechten, die in der allgemeinen Erklärung und in den beiden Pakten enthalten sind, liegt der Gedanke der **Gleichheit** der Menschen zu Grunde. Nach diesem Grundsatz sind alle Menschen von Geburt an frei und gleich in Würde und Rechten (Art. 1 AErkl). Diskriminierungen jeder Art, bspw. nach Rasse, Hautfarbe, Geschlecht, Sprache, Religion, politischer oder sonstiger Anschauung, nationaler oder sozialer Herkunft, Vermögen oder sonstigem Stand, ist nach Art. 2 AErkl untersagt.

Im Folgenden werden die politischen und bürgerlichen Rechte sowie die wirtschaftlichem kulturellen und sozialen Rechte in Übersichten dargestellt. Die politischen und bürgerlichen Rechte werden hierbei weiter unterteilt in (1) Rechte auf Leben und Sicherheit und (2) Rechte auf persönliche Freiheit.[101]

---

97 Vgl. BRIESKORN, N., Menschenrechte, S. 17.

98 An einigen Stellen geht der Bürgerrechtspakt über die in der allgemeinen Erklärung der Menschenrechte enthaltenen Rechte hinaus (z. B. im Bereich des Minderheitenschutzes (Art. 27 IPbpR), an einigen Stellen enthält jedoch auch die allgemeine Erklärung weitergehende Rechte, z. B. im Bereich der Rechte auf Eigentum oder Asyl. Vgl. BUERGENTHALER, T./THÜRER, D., Menschenrechte, S. 32 f.

99 Vgl. BUERGENTHALER, T./THÜRER, D., Menschenrechte, S. 34.

100 Vgl. BUERGENTHALER, T./THÜRER, D., Menschenrechte, S. 40 f.; BENHABIB, S., Vielfalt und Gleichheit, S. 91.

101 Vgl. UN Global Compact, http://www.unglobalcompact.org/AboutTheGC/TheTenPrinciples/humanRights.html.

Bürgerliche Rechte

Allgemeine Rechte

Recht auf Leben, Freiheit und Sicherheit der Person
(Art. 3 AErkl, Art. 6 und 9 Abs. 1 Satz 1 IPbpR)

Rechte auf Leben und Sicherheit

Verbot der Sklaverei und des Sklavenhandels
(Art. 4 AErkl, Art. 8 Abs. 1 und2 IPbpR)

Verbot von Leibeigenschaft und Zwangs- oder Pflichtarbeit
(Art. 8 Abs. 2 und 3 IPbpR)

Schutz von Minderjährigen
(Art. 24 Abs. 1 AErkl und 2 IPbpR)

Verbot der Folter oder anderer grausamer, unmenschlicher oder erniedrigender Behandlung oder Strafe
(Art. 5 AErkl, Art. 7 und Art. 10 IPbpR)

Recht auf Anerkennung als Rechtsperson
(Art. 6 AErkl, Art. 16 IPbpR)

Recht auf Gleichheit vor dem Gesetz
(Art. 7, Art. 14 Abs. 1 Satz 1 IPbpR)

Anspruch auf Rechtsschutz
(Art. 8 AErkl, Art. 2 Abs. 3 IPbpR)

Recht, nicht willkürlich festgenommen, in Haft gehalten oder des Landes verwiesen zu werden
(Art. 9 AErkl, Art. 9 Abs. 1 Satz 2 und 3, Art. 9 Abs. 2 IPbpR)

Verbot der Verhaftung wegen Nichterfüllung vertraglicher Pflichten
(Art. 11 IPbpR)

Recht auf ein faires und öffentliches Verfahren vor einem unabhängigen Gericht in zivil- und strafrechtlichen Angelegenheiten
(Art. 10 AErkl, Art. 9 Abs. 3 bis 5, Art. 14 Abs. 1 Satz 1 und 2, Abs. 3 bis 7 IPbpR)

Unschuldsvermutung zu Gunsten des Angeklagten und Rückwirkungsverbot
(Art. 11 AErkl, Art. 14 Abs. 2, Art. 15 IPbpR)

Abbildung 2-2: Rechte auf Leben und Sicherheit der AErkl und des IPbpR

Die Kategorie der Rechte auf **Leben und Sicherheit** enthält das Verbot von Sklaverei, Folter, Zwangs- oder Pflichtarbeit und anderen Verstößen gegen das humanitäre Völkerrecht. Alle bürgerlichen Rechte auf Leben und Sicherheit sind allgemein und können keinem bestimmten gesellschaftlichen Funktionssystem zugeordnet werden.

Bürgerliche Rechte

Allgemeine Rechte

Funktionssystemspezifische Rechte

Persönliche Freiheiten

Funktionssystem: Familie	Recht auf Privatleben und Schutz der Familie (Art. 12 AErkl, Art. 17 und 23 Abs. 1 IPbpR, Art. 10 IPwskR)
Organisation: Staat	Recht auf Freizügigkeit und Auswanderung (Art. 13 AErkl, Art. 12 IPbpR) Schutz vor willkürlicher Ausweisung von Ausländern (Art. 13 IPbpR)
Organisation: Staat	Recht, Asyl zu suchen und zu genießen (Art. 14 AErkl)
Organisation: Staat	Recht auf eine Staatsangehörigkeit (Art. 15 AErkl, Art. 24 Abs. 3 IPbpR)
Funktionssystem: Familie	Recht auf Eheschließung (Art. 16 AErkl, Art. 23 Abs. 2 bis 4 IPbpR)
Funktionssystem: Wirtschaft	Recht auf Gewährleistung des Eigentums (Art. 17 AErkl)
	Gewissens- und Religionsfreiheit (Art. 18 AErkl, Art. 18 IPbpR)
	Meinungsäußerungs- und Informationsfreiheit (Art. 19 AErkl, Art. 19 IPbpR) Verbot von Kriegspropaganda (Art. 20 IPbpR)
	Versammlungs- und Vereinigungsfreiheit (Art. 20 AErkl, Art. 21 und IPbpR)
Funktionssystem: Politik	Recht, an der Leitung öffentlicher Angelegenheiten des eigenen Landes unmittelbar oder durch frei gewählte Vertreter teilzunehmen (Art. 21 AErkl, Art. 25 IPbpR)

Abbildung 2-3: Persönliche Freiheitsrechte der AErkl und des IPbpR und betroffene Funktionssysteme

Im Unterschied zu den Rechten auf Leben und Sicherheit können die Menschenrechte, deren Ziel der Schutz der persönlichen Freiheiten ist, in allgemeine Rechte und systemspezifische Rechte unterteilt werden. Allgemeine Rechte sind die Gewissens- und Religionsfreiheit, die Meinungsäußerungs- und Informationsfreiheit, das Verbot von Kriegspropaganda sowie die Versammlungs- und Vereinigungsfreiheit.[102] Demgegenüber dient das Recht auf Privatleben[103] und Schutz der Familie sowie das Recht auf Eheschließung dem Schutz des Funktionssystems Familie. Das Recht auf Gewährleistung des Eigentums ist grundlegend für die Funktion des Wirtschaftssystems, ebenso, wie das Recht, an der Leitung öffentlicher Angelegenheiten des eigenen Landes unmittelbar oder durch frei gewählte Vertreter teilzunehmen, dem Schutz des Funktionssystems Politik dient. Darüber hinaus können die Rechte auf Freizügigkeit und Auswanderung, das Recht auf Schutz vor willkürlicher Ausweisung von Ausländern, das Recht, Asyl zu suchen und zu genießen sowie das Recht auf eine Staatsangehörigkeit der Organisation Staat zugeordnet werden.

Neben den bürgerlichen Rechten beziehen sich die **wirtschaftlichen, sozialen und kulturellen Rechte** generell auf ein spezifisches Funktionssystem. Neben weiteren Rechten, die die bereits erwähnten Funktionssysteme Familie, Wirtschaft und Politik betreffen, sind im Menschenrechtssystem der Vereinten Nationen darüber hinaus spezifische Rechte in Bezug auf die Funktionssysteme Soziales, Gesundheit, Bildung und Kultur enthalten.

---

102 Diese allgemeinen Rechte beeinflussen demnach nicht nur ein spezifisches Funktionssystem, sondern sind für den Bestand und die Entwicklung von unterschiedlichen Funktionssystemen erforderlich.

103 In Bezug auf das Recht auf Privatleben könnte allerdings auch argumentiert werden, dass ein Privatleben für die freie Entfaltung der Persönlichkeit erforderlich ist, die wiederum für die Entwicklung einer differenzierten Gesellschaft notwendig ist.

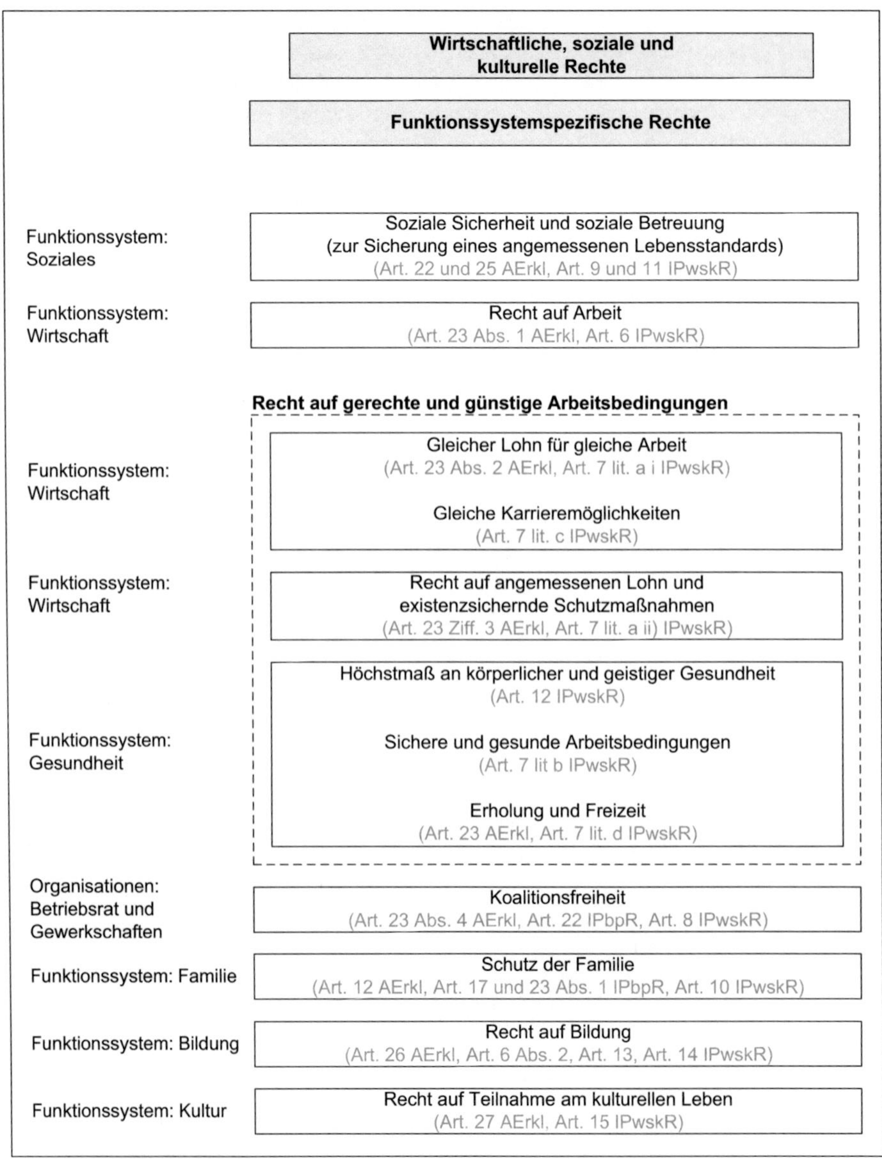

Abbildung 2-4: Wirtschaftliche, soziale und kulturelle Rechte der AErkl und des IPwskR

Für die Arbeitnehmer betreffenden Menschenrechte hat die **Internationale Arbeitsorganisation** (IAO) über 150 Normen erlassen, die die in der allgemeinen Erklärung und den beiden Pakten enthaltenen Menschenrechte weiter ausführen bzw. konkretisieren[104]; diese können den universellen Menschenrechten zugeordnet werden.[105] Neben dem Ziel der IAO, die Menschenrechte im Bereich der Arbeit durch Standards zu konkretisieren, möchte sie darüber hinaus „destruktive Konkurrenz", d. h. durch Lohndumping generierte Wettbewerbsvorteile, abwenden.[106]

Folgenden sog. Kernarbeitsnormen kommt dabei im IAO-Normensystem besondere Bedeutung zu:

- Übereinkommen 87: Vereinigungsfreiheit und Schutz des Vereinigungsrechts;
- Übereinkommen 98: Vereinigungsrecht und Recht zu Kollektivverhandlungen;
- Übereinkommen 29: Zwangsarbeit;
- Übereinkommen 105: Abschaffung der Zwangsarbeit;
- Übereinkommen 100: Gleichheit des Entgelts;
- Übereinkommen 111: Diskriminierung (Beschäftigung und Beruf);
- Übereinkommen 138: Mindestalter;
- Übereinkommen 182: Verbot und unverzügliche Maßnahme zur Beseitigung der schlimmsten Formen der Kinderarbeit.[107]

In Bezug auf die Menschenrechte ist darüber hinaus der **UN Global Compact** zu beachten.[108] Dieser wurde vom Generalsekretär der Vereinten Nationen im Jahr 2000 mit der Absicht, private Unternehmen zur Unterstützung der Ziele der VN zu gewinnen, ins Leben gerufen.[109]

In Bezug auf die Menschenrechte sind die Prinzipien eins bis sechs (von insgesamt zehn Prinzipien) relevant:

- **Prinzip 1:** Unternehmen sollen den Schutz der internationalen Menschenrechte innerhalb ihres Einflussbereichs unterstützen und achten und

104 Allerdings muss darauf hingewiesen werden, dass international dennoch eine Vielzahl an unterschiedlichen Standards, die oft auf nationalen Vorgaben beruhen, verwendet werden; vgl. WINDFUHR, M., Durchsetzung sozialer Menschenrechte, S. 11; SENGHAAS-KNOBLICH, E./DIRKS, J./LIESE, A., Internationale Arbeitsregulierung, S. 4.

105 Vgl. BUNTENBROICH, D., Menschenrechte und Unternehmen, S. 26; ähnlich MUCHLINSKI, P., Human Rights Responsibilities, S. 41. Dafür spricht auch, dass sich die Prinzipien und Normen der IAO in allen Sektionen der AErkl wiederfinden; vgl. MAUL, D., Internationale Arbeitsorganisation, S. 258.

106 Vgl. SENGHAAS-KNOBLICH, E./DIRKS, J./LIESE, A., Internationale Arbeitsregulierung, S. 4. Die IAO-Normen betreffen primär das Wirtschaftssystem, haben aber auch Auswirkungen auf andere Funktionssysteme, indem z. B. Normen zum Arbeitsschutz (Gesundheitssystem als soziales System) bestehen.

107 Vgl. POMMERENING, T., Gesellschaftliche Verantwortung von Unternehmen, S. 16; BUNDESMINISTERIUM FÜR WIRTSCHAFTLICHE ZUSAMMENARBEIT UND ENTWICKLUNG (Hrsg.), Umsetzung der Kernarbeitsnormen; ZIEKOW, J., Auftragsvergabe und soziale Aspekte, S. 6 f.

108 Vgl. FÖRSTER, C., CSR rechtlich reguliert, S. 835. Zur Umsetzung des Global Compact in Deutschland vgl. HAMM, B./KOCH, H., Umsetzung des Global Compact.

109 Vgl. ANNAN, K., An appeal to world business, S. 28-31; RIETH, L., CSR Engagement deutscher Unternehmen, S. 169; FITSCHEN, T., Global Compact als Zielvorgabe, S. 1; SAGAFI-NEJAD, T./DUNNING, J. H., UN and Transnational Corporations, S. 195; HILDEBRANDT, P.-M., Der Global Compact, S. 176 f.

- **Prinzip 2:** sicherstellen, dass sie sich nicht an Menschenrechtsverletzungen mitschuldig machen.
- **Prinzip 3:** Unternehmen sollen die Vereinigungsfreiheit und die wirksame Anerkennung des Rechts auf Kollektivverhandlungen wahren sowie ferner für
- **Prinzip 4:** die Beseitigung aller Formen von Zwangsarbeit,
- **Prinzip 5:** die Abschaffung von Kinderarbeit und
- **Prinzip 6:** die Beseitigung von Diskriminierung bei Anstellung und Beschäftigung eintreten.[110]

Neben den gesellschaftlichen Funktionssystemen ist des Weiteren der Güterbestand, der nach LUHMANN neben der Ökologie in der gesellschaftlichen Umwelt angesiedelt ist, maßgeblich für eine nachhaltige Entwicklung der Gesellschaft. Dieser wird im Folgenden betrachtet.

244. Güterbestand

In der Brundtland-Definition von nachhaltiger Entwicklung wird neben der Ökologie und der Gesellschaft die Wirtschaft bzw. die Ökonomie oftmals als dritte Säule einer nachhaltigen Entwicklung gesehen.[111] Die Wirtschaft als Funktionssystem ist nach der Systemtheorie von LUHMANN jedoch bereits ein Teil der Gesellschaft und kann demnach kein eigenständiger Teilbereich der nachhaltigen Entwicklung neben den gesellschaftlichen Funktionssystemen sein.[112] Entscheidend für die Bedürfnisbefriedigung der Menschen ist jedoch der Bestand an Gütern, die durch die Kombination von Produktionsfaktoren erzeugt und zur Bedürfnisbefriedigung konsumiert werden.[113] Da diese Güter nicht kommunizieren, können sie kein Teil des Wirtschaftssystems sein, sondern sind seiner Umwelt und damit der Umwelt der Gesellschaft zuzuordnen.

Indem Preise die Knappheit und den Nutzen von Gütern widerspiegeln, kann an ihrer Höhe grds. erkannt werden, ob Unternehmen durch die Produktion von Gütern oder durch das Erbringen von Dienstleistungen das den Gütern innewohnende Nutzenpotenzial erhöhen (in diesem Fall wäre „das Ganze mehr als die Summe seiner Einzelteile“[114]). Sind Konsumenten bereit, einen die Produktionskosten übersteigenden Preis zu zahlen, so kann grds. davon ausgegangen werden, dass das Nutzenpotenzial der einzelnen Produktionsfaktoren durch ihre Kombination erhöht wurde. Beachtet werden müssen hierbei jedoch **externe Effekte**. Diese definiert die Volkswirtschaftslehre als Wir-

---

110 Die Prinzipien des UN Global Compact können unter http://www.unglobalcompact.org/AboutTheGC/TheTenPrinciples/index.html abgerufen werden. Vgl. außerdem RIETH, L., CSR Engagement deutscher Unternehmen, S. 175; HÖLZ, H., UN Global Compact, S. 512. Die Prinzipien 7 bis 9 betreffen den Bereich Ökologie, Prinzip 10 betrifft den Kampf gegen Korruption und beeinflusst somit unterschiedliche Funktionssysteme; vgl. hierzu auch Abschn. 584.442.

111 Vgl. DEUTSCHER BUNDESTAG (Hrsg.), Abschlussbericht der Enquete-Kommission, S. 18.

112 So auch LUNAU, Y., Erwartungen der Bürger, S. 478.

113 Vgl. Abschn. 23; so auch HAUFF, M. V./KLEINE, A., Nachhaltige Entwicklung, S. 16. Da auch die Ökologie menschliche Bedürfnisse befriedigen kann, könnte sie bzw. einzelne Teilbereiche ebenfalls als „Gut“ bezeichnet werden. In der vorliegenden Arbeit wird die Ökologie indes als separate Kategorie betrachtet, da „ökologische Güter“ ohne menschlichen Einfluss entstehen und somit Unternehmen i. d. R. keine positiven Einflüsse haben.

114 ARISTOTELES, zitiert nach HAFEMANN, B., Aristoteles' transzendentaler Realismus, S. 174.

kungen, die bestimmte Aktivitäten von Wirtschaftssubjekten für andere Wirtschaftssubjekte haben, die nicht in den Preisen enthalten sind.[115] Diese Effekte müssen nicht zwangsläufig negativer Natur sein.[116] Bestehen positive externe Effekte, unterschätzt der Preis des Produkts oder der Dienstleistung den Nutzen; bei negativen externen Effekten zeigt der Preis ein zu hohes Nutzenpotenzial an (bezogen auf die gesamten Auswirkungen auf die Gesellschaft).[117] Hierdurch kann es zu Fehlallokationen von Angebot und Nachfrage kommen.[118] Dieses Problem kann durch die **Internalisierung** externer Effekte gelöst werden. In diesem Zuge werden die externen Effekte monetär bewertet, so dass Güterpreise die tatsächlichen Kosten der Produktion widerspiegeln.[119]

245. Ökologie

„Zusehends wird es zu einem Hauptanliegen der Öffentlichkeit und der Politik, menschliche Aktivitäten sowie die Größe und die Verteilung der menschlichen Bevölkerung nachhaltig zu gestalten. Nachhaltigkeit zu erreichen oder sich ihr wenigstens anzunähern erfordert aber mehr als nur den Willen dazu. Es erfordert das Verständnis ökologischer Zusammenhänge, sorgfältig erworben und angewandt.“[120]

Auch wenn es nicht der Anspruch der vorliegenden Arbeit sein kann, eine nachhaltige Entwicklung im Bereich der Ökologie allumfassend und im Detail zu definieren, so ist zur Würdigung der Gliederungssystematik der GRI-Berichtsrahmens und seiner Leistungsindikatoren zumindest ein rudimentäres Verständnis ökologischer Zusammenhänge erforderlich.

Ökologie wird **definiert** als „Wissenschaft von der Verbreitung und der Häufigkeit (Abundanz) von Organismen und den Interaktionen, welche die Verbreitung und Abundanz bestimmen“[121]. Die Betrachtungsobjekte der Ökologie lassen sich hierbei in eine zeitliche, eine räumliche und eine „biologische“ Ebene einteilen.[122] Die biologische Ebene kann weitergehend in drei Teilbereiche aufgeteilt werden. Auf der Ebene des Individuums werden die Wechselwirkungen der Individuen und ihrer Umwelt untersucht. Auf der Ebene der Populationen (die aus Individuen derselben Art[123] bestehen) beschäftigt sich die Ökologie mit dem Vorhandensein oder Fehlen bestimmter Arten, d. h. mit der Häufigkeit einer Art, sowie mit Trends und Schwankungen der Individuenzahl. Auf der letzten Ebene der Lebensgemeinschaften (die aus einer mehr oder weniger großen Anzahl von Populatio-

---

115 Vgl. STREIT, M. E., Wirtschaftspolitik, S. 14. Werden künftige Generationen durch externe Effekte betroffen, spricht man von intertemporalen externen Effekten; vgl. AUFDERHEIDE, D., Unternehmer, Ethos und Ökonomik, S. 19.

116 Vgl. SAURER, P., Eigentumsrechte und externe Effekte, S. 9.

117 Zu den externen Effekten des Energieverbrauchs vgl. zum Beispiel HOHMEYER, O., Kosten des Energieverbrauchs, S. 33.

118 Vgl. KARASCHEWSKI, W., Externe Effekte, S. 11; ROGALL, H., Akteure der Nachhaltigkeit, S. 191; HAGEN, R. v., Betriebliche Umweltpolitik, S. 28.

119 Vgl. MÜLLER, A., Umweltorientiertes betriebliches Rechnungswesen, S. 78; BURKHARD, P., Umweltregulierung, S. 24.

120 TOWNSEND, C. R./BEGON, M./HARPER, J. L., Ökologie, S. 464.

121 TOWNSEND, C. R./BEGON, M./HARPER, J. L., Ökologie, S. 4.

122 Vgl. TOWNSEND, C. R./BEGON, M./HARPER, J. L., Ökologie, S. 9.

123 Unter einer Art wird eine Gruppe von Organismen verstanden, die sich untereinander kreuzen können, mit Vertretern anderer Arten jedoch nicht; vgl. RAVEN, P. H./EVERT, R. F./ EICHHORN, S. E., Biologie, S. 237.

nen bestehen), wird die Zusammensetzung oder die Struktur untersucht.[124] Darüber hinaus ist es möglich, den Weg von Energie und Stoffen durch belebte und unbelebte Elemente zu untersuchen.[125] Dieser Zweig der Ökologie beschäftigt sich mit der Ebene der **Ökosysteme** (welche die Lebensgemeinschaft und ihre physikalische Umwelt umfassen).[126]

Biologische Einheiten benötigen Stoffe für ihren Aufbau und Energie für ihre Aktivitäten.[127] Die **Stoffe** der Umwelt werden hierbei durch die Organismen eines Nahrungsnetzes aufgenommen, umgebaut und abgebaut, weiter- oder abgegeben. Die Stoffe zirkulieren somit in einem Ökosystem.[128] Von den 118 bereits entdeckten Elementen ist bekannt, dass zwischen 30 und 40 von lebenden Organismen benötigt werden (einige, wie Kohlenstoff, Wasserstoff, Sauerstoff und Stickstoff in größeren Mengen, andere nur in Spuren).[129]

Die wichtigste **Energiequelle** ist die Sonne, deren Energie durch die grünen Primärproduzenten (Pflanzen) in chemische Energie umgewandelt wird, so dass der weitere Energiefluss im Nahrungsnetz mit einem organischen Stoff kombiniert ist.[130] Diese umgewandelte Energie wird zum Teil über sehr lange Zeiträume in Form fossiler Energieträger wie Kohle oder Erdöl gespeichert.[131] „Im Verlauf des Stoffwechsels wird die Energie des kohlenstoffhaltigen Moleküls dann als Wärme abgegeben, während der Kohlenstoff selbst als Kohlenstoffdioxid wieder in die Atmosphäre freigesetzt wird."[132] An dieser Stelle endet die Verknüpfung zwischen Energie und Kohlenstoff, so dass die Energie von lebenden Organismen nicht mehr zum Verrichten von Arbeit oder zur Synthese von Biomasse genutzt werden kann. Die Wärme wird an die Atmosphäre abgegeben und nicht recycelt: Leben auf der Erde ist demnach nur möglich, da jeden Tag neue Sonnenenergie verfügbar ist.[133]

Der Kreislauf der Stoffe lässt sich in einen atmosphärischen, einen hydrosphärischen und einen litosphärischen Kreislauf unterteilen, die eng aneinander gekoppelt sind (beispielsweise gelangen die meisten als Emissionen in die Atmosphäre abgegebenen Fremdstoffe früher oder später mit den Niederschlägen in Meere, Seen, Flüsse oder das Grundwasser)[134] und im Austausch mit den Orga-

---

124 Vgl. BICK, H./HANSMEYER, K. H./OLSCHOWY, G./SCHMOOCK, P., Angewandte Ökologie - Band 1, S. 21; TOWNSEND, C. R./BEGON, M./HARPER, J. L., Ökologie, S. 9; MUNK, K., Ökologie, S. 78.

125 Vgl. NENTWIG, W./BACHER, S./BRANDL, R., Ökologie, S. 215, 225.

126 Vgl. SCHUBERT, R., Ökologie, S. 18; TOWNSEND, C. R./BEGON, M./HARPER, J. L., Ökologie, S. 9; ODUM, E. P., Ökologie, S. 7.

127 Vgl. TOWNSEND, C. R./BEGON, M./HARPER, J. L., Ökologie, S. 428. An dieser Stelle sei bereits darauf hingewiesen, dass (teilweise in begrenzter Zahl vorhandene) ökologische Ressourcen auch als Produktionsfaktoren von Unternehmen zur Herstellung von Gütern eingesetzt werden; vgl. zum Beispiel ARNOLD, V., Theorie der Kollektivgüter, S. 5.

128 Vgl. MUNK, K., Ökologie, S. 189.

129 Vgl. ODUM, E. P., Ökologie, S. 103.

130 Vgl. MUNK, K., Ökologie, S. 192; SCHUBERT, R., Ökologie, S. 85 f.

131 Vgl. NENTWIG, W./BACHER, S./BRANDL, R., Ökologie, S. 216; SCHUBERT, R., Ökologie, S. 93.

132 TOWNSEND, C. R./BEGON, M./HARPER, J. L., Ökologie, S. 448.

133 Vgl. TOWNSEND, C. R./BEGON, M./HARPER, J. L., Ökologie, S. 448.

134 Vgl. GRIMMEL, E., Kreisläufe der Erde, S. 63; RIEẞ, W., Bildung für nachhaltige Entwicklung, S. 31 f.

nismen der Biosphäre biogeochemische[135] Kreisläufe bilden.[136] **Globale biogeochemische Stoffkreisläufe**[137] sind:

- der Wasserkreislauf,
- der Kohlenstoffkreislauf,
- der Stickstoffkreislauf,
- der Phosphorkreislauf sowie
- der Schwefelkreislauf.

Für den Menschen am bedeutsamsten sind der Wasserkreislauf und der Kohlenstoffkreislauf,[138] da beide Elemente überlebenswichtig und die Kreisläufe sehr anfällig gegenüber vom Menschen verursachten Störungen, die zu Wetter- und Klimaänderungen führen können.[139]

Das Leben auf der Erde ist untrennbar mit dem Element Wasser verbunden, da fast alle Stoffwechselvorgänge im wässrigen Medium stattfinden.[140] Anthropogene Eingriffe in den **Wasserkreislauf** können somit gravierende Auswirkungen haben.[141] Beim Wasserkreislauf müssen zwei Aspekte besonders beachtet werden: (1) Es verdunstet mehr Wasser über dem Meer, als durch Niederschläge eingebracht wird; das Umgekehrte gilt an der Landfläche.[142] Die Ozeane sind mit 97% des weltweit frei verfügbaren Wassers (1.400 Millionen km^3) somit die wesentliche Quelle für Wasser.[143] (2) Die Menge an Süßwasser in Seen und Flüssen wird auf 0,25 Mrd. t geschätzt, wobei 0,2 Mrd. t jedes Jahr abfließen. Die Differenz zwischen dem jährlichen Niederschlag (1 Mrd. t) und dem Abfluss bestimmt somit, ob das Grundwassers aufgefüllt wird. Demnach führen alle Maßnahmen, die zu einer Zunahme des Abflusses führen, zu einer Abnahme der Grundwasserauffüllung bzw. ab einer kritischen Grenze zu einer Abnahme der Grundwassermenge.[144] In den USA ist bspw. der Abfluss so hoch, dass die Hälfte des Trinkwassers sowie das meiste zur Bewässerung verwendete Wasser und in vielen Gebieten auch ein Großteil des industriell verbrauchten Wassers dem Grundwasser entnommen wird, das nicht wieder aufgefüllt wird.[145] Anthropogene Eingriffe in den Wasserkreislauf können somit zu einer vollständigen Entnahme des Grundwassers führen, so dass Wasser zu einer knappen Ressource wird.

---

135 „Bio“ bezieht sich hierbei auf lebende Organismen, „geo“ auf Steine; vgl. Odum, E. P., Ökologie, S. 103.

136 Vgl. Odum, E. P., Ökologie, S. 103.

137 Vgl. Townsend, C. R./Begon, M./Harper, J. L., Ökologie, S. 453-460. Am bedeutensten für die Erde sind der Kohlenstoffkreislauf und der Wasserkreislauf.

138 Vgl. Renn, O./Deuschle, J./Jäger, A./Weimer-Jehle, W., Leitbild Nachhaltigkeit, S. 22.

139 Vgl. Nentwig, W./Bacher, S./Brandl, R., Ökologie, S. 228; Odum, E. P., Ökologie, S. 116; a. A. zum Beispiel Grimmel, E., Kreisläufe der Erde, S. 51-55.

140 Vgl. Munk, K., Ökologie, S. 39.

141 Vgl. Wittig, R./Streit, B., Ökologie, S. 270; Nentwig, W./Bacher, S./Brandl, R., Ökologie, S. 228.

142 Vgl. Odum, E. P., Ökologie, S. 119.

143 Vgl. Townsend, C. R./Begon, M./Harper, J. L., Ökologie, S. 454; Nentwig, W./Bacher, S./Brandl, R., Ökologie, S. 226.

144 Vgl. Nentwig, W./Bacher, S./Brandl, R., Ökologie, S. 226; Odum, E. P., Ökologie, S. 120.

145 Vgl. Odum, E. P., Ökologie, S. 120.

Auswirkungen von anthropogenen Eingriffen in den **Kohlenstoffkreislauf** gewinnen vor dem Hintergrund des bereits stattfindenden Klimawandels[146], der durch den Ausstoß von CO_2 (z. B. durch das Verbrennen von Erdöl oder Steinkohle) und anderen Treibhausgasen[147] in die Atmosphäre beschleunigt wird und zur die Umwelt verändert, eine besondere Bedeutung.[148] Meeresspiegel werden steigen, Klimaveränderungen vor allem im Norden und in den mittleren Breiten werden zu Vegetationsveränderungen führen, durch die wiederum viele Arten aussterben können,[149] da insbesondere die Temperatur, aber auch die Verfügbarkeit von Wasser und Licht einen Einfluss darauf haben, wie sich Arten verbreiten.[150]

In den **Stickstoffkreislauf** wird vor allem im Rahmen von Verbrennungsprozessen und mineralischer Düngung eingegriffen.[151] Stickoxide in der Luft sind die Hauptursache für Smog im Sommer, der die Atemwege des Menschen angreift und bereits in geringer Konzentration Pflanzen schädigen kann.[152] Durch die Reaktion mit Wasser bildet sich darüber hinaus Salpetersäure und salpetrige Säure, die mit den Niederschlägen als sog. saurer Regen wieder in die Biosphäre gelangen. Dies führt dazu, dass Ökosysteme versauern.[153]

Phosphat hingegen dient als Pflanzennährstoff und war bereits ohne den Eingriff des Menschen in den **Phosphatkreislauf** knapp.[154] Die industriell gewonnene Menge an Phosphat ist jedoch mittlerweile größer als die Menge, die im Rahmen des natürliche Kreislaufs jährlich vom Land ins Meer gelangt, d. h. es findet eine Anreicherung statt.[155] Dies führt zunächst zu einer Eutrophierung (Nährstoffanreicherung) der Böden, dann des Grundwassers und der Fließgewässer und schließlich der Seen und Meere. In Verbindung mit Stickstoff, dessen antrophogener Einsatz dem des Phosphats ähnelt, kann von einer additiven Wirkung ausgegangen werden.[156] Darüber hinaus führt der industrielle Abbau von Phosphaten und das übermäßige Anwenden als Mineraldünger dazu, dass ein nicht unwesentlicher Teil des Phosphats verloren geht, da es über die Flüsse in das Meer gelangt und sich dort im Bereich des Schelfmeeres oder in der Tiefsee im Sediment ablagert.[157] Phosphat kann somit zu einer knappen Ressource werden.

Ähnlich wie der Stickstoffkreislauf wird auch der **Schwefelkreislauf** durch die steigende industrielle Luftverunreinigung beeinflusst.[158] Da fossile Energieträger verbrannt werden, ist die Konzentra-

---

146 Vgl. ausführlich zum Klimawandel z. B. UNIVERSITÄT BONN (Hrsg.), Anthropogene Klima- und Umweltveränderungen.

147 Im Kyoto-Protokoll sind bspw. Kohlenmonoxid (CO), Stickoxide (NO_x) oder flüchtige Kohlenwasserstoffe ohne Methan als „andere Treibhausgase“ enthalten.

148 Vgl. MUNK, K., Ökologie, S. 48.

149 Vgl. NENTWIG, W./BACHER, S./BRANDL, R., Ökologie, S. 233.

150 Vgl. MUNK, K., Ökologie, S. 70.

151 Vgl. ODUM, E. P., Ökologie, S. 108; NENTWIG, W./BACHER, S./BRANDL, R., Ökologie, S. 236.

152 Vgl. NENTWIG, W./BACHER, S./BRANDL, R., Ökologie, S. 236.

153 Vgl. NENTWIG, W./BACHER, S./BRANDL, R., Ökologie, S. 236.

154 Vgl. SCHUBERT, R., Ökologie, S. 94; NENTWIG, W./BACHER, S./BRANDL, R., Ökologie, S. 238.

155 Vgl. NENTWIG, W./BACHER, S./BRANDL, R., Ökologie, S. 238.

156 Vgl. NENTWIG, W./BACHER, S./BRANDL, R., Ökologie, S. 238.

157 Vgl. ODUM, E. P., Ökologie, S. 109.

158 Vgl. SCHUBERT, R., Ökologie, S. 96.

tion von Schwefeloxid derart stark erhöht worden, dass sie für Lebewesen schädlich wird.[159] Des Weiteren entsteht durch die Oxidation mit Luftsauerstoff schwefelige Säure bzw. Schwefelsäure, die durch den dadurch entstehenden sauren Regen große Schäden anrichten kann.[160]

In Bezug auf die **Störungen von Ökosystemen** ist zwischen zwei Reaktionen (die das System nicht zerstören) zu unterscheiden:

- Resilienz (Elastizität): Nach äußeren Störungen verändert sich die Struktur des Ökosystems, allmählich kehrt das System jedoch zum Ausgangszustand zurück.
- Persistenz (Resistenz): Trotz äußerer Störungen bleibt die Struktur unverändert.[161]

Darüber hinaus können Ökosysteme durch anthropogene Eingriffe vollständig zerstört werden.

Um den Einfluss von unternehmerischem Handeln auf die Ökologie zu bestimmen, sind somit zum einen der Verbrauch von (natürlichen) Ressourcen und die Auswirkungen auf den Bestand dieser Ressourcen zu untersuchen.[162] Zum anderen sind die Auswirkungen auf die verschiedenen Stoffkreisläufe aufgrund der Verwendung der Ressourcen im Produktionsprozess oder durch die Verwendung des Produktes zu bestimmen. Diese können wiederum die Biodiversität beeinflussen, die „als die Anzahl von Arten in einem definierten geographischen Gebiet"[163] definiert ist.

25 Inter- und intragenerative Gerechtigkeit

Wie bereits dargestellt, liegt der Nachhaltigkeitsdefinition der Brundtland-Kommission der Begriff der Gerechtigkeit, aufgeteilt in inter- und intragenerative Gerechtigkeit, zu Grunde.[164] Fraglich ist, wie Gerechtigkeit definiert werden kann. Hierzu wird die Gerechtigkeitstheorie von JOHN RAWLS verwendet.[165] Diese beruht auf dem Grundgedanken der rationalen Wahl, der eine Maximierung des eigenen Nutzens annimmt und somit zunächst nicht die Gerechtigkeit fördert. Dies wird von RAWLS kompensiert, indem er die Menschheit in den sog. „Urzustand" versetzt, in dem die Position der

159 Vgl. ODUM, E. P., Ökologie, S. 112.

160 Vgl. ODUM, E. P., Ökologie, S. 112.

161 Vgl. WITTIG, R./STREIT, B., Ökologie, S. 104.

162 In Bezug auf nicht erneuerbare Ressourcen wird teilweise argumentiert, dass sich eine nachhaltige Entwicklung nicht praktikabel als Erhaltung der Ressourcen definieren lässt; vgl. BREMER, R., Handel und Umwelt, S. 135. Vielmehr seien die Entnahmen des Rohstoffs vor dem Hintergrund des Aufbaus von alternativen Energiequellen und der intragenerativen Gerechtigkeit, d. h. der aktuellen Verteilung der Ressourcen, zu betrachten.

163 TOWNSEND, C. R./BEGON, M./HARPER, J. L., Ökologie, S. 544.

164 Vgl. Abschn. 23.

165 Auf die Gerechtigkeitstheorie von RAWLS wird zurückgegriffen, da sie im Gegensatz zu früheren Theorien, die sich auf die allgemeine Rolle des Gerechtigkeitsbegriffs beschränken, selbst moralische Urteile fällen möchte; vgl. auch MÜLLER-CHRIST, G., Nachhaltiges Ressourcenmanagement, S. 57; HORN, C./SCARANO, N. (Hrsg.), Philosophie der Gerechtigkeit, S. 335. Darüber hinaus „kann man die Entwicklung der Politischen Philosophie der letzten dreißig Jahre durchaus als eine fortlaufende Auseinandersetzung mit den Grundannahmen der Rawlsschen Theorie verstehen […]." (HORN, C./SCARANO, N. (Hrsg.), Philosophie der Gerechtigkeit, S. 341). Für eine Übersicht der Weiterentwicklungen der Grundtheorie von RAWLS vgl. HINSCH, W. (Hrsg.), Politischer Liberalismus. Zur Verwendung im Kontext der nachhaltigen Entwicklung vgl. PROGNOS AG (Hrsg.), Nachhaltige Entwicklung im Energiesektor, S. 52.

einzelnen Personen nach der Aufhebung des Urzustands nicht bekannt ist.[166] Werden in diesem Zustand endgültige und unabänderliche Institutionen für das gemeinsame Zusammenleben, sprich die Grundordnung einer Gesellschaft, geschaffen, spricht vieles dafür, dass die Entscheidungen gezwungenermaßen unparteiisch und damit gerecht (i. S. v. fair)[167] getroffen werden, da die entscheidenden Personen ihre eigene Position in der künftigen Gesellschaft nicht kennen (sog. „Schleier des Nichtwissens").[168] Aus dieser Position heraus entwirft RAWLS zwei Gerechtigkeitsgrundsätze.

Demnach hat (1) jeder Mensch das gleiche Recht auf das umfangreichste Gesamtsystem gleicher Grundfreiheiten, das für alle möglich ist. Grundfreiheiten sind etwa die Gedanken- und Gewissensfreiheit, das Recht auf Leib und Leben einschließlich psychischer Unversehrtheit sowie das aktive und passive Wahlrecht. Einschränkungen dieser Grundfreiheiten sind nur dann zulässig, wenn dadurch die Grundfreiheiten jedes Einzelnen gestärkt werden.[169] Darüber hinaus müssen (2) soziale und wirtschaftliche Ungleichheiten so beschaffen sein, dass sie (a) unter der Einschränkung des gerechten Spargrundsatzes den am wenigsten Begünstigten den größtmöglichen Vorteil bringen (sog. „Differenzprinzip") und (b) mit Positionen und Ämtern verbunden sind, die allen gemäß fairer Chancengleichheit offen stehen.[170] Demnach darf von einer egalitären Gleichverteilung der Güter nur dann abgewichen werden, wenn die durch dieses Abweichen hervorgerufene Ungleichheit für jede einzelne Person Vorteile mit sich bringt.[171] Dieses durch das Differenzprinzip entstehende soziale Minimum muss nach RAWLS von der Exekutive und Legislative eines Staates sichergestellt werden.[172] Die *intertemporale Gerechtigkeit* wird bei RAWLS durch den „gerechten Spargrundsatz" berücksichtigt, nach dem jede Generation dafür sorgt, dass die ihr nachfolgenden Generationen einen angemessenen Teil am Gewinn erhalten.[173]

Gerechtigkeit wird von RAWLS somit vor allem als **Verteilungsgerechtigkeit** definiert, die wiederum durch die Form der Institutionen festgelegt wird, die die grundlegenden „Spielregeln" der Gesellschaft darstellen.[174] Im Gegensatz zum Utilitarismus, der ein maximales Allgemeinwohl anstrebt, muss in der Theorie von RAWLS jeder Einzelne den Gerechtigkeitsgrundsätzen unter dem Gesichtspunkt seines eigenen Wohlergehens zustimmen können.[175] Für die einzelnen Individuen hat RAWLS ebenfalls eine Reihe von Prinzipien entwickelt. An dieser Stelle sei lediglich auf die Verpflichtung hingewiesen, gerechte Institutionen zu unterstützen und innerhalb der von diesen gesetz-

166 Vgl. RAWLS, J., A Theory of Justice, S. 17; FRENZ, W./UNNERSTALL, H., Nachhaltige Entwicklung im Europarecht, S. 23; HAUFF, M. V./KLEINE, A., Nachhaltige Entwicklung, S. 104 f.

167 Vgl. BAUER-HARZ, A., Ethik in Unternehmen, S. 40.

168 Vgl. HÖFFE, O., Gerechtigkeit, S. 67.

169 Vgl. HORN, C./SCARANO, N. (Hrsg.), Philosophie der Gerechtigkeit, S. 336.

170 Vgl. RAWLS, J., A Theory of Justice, S. 60.

171 Vgl. HORN, C./SCARANO, N. (Hrsg.), Philosophie der Gerechtigkeit, S. 337.

172 Vgl. HORN, C./SCARANO, N. (Hrsg.), Philosophie der Gerechtigkeit, S. 338.

173 Vgl. KERSTING, W., Kritik der Gleichheit, S. 315.

174 Vgl. RAWLS, J., A Theory of Justice, S. 108. Auf die von RAWLS entwickelten Prinzipien für das Verhalten der einzelnen Individuen soll an dieser Stelle nicht eingegangen werden; vgl. RAWLS, J., A Theory of Justice, S. 108-126.

175 Vgl. HORN, C./SCARANO, N. (Hrsg.), Philosophie der Gerechtigkeit, S. 337.

ten Rahmenbedingungen zu handeln.[176] Unternehmen sollten als Konsequenz hieraus nicht gegen grundlegende, gerechte bzw. faire Institutionen verstoßen.

Vor dem Hintergrund der nachhaltigen Entwicklung kann somit gesagt werden, dass die Entwicklung der Gesellschaft dann als nachhaltig angesehen werden kann, wenn die Institutionen so gestaltet sind, dass ihnen jedes einzelne Mitglied der Gesellschaft zustimmen kann.

Eine weitere Möglichkeit, inter- und intragenerative Gerechtigkeit zu konkretisieren, besteht darin, die unterschiedlichen Säulen von nachhaltiger Entwicklung als **Kapitalkonten** zu beschreiben.[177] Diese Art der Betrachtung von nachhaltiger Entwicklung wurde erstmals von der Weltbank angewendet, wenn auch bereits die Brundtland-Kommission in ihrem Abschlussbericht diese Art der Sichtweise angedeutet hat.[178] Nach der Definition der Weltbank besteht das gesamte Kapital aus dem von Menschen gefertigten Kapital (produzierte Güter; Man-made capital K_m), aus menschlichem Kapital (d. h. der Arbeitskraft, die alle Menschen innewohnenden Fähigkeiten umfasst, Human capital K_h) und dem natürlichen Kapital (Ökologie, natural capital K_n):[179]

$$K = K_m + K_h + K_n$$

Stellt man dieser Definition von Entwicklung die Systemtheorie von LUHMANN gegenüber, so fällt zunächst auf, dass die produzierten Güter, die Ökologie sowie der Mensch in beiden Theorien betrachtet werden.[180] In der Darstellung der Weltbank fehlt jedoch die Gesellschaft (an sich), so dass die ursprüngliche Definition von nachhaltiger Entwicklung nicht vollständig durch das Kapitalstockmodell der Weltbank abgebildet werden kann. Diese ist somit um das gesellschaftliche Kapital (d. h. um das Kapital der gesellschaftlichen Funktionssysteme, Community capital K_c) zu erweitern:

$$K = K_m + K_h + K_n + K_c$$

Die additive Verknüpfung der verschiedenen Kapitalarten bringt zum Ausdruck, dass sich diese bei der Steigerung des menschlichen Wohlergehens unterstützen.[181]

Wie in der folgenden Abbildung 2-5 dargestellt, werden die unterschiedlichen Kapitalarten zunächst eingesetzt, um Güter zu produzieren, die im Rahmen des Konsums das Wohlergehen der Menschen erhöhen. Darüber hinaus haben das Natur- und Sozialkapital jedoch auch einen eigenständigen Wert, da sie durch Annehmlichkeiten und ökologische Funktionen und durch soziale Netzwerke, gemeinsame Werte und Vertrauen das Wohlergehen der Menschen erhöhen. Grundlage für diese direkte Wohlstandserhöhung ist die Annahme, dass der Mensch seine Bedürfnisse gerade nicht nur

---

176 Vgl. RAWLS, J., A Theory of Justice, S. 115.

177 Vgl. zu dieser vornehmlich in der wirtschaftswissenschaftlichen Literatur verwendeten Theorie HANLEY, N./ SHOGREN, J. F./WHITE, B., Environmental Economics, S. 135; WELTBANK (Hrsg.), Weltentwicklungsbericht 2003, S. 15-41. Für einen Überblick über die verschiedenen Gerechtigkeitstheorien vgl. HÖFFE, O., Gerechtigkeit; HORN, C./SCARANO, N. (Hrsg.), Philosophie der Gerechtigkeit.

178 Vgl. WELTKOMMISSION FÜR UMWELT UND ENTWICKLUNG (Hrsg.), Unsere gemeinsame Zukunft, S. 9.

179 Vgl. HANLEY, N./SHOGREN, J. F./WHITE, B., Environmental Economics, S. 135.

180 Das Humankapital wird bei LUHMANN durch das Bildungssystem erfasst.

181 Vgl. WELTBANK (Hrsg.), Weltentwicklungsbericht 2003, S. 22.

durch den Konsum von materiellen Gütern befriedigt, sondern darüber hinausgehende Bedürfnisse hat.

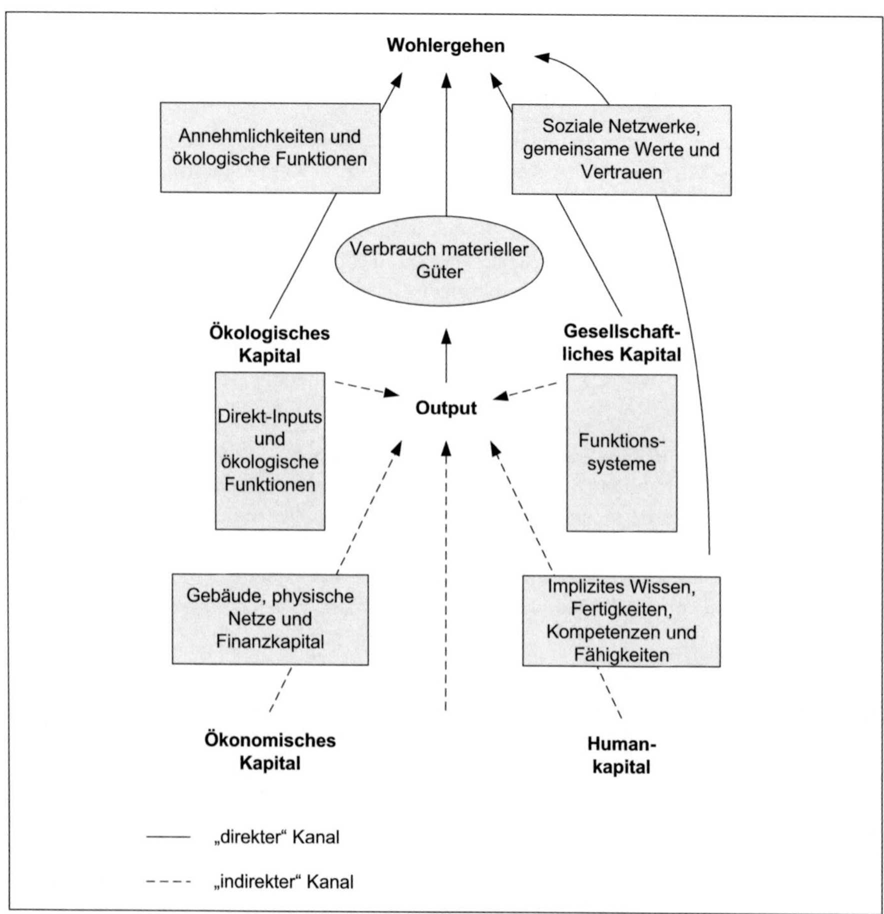

Abbildung 2-5: Kapital als Grundlage zur Verbesserung des menschlichen Wohlergehens[182]

Problematisch ist es jedoch, dieses Konzept zu operationalisieren, da das Kapital unterschiedlicher Bestandteile nicht immer einheitlich gemessen werden kann (so muss im Kapitalstock der Ökologie z. B. Öl mit Holz addiert werden; zwischen den Kapitalstöcken betrifft dies z. B. den Vergleich von Maschinen mit menschlicher Arbeitsleistung). Auch wenn hierbei unterschiedliche Methoden denk-

182 In Anlehnung an WELTBANK (Hrsg.), Weltentwicklungsbericht 2003, S. 22.

bar sind (z. B. wird vorgeschlagen, Kapital in Energieeinheiten zu messen), ist die monetäre Bewertung der unterschiedlichen Bestandteile die gängigste Methode.[183]

Unterschieden wird im Rahmen der Kapitalstocktheorie zwischen **starker und schwacher Nachhaltigkeit**.[184] Schwache Nachhaltigkeit stellt allein auf die Summe der Kapitalstöcke K ab, so dass Substitutionen zwischen den unterschiedlichen Kapitalstöcken zulässig sind.[185] Würde das (monetär bewertete) heutige Gesamtkapital 90 GE betragen (aufgeteilt zu jeweils 1/4 auf die unterschiedlichen Teil-Kapitalstöcke), so wäre eine Substitution bspw. zwischen der Ökologie und der Ökonomie durchaus zulässig. Demgegenüber darf bei starker Nachhaltigkeit keine Substitution zwischen den einzelnen Kapitalstöcken stattfinden, d. h. bei einer Substitution zwischen Ökologie und Ökonomie wäre das Nachhaltigkeitskriterium nicht mehr erfüllt, wenn der Kapitalstock der Ökologie unter seinen vorherigen Wert sinkt.[186]

Um *intragenerative* Gerechtigkeit, die Voraussetzung für eine nachhaltige Entwicklung ist, zu erreichen, ist vor allem ein fairer, durch Institutionen geregelter Zugang zu den Zinsen der Kapitalstöcke erforderlich. Nachhaltig im Sinne der *intergenerativen* Gerechtigkeit ist eine Entwicklung somit, wenn die aktuelle Generation lediglich von den Zinsen des Kapitals lebt, dieses jedoch nicht aufzehrt (bzw. im Falle eines temporär geminderten Kapitalstocks diesen wieder auf sein ursprüngliches Niveau „auffüllt"). Demnach kann entweder ein von vorneherein verantwortungsvoller Umgang mit Ressourcen zu einer nachhaltigen Entwicklung führen. Darüber hinaus kann jedoch ein Kapitalstock durch verschiedene Maßnahmen wieder erhöht werden (z. B. erhöht das Aufforsten von gerodeten Flächen den Kapitalstock der Ökologie).

26 Zwischenfazit

Damit Unternehmen über ihren Einfluss auf die nachhaltige Entwicklung der Gesellschaft berichten können, ist eine Definition dieser Entwicklung unabdingbar. Hierzu wird weltweit vornehmlich die Definition der Brundtland-Kommission verwendet, nach der die Entwicklung der Gesellschaft dann als nachhaltig anzusehen ist, wenn die heutige Generation ihre Bedürfnisse befriedigt, ohne die Möglichkeiten künftiger Generationen einzuschränken. Zentraler Gedanke dieser Definition ist somit die Möglichkeit zur Befriedigung von Bedürfnissen.

Als *Gesellschaft* ist die Summe der Funktionssysteme zu sehen. Diese Systeme, die letztlich der Bedürfnisbefriedigung dienen, werden von ihrer Umwelt beeinflusst, was zu Anpassungsprozessen führt. Zur Umwelt der Systeme gehören das ökonomische und ökologische Kapital sowie der Mensch (bestehend aus dem biologischem und dem psychischem System). Um *intragenerative* Gerechtigkeit sicherzustellen, muss im Sinne von RAWLS der Zugang zu unterschiedlichen Systemen und Ressourcen auf institutioneller Ebene fair geregelt sein. *Intergenerative* Gerechtigkeit wird er-

183 Vgl. HANLEY, N./SHOGREN, J. F./WHITE, B., Environmental Economics, S. 135.

184 Vgl. WILDERER, P. A./SCHROEDER, E. D./KOPP, H., Global Sustainability, S. 68; ENDRES, A., Nachhaltige Entwicklung, S. 10 f.

185 Vgl. SCHMIDT, C., Nachhaltigkeit lernen, S. 24; HAUFF, M. V./KLEINE, A., Nachhaltige Entwicklung, S. 27.

186 Vgl. HANLEY, N./SHOGREN, J. F./WHITE, B., Environmental Economics, S. 135 f.

reicht, wenn die aktuelle Generation, obwohl sie ihre Bedürfnisse deckt, die gesellschaftlichen Funktionssysteme, die Ökologie sowie den Güterbestand in dem Zustand „übergibt", in dem sie selbst die Systeme anvertraut bekommen hat oder den Zustand sogar verbessert.

3 Nachhaltige Entwicklung als unternehmerisches Ziel

Der Begriff der nachhaltigen Unternehmensentwicklung unterscheidet sich von der nachhaltigen Entwicklung der Gesellschaft, indem er sich primär auf den langfristigen Unternehmenserfolg bzw. die langfristige Unternehmensexistenz bezieht;[187] die nachhaltige Entwicklung der Gesellschaft stellt hierbei lediglich eine Nebenbedingung (bzw. einen strategischen Erfolgsfaktor)[188] dar.[189] Kern der nachhaltigen Unternehmensführung ist folglich nicht die ideologisch geprägte politische Diskussion um die Zukunftsfähigkeit der Gesellschaft, sondern die Suche nach Strategien, um die langfristige Unternehmensexistenz sicherzustellen.[190] Die nachhaltige Entwicklung der Gesellschaft bzw. einzelne ihrer Teilkomponenten werden hierbei lediglich als Risikofaktoren bzw. als Chancen für die nachhaltige Unternehmensentwicklung betrachtet.[191] Darüber hinaus wird das Engagement für die nachhaltige Entwicklung der Gesellschaft in die Marke des Unternehmens integriert, um letztlich positiv zur Unternehmensentwicklung beizutragen.[192]

Das Ziel einer nachhaltigen Unternehmensentwicklung muss (und wird) nicht immer mit dem Ziel der nachhaltigen Entwicklung der Gesellschaft vollständig, d. h. in allen Bereichen, kompatibel sein. Letztlich müssen in manchen Fällen die Unternehmensinteressen gegen die der Stakeholder bzw. der Gesellschaft abgewogen werden.[193] Ob Unternehmen die nachhaltige Entwicklung der Gesellschaft fördern können, hängt neben den regulatorischen Rahmenbedingungen wesentlich vom Kaufverhalten der Verbraucher ab.[194] Sind diese nicht bereit, z. B. für umweltverträglich(er) produzierte Produkte einen höheren Preis zu zahlen, kann ein Unternehmen, das diese Produkte dennoch produziert, auf Dauer nicht am Markt bestehen.[195]

---

187 Vgl. TILEBEIN, M., Nachhaltiger Unternehmenserfolg, S. 16; KAJÜTER, P., Wertorientierte Unternehmensführung, S. 257; RÖDL, K., Gestaltung von Anreizsystemen, S. 36. Darüber hinaus wird in der Literatur der Begriff der „unternehmerischen Nachhaltigkeit“ verwendet, der den Beitrag der Unternehmen zur Lösung der durch ihre Tätigkeit verursachten Auswirkungen auf die nachhaltige Entwicklung und darüber hinausgehende (rein gesellschaftliche) Probleme umfasst; vgl. DYLLICK, T., Unternehmerische Nachhaltigkeit, S. 236-238; HERMANN, S., Corporate Sustainability Branding, S. 67. Diese Definition impliziert bereits, dass Unternehmen eine Verantwortung für die nachhaltige Entwicklung der Gesellschaft tragen; vgl. Abschn. 4.

188 Vgl. MÜLLER-CHRIST, G., Nachhaltiges Ressourcenmanagement, S. 89.

189 Vgl. CRONE, H. C. V. D./HOCH, M., Nachhaltigkeit und Nachhaltigkeitsreporting, S. 41; HUMMEL, H.-P., Ressourcensicherndes Nachhaltigkeitsmanagement; FISCHER, T. M./ SAWCZYN, A./BRAUCH, B., Nachhaltigkeit und Sustainability Accounting, S. 263; BREIDENBACH, R., Umweltschutz, S. 4 f. A. A. sind z. B. HERZIG, C., Nachhaltige Unternehmensentwicklung, S. 1 und BECKMANN, K. M./HORST, D., Nachhaltigkeitsberichterstattung und Unternehmenspublizität, S. 101.

190 Vgl. CRONE, H. C. V. D./HOCH, M., Nachhaltigkeit und Nachhaltigkeitsreporting, S. 41; MÜLLER-CHRIST, G., Nachhaltiges Ressourcenmanagement, S. 82; KROMSCHRÖDER, B., Risiko.

191 Vgl. BÜNGER, C., Risikomanagement mit COSO ERM, S. 97; DIEDERICHS, M., Risikomanagement und Risikocontrolling, S. 8, 14; BAETGE, J./SCHMIDT, M., Nachhaltigkeit, S. 294; WERDER, A. V., Entwicklungen der Corporate Governance, S. 55.

192 Vgl. HATCH, M. J./MIRVIS, P. H., Corporate Branding and Social Responsibility, S. 36.

193 Vgl. FISCHER, T. M./SAWCZYN, A./BRAUCH, B., Nachhaltigkeit und Sustainability Accounting, S. 262.

194 Vgl. ZABEL, H.-U., Wirtschaft und Umwelt, S. 122 f.

195 Vgl. zu diesem in der VWL als Gefangenendilemma bekannten Problem z. B. BECKER, H., Öffentliche Güter, S. 110; ähnlich auch MEFFERT, H./RAUCH, C./LEPP, H. L., Sustainable Branding, S. 31.

Für deutsche **Aktiengesellschaften** ist das Ziel der nachhaltigen Unternehmensentwicklung in § 87 Abs. 1 Satz 2 AktG durch das Gesetz zur Angemessenheit der Vorstandsvergütung (VorstAG) im Jahr 2009 normiert worden.[196] An dieser Stelle fordert der Gesetzgeber, die Struktur der Vorstandsvergütung bei börsennotierten Gesellschaften auf eine nachhaltige Unternehmensentwicklung auszurichten.[197] Auch wenn die nachhaltige Unternehmensentwicklung durch den Gesetzgeber nicht explizit definiert ist, so wird aus der Gesetzesbegründung zum VorstAG deutlich, dass die Unternehmensführung auf langfristiges Wachstum und nachhaltige Profitabilität[198] ausgerichtet werden soll.[199] Im Zentrum steht demnach nicht das Wohl der Gesellschaft, sondern des Unternehmens.[200] Fraglich ist hierbei lediglich, zu welchem Zeitpunkt die Nachhaltigkeit des Erfolgs beurteilt werden kann.[201] Abgestellt werden könnte hierzu auf die in § 87 Abs. 1 Satz 3 Hs. 1 AktG enthaltene mehrjährige Bezugsbasis von variablen Vergütungsbestandteilen.[202] Darüber hinaus können auch andere Größen, wie bspw. die Kunden- oder Mitarbeiterzufriedenheit, die Vorstandsvergütung beeinflussen.[203]

Neben dem AktG verpflichtet der **Deutsche Corporate Governance Kodex** (DCGK)[204] den Vorstand und den Aufsichtsrat des Unternehmens bereits in seiner Präambel, im Einklang mit den Prinzipien der sozialen Marktwirtschaft für den Bestand des Unternehmens und seine nachhaltige Wertschöpfung zu sorgen.[205] Der Vorstand hat nach Art. 4.1.1 DCGK „das Unternehmen in eigener Verantwortung im Unternehmensinteresse, also unter Berücksichtigung der Belange der Aktionäre, seiner Arbeitnehmer und der sonstigen dem Unternehmen verbundenen Gruppen (Stakeholder) mit dem Ziel nachhaltiger Wertschöpfung" zu leiten.[206] Dementsprechend ist nach Art. 4.2.3 DCGK „die Vergütungsstruktur […] auf eine nachhaltige Unternehmensentwicklung auszurichten".[207] Der

---

196 Vgl. WERDER, A. V., Entwicklungen der Corporate Governance, S. 55.

197 Nicht-börsennotierten Gesellschaften wird durch die Beschlussempfehlung des Rechtsausschusses eine Ausrichtung an der nachhaltigen Unternehmensentwicklung empfohlen; vgl. BT-Drs. 16/13433, S. 16; vgl. HOHAUS, B./ WEBER, C., Angemessenheit der Vorstandsvergütung, S. 1517

198 Vgl. SUCHAN, S./WINTER, S., Vorstandsbezüge, S. 2536.

199 Vgl. DEUTSCHER BUNDESTAG (Hrsg.), Entwurf eines Gesetzes zur Angemessenheit der Vorstandsvergütung (VorstAG), S. 1, 5. Ebenso INWINKL, P./SCHNEIDER, G., Vorstandsvergütungsgesetz, S. 975; SEIBERT, U., Finanzmarktkrise, Corporate Governance, Aufsichtsrat, S. 1168.

200 Vgl. DAUNER-LIEB, B./PREEN, A. V./SIMON, S., VorstAG, S. 378.

201 Vgl. SUCHAN, S./WINTER, S., Vorstandsbezüge, S. 2536.

202 Vgl. RIECKHOFF, H., Vergütung des Vorstands, S. 617.

203 Vgl. SCHNEIDER, K., Reform der Corporate Governance, S. 72.

204 Zur Entstehung und Bedeutung des DCGK vgl. GRABAU, S., Deutscher Corporate Governance Kodex; RODE, O., Corporate Governance Kodex; HUCKE, A./AMMANN, H., Deutscher Corporate Governance Kodex. Vgl. zum Zusammenhang zwischen dem DCGK und dem Risikomanagementsystem KAJÜTER, P., Regulierung des Risikomanagements, S. 13-15.

205 Ziel des DCGK ist es, die Qualität und Transparenz der deutschen Unternehmensführung und –überwachung für (ausländische) Investoren zu steigern; vgl. CROMME, G., Corporate Governance, S. 364; STIGLBAUER, M., Corporate Governance Berichterstattung und Unternehmenserfolg, S. 17.

206 So auch § 76 Abs. 1 AktG.

207 Börsennotierte Aktiengesellschaften sowie Aktiengesellschaften, die ausschließlich andere Wertpapiere als Aktien zum Handel an einem organisierten Markt im Sinne des § 2 Abs. 5 WphG ausgegeben haben und deren ausgegebene Aktien auf eigene Veranlassung über ein multilaterales Handelssystem im Sinne des § 2 Abs. 3 Satz 1 Nr. 8 WPhG gehandelt werden, haben nach § 289a Abs. 1 HGB eine Erklärung zur Unternehmensführung in ihren Lagebericht aufzunehmen, in der nach § 289a Abs. 2 Nr. 1 HGB auch die Entsprechenserklärung zum DCGK nach § 161 AktG enthalten sein muss.

Kodex richtet sich demnach gegen eine an kurzfristigen Aktionärsinteressen ausgerichtete Geschäftspolitik.[208] Ein Beitrag zur nachhaltigen Entwicklung der Gesellschaft ist an dieser Stelle jedoch nicht intendiert.

Um eine nachhaltige Unternehmensentwicklung sicherzustellen, sind die **Unternehmensziele** an dieser Zielsetzung auszurichten. Unternehmensziele dienen als Maßstab, um den Unternehmenserfolg zu bestimmen,[209] was sowohl anhand finanzieller Größen (bspw. Aufwand < Ertrag)[210] als auch durch nicht-finanzielle Größen (bspw. die Mitarbeiterzufriedenheit) möglich ist. Bei letzteren ist es indes schwierig, den Grad der Zielerreichung festzustellen.[211] Die Zieldimensionen bestehen aus dem Inhalt, dem Ausmaß und dem zeitlichen Bezug. Darüber hinaus sollten Ziele die SMART-Kriterien erfüllen, d. h. spezifisch (i. S. v. unmissverständlich und eindeutig), messbar, anspruchsvoll bzw. erreichbar (achievable), realistisch und terminiert sein, da sie nur so eine hinreichende Motivations- und Koordinationsfunktion übernehmen können.[212] Da für die externe Berichterstattung die Motivations- und Koordinationsfunktion indes von unwesentlicher Bedeutung sind, werden die SMART-Kriterien im Folgenden nicht weiter zur Analyse der Angabepflichten im Nachhaltigkeitsbericht herangezogen.

Lange Zeit wurde in der betriebswirtschaftlichen Forschung in der Maximierung des Gewinns bzw. der Kapitalrentabilität das alleinige Unternehmensziel (des unterstellten „Einmannunternehmens") gesehen.[213] In der modernen BWL wird indes von einem interessenpluralistischen Massenunternehmen ausgegangen, in dem Interessengegensätze zwischen den beteiligten bzw. vom Unternehmen betroffenen Gruppen (den Stakeholdern)[214] bestehen.[215] Unternehmen streben demnach lediglich nach „zufrieden stellendem Gewinn"[216] und formulieren hierzu häufig Umsatz- und Marktanteilsziele, die „als Voraussetzung zumindest mittel- und langfristig orientierter Gewinnpolitik"[217] anzusehen sind. In **empirischen Untersuchungen** wurde immer wieder versucht, verschiedene Unternehmensziele zu bestimmen. Hierbei wurden folgende Ziele besonders häufig genannt:[218]

- Gewinn (unterteilt in lang-, mittel und kurzfristigen Gewinn), Umsatz und Rentabilität,
- Marktanteil/Marktposition und Wachstum,

---

208 Vgl. *RINGLEB* in: RINGLEB/KREMER/LUTTER/V.WERDER, DCGK, Tz. 608-610, die vor allem an kurzfristige Erfolge gekoppelten Aktienoptionen kritisieren.

209 Vgl. MACHARZINA, K., Unternehmensführung, S. 208; HECKNER, F., Marktspezifische Erfolgsfaktoren, S. 40.

210 Für eine Übersicht über verschiedene Kennzahlensysteme zur Bestimmung des finanziellen Unternehmenserfolgs vgl. BURKERT, M., Qualität von Kennzahlen, S. 12-20.

211 Vgl. KLEMM-BAX, S., Erfolgsfaktoren, S. 6; DAUNER-LIEB, B./PREEN, A. V./SIMON, S., VorstAG, S. 379; BRÜHL, K., Unternehmenserfolg, S. 30.

212 Vgl. MACHARZINA, K., Unternehmensführung, S. 210.

213 Vgl. HEINEN, E., Grundlagen der Entscheidungen, S. 28; BEA, F. X., Gewinnmaximierung, S. 14 f.; MACHARZINA, K., Unternehmensführung, S. 208 f.; BECKER, J., Marketing-Konzeption, S. 14 f.; WILDERMANN, H., Unternehmensentwicklung, S. 11; HEINEN, E., Die Zielfunktion der Unternehmung, S. 16.

214 Vgl. hierzu Abschn. 442.

215 Vgl. MACHARZINA, K., Unternehmensführung, S. 209.

216 GELBRICH, K./WÜNSCHMANN, S./MÜLLER, S., Erfolgsfaktoren, S. 19; BECKER, J., Marketing-Konzeption, S. 14.

217 BECKER, J., Marketing-Konzeption, S. 15.

218 Vgl. BECKER, J., Marketing-Konzeption, S. 16. Für eine Übersicht über aktuelle Studien zu unternehmerischen Zielsystemen vgl. MACHARZINA, K., Unternehmensführung, S. 230 f.

- Unabhängigkeit und Sicherheit,
- soziale Verantwortung und Umweltschutz,[219]
- Kundenpflege[220] sowie Prestige/Reputation.[221]

In der modernen marketing-spezifischen Literatur werden die Unternehmensziele in Rentabilitätsziele (z. B. Gewinn, Umsatzrentabilität, Eigen- und Fremdkapitalrentabilität), finanzielle Ziele (z. B. Kreditwürdigkeit, Liquidität, Selbstfinanzierungsgrad oder Kapitalstruktur), Marktstellungsziele (z. B. Marktanteil, Umsatz, neue Märkte), Marktleistungsziele (Produktqualität, Produktinnovation, Kundenservice, Sortiment), Macht-/Prestigeziele (z. B. Unabhängigkeit, Image und Prestige, politischer Einfluss, gesellschaftlicher Einfluss), mitarbeiterbezogene Ziele (z. B. Arbeitszufriedenheit, Einkommen und soziale Sicherheit, soziale Integration, persönliche Entwicklung) und gesellschaftsbezogene Ziele (z. B. Umweltschutz oder soziales Engagement, d. h. Förderung der nachhaltigen Entwicklung der Gesellschaft[222]) unterteilt.[223]

Ziele sind demnach Komponenten eines Zielsystems „aus einer geordneten Gesamtheit von Zielelementen, zwischen denen horizontale und vertikale Beziehungen bestehen"[224]. Zu berücksichtigen sind somit diverse **Interdependenzen** zwischen den einzelnen Unternehmenszielen, wobei sich kompatible und konfliktäre Zielbeziehungen unterscheiden lassen.[225] Kompatible Beziehungen können weitergehend in komplementäre (d. h. sich gegenseitig positiv beeinflussende), identische und neutrale Zielbeziehungen unterteilt werden.[226] Liegt eine konfliktäre Zielbeziehung vor, kann das eine Ziel nur auf Kosten des anderen Ziels erreicht werden. Ob eine kompatible oder konfliktäre Zielbeziehung vorliegt, kann sich jedoch in Abhängigkeit vom Betrachtungshorizont ändern. So wirkt sich der Umweltschutz z. B. aufgrund von zusätzlichen Kosten kurzfristig negativ auf den Gewinn und die Produktivität aus. Auf mittel- bis langfristige Sicht betrachtet bestehen jedoch Chancen, dass sich z. B. das Image des Unternehmens, der Umsatz, der Marktanteil und somit der Unternehmensgewinn steigern können.[227]

Auch wenn ein Unternehmen nicht ausschließlich den Unternehmensgewinn maximieren möchte, so ist zumindest ein „ausreichender" Unternehmensgewinn (bzw. eine in ausreichendem Maße vorhandene Liquidität) Voraussetzung für eine nachhaltige Unternehmensentwicklung, da ohne diesen

219 Vgl. MEFFERT, H./KIRCHGEORG, M., Marktorientiertes Umweltmanagement, S. 44 f.; BREIDENBACH, R., Umweltschutz; BRAUN, F., Umweltbelastung und Umweltschutz. Vgl. ausführlich zum betrieblichen Umweltschutz MÜLLER-CHRIST, G., Umweltmanagement.

220 Vgl. hierzu ausführlich GREVE, G., Erfolgsfaktoren von CRM.

221 Vgl. zum Zusammenhang zwischen Unternehmenserfolg und Reputation HELM, S., Unternehmensreputation und Stakeholder-Loyalität, S. 78 f.

222 Nachhaltigkeit kann demnach als strategische Erfolgsgröße für das Unternehmen bezeichnet werden; vgl. MÜLLER-CHRIST, G., Nachhaltiges Ressourcenmanagement, S. 89.

223 Vgl. GELBRICH, K./WÜNSCHMANN, S./MÜLLER, S., Erfolgsfaktoren, S. 19.

224 MACHARZINA, K., Unternehmensführung, S. 212.

225 Vgl. MACHARZINA, K., Unternehmensführung, S. 213; ADRIAN, W., Strategische Unternehmensführung, S. 25 f.

226 Vgl. BECKER, J., Marketing-Konzeption, S. 20.

227 Vgl. MEFFERT, H./KIRCHGEORG, M., Marktorientiertes Umweltmanagement, S. 47; BECKER, J., Marketing-Konzeption, S. 32; FISCHER, G., Ökologie und Management, S. 19 f.

bzw. diese die Überschuldung und damit einhergehend die Insolvenz des Unternehmens droht.[228] Neben der Insolvenzgefahr muss das Management die Interessen der Eigenkapitalgeber berücksichtigen (Ziele: Eigenkapitalrendite und Sicherheit des Fortbestandes des Unternehmens), damit diese dem Unternehmen Eigenkapital zur Verfügung stellen.[229] Somit steht auch die stakeholderorientierte Unternehmensführung in einer Mittel-Zweck-Beziehung zur shareholderorientierten Unternehmensführung.[230]

Manche Ziele haben demnach einen direkten Einfluss auf die nachhaltige Unternehmensentwicklung (unmittelbare Erfolgswirkung). Dies ist dann der Fall, wenn die unternehmerischen Zielgrößen bereits monetär bewertet sind und direkt den Gewinn des Unternehmens betreffen. Indirekte Einflüsse auf die nachhaltige Unternehmensentwicklung bestehen dann, wenn die Ziele nicht monetär gemessen werden (bspw. Reputation; mittelbare Erfolgswirkung).[231] Eine schlechtere Reputation bspw. führt erst durch sinkende Umsätze dazu, dass der Unternehmenserfolg beeinflusst wird.[232]

Ob ein **Ziel erreicht** wird, ist auf unterschiedliche Weise in Abhängigkeit von der Art des Ziels zu messen. Finanzielle Ziele, wie bspw. ein bestimmter Gewinn oder Umsatz am Ende der Periode, können durch die im Jahresabschluss publizierten finanziellen Ergebnisse des Unternehmens bestimmt werden. Ziele, wie z. B. der Marktanteil, basieren letztlich ebenfalls auf diesen Daten. Bei anderen Zielen, wie bspw. dem Umweltschutz, der Mitarbeiterzufriedenheit oder der soziale Verantwortung kann das Erreichen der Ziele nicht eindeutig durch die monetären Zielgrößen gezeigt werden, da z. B. eine Verbesserung der Rentabilität nicht direkt auf die Mitarbeiterzufriedenheit zurückgeführt werden kann.

Der Einfluss von nicht-finanziellen Zielen auf den Unternehmenserfolg wurde in diversen Studien untersucht. An dieser Stelle sei lediglich erwähnt, dass eine wahrgenommene Verantwortung von Unternehmen für die nachhaltige Entwicklung der Gesellschaft positive Auswirkungen auf viele andere Bereiche des Unternehmens hat, wie z. B. für:

- die Finanzierung am Kapitalmarkt,[233]
- die Unternehmenskultur,[234]

---

228 Vgl. COENENBERG, A. G./HALLER, A./SCHULTZE, W., Jahresabschluss und Jahresabschlussanalyse, S. 1014. Vgl. zum deutschen Insolvenzrecht z. B. ZIMMERMANN, W., Grundriss des Insolvenzrechts; GOGGER, M., Insolvenzrecht; FOERSTE, U., Insolvenzrecht; BECKER, C., Insolvenzrecht. HEUSKEL sieht aus diesem Grund das Gewinnstreben als Grundlage für die gesellschaftliche Verantwortung von Unternehmen an; vgl. HEUSKEL, D., Von der sozialen zur strategischen Perspektive, S. 520.

229 Vgl. BAETGE, J., Shareholder Value, S. 7 f. Der Druck zur Renditemaximierung nimmt durch die zunehmend höher werdende internationale Kapitalmobilität weiter zu; vgl. HABISCH, A./WILDNER, M./WENZEL, F., Corporate Citizenship als Bestandteil der Unternehmensstrategie, S. 6.

230 Vgl. BAETGE, J., Shareholder Value, S. 8. Demnach sollte nach Ansicht BAETGES die shareholderorientierte Unternehmensführung ein integriertes Konzept sein, das den Shareholder Value durch die Integration von Kunden- und Marktorientierung und Stakeholder-Orientierung maximiert.

231 Vgl. DGFP (Hrsg.), Wertorientiertes Personalmanagement, S. 13.

232 Vgl. ALBACH, H., Werte und Unternehmensziele, S. 66 f.

233 Vgl. LACKMANN, J., Auswirkungen des Nachhaltigkeitsberichts auf den Kapitalmarkt; ABRAMSON, L./CHUNG, D., Socially Responsible Investing; UNEPFI/MERCER (Hrsg.), Demystifying Responsible Investment Performance.

- die Bekanntheit/Reputation[235] und
- die Möglichkeit zur Rekrutierung von Mitarbeitern gezeigt werden konnte.[236]

234 Vgl. BAETGE, J./SCHEWE, G./SCHULZ, R./SOLMECKE, H., Unternehmenskultur und Unternehmenserfolg; NEZMESKAL-BERGGÖTZ, S., Compliance Management und Unternehmenskultur, S. 365.

235 Vgl. ausführlich zum Zusammenhang zwischen Reputation und Unternehmenserfolg HITZBLECK, S., Reputation und Unternehmenserfolg.

236 Vgl. SCHMIDT ALBINGER, H./FREEMAN, S. J., Corporate Social Performance and Attractiveness; LUCE, R. A./BARBER, A. E./HILLMAN, A. J., Corporate Social Performance and Organizational Attractiveness, die nachweisen, dass sich das gesellschaftliche Engagement von Unternehmen positiv auf deren Bekanntheit auswirkt, die wiederum die Rekrutierung von Mitarbeitern erleichtert. Darüber hinaus kann die Qualität der Ökologie eine Auswirkung auf die Rekrutierung von Mitarbeitern haben; vgl. SCHEMEL, H.-J./WEDEKIND, K.-C./BRÜCKMANN, T., Umweltqualität als Standortfaktor. Vgl. zur Wirkung der Marke auf potentielle Mitarbeiter auch FORSTER, A./ERZ, A./JENEWEIN, W., Employer Branding; HERMANN, S., Corporate Sustainability Branding, S. 85.

4 Verantwortung von Unternehmen für die nachhaltige Entwicklung der Gesellschaft

41 Überblick

Corporate (Social) Responsibility wird oftmals synonym für den Einfluss von Unternehmen auf die nachhaltige Entwicklung der Gesellschaft verwendet. Verantwortung bedeutet das Eintreten(-müssen) eines Subjekts für ein Objekt[237] und kann demnach kein Synonym für nachhaltige Entwicklung sein. Nachdem als Ausgangspunkt der Diskussion die nachhaltige Entwicklung auf Gesellschaftsebene definiert worden ist (= Objekt), stellt sich demnach weitergehend die Frage, welche Verantwortung Unternehmen (= Subjekt), die als Organisationen in das Funktionssystem Wirtschaft integriert sind, für diese tragen.[238] In Bezug auf den Nachhaltigkeitsbericht ist diese Frage von Relevanz, da Unternehmen darüber berichten (sollten), auf welche Art und Weise und mit welchen Ergebnissen sie ihre – noch näher zu bestimmende – Verantwortung für die nachhaltige Entwicklung der Gesellschaft wahrnehmen bzw. wahrgenommen haben.

Zu dieser Frage findet man in der Literatur trotz teilweise jahrzehntelanger Diskussion keinen einheitlichen Standpunkt.[239] Unterschiedliche Auffassungen werden hier zum einen von den verschiedenen Wissenschaftsdisziplinen vertreten, die sich aus unterschiedlichen Perspektiven mit dem Wirtschaftssystem beschäftigen.[240] Zu nennen sind dabei u. a. die Wirtschaftswissenschaften, die (Wirtschafts-)Ethik und die Politikwissenschaft, hier insb. im Rahmen der Demokratietheorien. Zum anderen besteht aber auch innerhalb der einzelnen Disziplinen keine einheitliche Auffassung zu dieser Frage, so dass im ersten Teil dieses Kapitels zunächst die unterschiedlichen Definitionen der Verantwortung von Unternehmen aus Sicht der einzelnen Wissenschaftsdisziplinen dargestellt werden.

Darüber hinaus werden häufig Begriffe wie CSR, CC o. ä. synonym zur Verantwortung von Unternehmen verwendet, um verantwortliches Handeln von Unternehmen zu fordern. Da diese Begriffe keiner wissenschaftlichen Disziplin zuzuordnen sind, in der Praxis jedoch häufig verwendet werden, sind die allgemein gebräuchlichsten Definitionen dieser Begriffe darzustellen.

Ziel der folgenden Ausführungen ist es, die Begründung für unterschiedliche Ansprüche an das Handeln von Unternehmen darzustellen. Diese können tatsächliches Handeln und die diesbezügliche Berichterstattung erklären. Eine normative Würdigung der Verantwortung von Unternehmen für die nachhaltige Entwicklung ist hingegen explizit nicht das Ziel des vorliegenden Kapitels, da dies nicht erforderlich ist, um die GRI-Leistungsindikatoren zu strukturieren, auszulegen und zu konkretisieren.

---

237 Vgl. FETZER, J., Verantwortung der Unternehmen, S. 88.
238 Vgl. MAAß, F., Kooperative Ansätze im CC, S. 13.
239 Vgl. WALDKIRCH, R., Unternehmen und Gesellschaft, S. 7.
240 Vgl. BOMS, A., Unternehmensverantwortung und Nachhaltigkeit, S. 12.

42 Ökonomische Wirtschaftsethik: Unternehmensverantwortung für die nachhaltige Entwicklung

421. Verständnis von Wirtschaft und Begriff des Unternehmens

Untersuchungsgegenstand der (Wirtschafts-)Ethik sind im Rahmen wirtschaftlicher Transaktionen vorgenommene Handlungen, die in gut/sittlich richtig und böse/sittlich falsch unterteilt werden.[241] Ziel ist die Realisation eines „gelingenden Lebens und einer „guten“ sozialen Ordnung“[242]. Die wohl grundlegendste ethische Norm, die auch als „goldene Regel“ bezeichnet wird, ist hierzu auf der ganzen Welt und durch alle Weltreligionen hindurch ähnlich formuliert worden, bspw. im Doppelgebot der Liebe: „Du sollst deinen Nächsten lieben wie dich selbst!“[243] Während sich Handlungen natürlicher Personen außerhalb der Sphäre der Marktwirtschaft teilweise sogar intuitiv nach dieser grundlegenden Logik der Reziprozität beurteilen lassen, ist jedoch fraglich, welche Konsequenzen hieraus für Unternehmen zu ziehen sind, die sich unter dem Druck des marktwirtschaftlichen Wettbewerbs behaupten müssen. Hierzu ist zunächst, wenngleich kurz, das Verhältnis von Ethik und Ökonomie zu betrachten.

Nach PIEPER können drei unterschiedliche Positionen zu dieser Frage identifiziert werden, die das Verhältnis von moralischen und wirtschaftlichen Handlungen zueinander bewerten. Möglich ist es, Moralität und Wirtschaftlichkeit als zwei Aspekte ein und derselben Handlungsstruktur zu betrachten. Ebenfalls wird in der Literatur argumentiert, dass moralische und wirtschaftliche Handlungen zwei voneinander getrennte, selbständige Klassen von Handlungen sind, die unabhängig voneinander untersucht werden können. Darüber hinaus ist es möglich, wirtschaftliche Handlungen als eine eigenständige Klasse von Handlungen zu betrachten, die aber gleichwohl dem Prinzip der Moralität verpflichtet sind.[244] Auch wenn heutzutage in der Literatur Beispiele für alle drei Positionen zu finden sind, wird im Folgenden die Frage des moralischen und verantwortlichen Handelns von Unternehmen aus Sicht der ökonomischen Wirtschaftsethik, die hauptsächlich durch HOMANN und, auf seinen Theorien aufbauend, u. a. durch SUCHANEK geprägt worden ist,[245] dargestellt. Wirtschaftliche Handlungen werden hierbei aufgrund der besonderen Gesetzmäßigkeiten der Marktwirtschaft als eine spezielle Art von Handlungen eingestuft, die sich indes nicht von jeglicher moralischer Verantwortung freisprechen können. Das Verhältnis von Ethik und Ökonomie ist somit durch eine **Überordnung ethischer Normen über die Wirtschaft** geprägt.[246]

Trotz dieser Überordnung kann keine abstrakte, generelle Gültigkeit jeglicher normativ begründbarer Forderungen an wirtschaftliches Handeln angenommen werden. Grundlage der ökonomischen Wirtschaftsethik ist das **Implementierbarkeitspostulat**.[247] Demnach hängt die „normative Gültig-

241 Vgl. GÖBEL, E., Strategisches vs. ethisches Stakeholdermanagement, S. 95.
242 SUCHANEK, A., Ökonomische Ethik, S. 13.
243 Mk 12,29-31 sowie Mt 22,37 f.
244 Vgl. PIEPER, A., Ethik und Ökonomie, S. 86.
245 Vgl. KOHL, T., Holistische Wirtschaftsethik, S. 15 f.
246 Insofern weicht die ökonomische Wirtschaftsethik von der Systemtheorie von LUHMANN ab, der aufgrund einer Gleichordnung der gesellschaftlichen Funktionssysteme eine Überordnung der Subsysteme Moral und Ethik über das Wirtschaftssystem nicht vertreten würde.
247 Vgl. KOHL, T., Holistische Wirtschaftsethik, S. 15.

keit von moralischen Regeln [...] von der anreizkompatiblen Implementierbarkeit ab: die Implementierbarkeit schlägt auf die Geltung durch."[248] Die (anreizkompatible) Implementierbarkeit der Regeln steht somit im Mittelpunkt der ökonomischen Ethik,[249] da diese nicht dauerhaft von einem Einzelnen verlangen kann, systematisch gegen seine Interessen zu verstoßen.[250] So argumentiert auch JOSEPH RATZINGER, der aktuelle Papst Benedikt XVI, nach dem „eine Moral, die [...] die Sachkenntnis der Wirtschaftsgesetze überspringen zu meint, [...] nicht Moral, sondern Moralismus, also das Gegenteil von Moral"[251] wäre. Auf dieser Grundannahme aufbauend beruht die ökonomische Wirtschaftsethik auf dem in der volkswirtschaftlichen Theorie verwendeten Konstrukt des *homo oeconomicus*, nach dem der Mensch von individuellem Vorteilsstreben geleitet wird – wobei Vorteilsstreben hierbei nicht ausschließlich im monetären Sinne zu verstehen ist.[252]

Ausgangspunkt des Verständnisses von Unternehmensverantwortung der ökonomischen Wirtschaftsethik von HOMANN und SUCHANEK ist ihre Definition von **Ökonomik**. Demnach befasst sich Ökonomik „mit Möglichkeiten und Problemen der gesellschaftlichen Zusammenarbeit zum gegenseitigen Vorteil"[253]. Hierbei beziehen sich HOMANN und SUCHANEK auf die von RAWLS in seinem 1971 erschienenen Buch „A Theory of Justice"[254] enthaltene Definition, nach der die Gesellschaft als „ein Unternehmen der Zusammenarbeit zum gegenseitigen Vorteil"[255] anzusehen ist. Im Gegensatz zu alternativen (primär neoklassisch geprägten) Definitionen von Ökonomik, die oftmals die Bedürfnisbefriedigung vor dem Hintergrund knapper Ressourcen in den Vordergrund stellen,[256] basiert die Definition von HOMANN und SUCHANEK auf einem sozialen Grundproblem. Demnach wird das Knappheitsproblem erst dann zu einem „ökonomischen Problem", wenn die Knappheit der Ressourcen durch einen Konflikt verschärft oder durch Kooperation mit anderen Wirtschaftssubjekten gemindert werden kann.[257] Die Interaktionen der Wirtschaftspartner und die daraus entstehenden gegenseitigen Vorteile (Kooperationsgewinne) und mögliche Dilemmastrukturen stehen somit im Mittelpunkt der Ökonomik,[258] wobei die ökonomische Wirtschaftsethik (im Gegensatz zur Neoklassik, insb. zu FRIEDMAN)[259] davon ausgeht, dass die gesetzliche Rahmenordnung und Verträge nicht vollständig sein können.[260]

Vor diesem Verständnis von Ökonomik stellen **Unternehmen** unter den Bedingungen des Marktwettbewerbs eine institutionelle, gesellschaftlich eigenständige Kooperationsform dar, die aus ei-

---

248 HOMANN, K., Ökonomik: Fortsetzung der Ethik mit anderen Mitteln, S. 36.

249 Aus diesem Grund wird in der vorliegenden Arbeit aus der Forschungsrichtung der Wirtschaftsethik ausschließlich die ökonomische Wirtschaftsethik betrachtet.

250 Vgl. HOMANN, K., Gesellschaftliche Verantwortung der Unternehmen, S. 13.

251 RATZINGER, J., Marktwirtschaft und Ethik, S. 58.

252 Vgl. KOHL, T., Holistische Wirtschaftsethik, S. 17; vgl. auch Abschn. 441.

253 HOMANN, K./SUCHANEK, A., Ökonomik, S. 4.

254 Vgl. zur Gerechtigkeitstheorie von RAWLS Abschn. 244.

255 SUCHANEK, A., Ökonomische Ethik, S. 37.

256 Vgl. Abschn. 441 sowie z. B. ROBBINS, L., Nature and Significance of Economic Science, S. 16; GUTENBERG, E., Grundlagen der BWL, S. 1; THOMMEN, J.-P./ACHLEITNER, A.-K., Allgemeine BWL, S. 36.

257 Vgl. HOMANN, K./SUCHANEK, A., Ökonomik, S. 4.

258 Vgl. HOMANN, K./SUCHANEK, A., Ökonomik, S. 5.

259 Vgl. hierzu Abschn. 441.

260 Vgl. HOMANN, K., Gesellschaftliche Verantwortung der Unternehmen, S. 3.

nem Netzwerk von Verträgen[261] besteht und „die sowohl für die Mitglieder des Unternehmens als auch für die Interaktionspartner dieses korporativen Akteurs von Vorteil ist“[262]. Für die Mitglieder des Unternehmens bestehen die Vorteile darin, dass dieses die Koordination ihrer Aktivitäten besser gewährleistet und Informations- und Anreizprobleme besser gelöst werden können. Darüber hinaus führt das einheitliche Auftreten der Mitarbeiter am Markt unter derselben Firma dazu, dass Transaktionskosten der Interaktionspartner gesenkt werden und Vertrauen gebildet wird.[263] Ein Unternehmen kann demnach auch als „gesellschaftlich konstituiertes Zurechnungsschema“[264], d. h. als sog. „korporativer Akteur“ bezeichnet werden, das von seinen Transaktionspartnern als handlungsfähig angesehen wird.[265] Hierbei ist zu berücksichtigen, dass die Gesellschaft unabhängig von den rechtlichen Strukturen und den sich daraus ergebenden Rechten und Pflichten der unterschiedlichen Tochtergesellschaften und der (Konzern-)Muttergesellschaft oftmals dem Konzern als fiktivem Gebilde[266] Verfehlungen einzelner Konzerngesellschaften zurechnet.[267]

Um die Unternehmensverantwortung zu bestimmen, ist somit zunächst zu untersuchen, ob Unternehmen überhaupt Verantwortung tragen können, oder ob (wie von FRIEDMAN behauptet) nur die hinter dem Unternehmen stehenden natürlichen Personen hierzu fähig sind.[268] Da Unternehmen als **„gesellschaftlich konstituierte Zurechnungsschemata“** definiert werden können, ist es grds. auch möglich, ihnen neben ihren Produkten bestimmte Sachverhalte, wie z. B. die im Rahmen der Produktion verursachten ökologischen Schäden oder die Missachtung z. B. arbeitsrechtlicher Vorschriften, zuzuordnen.[269] Zunächst kann somit die Notwendigkeit zu moralischem, verantwortlichem Handeln unter Bezugnahme auf die oben vorgestellte „goldene Regel“ begründet werden. Darüber hinaus sprechen jedoch auch unternehmenseigene Interessen für moralisches Handeln. Nutzt ein Unternehmen die ihm gewährte Freiheit im Rahmen seiner originären Tätigkeit (dem Vermindern von Knappheit als sozialem Problem) zu Lasten derjenigen aus, die ihm diese Freiheit gewährt haben (hier die Gesellschaft), so ist damit zu rechnen, dass künftig die Handlungsmöglichkeiten des Unternehmens beschränkt werden.[270] Verantwortliches Handeln von Unternehmen ist somit vor allem in ihrem ureigenen Sinne, da bzw. wenn sie dauerhaft am Markt bestehen wollen.[271] Dieses ist dann kurz- und langfristig anreizkompatibel, d. h. mit dem (wohlverstandenen bzw. re-

---

261 Vgl. HOMANN, K./SUCHANEK, A., Ökonomik, S. 286.

262 SUCHANEK, A., Ökonomische Ethik, S. 117.

263 Vgl. SUCHANEK, A., Ökonomische Ethik, S. 118.

264 WALDKIRCH, R., Unternehmen und Gesellschaft, S. 164-184.

265 Vgl. SUCHANEK, A., Ökonomische Ethik, S. 117.

266 Vgl. zum Konzernbegriff BAETGE, J./KIRSCH, H.-J./THIELE, S., Konzernbilanzen, S. 1-8.

267 So wurde bei der geplanten Versenkung der Ölplattform Brent Spar durch Shell Expo (ein Joint Venture von Shell und Exxon) auch die Deutsche Shell AG für die geplante Versenkung verantwortlich gemacht. Vgl. WALDKIRCH, R., Unternehmen und Gesellschaft, S. 4; BONUS, H./BAYER, I., Symbolische Umweltpolitik, S. 14.

268 Vgl. Abschn. 441.

269 Vgl. SUCHANEK, A., Ökonomische Ethik, S. 118.

270 Dies stellt bspw. HEUSKEL für die pharmazeutische Industrie bei einem Vergleich der Auflagen für die europäischen, amerikanischen und asiatischen Märkte fest; vgl. HEUSKEL, D., Von der sozialen zur strategischen Perspektive, S. 520.

271 Vgl. Abschn. 3.

flektierten) Eigeninteresse der Unternehmen vereinbar.[272] Insgesamt kann festgestellt werden, dass die Wirtschaft auf der einen Seite größere Bewegungsspielräume fordert und durch die Globalisierung automatisch erhält. Auf der anderen Seite erwartet die Öffentlichkeit im Gegenzug mehr Verantwortungsbewusstsein von den Unternehmen bzw. seinen Managern.[273]

Aufgrund des individuellen Vorteilsstrebens des homo oeconomicus ist somit die „Implementierung des Sollens unter Bedingungen des Wettbewerbs“[274], d. h. die **Anreizkompatibilität**, von entscheidender Bedeutung. Fraglich ist hierbei, wie Unternehmen tatsächlich ihre – noch genauer zu bestimmende – Verantwortung für die nachhaltige Entwicklung der Gesellschaft wahrnehmen können, ohne dass sie (z. B. aufgrund der Kosten ihres Engagements) Wettbewerbsnachteile erfahren und aufgrund dieser nicht auf Dauer am Markt bestehen können. Hierzu gibt es prinzipiell zwei Strategien, um das Problem der Ausbeutung moralischer Vor- und Mehrleistungen durch weniger moralische Konkurrenten zu lösen: Wird moralisches Handeln von Unternehmen durch die Kunden honoriert, ergeben sich hierdurch automatisch Wettbewerbsvorteile, die für das Unternehmen Anreize zu moralischem Verhalten schaffen. Wird dieses Verhalten jedoch von den Kunden nicht honoriert, müssen alle Unternehmen denselben Moralstandards unterworfen werden, d. h. einer für alle **verbindlichen sanktionsbewehrten Rahmenordnung**, die vom Staat erstellt wird.[275] Vor dem Hintergrund der fortschreitenden Globalisierung ist hierbei zu beachten, dass Unternehmen durch ihre internationale Präsenz von einzelnen Staaten erstellte Regeln umgehen können.[276] Demzufolge stehen den gestiegenen Kooperationsmöglichkeiten an vielen Stellen Wettbewerbs- bzw. Konfliktsituationen entgegen, die Dilemmastrukturen ausweiten und nicht durch staatliches Eingreifen gelöst werden können.[277]

Aufgrund dieser durch die Globalisierung abnehmenden Möglichkeiten der Nationalstaaten, das Handeln der Unternehmen durch die Vorgabe einer rechtlich verbindlichen Rahmenstruktur zu steuern, wachsen die **gesellschaftlichen Ansprüche** an die Unternehmen, verantwortungsvoll zu handeln,[278] auch wenn sich dies nicht direkt im Kundenverhalten feststellen lassen muss.[279] Somit kann mit der Zunahme der gesellschaftlichen Ansprüche eine korrespondierende Zunahme des Legitimationsdrucks festgestellt werden.[280] Fraglich ist vor diesem Hintergrund aus wirtschaftsethischer Sicht, welche Verantwortung Unternehmen allgemein und für die nachhaltige Entwicklung tragen und welche Ansprüche, die von Stakeholdern an Unternehmen gestellt werden, als begründet angesehen werden können.

---

272 Vgl. SUCHANEK, A., Ökonomische Ethik, S. 49.

273 Vgl. HOMANN, K., Gesellschaftliche Verantwortung der Unternehmen, S. 6.

274 HOMANN, K., Gesellschaftliche Verantwortung der Unternehmen, S. 4.

275 Vgl. HOMANN, K., Gesellschaftliche Verantwortung der Unternehmen, S. 5.

276 Vgl. HOMANN, K., Gesellschaftliche Verantwortung der Unternehmen, S. 5. Vgl. zum Einfluss der Globalisierung auf die Unternehmensverantwortung auch Abschn. 43.

277 Vgl. SUCHANEK, A., Ökonomische Ethik, S. 123.

278 Vgl. HOMANN, K., Gesellschaftliche Verantwortung der Unternehmen, S. 5.

279 Einflüsse können jedoch z. B. auch durch die Wahl der politischen Vertreter ausgeübt werden.

280 Vgl. SUCHANEK, A., Ökonomische Ethik, S. 116.

Da HOMANN und SUCHANEK die Frage der konkreten Verantwortung von Unternehmen auf unterschiedliche Art und Weise und im Ergebnis nicht deckungsgleich beantworten, werden ihre Positionen nachfolgend getrennt voneinander dargestellt.

422. Ansatz von HOMANN

HOMANN unterscheidet zwischen drei verschiedenen Arten von Unternehmensverantwortung. Zunächst besitzen Unternehmen eine **Handlungsverantwortung**. Unter diese subsumiert HOMANN z. B. das Einhalten gesetzlicher Vorschriften (compliance), Auswirkungen der Produktpalette, Produktionsverfahren, Werbemethoden, Entlassungen und Standortentscheidungen, des Führungsstils, der Unternehmenskultur, des Betriebs von Betriebskindergärten und des Sponsorings von karitativen Organisationen und kulturellen Events.[281]

Vor dem Hintergrund der Millenium Goals der Vereinten Nationen, zu denen unter anderem das Ziel der Halbierung der Zahl der Armen bis 2015 und die flächendeckende Elementarschulausbildung für alle Kinder dieser Welt fällt,[282] spricht HOMANN den Unternehmen über ihre Handlungsverantwortung eine **erweiterte Handlungsverantwortung** zu, da diese Ziele ohne das Mitwirken der Unternehmen nicht erreichbar seien. Demnach bestehe die Aufgabe der Unternehmen zusätzlich zur Verantwortung für ihr Handeln im Rahmen der Produktionstätigkeit (und in einem geringen Grad über diese hinaus) auch darin, an einer sozialen Ordnung für die Weltgesellschaft mitzuarbeiten.[283] Hierzu sei vor allem die Schaffung von property rights, die Etablierung des Rechtsstaats und leistungsfähiger Verwaltungen sowie flächendeckender Steuersysteme, die Bekämpfung der Korruption, Ausbildung und Gesundheitsvorsorge auf elementarem Niveau, Durchsetzung der Menschenrechte, Etablierung staatlicher Strukturen mit Gewaltenteilung, Transparenz und Kontrolle erforderlich. HOMANN erkennt jedoch auch an, dass die Probleme der Welt nicht von einem einzigen Unternehmen durch „Kehren des eigenen Bürgersteigs"[284] gelöst werden können. Die Gründe hierfür sind (1) die lediglich lokale Natur der Maßnahmen und (in Teilen damit zusammenhängend) (2) die fehlende Kooperation und Koordination von Aktivitäten mehrerer Unternehmen.[285]

Da jedoch durch die Erschließung neuer Märkte die Möglichkeit zur Erzielung von Kooperationsgewinnen für die Unternehmen wie für die Menschen vor Ort geschaffen wird, bestehe für Unternehmen neben der (erweiterten) Handlungsverantwortung als dritte Verantwortungsart auch eine **Ordnungsverantwortung**, d. h. die Verantwortung, sich entweder direkt oder durch Verbände in die Entwicklung einer sozialen Ordnung einzubringen.[286] Prädestiniert seien Großunternehmen

281 Vgl. HOMANN, K., Gesellschaftliche Verantwortung der Unternehmen, S. 6.

282 Vgl. http://www.un.org/millenniumgoals; ebenso CHERU, F./BRADFORD, C., Millennium Goals.

283 Vgl. HOMANN, K., Gesellschaftliche Verantwortung der Unternehmen, S. 6; BAUER, B., Anspruch auf Demokratie, S. 23.

284 HOMANN, K., Gesellschaftliche Verantwortung der Unternehmen, S. 7.

285 Vgl. HOMANN, K., Gesellschaftliche Verantwortung der Unternehmen, S. 7.

286 Vgl. HOMANN, K., Gesellschaftliche Verantwortung der Unternehmen, S. 7; ebenso JONKER, J./STARK, W./TEWES, S., CSR und nachhaltige Entwicklung, S. 6.

hierzu, da in ihnen, im Gegensatz zum politischen System, das immer kurzfristig denke, strategische Überlegungen möglich seien.[287]

Wenn Unternehmen Gesellschaftsstrukturen mitgestalten, könnte sich jedoch die Frage der gesellschaftlichen/demokratischen Legitimation stellen. HOMANN sieht hierin kein Problem, da Unternehmen von der Gesellschaft zur Erfüllung bestimmter Aufgaben (bspw. zur Produktion von Gütern) eingerichtet seien und zu ihrem Nutzen wirtschaften.[288] Insofern liege zwar keine direkte, aber zumindest eine indirekte demokratische Legitimation vor, sofern die Unternehmen bei der Wahrnehmung der Ordnungsverantwortung mit anderen „Spielern", wie z. B. NGOs und vor allem mit den gewählten Vertretern der Bürger, kooperieren.[289]

423. Ansatz von SUCHANEK

Nach SUCHANEK ist es für das Zurechnen von Verantwortung[290] in konkreten Fällen (z. B. die Verantwortung der Eltern für ihre Kinder, die der Produktionsleiter für die Produktion und nicht für andere Bereiche des Unternehmens) erforderlich, dass (1) eindeutige Aufgabenfelder definiert sind, für die Verantwortung übernommen werden kann, dass (2) die Handlungsspielräume des Handelnden klar bestimmt sind, dass (3) verantwortliches Handeln innerhalb dieses Rahmens durch entsprechende Ressourcen und Kompetenzen des Handelnden möglich sein muss und dass (4) verantwortliches Handeln für den Handelnden zumutbar, i. S. v. anreizkompatibel ist.[291] Hierbei ist indes zu beachten, dass Anreize nicht darauf beschränkt sind, monetäre Größen zu maximieren, sondern z. B. auch soziale Achtung oder die Wahrung eines guten Gewissens umfassen.

Um die Verantwortung von Unternehmen zu bestimmen, ist vor allem das konkrete Aufgabenfeld der Unternehmen festzulegen. Auch wenn SUCHANEK bei der Definition der Unternehmen nicht primär auf die Befriedigung von Bedürfnissen mit knappen Ressourcen abstellt, sondern Knappheit als soziales Problem auffasst, liegt die Aufgabe von Unternehmen in der Marktwirtschaft letztlich in der Produktion von Gütern, durch deren Tausch Kooperationsgewinne für die Beteiligten realisiert werden können. Ihre Hauptverantwortung liegt folglich darin, die von der Gesellschaft gewährte Freiheit zur Güterproduktion nicht gegen diese auszunutzen. Durch **verantwortliches Handeln im Kerngeschäft** sollten Unternehmen in die gesellschaftliche Zusammenarbeit zum gegenseitigen Vorteil investieren, so dass abstrakter formuliert „die Verantwortung von Unternehmen [darin be-

---

287 Dass ein solches Engagement von Bürgern teilweise erwartet wird, zeigen LUNAU und WETTSTEIN in einer repräsentativen Befragung von 1.000 Probanden; vgl. LUNAU, Y./WETTSTEIN, F., Soziale Verantwortung der Wirtschaft, S. 26.

288 Vgl. HOMANN, K., Gesellschaftliche Verantwortung der Unternehmen, S. 11.

289 Vgl. zur demokratischen Legitimation von Unternehmen Abschn. 43. Fraglich ist jedoch, ob Unternehmen ausnahmslos auf die Veränderung der Strukturen zum Wohle der Gesellschaft hinarbeiten, wenn dies für das Unternehmen selbst mit Nachteilen verbunden ist.

290 Vgl. ausführlich zum Begriff der Verantwortung FISCHER, J./GRUDEN, S./IMHOF, E./STRUB, J.-D., Grundkurs Ethik, S. 381-394.

291 Vgl. SUCHANEK, A., Ökonomische Ethik, S. 71. Vgl. für alternative Ansätze zur Begründung der Unternehmensverantwortung UNGERICHT, B./RAITH, D./KORENJAK, T., CSR oder gesellschaftliche Unternehmensverantwortung, S. 42-56.

steht], in den dauerhaften Erhalt der Licence to operate als Grundlage langfristiger Gewinnerzielung zu investieren"[292]. Hierzu sollten Unternehmen

- in das Produkt,
- in die Produktivität der Mitarbeiter,
- in die Integrität des Unternehmens,
- in Beziehungen,
- in die Standortbedingungen,
- in die Rahmenordnung des Wettbewerbs sowie
- in wirtschafts- und unternehmensethische Aufklärung investieren.[293]

An dieser Stelle wird demnach die nachhaltige Entwicklung der Gesellschaft und die nachhaltige Unternehmensentwicklung integriert betrachtet.

Fraglich ist darüber hinaus, ob es in der Verantwortung der Unternehmen liegen kann, durch „gute Taten", d. h. durch **philanthropisches Engagement**, die Not Einzelner zu lindern. Nach SUCHANEK ist das Grundproblem guter Taten, dass sie „nicht selten etwas Willkürliches an sich haben sowie oftmals nicht nachhaltig sind"[294]. Nachhaltig erfasst hierbei das Problem, dass philanthropisches Engagement von Unternehmen nicht selten an deren wirtschaftliche Situation geknüpft ist und bei einer Verschlechterung reduziert wird.[295] Das durch die willkürliche Vergabe von Mitteln aufgeworfene Problem lässt sich auch vor dem Hintergrund der Gerechtigkeitstheorie von RAWLS erkennen, nach der nicht willkürliche Maßnahmen, sondern nur die Steigerung der Chancengleichheit durch die Festlegung bzw. Anpassung grundlegender Institutionen die Gerechtigkeit fördert.

Darüber hinaus wirft philanthropisches Engagement die Frage nach dem Verhältnis von Gewinn und Moral auf.[296] Da sich dieses Engagement nur auf die Verwendung von Überschüssen, nicht aber auf deren Erzielung bezieht, kann diese Art des Verantwortungsverständnisses auch als eine Art „Deckmantel- oder Ablasscharakter"[297] bezeichnet werden. Da in der Bevölkerung teilweise ein Spannungsverhältnis zwischen Moral und Gewinn bestehe,[298] könne philanthropisches Engagement dieses Spannungsverhältniss verstärken, was wiederum das eigentliche Ziel des Unternehmens, durch verantwortliches Handeln in den dauerhaften Erhalt der „licence to operate" zu investieren, konterkarieren und die nachhaltige Unternehmensentwicklung gefährden würde. Somit kann festge-

---

292 SUCHANEK, A., Ökonomische Ethik, S. 135; ähnlich DAUB, C.-H., Stand und Entwicklungstendenzen in der Nachhaltigkeitsberichterstattung, S. 84.

293 Vgl. SUCHANEK, A., Ökonomische Ethik, S. 137.

294 SUCHANEK, A., Ökonomische Ethik, S. 125.

295 Hierzu kann jedoch angemerkt werden, dass Unternehmen oftmals Stiftungen gründen, so dass das philanthropische Engagement auf der Basis der Verzinsung des Stiftungskapitals beruht. Hierdurch wird dieses unabhängig vom aktuellen finanziellen Unternehmenserfolg, so dass das Argument SUCHANEKS, philanthropisches Engagement sei nicht dauerhaft, nicht generell zutrifft.

296 Vgl. SUCHANEK, A., Ökonomische Ethik, S. 125.

297 SUCHANEK, A., Ökonomische Ethik, S. 126.

298 So auch FREEMAN, R. E./VELAMURI, S. R., A New Approach to CSR, S. 10; ALBACH, H., Wertewandel, S. 18 f.

stellt werden, dass philanthropisches Engagement nach SUCHANEK nicht in der Verantwortung von Unternehmen liegt, so dass in diese Richtung an das Unternehmen gerichtete Ansprüche als nicht berechtigt anzusehen sind.[299]

Wohltätigkeiten können jedoch aus der Sicht des Unternehmens sinnvoll sein, sofern sie in seine Gesamtstrategie eingebunden sind (z. B. das Engagement für benachteiligte Jugendliche am Standort des Unternehmens, die dadurch künftig als qualifizierte Arbeitskräfte zur Verfügung stehen).[300] Zu beachten ist hierbei indes, dass keine trennschafte Grenze besteht, die philanthropisches Engagement von Investitionen in Bereiche trennt, die zwar grds. in die Zuständigkeit des Staates fallen, ohne deren Funktionsfähigkeit der Geschäftsbetrieb des Unternehmens aber nicht aufrecht erhalten werden kann. Zum „gegenseitigen Vorteil" wären nach SUCHANEK z. B. Investitionen in die Bildung Jugendlicher, die auf der einen Seite einen künftigen Mangel an Fachkräften vermeidet, die Jugendlichen auf der anderen Seite allerdings vor Arbeitslosigkeit bewahrt. Dies entspricht letztlich der erweiterten Handlungsverantwortung nach HOMANN, wobei Unternehmen Probleme auf gesamtgesellschaftlicher Ebene oftmals nicht lösen können, wenn sie ausschließlich diese Verantwortung wahrnehmen. Zwar mag es dem Unternehmen selbst und seiner regionalen Umgebung helfen, wenn Unternehmen z. B. in das örtliche Bildungssystem investieren. Die nachhaltige Entwicklung einer Gesellschaft bzw. die intragenerative Gerechtigkeit wird hierdurch jedoch grds. nicht gefördert, da die Maßnahmen des Unternehmens nicht auf der Ebene der Institutionen wirken,[301] sondern willkürlich einzelnen Stakeholdern in der näheren Umgebung des Unternehmens „Gutes tun". Ebenso wie HOMANN spricht sich auch SUCHANEK in Fällen von Dilemmastrukturen, die nicht durch ein einzelnes Unternehmen gelöst werden können, für ein koordiniertes Vorgehen der Wirtschaft zur Lösung dieser Probleme aus.[302]

Unterstützt wird die Forderung nach verantwortlichem Handeln im Kerngeschäft durch die Tatsache, dass Handlungen unter aktuellen Handlungsbedingungen zu Handlungsfolgen führen, die die künftigen Handlungsbedingungen beeinflussen.[303] Verantwortung kann somit in Verbindung mit Freiheit als Maxime formuliert werden, die „eigene Freiheit so zu nutzen, dass damit die Bedingungen der künftigen Freiheit erhalten bzw. verbessert und nicht zerstört werden"[304]. Negativ formuliert bedeutet dies, dass alles Handeln unverantwortlich ist, das zwar die aktuellen Rahmenbedingungen für die Erzielung von Erfolgen in Anspruch nimmt, gleichzeitig aber zur Erosion dieser Rahmenbedingungen beiträgt.[305] Nutzt man die gewährte Freiheit zu Lasten derer, die einem diese

299 A. A. HOMANN, K., Gesellschaftliche Verantwortung der Unternehmen, S. 6.

300 Vgl. SUCHANEK, A., Ökonomische Ethik, S. 134.

301 Vgl. Abschn. 25.

302 Vgl. SUCHANEK, A., Ökonomische Ethik, S. 145.

303 Vgl. SUCHANEK, A., Ökonomische Ethik, S. 72; LEISINGER, K. M., Globalisierung und Verantwortung multinationaler Unternehmen, S. 334.

304 SUCHANEK, A., Ökonomische Ethik, S. 72. Hierbei beschreibt SUCHANEK letztlich die notwendigen Anpassungen von Systemen, die sich aus der Veränderung der Systemumwelt ergeben.

305 Vgl. SUCHANEK, A., Ökonomische Ethik, S. 72. Dies deckt sich auch mit der Gerechtigkeitstheorie von RAWLS, der es als Aufgabe der Individuen bzw. der Unternehmen ansieht, „gerechte Institutionen" zu schützen; vgl. Abschn. 244.

gewährt haben, so muss mit einer künftigen Einschränkung der Freiheit gerechnet werden.[306] Somit ist auch aus Sicht der Unternehmen verantwortliches Handeln – langfristig betrachtet – in ihrem eigenen Sinne.[307]

Inhaltlich und im Ergebnis unterscheiden sich HOMANN und SUCHANEK primär in ihrer Beurteilung von philanthropischem Engagement. Während dies nach HOMANN bereits ein Teil der Handlungsverantwortung von Unternehmen ist, liegt es nach SUCHANEK nur dann in der Verantwortung der Unternehmen, wenn diese einen direkten oder zumindest hinreichend konkreten indirekten Vorteil hiervon haben.

43 Demokratietheorie: Unternehmensverantwortung für die nachhaltige Entwicklung

431. Überblick

Auch wenn über die Intensität und die damit einhergehende Zweckmäßigkeit staatlicher Eingriffe in die Wirtschaft kein Konsens besteht, so ist doch anerkannt, dass für die Wahrung der Funktionsfähigkeit der Wirtschaft bestimmte Rahmenbedingungen gesetzt werden müssen.[308] Hierbei stellt die Entscheidung darüber, wem welche gesellschaftlichen Aufgaben zugeordnet werden und wie weitgehend der Staat durch gesetzliche Regelungen den freien Markt einschränken soll, eine wirtschaftspolitische Grundsatzentscheidung dar,[309] wobei die Arbeitsteilung als ein tragendes Prinzip gesellschaftlicher Ordnung angesehen werden kann.[310] Aus dieser gesellschaftlichen Grundentscheidung über die Art und Weise, wie die Versorgung der Bevölkerung mit Gütern organisiert werden soll, leiten Unternehmen ihre Existenzberechtigung ab. Sie sind somit ein Teil der Gesellschafts- und Wirtschaftsordnung, der ihr Erscheinungsbild nach außen prägt, aber auch die Abläufe in ihnen mit gestaltet.[311]

Um die Verantwortung von Unternehmen vor dem Hintergrund der Gesellschaftsstrukturen eines Landes untersuchen zu können, ist auf die Demokratie als zentrales, prägendes Element vieler Gesellschaften weltweit abzustellen. Der Begriff „demokratia“ tauchte erstmals vor ungefähr 2400 Jahren in den Werken von HERODOT auf, in denen sich ein demos-beherrschtes Gemeinwesen findet, das sich ausdrücklich von der Monarchie und der Oligarchie unterscheidet.[312] Betrachtet man den Ausdruck der Demokratie etymologisch, so setzt sich der Begriff „Demokratie“ aus den griechischen Worten „demos“, das Volk, und „kratos“, die Macht, zusammen.[313] Als „Volk“ wird hiernach der größte Teil in einem durch Minderheitsrechte eingeschränkten Mehrheitssystem verstan-

---

306 Vgl. SUCHANEK, A., Ökonomische Ethik, S. 73.

307 In der Theorie von SUCHANEK sind somit die nachhaltige Entwicklung der Gesellschaft, wie auch die nachhaltige Unternehmensentwicklung enthalten.

308 Vgl. SCHERER, A. G., Unternehmen als politischer Akteur, S. 152.

309 Vgl. ALBACH, H./ALBACH, R., Unternehmen als Institution, S. 10.

310 Vgl. ALBACH, H./ALBACH, R., Unternehmen als Institution, S. 7.

311 Vgl. ALBACH, H./ALBACH, R., Unternehmen als Institution, S. 1.

312 Vgl. BAUER, B., Anspruch auf Demokratie, S. 25.

313 Vgl. BAUER, B., Anspruch auf Demokratie, S. 26.

den.[314] In Bezug auf die „Macht" kann nach der etymologischen Herkunft des Wortes nicht geklärt werden, ob es um die Macht im nominellen Sinne oder um die tatsächliche Macht geht.[315]

Das philosophische Fundament, auf dem das Demokratiekonzept heute noch beruht, wurde wesentlich von IMMANUEL KANT geprägt. Demnach ist es das Recht eines jeden Menschen, in einer politischen Gemeinschaft unter Zwangsgesetzen leben zu können, durch welche jeder jeden zwingen kann, die Ausübung seiner Freiheit an die Bedingung ihrer Vereinbarkeit mit der Freiheit von jedermann zu binden.[316] Die Gewissensfreiheit des Einzelnen, aus der die politische Willensbildung hervorgeht, ist demnach Kern der Demokratie. Hieraus ergibt sich ein moralischer und politischer Imperativ, nach dem der Mensch (unter den oben beschriebenen Einschränkungen) über sich selbst bestimmen darf und nicht zum Objekt eines Herrscherwillens degradiert wird.[317] Die Freiheit des Individuums und seine Rechte stehen somit bei allen Demokratietheorien im Mittelpunkt.[318]

In der politikwissenschaftlichen Literatur findet man, neben diversen anderen Theorien, zwei Ansätze, nach denen Demokratie entweder als **Verfahrensrecht** oder nach inhaltlichen Garantien (**funktionalistische Demokratie**) beschrieben werden kann. Gemein ist beiden Ansätzen die Annahme, dass die Bürger ihre Entscheidungsgewalt nicht direkt, sondern über gewählte Repräsentanten ausüben,[319] die dem Gemeinwohl verpflichtet sind (bzw. sein sollten).[320] Grundlage hierfür ist ein gleiches und allgemeines Wahlrecht.[321] Beiden Ansätzen liegt darüber hinaus die Frage zugrunde, wann eine politische Entscheidung als demokratisch legitimiert angesehen werden kann.[322] Diese Frage unterteilt sich in zwei Bereiche: Zunächst ist fraglich, woran sich die Anerkennungswürdigkeit von politischen Entscheidungen festmacht. Nach SCHUMPETER, der die Demokratie als Verfahren auffasst, ist „die demokratische Methode [...] diejenige Ordnung der Institutionen zur Erreichung politischer Entscheidungen, bei welcher einzelne die Entscheidungsbefugnis vermittels eines Konkurrenzkampfes um die Stimmen des Volkes erwerben"[323]. Der einzige Weg, um eine legitime Autorität zu konstituieren, besteht demnach darin, Mechanismen zu schaffen, unter denen der Mensch als rationales Wesen Einfluss auf die Regierung nehmen kann.[324] Nach dem funktionalistischen Verständnis wird Demokratie hingegen als Gesellschaftsform angesehen, die von der Mehrheit auf eine bestimmte Weise geprägt ist. Hierbei muss gewährleistet werden, dass für alle Bürger ein **Mindestmaß an Partizipation** gewährleistet wird.

314 SARTORI, G., Demokratietheorie, S. 29.
315 BAUER, B., Anspruch auf Demokratie, S. 26.
316 Vgl. BAUER, B., Anspruch auf Demokratie, S. 28.
317 Vgl. BAUER, B., Anspruch auf Demokratie, S. 28.
318 Vgl. ABROMEIT, H., Demokratie, S. 122.
319 Vgl. BAUER, B., Anspruch auf Demokratie, S. 29.
320 Vgl. SCHUMPETER, J., Kapitalismus, Sozialismus und Demokratie, S. 397.
321 Vgl. SARTORI, G., Demokratietheorie, S. 333.
322 Vgl. ABROMEIT, H., Demokratie, S. 146.
323 SCHUMPETER, J., Kapitalismus, Sozialismus und Demokratie, S. 428.
324 BAUER, B., Anspruch auf Demokratie, S. 31.

Darüber hinaus ist jedoch auch zu fragen, welche Art von Anerkennung zu fordern ist bzw. auf welche Weise der Legitimierungsprozess stattfindet.[325] Hierbei können zunächst unterschiedliche Formen der Zustimmung auf einer Skala von stillschweigender Duldung bis expliziter Zustimmung in Betracht kommen.[326] So kann z. B. Nicht-Auswandern oder Nicht-Rebellion bzw. Nicht-Widersprechen als Zustimmung gedeutet werden. Eine andere Möglichkeit zur Artikulation ihrer Zustimmung haben die Bürger darüber hinaus in ihrem Wahlverhalten. Werden Politiker wiedergewählt, so stellt dies zweifelsfrei eine Zustimmung der Bürger zu ihren Entscheidungen dar.[327]

Nach diesen Theorien stellen die Demokratie und die legitimierten Entscheidungen der Volksvertreter die Grundlage für die Existenz von Unternehmen dar. Im Gegensatz dazu wird jedoch in Teilen der Literatur die Meinung vertreten, dass die wirtschaftliche Entwicklung der sozialen Entwicklung und der Demokratisierung vorausgehen müsse, ggf. sogar unter der Hinnahme sozial und ökologisch unakzeptabler Arbeitsbedingungen.

Darüber hinaus sind bei der Betrachtung der Unternehmensverantwortung aus demokratietheoretischer Sicht sich immer weiter verändernde Rahmenbedingungen durch die Globalisierung zu berücksichtigen. Die Globalisierung ist theoretisch dazu fähig, den Nationalstaat und damit die Demokratie in ihrer Existenz zu gefährden, da sich Unternehmen (im Gegensatz zu Nationalstaaten und einem Großteil ihrer Bürger) oftmals weltweit bewegen und sich demnach unliebsamen (nationalen) Rahmenordnungen entziehen können.[328] Hiermit einher geht die Erkenntnis, dass in weltweit zu koordinierenden Entscheidungsprozessen die Macht von Zusammenschlüssen nicht-staatlicher-Akteure zunehmend wächst[329] und somit weniger Handlungsspielraum für Regierungen verbleibt.[330]

432. Auswirkungen der demokratietheoretischen Unternehmensverantwortung auf die nachhaltige Entwicklung

Unternehmen können durch Handlungen, die die Ausübung demokratischer Rechte durch den Einzelnen ermöglichen, einschränken oder verhindern, Einfluss auf die Gesellschaft und insb. auf das Funktionssystem Politik nehmen. Aufgrund unterschiedlicher Konsequenzen in Abhängigkeit vom Entwicklungsstand der Gesellschaft wird nachfolgend zwischen einer stabilen, entwickelten und einer instabilen bzw. sich im Aufbau befindenden Gesellschaft unterschieden.

Kern der verfahrensrechtlichen Demokratieauffassung, der an dieser Stelle gefolgt wird, ist die Partizipationsmöglichkeit des Einzelnen. Fraglich ist jedoch, ob dieses Mindestmaß an Partizipation gewährleistet werden kann, wenn Unternehmen i. S. d. von HOMANN geforderten erweiterten Handlungsverantwortung und der Ordnungsverantwortung aktiv Gesellschaftsstrukturen in **stabilen und entwickelten Gesellschaften** mitgestalten. Während bereits in den 1960er Jahren festgestellt wurde, dass die Entscheidungen über den Wirtschaftsprozess nicht mehr gleichverteilt in der Gesell-

---

325 Vgl. ABROMEIT, H., Demokratie, S. 146.
326 Vgl. ABROMEIT, H., Demokratie, S. 147.
327 Vgl. ABROMEIT, H., Demokratie, S. 147.
328 Vgl. hierzu auch STREECK, W., Internationale Wirtschaft, nationale Demokratie, S. 11 f.
329 Vgl. BETHKE, V./KOOPMANN, G., Multinationale Unternehmen und Entwicklungsländer, S. 183-185.
330 Vgl. HIRSCHLAND, M. J., CSR and Global Public Policy, S. 143; HAHN, R., Multinationale Unternehmen, S. 38 f.

schaft getroffen wurden, sondern von einer relativ kleinen Gruppe, die das hochkonzentrierte Kapital besitzt bzw. verwaltet,[331] so würden sich diese Entscheidungen, wenn Unternehmen die erweiterte Handlungsverantwortung und die Ordnungsverantwortung wahrnehmen, nicht mehr ausschließlich auf den Wirtschaftsprozess beschränken, sondern auch in andere gesellschaftliche Bereiche, d. h. in andere Funktionssysteme vorstoßen. Wenn die direkt vom Volk gewählten Repräsentanten die Entscheidungsbefugnisse nicht wahrnehmen und somit einige wenige Unternehmen bzw. deren Manager aufgrund von Machtverteilungen die Möglichkeit besitzen, die gesellschaftlichen Strukturen wesentlich zu verändern, so nimmt dies den Menschen die Möglichkeit der Entscheidung auf Basis der eigenen Gewissensfreiheit. Unterstellt man als Ausgangspunkt ein stabiles und entwickeltes Funktionssystem Politik, so könnten Unternehmen durch diese Vorgehensweise zu einer Destabilisierung des Systems beitragen, wenn das Mindestmaß an Partizipation für die Bürger nicht mehr gewährleistet wird bzw. die Macht der gewählten Repräsentanten eingeschränkt wird.[332] Hierdurch könnte die nachhaltige Entwicklung der Gesellschaft beeinträchtigt werden.

Unternehmen können indes bei der Entwicklung von funktionsfähigen Gesellschaften eine entscheidende Rolle einnehmen, sofern die **Gesellschaft instabil und weniger weit entwickelt** ist. Unterstellt man, dass die Macht politisch gewählter Repräsentanten z. B. durch eine in dem jeweiligen Nationalstaat weit verbreitete Korruption eingeschränkt ist und auch andere gesellschaftliche Funktionssysteme nicht stabil sind (z. B. indem keine ausreichende Gesundheitsvorsorge besteht), so könnte eine wahrgenommene erweiterte Handlungsverantwortung und Ordnungsverantwortung sowie aus dieser abgeleitete Maßnahmen von Unternehmen die nachhaltige Entwicklung einer Gesellschaft erst ermöglichen.

44 Wirtschaftswissenschafliche Theorien: Unternehmensverantwortung für die nachhaltige Entwicklung

441. Volkswirtschaftslehre

Die wirtschaftswissenschaftliche Theorie hat sich explizit erstmals mit dem Begriff des Unternehmens in der Zeit der Neoklassik beschäftigt, die um 1870 begann und ökonomische Verhaltensweisen auf individuelle Optimierungskalküle zurückführte.[333] Bevor die Verantwortung des Unternehmens aus neoklassischer Sicht dargestellt werden kann, ist zunächst zu klären, wie Unternehmen in der Neoklassik definiert werden, d. h. welche Funktion sie in der Gesellschaft und speziell in der Volkswirtschaft eines Landes übernehmen.

Die neoklassische Gleichgewichtstheorie geht zunächst, stark von der Realität abstrahierend, davon aus, dass Haushalte Nutzenmaximierer[334] und Unternehmen Gewinnmaximierer sind. Hierbei wird

---

331 Vgl. ABENDROTH, W., Wirtschaft, Gesellschaft und Demokratie, S. 63 f.

332 An dieser Stelle sei darauf verwiesen, dass ein solches Verhalten nicht zum Nachteil der Unternehmen sein muss, da eine Veränderung der Rahmenbedingungen die kurz- oder langfristige Gewinnmaximierung fördern kann. Hiervon zu trennen ist jedoch die Frage, ob eine Ordnungsverantwortung, wie sie z. B. HOMANN und SUCHANEK fordern, tatsächlich in der Verantwortung der Unternehmen liegt.

333 Vgl. FELDERER, B./HOMBURG, S., Makroökonomik und neue Makroökonomik, S. 25.

334 Die Neoklassik, die Haushalten, d. h. dem Menschen an sich, eine utilitaristisch geprägte Nutzenmaximierung unterstellt und den Menschen somit vollständig auf den Konsum von Gütern minimiert, steht der humanistischen

ihnen ein rationales Vorgehen unterstellt, das als „homo oeconomicus" bezeichnet wird.[335] Darüber hinaus wird angenommen, dass es in den Unternehmen keine divergierenden Interessen gibt und dass auf allen Güter- und Faktormärkten vollständige Konkurrenz herrscht.[336] In Bezug auf die Rahmenordnung und auf Verträge zwischen einzelnen Wirtschaftssubjekten wird angenommen, dass diese vollständig sind.[337] Das Ergebnis der Neoklassischen Theorie lautete, dass sich das Angebot über den Mechanismus der relativen Preise (von ADAM SMITH auch als „unsichtbare Hand" bezeichnet)[338] der Nachfrage anpasst, so dass eine optimale Ressourcenallokation erreicht wird.[339] Unternehmen können demnach als Organisationsformen im marktwirtschaftlichen System beschrieben werden,[340] die als Aufgabe die Kombination der elementaren (Produktions-)Faktoren haben[341] und damit Haushaltseinkommen generieren.[342] Auf der einen Seite produzieren Unternehmen also Güter und Dienstleistungen für Haushalte oder andere Unternehmen, auf der anderen Seite fragen die Unternehmen Faktorleistungen bei den Haushalten nach (z. B. Arbeitsleistung oder die Überlassung von Kapital). Ein Grund für das Bestehen von Unternehmen liegt in der Möglichkeit zur Arbeitsteilung, durch die sich die Effizienz der Produktion erhöhen lässt. Dies gilt auch für Tätigkeiten, die grds. nicht getrennt ausgeübt werden müssten. Das Ziel des Unternehmens in der traditionellen mikroökonomischen Theorie liegt in der Maximierung des Periodengewinns.[343]

Während Unternehmen in der mikro- und makroökonomischen Theorie von „außen" als Konstrukt zur Maximierung des Gewinns betrachtet werden, war für SCHMALENBACH, der den Namen „Betriebswirtschaftslehre" geprägt hat, das „Innere" des Unternehmens, d. h. der möglichst effiziente Betrieb, von Interesse.[344] Auch GUTENBERG definiert das Unternehmen als Input-Output-System, d. h. als „ein Komplex von Quantitäten (an Sachgütern, Arbeits- und Dienstleistungen), die in bestimmten Abhängigkeitsverhältnissen zueinander stehen (und funktional gebunden sind)"[345]. Auch wenn hierbei die internen Strukturen, d. h. der Betrieb des Unternehmens der Mittelpunkt der Betrachtung ist, steht GUTENBERGs Verständnis der Funktion des Unternehmens der neoklassischen Mikroökonomik nahe,[346] bzw. setzt auf dieser auf, da die Betriebswirtschaftslehre zu Zeiten der Neoklassik noch sehr stark an die volkswirtschaftliche Theorie angebunden war.[347] Für das Bestehen von Unternehmen sind seiner Meinung nach drei Prinzipien zu erfüllen: das erwerbswirtschaft-

---

Tradition entgegen, die das Wesen des Menschen eher durch Aktivität, als durch passiven Konsum definiert. Vgl. hierzu MACPHERSON, C. B., Demokratietheorie, S. 24.

335 Vgl. VOIGT, S., Institutionenökonomik, S. 20 f.

336 Vgl. SCHUMANN, J./MEYER, U./STRÖBELE, W., Mikroökonomische Theorie, S. 3; DIECKHEUER, G., Makroökonomik, S. 157; GÖBEL, E., Neue Institutionenökonomik, S. 28 f.

337 Vgl. VOIGT, S., Institutionenökonomik, S. 92.

338 Vgl. HEWEL, B./NEUBÄUMER, R., Einführung in die VWL, S. 19.

339 FELDERER, B./HOMBURG, S., Makroökonomik und neue Makroökonomik, S. 26.

340 Vgl. WÖHE, G./DÖRING, U., Einführung in die BWL, S. 27.

341 Vgl. GUTENBERG, E., Grundlagen der BWL, S. 5; SCHUMANN, J./MEYER, U./STRÖBELE, W., Mikroökonomische Theorie, S. 127.

342 Vgl. SCHUMANN, J./MEYER, U./STRÖBELE, W., Mikroökonomische Theorie, S. 127.

343 Vgl. SCHUMANN, J./MEYER, U./STRÖBELE, W., Mikroökonomische Theorie, S. 131.

344 Vgl. SCHMALENBACH, E., Weiterbau der Wirtschaftslehre, S. 319.

345 GUTENBERG, E., Theorie der Unternehmung, S. 34.

346 Vgl. GÖBEL, E., Neue Institutionenökonomik, S. 159.

347 Vgl. GUTENBERG, E., Theorie der Unternehmung, S. 37.

liche Prinzip[348] (Gewinnstreben des Unternehmens, um die dauerhafte bzw. langfristige Existenz sicherzustellen), das Autonomieprinzip[349] (nach dem der Unternehmer frei über die zu erbringende Leistung entscheiden kann) und das Prinzip des Privateigentums (das die Grundlage für das Autonomieprinzip bildet).

Nach MILTON FRIEDMAN besteht die Verantwortung des Managements von Unternehmen (Unternehmen selbst können seiner Meinung nach keine Verantwortung tragen) darin, unter Beachtung der geltenden rechtlichen Rahmenbedingungen (u. a. Eigentumsrechtsordnung, Marktwirtschaft und Wettbewerb) den Gewinn zu Gunsten der Eigentümer zu maximieren.[350] Zwar erkennt FRIEDMAN an, dass die Eigentümer das Unternehmensziel auch abweichend von der Maxime der Gewinnmaximierung festlegen können (beispielhaft nennt er hier den Betrieb eines Krankenhauses oder einer Schule), dies sei aber regelmäßig nicht der Fall.[351] Würde man Unternehmen eine gesellschaftliche Verantwortung auferlegen, so müssten Manager gegen die Interessen ihrer Arbeitgeber (der Eigentümer des Unternehmens) handeln. Dies könne sich beispielsweise darin ausdrücken, dass Manager investieren, um die im Rahmen des Produktionsprozesses auftretende Umweltverschmutzung zu reduzieren, die über das gesetzlich geforderte Maß hinausgeht und nicht mehr im Interesse des Unternehmens liegt.[352] In diesen Fällen würde das Management letztendlich die Entscheidung über die Verwendung der Unternehmensgewinne treffen, die im Rahmen der kapitalistischen Wirtschaftsordnung den Eigentümern zustehe und somit die Regeln der demokratischen und marktwirtschaftlichen Ordnung verletzen (genauer gesagt, das erwerbswirtschaftliche Prinzip, das nach GUTENBERG für die Existenz von Unternehmen erfüllt sein muss).[353]

FRIEDMAN sieht zwar durchaus, dass manche gesellschaftlichen und sozialen Probleme nicht im Rahmen des Marktes gelöst werden können. In diesen Fällen sei jedoch der Staat gefordert, durch Eingriffe in die Marktordnung eine Problemlösung herbeizuführen.[354] Werden externe Effekte[355] nicht internalisiert[356], sind sie nicht in das Entscheidungskalkül des Unternehmens einzubeziehen. Philanthropisches Engagement gehöre nicht zur Verantwortung des Unternehmens.[357]

---

348 Vgl. GUTENBERG, E., Grundlagen der BWL, S. 464 f.

349 Vgl. GUTENBERG, E., Grundlagen der BWL, S. 460 f.

350 Vgl. SUCHANEK, A., Ökonomische Ethik, S. 126. Die unternehmerischen Tätigkeiten in gesellschaftlich gewünschte Bahnen zu lenken ist demnach die Aufgabe des Staates, der dies durch die Rahmenordnung sicherstellt; vgl. BRAUN, J., Unternehmerische Ordnungsverantwortung, S. 40; HEUSKEL, D., Von der sozialen zur strategischen Perspektive, S. 519.

351 Vgl. FRIEDMAN, M., Responsibility of Business, S. 33.

352 Vgl. FRIEDMAN, M., Responsibility of Business, S. 33.

353 Vgl. FRIEDMAN, M., Kapitalismus und Freiheit, S. 167.

354 Vgl. SUCHANEK, A., Ökonomische Ethik, S. 127.

355 Vgl. vertiefend zu externen Effekten LOHR, W., Öffentliche Güter und externe Effekte; HOLZAMER, B., Externe Effekte; KARASCHEWSKI, W., Externe Effekte; VOGT, D. R., Soziales Informationssystem und externe Effekte; SAURER, P., Eigentumsrechte und externe Effekte; DONGES, J. B./FREYTAG, A., Allgemeine Wirtschaftspolitik, S. 189 f.

356 Vgl. SCHUMANN, J./MEYER, U./STRÖBELE, W., Mikroökonomische Theorie, S. 39.

357 Vgl. FRIEDMAN, M., Responsibility of Business, S. 33.

442. (Moderne) Betriebswirtschaftslehre

Die Corporate Governance von Unternehmen legt fest, wer das Recht oder die faktische Möglichkeit hat, wesentliche Entscheidungen im Unternehmen zu treffen oder zu beeinflussen. Darüber hinaus wird festgelegt, an welchen Zielen sich die Unternehmensführung ausrichten sollte und wie die getroffenen Entscheidungen kontrolliert werden können.[358] Bevor mögliche Oberziele von Unternehmen festgelegt werden können, ist zunächst fraglich, welche (Anspruchs-)Gruppen das Unternehmen im Rahmen des Prozesses der Zielformulierung berücksichtigen kann bzw. sollte und welche (berechtigten) Ansprüche die jeweilige Gruppe an das Unternehmen hat. Hierbei sind zwei unterschiedliche Corporate Governance Systeme zu betrachten (stakeholder- versus shareholderorientierte Unternehmensführung), die sich im Wesentlichen in der Behandlung der Stakeholder, die nicht Shareholder sind, unterscheiden.[359]

Shareholder sind Eigentümer des Unternehmens; oftmals sind es gerade bei Publikums(aktien)gesellschaften viele Klein- oder Streubesitzaktionäre.[360] Shareholder stellen dem Unternehmen Eigenkapital mit dem Ziel einer Wertsteigerung des Unternehmens zur Verfügung.[361] Hiermit geht einher, dass sie jährliche Ansprüche gegenüber dem Unternehmen nur in der Höhe des Residualwertes aus Erträgen und Aufwendung haben, d. h. das eingesetzte Kapital wird erst nach der Befriedigung der Ansprüche der anderen Gruppen verzinst. Ferner haften die Eigenkapitalgeber in Höhe des Eigenkapitals für die Verbindlichkeiten des Unternehmens, d. h. im Falle einer Liquidation wird das in das Unternehmen eingebrachte Kapital ebenfalls erst nach Befriedigung aller anderen Ansprüche zurückgezahlt. Aufgrund der lange Zeit vorherrschenden neoklassischen Theorie, in der Unternehmen ausschließlich das Ziel der Gewinnmaximierung zugeschrieben wurde,[362] wurde lange Zeit das Ziel der Shareholder Value-Maximierung als maßgeblich für die Unternehmensführung angesehen.[363] Ansprüche anderer Gruppen wurden demnach nur dann berücksichtigt, wenn sie als Mittel zur Erreichung dieses Zwecks gedient haben.[364]

Neben den Shareholdern, die z. B. im Rahmen der Hauptversammlung oder indirekt über den Aufsichtsrat Einfluss auf die Entscheidungen der Unternehmensführung nehmen können, ist auch durch weitere Gruppen eine (indirekte) Einflussnahme auf das Unternehmen möglich. Im Gegensatz zum Shareholder Value-Ansatz berücksichtigt der **Stakeholder Value-Ansatz** von EDWARD FREEMAN im Rahmen des Strategischen Managements nicht nur die Ansprüche der Kapitaleigner, sondern auch die einer Vielzahl anderer Anspruchsgruppen.[365] **Entscheidend ist dabei der Grad der Be-**

---

358 Vgl. SCHMIDT, R. H./WEIß, M., Shareholder vs. Stakeholder, S. 1. Vgl. zu möglichen Unternehmenszielen Abschn. 3.

359 Vgl. SCHMIDT, R. H./WEIß, M., Shareholder vs. Stakeholder, S. 1.

360 Vgl. SCHMIDT, R. H./WEIß, M., Shareholder vs. Stakeholder, S. 3.

361 Vgl. BONIN, G. V., Shareholder Value und Stakeholder-Interessen, S. 54; HAPPEL, M. A., Wertorientiertes Controlling, S. 36.

362 Vgl. hierzu Abschn. 3.

363 Vor der Finanzmarktkrise wurde in empirischen Studien noch eine Zunahme der Shareholder-Value-Orientierung festgestellt, vgl. MACHARZINA, K., Unternehmensführung, S. 230 f.

364 Vgl. WALL, F./SCHRÖDER, R. W., Zwischen Shareholder und Stakeholder Value, S. 6.

365 Vgl. MAXWELL, T. J., Corporate Governance and Sustainability, S. 134 f.; WALL, F./ SCHRÖDER, R. W., Zwischen Shareholder und Stakeholder Value, S. 6.

einflussung des Unternehmenserfolgs durch eine Anspruchsgruppe. Stakeholder ist somit „any group or individual who is affected or can affect the achievement of an organization's objectives"[366]. Ziel des strategischen Stakeholdermanagements von FREEMAN ist es, ein Rahmenkonzept zum Management der Beziehungen zu den Stakeholdern zu entwickeln, die direkt oder indirekt in der Lage sind, die **Erreichung der Unternehmensziele** zu gefährden.[367] Das Unternehmensziel ist es hierbei, für alle Stakeholder Wert- oder Nutzenpotenziale zu schaffen.[368] Die Sicherung der langfristigen Unternehmensexistenz war bei der erstmaligen Nennung des Stakeholder-Ansatzes durch das Stanford Research Institute in den 1960er Jahren indes nicht das maßgebliche Kriterium.[369] Nachfolgend sind die Unterschiede zwischen dem Stake- und dem Shareholder-Value-Konzept dargestellt:

	Stakeholder Value-Konzept	**Shareholder Value-Konzept**
Fachdisziplin	Strategisches Management	Unternehmensfinanzierung
Gegenstand	Strategische Unternehmensführung	Unternehmensbewertung
Charakter des Konzepts	Qualitativ-interessenpolitisch	Quantitativ-finanziell
Betrachtung primär aus Sicht…	des Top-Managements	der Investoren (Eigentümer)
Ziel der Anwendung des Konzepts	Handlungsspielraum des Managements erhöhen	Unternehmenswertsteigerung (Maximierung)
Ziel der Unternehmung	Fortbestand und Wertschöpfung	Wertsteigerung
Ressourcenorientierung	Alle Ressourcenlieferanten	Primär Eigenkapitalgeber
Der Einsatz von Ressourcen dient…	der Leistungserstellung, dem Fortbestand der Unternehmung und der Erreichung der Ziele der kritischen Stakeholder	der Maximierung der risikoadjustierten Rendite des Einsatzes von Eigenkapital

366 FREEMAN, R. E., Strategic Management, S. 5; CAMARA, M./CHAMORRO, E./MORENO, A., Stakeholder Reporting, S. 698 f.

367 Vgl. FREEMAN, R. E./VELAMURI, S. R., A New Approach to CSR, S. 12. Im Unterschied zu anderen Konzepten der Unternehmensverantwortung steht demnach das Erreichen der Unternehmensziele immer noch im Mittelpunkt. Die Stakeholdertheorie eignet sich demnach, um den Einfluss nicht-finanzieller Werttreiber auf den Unternehmenserfolg zu klassifizieren. Eine normative Begründung für unterschiedliche Einflüsse des Unternehmens auf die nachhaltige Entwicklung der Gesellschaft kann sie indes nicht liefern. Vgl. HEUSKEL, D., Von der sozialen zur strategischen Perspektive, S. 520.

368 Vgl. ULRICH, P./FLURI, E., Management, S. 96.

369 Vgl. FREEMAN, R. E./VELAMURI, S. R., A New Approach to CSR, S.12.

	Stakeholder Value-Konzept	**Shareholder Value-Konzept**
Berücksichtigung von Ansprüchen...	der Stakeholder mit knappen, für die Leistungserstellung notwendigen Ressourcen	der Eigentümer
Entlohnung der Ressourcenlieferanten	Alle Stakeholder (inkl. Eigenkapitalgeber) nach dem Wertgrenzprodukt ihrer Leistung	Entlohnung der Eigenkapitalgeber stellt eine Residualgröße dar; alle anderen Stakeholder werden nach dem Wertgrenzprodukt ihrer Leistung entlohnt
Verteilung des Überschusses (Free Cash Flow)	Keine Aussage	Alles, was nach Abgeltung der Ressourcenlieferanten übrig bleibt, gehört den Eigentümern
Operationalisierung	Gering, strategisch	Hoch, operativ
Komplexität, gegenseitige Abhängigkeit der Variablen	Groß	Klein

Abbildung 4-1: Unterschiede zwischen dem Stake- und Shareholder-Value-Konzept[370]

Teilweise finden sich in der Literatur Versuche, die Konzepte anzugleichen. So argumentiert LACKMANN, dass sich „bei einem Vergleich des Stakeholder-Konzepts mit dem Shareholder Value-Ansatz zeigt [...], dass diese beiden Ausrichtungen durchaus ähnlich sein können. Dies gilt vor allem für börsennotierte Unternehmen mit Konzentration auf den Kapitalgeber als Stakeholder."[371] Eine solche Definition konterkariert jedoch den Kerngedanken des Stakeholder-Ansatzes, nach dem gerade die Interessen anderer Gruppen als der Shareholder in der unternehmerischen Zielformulierung berücksichtigt werden sollen. Vergleichbar können Share- und Stakeholderansatz im Ergebnis lediglich dann sein, wenn sich unternehmerisches Handeln gegen die Interessen der Stakeholder auf mittel- bis langfristige Sicht auch gegen die Interessen der Shareholder richten würde, da die Voraussetzungen für eine nachhaltige Unternehmensentwicklung unterminiert würden.[372]

---

370 Vgl. FIGGE, F./SCHALTEGGER, S., Stakeholder Value, S. 14.

371 LACKMANN, J., Auswirkungen des Nachhaltigkeitsberichts auf den Kapitalmarkt, S. 5, 17.

372 So auch WERDER, A. V., Entwicklungen der Corporate Governance, S. 51.

Die folgende Übersicht zeigt die Interessen ausgewählter Stakeholder:

Stakeholdergruppe	Typische Interessen
Top-Management	Einfluss auf das Unternehmen und seine Umwelt (Macht); Prestige; hohes Einkommen; Verwirklichung schöpferischer Ideen
Bereichsleitung/ Spezialisten	Einfluss auf den eigenen und andere Unternehmensbereiche sowie das Top-Management; Anwendung und Erweiterung professioneller Kenntnisse und Fähigkeiten; Prestige; hohes Einkommen
Übrige Mitarbeiter	Hohes Einkommen; soziale Sicherheit; Selbstentfaltung am Arbeitsplatz; zufrieden stellende Arbeitsbedingungen und zwischenmenschliche Beziehungen
Eigenkapitalgeber	Hohe Gewinnausschüttung; Teilnahme an Wertsteigerung durch Kursentwicklung und günstige Angebote bei Kapitalerhöhungen; Einfluss auf das Top-Management
Fremdkapitalgeber	Hohe Verzinsung; pünktliche Rückzahlung und Sicherheit des zur Verfügung gestellten Kapitals
Lieferanten	Günstige Lieferkonditionen; Zahlungsfähigkeit; anhaltende Liefermöglichkeiten
Kunden	Qualitativ hoch stehende Leistungen zu günstigen Preisen; Nebenleistungen wie Konsumentenkredite, Service, Ersatzteile oder Beratung; gesicherte Versorgung
Kommunalbehörden	Bereitstellung von Arbeitsplätzen; Beiträge zur Infrastruktur und zu Kultur- und Bildungsinstitutionen[373]
Staat	Erhaltung gesetzlicher Vorschriften; Steuereinnahmen
Gewerkschaften	Anerkennung als Verhandlungspartner; Verhandlungsfairness; Möglichkeit, Gewerkschaftsanliegen im Unternehmen zu artikulieren und Mitglieder zu werben
Arbeitgeberverbände	Ausrichtung unternehmerischer Entscheidungen an eigenen Interessen; Beitragszahlung

Abbildung 4-2: Interessen ausgewählter Stakeholder[374]

373 Wobei umstritten ist, ob diese Ansprüche als berechtigt angesehen werden können; vgl. Abschn. 42.

374 Vgl. SCHEWE, G., Unternehmensverfassung, S. 22.

45 Corporate Social Responsibility (CSR)

Neben den auf wissenschaftlichen (Teil-)Disziplinen beruhenden Verantwortungsbegriffen, die in den vorherigen Abschnitten erläutert wurden, wird in der Wissenschaft und der Unternehmenspraxis der Begriff der „Corporate Social Responsibility" (CSR) verwendet. Hierbei weichen seine Definitionen auf nationaler, europäischer und internationaler Ebene teilweise deutlich voneinander ab.[375] Bereits an dieser Stelle sei darauf hingewiesen, dass die unterschiedlichen Sichtweisen auf CSR zumeist entweder in die Theorie der ökonomischen Wirtschaftsethik von HOMANN und SUCHANEK oder in die Stakeholdertheorie von FREEMAN eingeordnet werden können.

Der Ursprung für die unterschiedliche Interpretation von CSR liegt in den unterschiedlichen Wirtschaftsordnungen der Länder. In den angloamerikanischen Ländern basiert die liberale Marktwirtschaft auf der Freiheit des Individuums, verknüpft mit einer Verantwortung des Einzelnen für die Gesellschaft.[376] Freiwilliges bürgerliches Engagement wird dabei als Selbstverständlichkeit angesehen und ist gerade in den USA deutlich stärker verbreitet als in anderen Ländern der Welt.[377] Vor dem Hintergrund der fehlenden sozialstaatlichen Sicherungsinstrumente kann jedoch auch vermutet werden, dass bürgerliches Engagement nicht ausschließlich freiwillig erbracht wird, sondern für den Zusammenhalt der Gesellschaft notwendig ist.[378] In Deutschland wurden Unternehmen hingegen schon beim Aufbau und Erhalt der sozialen Marktwirtschaft auf institutioneller Ebene „in die Pflicht genommen"[379].

Unternehmen werden in den USA, verglichen mit Europa, stärker als korporative Akteure wahrgenommen. Auf der einen Seite kann ein Unternehmen haftungs- und strafrechtlich zur Verantwortung gezogen werden, auf der anderen Seite sollte es aber auch gesellschaftliche Mitverantwortung übernehmen.[380] Diese Verpflichtung zur Übernahme gesellschaftlicher Verantwortung geht zurück bis zur Zeit der Industrialisierung, in der philanthropisches Engagement von natürlichen Personen wie auch von Unternehmen erwartet wurde.[381] Doch auch in der neueren Zeit lassen sich Tendenzen hin zu einer stärkeren Profilierung unternehmerischer Verantwortung im Bewusstsein der öffentlichen Meinung erkennen. Während die Wirtschaftskrise in den späten 1980er Jahren in den USA zur Verarmung ganzer Stadtteile und dem Verlust von zahllosen Arbeitsplätze führte, wurde für die Unternehmen aufgrund mangelnder Qualität im Bildungsbereich insb. in der Unter- und Mittelschicht die Auswahl von geeigneten Bewerbern problematisch. Dadurch wurde nochmals deutlich,

---

375 Vgl. MEFFERT, H./MÜNSTERMANN, M., CSR in Wissenschaft und Praxis, S. 3; AßLÄNDER, M. S./LÖHR, A., Modevokabular CSR, S. 11.

376 Beispielsweise kann auf das von einer Gruppe von Millionären und Milliadären in den Vereinigten Staaten abgegebene Versprechen, während ihrer Lebzeiten oder nach ihrem Tod mindestens die Hälfte ihres Vermögens philanthropischen Zwecken zuzuführen, verwiesen werden. Vgl. http://www.givingpledge.org.

377 Vgl. PUTNAM, R. D., Bowling Alone, S. 48; ESTILL, G., Blick in die USA, S. 209.

378 Vgl. BACKHAUS-MAUL, H., CC in den USA, S. 43; GAZDAR, K./KIRCHHOFF, K. R., Unternehmerische Wohltaten, S. 143.

379 Vgl. AßLÄNDER, M. S./LÖHR, A., Modevokabular CSR, S. 12.

380 Vgl. MEFFERT, H./MÜNSTERMANN, M., CSR in Wissenschaft und Praxis, S. 4. Vgl. ausführlich zum Begriff des korporativen Akteurs FETZER, J., Verantwortung der Unternehmen, S. 102-116.

381 Vgl. BACKHAUS-MAUL, H., CC in den USA, S. 486.

dass der langfristige Erfolg von Unternehmen von einer stabilen, nachhaltigen Entwicklung der Gesellschaft abhängt.[382] Basiert ein Nachhaltigkeitsbericht auf dieser Definition von unternehmerischer Verantwortung, dürfte ein wesentlicher Teil der im Bericht enthaltenen Themen philanthropisches Engagement betreffen.

Im Gegensatz zur Wirtschaftsordnung in den angloamerikanischen Ländern wird in den kontinentaleuropäischen Ländern oftmals Freiheit mit sozialem Ausgleich verknüpft.[383] Da in den kontinentaleuropäischen Ländern der Staat somit Teile der Verantwortung des Einzelnen (in Bezug auf den Sozialausgleich) gesetzlich regelt, wird CSR i. S. v. SUCHANEK oftmals[384] als verantwortliches Handeln im Kerngeschäft interpretiert und unternehmerische Wohltaten deutlich kritischer gesehen.[385] Die Europäische Kommission definiert CSR in ihrem 2001 erschienenen Grünbuch „Europäische Rahmenbedingungen für die soziale Verantwortung der Unternehmen“ als *„Konzept, das Unternehmen als Grundlage dient, auf freiwilliger Basis soziale Belange und Umweltbelange in die Unternehmenstätigkeit und in die Wechselbeziehungen mit den Stakeholdern zu integrieren“*[386]. Unter sozialen Belangen wird hierbei primär die Beziehung zwischen dem Unternehmen und seinen Arbeitnehmern verstanden.[387] Allerdings stellt die EU-Kommission auch klar, dass die soziale Verantwortung von Unternehmen „nicht an den Werkstoren“[388] endet. So wird bspw. betont, dass das Unternehmen von qualifizierten (potentiellen) Arbeitnehmern in der lokalen Gemeinschaft abhängig ist. Wenngleich wohltätiges Engagement (z. B. durch Spenden und Sponsoring) in Europa kritischer als in den USA gesehen wird, so schließt die EU Kommission dieses explizit nicht aus.[389]

Letztendlich müssen „Unternehmen ihre Tätigkeit so ausüben können, dass sie das Wirtschaftswachstum fördern, die Wettbewerbsfähigkeit steigern und gleichzeitig umweltbewusst und sozial verantwortlich handeln“[390]. Die Basis des unternehmerischen Handelns liegt somit weiterhin in der Erzielung von Gewinnen.[391]

Hieran anschließend definiert das nationale CSR-Forum[392] CSR als *„Wahrnehmung gesellschaftlicher Verantwortung durch Unternehmen – freiwillig und über gesetzliche Anforderungen hinaus. Gemeint sind vor allem Unternehmen, die ihr Kerngeschäft aus Überzeugung nach besseren Regeln gestalten. CSR ist ein Beitrag zu einer nachhaltigen Unternehmensführung, die in der Geschäfts-*

---

382 Vgl. MEFFERT, H./MÜNSTERMANN, M., CSR in Wissenschaft und Praxis, S. 5.

383 Vgl. MEFFERT, H./MÜNSTERMANN, M., CSR in Wissenschaft und Praxis, S. 2.

384 Auch zur Definition von CSR gibt es im Schrifttum keine übereinstimmende Auffassung, vgl. LOEW, T./ ANKELE, K./BRAUN, S./CLAUSEN, J., Bedeutung der internationalen CSR-Diskussion für Nachhaltigkeit, S. 18.

385 Vgl. GAZDAR, K./KIRCHHOFF, K. R., Unternehmerische Wohltaten, S. 136; JONKER, J./STARK, W./TEWES, S., CSR und nachhaltige Entwicklung, S. 5.

386 EUROPÄISCHE KOMMISSION (Hrsg.), Grünbuch der EU, S. 7.

387 Vgl. EUROPÄISCHE KOMMISSION (Hrsg.), Grünbuch der EU, S. 9.

388 EUROPÄISCHE KOMMISSION (Hrsg.), Grünbuch der EU, S. 12.

389 Vgl. EUROPÄISCHE KOMMISSION (Hrsg.), Grünbuch der EU, S. 13; RAT FÜR NACHHALTIGE ENTWICKLUNG (Hrsg.), Unternehmerische Verantwortung, S. 19.

390 EUROPÄISCHE KOMMISSION (Hrsg.), Grünbuch der EU, S. 4, zitiert nach HARDTKE, A., CSR, S. 19.

391 Vgl. EUROPÄISCHE KOMMISSION (Hrsg.), Grünbuch der EU, S. 19.

392 Das deutsche CSR-Forum ist eine der größten deutschsprachigen Institution zum Thema CSR; vgl. http://www.csrforum.eu.

strategie verankert ist. Vor diesem Hintergrund ist CSR als ein wesentlicher Beitrag der Unternehmen zu einer nachhaltigen Entwicklung in den Handlungsfeldern Markt, Umwelt, Arbeitsplatz und Gemeinwesen zu verstehen. CSR reicht dabei von der fairen Behandlung und Beteiligung von Mitarbeiterinnen und Mitarbeitern über den schonenden und effizienten Umgang mit natürlichen Ressourcen bis hin zur sozial und ökologisch verantwortungsvollen Produktion in der Wertschöpfungskette."[393]

Nach CARROLL wird der CSR-Begriff angloamerikanischer Prägung in vier Ebenen unterteilt, die durch die folgende Abbildung 4-3 veranschaulicht werden:

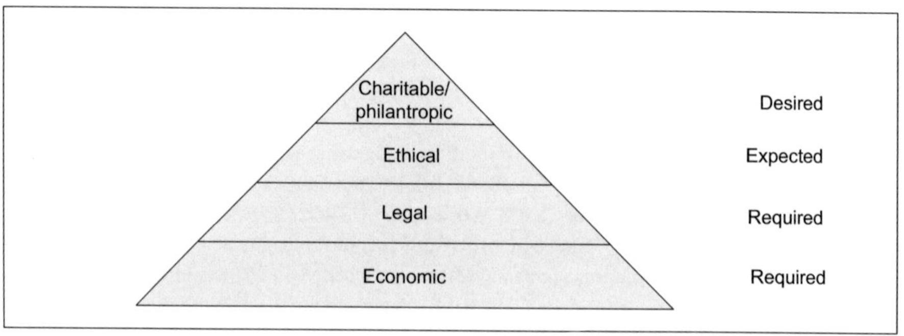

Abbildung 4-3: CSR-Pyramide nach CARROLL[394]

Basis für jegliches verantwortliches Handeln eines Unternehmens ist die Gewinnerzielung, die somit die erste Stufe der CSR-Pyramide bildet. Darüber hinaus ist es erforderlich, dass Unternehmen im Rahmen ihrer Geschäftstätigkeit Gesetze einhalten. Dass nur das Einhalten der bestehenden Gesetze alleine nicht ausreichend ist, um die Erwartungen der Gesellschaft zu erfüllen (in diesem Fall würde eine sog. „vorgegebene Gesellschaft" bestehen), hat eindrucksvoll die geplante Versenkung der Ölplattform Brent Spar durch Shell Expro im Jahr 1995 gezeigt, auf die trotz rechtlicher Zulässigkeit aufgrund konträrer öffentlicher Erwartungen letztlich aus Rücksicht auf das Unternehmensimage verzichtet wurde.[395] Somit müssen Unternehmen neben den in Gesetzen kodifizierten rechtlichen Erwartungen auch die ethischen Erwartungen der Gesellschaft erfüllen. Bis zu diesem Punkt ergeben sich somit keine Unterschiede zum kontinentaleuropäisch geprägten CSR-Verständnis. Darüber hinaus bestehen jedoch noch weitere Erwartungen an das Unternehmen, die sich darüber hinaus als „guter Mitbürger" zeigen sollen.[396] Da die Gesellschaft Unternehmen erst die Erzielung von Gewinnen ermöglicht, soll das Unternehmen der Gesellschaft (über die Bereitstellung von Gü-

---

393 Zwischenbericht zur Entwicklung einer nationalen CSR-Strategie, abrufbar unter: http://www.csr-in-deutschland.de/portal/generator/9800/property=data/2009__07__15__Zwischenbericht__CSR__Strategie.pdf (letzter Abruf am 10. März 2011).

394 Vgl. CARROLL, A. B./BUCHHOLTZ, A. K., Business & Society, S. 39.

395 Vgl. WALDKIRCH, R., Unternehmen und Gesellschaft, S. 3.

396 Vgl. CARROLL, A. B./BUCHHOLTZ, A. K., Business & Society, S. 40.

tern und Dienstleistungen und dem Zahlen von Steuern hinaus) „etwas zurückgeben", d. h. über philantropisches Engagement (benachteiligte) Gruppen in der Gesellschaft unterstützen.[397]

Unterstellt man jedoch, dass Eigenkapitalgeber zunächst eine dem unternehmerischen Risiko angemessene Verzinsung des eingesetzten (Eigen-)Kapitals erwarten, so muss das Unternehmen Überrenditen im Vergleich zu nicht philantropisch-tätigen Unternehmen erwirtschaften, um neben der Renditezahlung an die Eigenkapitalgeber auch noch „gute Taten" vollbringen zu können. Um diese Renditen erzielen zu können, müssten Konsumenten somit bereit sein, für Produkte dieser Unternehmen einen Preisaufschlag zu zahlen.

46 Corporate Citizenship (CC)

Wie schon CSR ist auch Corporate Citizenship nicht einheitlich definiert.[398] CC kann in Bezug auf die Abgrenzung zu CSR auf drei unterschiedliche Weisen definiert werden. Zu differenzieren ist zwischen dem *narrow view*, dem *equivalent view* und dem *extended view*.[399] Der narrow view wird philanthropischem Engagement gleichgesetzt, das sich vor allem auf die lokalen Stakeholder des Unternehmens bezieht.[400] Demnach sind Unternehmen verpflichtet bzw. fühlen sich verpflichtet, der Gesellschaft etwas von den erzielten Gewinnen zurückzugeben.[401] Im Unterschied zu den meisten CSR-Definitionen wird hierbei das Handeln von Unternehmen im Kerngeschäft nicht berücksichtigt. Der equivalent view hingegen setzt CC und CSR gleich.[402]

Bei Einnahme des extended view geht CC über CSR hinaus und umfasst auch die Unterstützung kultureller und ökologischer Vorhaben.[403] Die Motivation ist primär politisch, so dass die Gründe für Unternehmen, sich als Corporate Citizen zu engagieren, vor allem aus Änderungen in den politischen Rahmenbedingungen weltweit, bspw. durch die Globalisierung, ergeben.[404] An Unternehmen kann demnach der Anspruch herangetragen werden, die Lücke, die durch den aufgrund der grenz-

397 Auch dieses sollte jedoch mit der Unternehmensstrategie verknüpft sein; vgl. PORTER, M. E./KRAMER, M. R., Corporate Philanthrophy, S. 1.

398 Vgl. WIELAND, J., CC-Management, S. 9.

399 Vgl. CRANE, A./MATTEN, D., Business ethics, S. 71.

400 Vgl. CRANE, A./MATTEN, D., Business ethics, S. 73. Grundsätzlich so auch FISCHER, T. M./SAWCZYN, A./ BRAUCH, B., Nachhaltigkeit und Sustainability Accounting, S. 265; PAAR, S., Kommunikation von CC, S. 2; JONKER, J./STARK, W./TEWES, S., CSR und nachhaltige Entwicklung, S. 5 f.; POMMERENING, T., Gesellschaftliche Verantwortung von Unternehmen, S. 22; LOEW, T./ANKELE, K./BRAUN, S./CLAUSEN, J., CSR-Diskussion und Nachhaltigkeit, S. 54 f. Für eine ausführliche Darstellung unternehmerischer Wohltaten vgl. GAZDAR, K./ KIRCHHOFF, K. R., Unternehmerische Wohltaten.

401 Vgl. CARROLL, A. B., Four Faces of CC, S. 5; HABISCH, A./WILDNER, M./WENZEL, F., Corporate Citizenship als Bestandteil der Unternehmensstrategie, S. 5.

402 Auf eine weitere Ausführung wird an dieser Stelle verzichtet. Vgl. weiterführend Abschn. 45.

403 Vgl. GAZDAR, K./KIRCHHOFF, K. R., Unternehmerische Wohltaten, S. 81; ALBAREDA, L./YSA, T./LOZANO, J. M./ ROSCHER, H., The Role of Governments in Fostering CSR, S. 119; HABISCH, A./WILDNER, M./WENZEL, F., Corporate Citizenship als Bestandteil der Unternehmensstrategie, S. 6.

404 Vgl. CRANE, A./MATTEN, D., Business ethics, S. 73.

überschreitenden Tätigkeit der Unternehmen schwächer werdenden Einfluss der Regierungen entstanden ist, zu füllen.[405]

In der Literatur werden dabei unterschiedlichste Motive und Ziele von CC genannt. Diese sind z. B.:

- eine aus religiösen oder moralischen Quellen gespeiste Verantwortungsethik;
- der Wunsch, gute Beziehungen mit dem Geschäftsumfeld zu pflegen;
- der Vorsatz, der eigenen Unternehmenskultur neue Impulse zu geben oder
- die Imagepflege insgesamt.[406]

Da Corporate Citizenship je nach Sichtweise lediglich eine weitere Bezeichnung für unterschiedlichstes Engagement von Unternehmen liefert, das einen Einfluss auf die nachhaltige Entwicklung der Gesellschaft hat, wird auf eine detailliertere Darstellung an dieser Stelle verzichtet.

47 Zwischenfazit

Ausgangspunkt des aktuellen Kapitels war die Frage nach der Unternehmensverantwortung für die Gesellschaft und deren nachhaltige Entwicklung, die in Abhängigkeit von dem verwendeten Verantwortungsbegriff unterschiedlich beantwortet werden kann. Während zum einen die Begründung von Unternehmensverantwortung variiert, unterscheiden sich zum anderen die Ergebnisse in Bezug auf die Reichweite der Verantwortung. Das mögliche Spektrum reicht hierbei von einer Verantwortung für die Einhaltung von Gesetzen im Kerngeschäft bis zu konstatierten Aktionen von Unternehmen, um die Verhältnisse in der Welt zum Besseren zu ändern. Darüber hinaus kann nach dem Nutzen der Maßnahmen differenziert werden, so dass Maßnahmen, die von den Unternehmen primär im Eigeninteresse durchgeführt werden, von philanthropischem Engagement, das primär dem Empfänger der Zuwendung dient, zu unterscheiden sind.

Insgesamt erscheint die Unterscheidung in Handlungsverantwortung, erweiterte Handlungsverantwortung und Ordnungsverantwortung von HOMANN am differenziertesten, die nachfolgend visualisiert wird:

405 Vgl. HIRSCHLAND, M. J., CSR and Global Public Policy, S. 142. Der extended view auf CC kann demnach wohl mit der Ordnungsverantwortung von HOMANN gleichgesetzt werden; vgl. Abschn. 422.

406 Vgl. GAZDAR, K./KIRCHHOFF, K. R., Unternehmerische Wohltaten, S. 82.

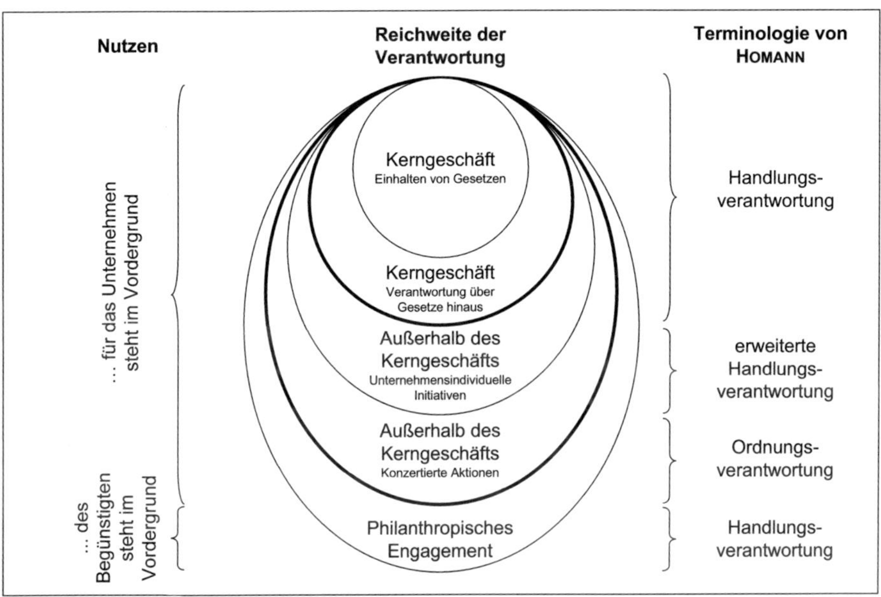

Abbildung 4-4: Kategorien von Unternehmensverantwortung

Da HOMANN philanthropisches Engagement bereits in die Handlungsverantwortung integriert, was jedoch z. B. von FRIEDMAN abgelehnt wird und eine undifferenzierte Übernahme der Terminologie von HOMANN demnach eine wesentliche Differenz zwischen den unterschiedlichen Verantwortungsbegriffen nicht berücksichtigen würde, wird für die in Kapitel 5 folgende Analyse des GRI-Berichtsrahmens zur Nachhaltigkeitsberichterstattung philanthropisches Engagement als separate Kategorie von unternehmerischer Verantwortung betrachtet:

Abbildung 4-5: Bestandteile von Unternehmensverantwortung

Nachdem somit zunächst eine nachhaltige Entwicklung der Gesellschaft definiert bzw. konkretisiert und daran anschließend verschiedene Auffassungen über die Unternehmensverantwortung für diese erläutert wurden, wird im nächsten Kapitel der GRI-Berichtsrahmen zur Nachhaltigkeitsberichterstattung kritisch analysiert.

5 Kritische Analyse des GRI G3.1-Berichtsrahmens zur Nachhaltigkeitsberichterstattung

51 Allgemeine Bedeutung der Nachhaltigkeitsberichterstattung

Der **Nachhaltigkeitsbericht** als Produkt der Nachhaltigkeitsberichterstattung[407] stellt eines der zentralen Instrumente der Nachhaltigkeitskommunikation dar; er umfasst eine Momentaufnahme der Nachhaltigkeitsleistung[408] des Unternehmens.[409] Des Weiteren zählen auch Instrumente wie Fachveröffentlichungen, Pressemitteilungen oder Produktlabel zur Nachhaltigkeitskommunikation. Je nach Kommunikationszweck und Anspruchsgruppe können diese zielführender sein als Nachhaltigkeitsberichte.[410] In Bezug auf eine periodische Berichterstattung in Form gedruckter Nachhaltigkeitsberichte wird im Schrifttum teilweise die Ansicht vertreten, dass dieser „im Hinblick auf die prozessualen Anforderungen an die Nachhaltigkeitsberichterstattung insgesamt sowie nicht zuletzt [durch] die Vielzahl und Heterogenität der Informationsbedürfnisse der Stakeholder [...] Grenzen gesetzt“[411] sind. Gerade die internetbasierte Nachhaltigkeitsberichterstattung könne die printbasierte Nachhaltigkeitsberichterstattung sinnvoll ergänzen und unterstützen.[412] Der Vorteil einer Publikation im Internet liegt primär in der Flexibilität in Bezug auf die Erfüllung zielgruppenspezifischer Informationsbedürfnisse[413] sowie in der Möglichkeit zur Implementierung einer dialogorientierten Nachhaltigkeitsberichterstattung.[414] So kann sich der Adressat eines auf XBRL[415] basierenden Nachhaltigkeitsberichts gezielt und ausschließlich die Informationen zusammenstellen, die für seine Einschätzung der Nachhaltigkeitsleistung des Unternehmens relevant sind.[416] Im Folgenden wird die Frage des Publikationsmediums indes nicht weiter betrachtet, da sich dieses lediglich auf die Berichtseffizienz, nicht aber auf die im Nachhaltigkeitsbericht insgesamt zu behandelnden Themen auswirkt.

---

407 Die Nachhaltigkeitsberichterstattung umfasst aus Prozesssicht „die Ermittlung, die Veröffentlichung und die Rechenschaftslegung der unternehmerischen Leistung gegenüber internen und externen Stakeholdern im Hinblick auf die Ziele einer nachhaltigen Entwicklung“ (GRI (Hrsg.), G3 Leitfaden, S. 3).

408 Unter der Nachhaltigkeitsleistung werden die Einflüsse des Unternehmens auf die nachhaltige Entwicklung der Gesellschaft sowie die Rückwirkungen auf den Unternehmenserfolg verstanden.

409 Vgl. BLANKE, M./GODEMANN, J./HERZIG, C., Internetgestützte Nachhaltigkeitsberichterstattung, S. 5. A. A. ist z. B. ARNDT, H.-K., Online-Nachhaltigkeitsberichterstattung durch (Web) Content Management Systeme, S. 322, der nicht zwischen den Begriffen Nachhaltigkeitsberichterstattung und Nachhaltigkeitsbericht trennt.

410 Vgl. HERZIG, C./PIANOWSKI, M., Nachhaltigkeitsberichterstattung, S. 218.

411 BLANKE, M./GODEMANN, J./HERZIG, C., Internetgestützte Nachhaltigkeitsberichterstattung, S. 5.

412 Vgl. BLANKE, M./GODEMANN, J./HERZIG, C., Internetgestützte Nachhaltigkeitsberichterstattung, S. 5; FRANZ, P., Nachhaltigkeitsberichterstattung im Internet, S. 196 f.

413 Vgl. BERGMANN, U./ZAK, M., Nachhaltigkeitskommunikation von Henkel, S. 177.

414 Vgl. GODEMANN, J./HERZIG, C./BLANKE, M., Dialogorientierte Nachhaltigkeitsberichterstattung, S. 372 f.; KIM, K., Interaktive Nachhaltigkeitsberichterstattung im Internet, S. 357. Als zusätzliches Argument können auch geringere Kosten im Vergleich zur printbasierten Publikation angeführt werden.

415 XBRL dient der Vereinheitlichung der (finanziellen) Kommunikation von Unternehmen; vgl. AKEU (Hrsg.), Finanzkommunikation mit XBRL, S. 1472; FLICKINGER, N., XBRL in der betrieblichen Praxis, S. 17, wird jedoch mittlerweile auch im Bereich der Nachhaltigkeitsberichterstattung verwendet.

416 Vgl. ARNDT, H.-K., Online-Nachhaltigkeitsberichterstattung durch (Web) Content Management Systeme, S. 326 f.

Vergleichbar mit der externen Finanzberichterstattung sind auch im Bereich der Nachhaltigkeitsberichterstattung **Informationsasymmetrien** von entscheidender Bedeutung. Die Prinzipal-Agenten-Theorie als eine Forschungsrichtung der Neuen Institutionenökonomik beschäftigt sich mit der Analyse der Beziehung zwischen Auftraggebern (Prinzipalen) und Auftragnehmern (Agenten).[417] Diese Beziehung kann charakterisiert werden als „contract under which one or more persons (the principal(s)) engage another person (the agent) to perform some service on their behalf which involves delegating some decision making authority to the agent"[418]. Der Agent entscheidet somit über die Verwendung der ihm übertragenen Ressourcen, während der Prinzipal die (wirtschaftlichen) Konsequenzen der Entscheidungen des Agenten trägt.[419] Im Rahmen dieser Beziehung ist davon auszugehen, dass der Prinzipal die Handlungen des Agenten nur in einem geringen Maße beobachten und einschätzen kann. Der Agent besitzt demnach einen Informationsvorsprung vor dem Prinzipal, d. h. es besteht eine **asymmetrische Informationsverteilung.**[420] In Bezug auf die Interessen von Prinzipal und Agent kann davon ausgegangen werden, dass diese i. d. R. nicht gleichgerichtet sind.[421] Da aufgrund von Transaktionskosten und begrenzten Informationsverarbeitungskapazitäten keine vollständigen Verträge möglich sind, muss die Anreizkompatibilität der Handlungen des Agenten durch anreizkompatible Vertragsgestaltungen sichergestellt werden.[422]

Vor dem Abschluss eines Vertrags besteht das sog. Hidden-Characteristics-Problem, d. h. der Prinzipal kann die Qualität eines Agenten nicht einschätzen.[423] Aus diesem Grund besteht die Gefahr, dass ein ungeeigneter Agent ausgewählt wird oder das die Informationsasymmetrien in letzter Instanz zu einem vollständigen Marktversagen führen (adverse Selektion).[424] Gelöst werden kann dieses Problem, indem der Prinzipal auf beobachtbare Größen zurückgreift, die die Qualität des Agenten möglichst gut widerspiegeln.[425] Nach dem Vertragsabschluss besteht die Gefahr von Hidden-Action und Hidden-Information, d. h. der Prinzipal kann die Handlungen des Agenten nicht lückenlos beobachten und nur schwer einschätzen, so dass die Gefahr besteht, dass dieser Handlungsspielräume zu seinem Vorteil nutzt (moral hazard).[426]

Prinzipal-Agenten-Beziehungen bestehen innerhalb und außerhalb von Unternehmen.[427] Als klassisches Beispiel kann zunächst die Beziehung zwischen dem Management des Unternehmens und den Eigentümern genannt werden.[428] Die Eigentümer übertragen dem Management Ressourcen, die zu ihrem Wohle verwaltet werden sollen. Um die Informationsasymmetrien nach Abschluss des Ver-

417 Vgl. HEWEL, B./NEUBÄUMER, R., Einführung in die VWL, S. 131; KÖHRMANN, H., Rechnungslegung kommunaler Gebietskörperschaften, S. 22.

418 JENSEN, M. C./MECKLING, W. H., Theory of the Firm, S. 308.

419 Vgl. KOELEN, P., Bewertungskalküle in der IFRS-Rechnungslegung, S. 10.

420 Vgl. VOIGT, S., Institutionenökonomik, S. 85.

421 Vgl. ERLEI, M./LESCHKE, M./SAUERLAND, D., Neue Institutionenökonomik, S. 74.

422 Vgl. BLUM, U./DUDLEY, L./LEIBBRAND, F./WEISKE, A., Angewandte Institutionenökonomik, S. 58.

423 Vgl. BLUM, U./DUDLEY, L./LEIBBRAND, F./WEISKE, A., Angewandte Institutionenökonomik, S. 58.

424 Vgl. GÖBEL, E., Neue Institutionenökonomik, S. 101; VOIGT, S., Institutionenökonomik, S. 85.

425 Vgl. VOIGT, S., Institutionenökonomik, S. 86.

426 Vgl. SPREEMANN, K., Asymmetrische Information, S. 571; GÖBEL, E., Neue Institutionenökonomik, S. 103.

427 Vgl. BÜHLER, S./JAEGER, F., Industrieökonomik, S. 29.

428 Vgl. GÖBEL, E., Neue Institutionenökonomik, S. 99.

trages zu minimieren, stellen Unternehmen periodisch Geschäftsberichte auf, in denen das Management gegenüber den „berechtigten Informationsempfängern"[429] Rechenschaft über die Verwendung des ihm anvertrauten Kapitals ablegt.

Darüber hinaus bestehen jedoch eine Vielzahl von weiteren Prinzipal-Agent-Beziehungen, in denen das Management die Position des Agenten, indes auch die Position des Prinzipals einnehmen kann, z. B. Management (Prinzipal) zu Mitarbeiter (Agent) oder Management (Agent) zu Kunde (Prinzipal). Auch wenn keine Verträge auf privatrechtlicher Grundlage bestehen,[430] kann das Verhältnis der Gesellschaft zum Unternehmen ebenfalls als Prinzipal-Agenten-Beziehung beschrieben werden. Zwar stellt die Gesellschaft dem Unternehmen kein finanzielles Kapital zur Verfügung, jedoch besitzt das Unternehmen die „licence to operate", so dass es im Rahmen seiner Produktionstätigkeit Auswirkungen auf das gesellschaftliche Gesamtkapital haben kann.[431] Auch in dieser Beziehung sind die Auswirkungen der Handlungen des Unternehmens für den Prinzipal (d. h. für die Gesellschaft) nicht immer einschätzbar (bspw. können CO_2- oder andere Emissionen nicht direkt beobachtet werden).[432] In diesem Fall liegt es wiederum beim Management, die Gesellschaft über die Auswirkungen des unternehmerischen Handelns zu informieren bzw. Rechenschaft über das anvertraute (gesellschaftliche) Kapital[433] abzulegen.[434] Dies ist insbesondere aus gesellschaftlicher Sicht erforderlich, da keine privatrechtlichen Verträge zwischen den Prinzipalen und den Agenten bestehen, die Handlungen des Managements durch eine anreizkompatible Gestaltung direkt beeinflussen können.

52 Der GRI G3.1-Berichtsrahmen zur Nachhaltigkeitsberichterstattung

Eine **rechtliche Pflicht** zur Nachhaltigkeitsberichterstattung besteht in den meisten Ländern der Welt nicht.[435] Um die Fehler der Sozialberichterstattung[436] zu vermeiden, die sich letztlich aufgrund der Heterogenität der Berichte nicht durchsetzen konnte, wird eine Standardisierung der Nachhaltigkeitsberichte jedoch als zwingend notwendig angesehen.[437] Dieses Ziel eines branchenunabhängigen, global anwendbaren Leitfadens für die Nachhaltigkeitsberichterstattung verfolgt die Global Reporting Initiative,[438] die im Jahr 1997 durch die Coalition for Environmentally Responsible Economics (CERES) und das Umweltprogramm der Vereinten Nationen (UNEP) gegründet, und 2002

---

429 Vgl. BAETGE, J./KIRSCH, H.-J./THIELE, S., Bilanzen, S. 100; MOXTER, A., Fundamentalgrundsätze, S. 95.

430 Vgl. zu diesen Fällen auch BALKS, M., Umweltpolitik aus Sicht der NIÖ, S. 80.

431 Vgl. Abschn. 423.

432 Vgl. weiterführend zu dieser Thematik HABERER, A. F., Umweltbezogene Informationsasymmetrien.

433 Vgl. zu den unterschiedlichen Kapitalstöcken Abschn. 25.

434 Vor dem Hintergrund der Systemtheorie von LUHMANN könnte auch argumentiert werden, dass diese Informationen für die Anpassungsprozesse der jeweiligen gesellschaftlichen Funktionssysteme notwendig sind; vgl. Abschn. 24.

435 Wird im Folgenden von Berichtspflichten gesprochen, so beziehen sich diese auf die Anforderungen der Anwendungsebene A des GRI-Leitfadens; vgl. Abschn. 59.

436 Vgl. Abschn. 22.

437 Vgl. HERZIG, C./PIANOWSKI, M., Nachhaltigkeitsberichterstattung, S. 223.

438 Vgl. SCHULZ, W. F./BURSCHEL, C./LOSEN, D., Corporate Responsibility Reporting, S. 37.

in eine Stiftung niederländischen Rechts umgewandelt wurde.[439] Aktuell ist der **GRI G3.1-Berichtsrahmen** der weltweit am meisten verwendete Standard zur Nachhaltigkeitsberichterstattung.[440] Diese überarbeitete Version des seit dem Jahr 2006 veröffentlichten G3-Berichtsrahmens wurde am 23. März 2011 veröffentlicht und gilt, bis zur 2013 geplanten Veröffentlichung der vierten Generation des Berichtsrahmens, parallel zum G3-Berichtsrahmen.[441] Die Anwendung der überarbeiteten G3.1-Version wird indes durch die GRI empfohlen.[442]

Der GRI-Berichtsrahmen kann kostenlos von Unternehmen verwendet werden, lediglich eine Mitteilung hierüber wird von der GRI gewünscht.[443] Der Anspruch der GRI ist es, die Berichterstattung über die ökonomische, ökologische und soziale Leistung von Unternehmen auf ein mit dem Jahres- bzw. Konzernabschluss vergleichbares Niveau in Bezug auf die Qualität des Inhalts und die Periodizität der Veröffentlichung zu bringen.[444]

Die Organisationsstruktur der GRI ist vergleichbar mit der des IASC. Das **Board** ist, ebenso wie das Board des IASC, das zentrale Gremium der GRI und besteht aus 16 Vertretern unterschiedlicher Länder und Organisationen. Seine Hauptaufgaben liegen in der Entwicklung von konkreten Berichtsnormen sowie in der Steuerung der strategischen Ausrichtung der GRI.[445] Hierbei wird es von einem Sekretariat und fachspezifischen Technical Working- und Technical Advisory Groups unterstützt. Die GRI finanziert sich vornehmlich durch Mitgliedsbeiträge der Organisational Stakeholder sowie durch Spenden großer Unternehmen, die den GRI-Berichtsrahmen anwenden.[446]

---

439 Vgl. HALLER, A./ERNSTBERGER, J., GRI, S. 2517; RIETH, L., CSR Engagement deutscher Unternehmen, S. 223. Zur Organisation der GRI vgl. LACKMANN, J., Auswirkungen des Nachhaltigkeitsberichts auf den Kapitalmarkt, S. 41-44.

440 Vgl. FISCHER, T. M./SAWCZYN, A./BRAUCH, B., Nachhaltigkeit und Sustainability Accounting, S. 280; LUNDIE, S./LENZEN, M., Quantitative Nachhaltigkeitsberichterstattung ohne Systemgrenzen, S. 99; THURM, R., Zukunftsperspektiven der Nachhaltigkeitsberichterstattung, S. 218; ZENTES, J./SCHRAMM-KLEIN, H., Nachhaltigkeitsberichterstattung, S. 197; SCHMEISSER, W./RÖNSCH, M./ZILCH, I., Shareholder Value versus CSR, S. 140. Für eine Übersicht über weitere Leitfäden vgl. z. B. DAUB, C.-H., Stand und Entwicklungstendenzen in der Nachhaltigkeitsberichterstattung, S. 87 f.; RIETH, L., CSR Engagement deutscher Unternehmen, S. 407. Zum Geschäftsmodell der GRI vgl. THURM, R., Zukunftsperspektiven der Nachhaltigkeitsberichterstattung, S. 226-228; HALLER, A./ERNSTBERGER, J., GRI, S. 2518.

441 Da bislang keine deutsche Übersetzung des GRI G3.1-Berichtsrahmens vorliegt, wird im Folgenden bei Übereinstimmung des 3.0 und 3.1-Berichtsrahmens die deutsche Version des 3.0-Berichtsrahmens verwendet. Lediglich wenn sich im Rahmen der Überarbeitung Neuerungen ergeben haben, wird die englische Originalversion des 3.1-Berichtsrahmens verwendet.

442 Vgl. http://www.globalreporting.org/NewsEventsPress/LatestNews/2011/SustainabilityReportingMostCompleteGuidanceEver.htm?dm_i=4J5,EH3Z,IY1WI,15O6G,1 (letzter Abruf am 1. Juli 2011).

443 Vgl. GRI (Hrsg.), G3 Leitfaden, S. 6.

444 Vgl. GRI (Hrsg.), G3 Leitfaden, S. 39.

445 Vgl. THURM, R., Zukunftsperspektiven der Nachhaltigkeitsberichterstattung, S. 220; HALLER, A./ERNSTBERGER, J., GRI, S. 2519.

446 Vgl. HALLER, A./ERNSTBERGER, J., GRI, S. 2519. Vgl. weiterführend zur künftigen Finanzierungsmöglichkeiten der GRI THURM, R., Zukunftsperspektiven der Nachhaltigkeitsberichterstattung, S. 220.

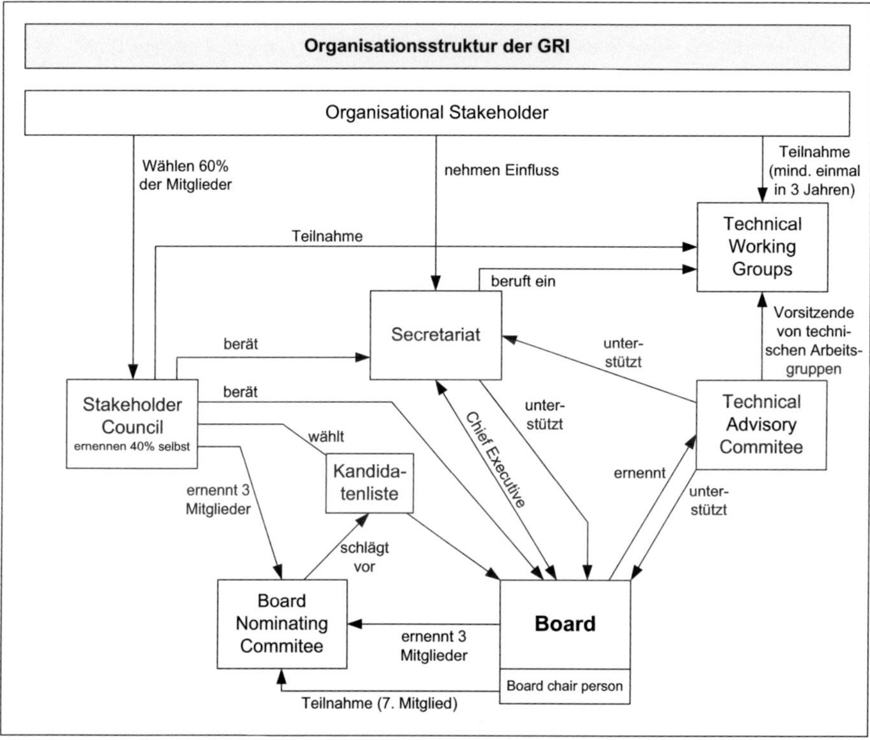

Abbildung 5-1: Organisationsstruktur der GRI[447]

Um die Nachhaltigkeitsberichte an den Bedürfnissen der Stakeholder auszurichten, verfolgt die GRI einen sog. Multi-Stakeholderansatz, nach dem bei der Entwicklung der Standards wesentliche Stakeholder einbezogen werden.[448] Dieser wird im Schrifttum oftmals als primärer Grund für die globale Akzeptanz des GRI-Berichtsrahmens genannt.[449] Informationen über die Diskussionen im Rahmen der Erstellung des aktuellen Berichtsrahmens, insb. zur Festlegung der Leistungsindikatoren, sind indes nach Abschluss des Prozesses nicht mehr öffentlich verfügbar. Eine nachträgliche Beurteilung der Standardentwicklung in Bezug auf die tatsächliche Berücksichtigung der geäußerten Stakeholder-Ansichten ist demnach nicht möglich.

Den Kern des GRI G3.1-Berichtsrahmens bildet der GRI-Leitfaden, der für alle Unternehmen unabhängig von ihrer Größe oder Branche anwendbar ist. Dieser enthält Berichtsprinzipien, eine An-

447 Vgl. HALLER, A./ERNSTBERGER, J., GRI, S. 2518.
448 Vgl. SCHULZ, W. F./BURSCHEL, C./LOSEN, D., Corporate Responsibility Reporting, S. 37.
449 Vgl. THURM, R., Zukunftsperspektiven der Nachhaltigkeitsberichterstattung, S. 219.

leitung zur Bestimmung der Berichtsgrenzen (d. h. zur Bestimmung der in den Bericht einzubeziehenden Unternehmen) sowie Standardangaben. Diese gliedern sich in Angaben zum Profil und zur Strategie des Unternehmens, in Angaben zum Managementansatz[450] und in Leistungsindikatoren, die sich in Abhängigkeit von ihrer im Stakeholderdialog bestimmten Wesentlichkeit für die Adressaten in Kern- und Zusatzindikatoren unterteilen. Während bei Kernindikatoren angenommen wird, dass diese für jedes Unternehmen grds. relevant sind, sofern im Einzelfall nicht unternehmensindividuelle Gegebenheiten dagegen sprechen, werden Zusatzindikatoren nicht generell erforderlich sein, um die Nachhaltigkeitsleistung des Unternehmens darzustellen.[451]

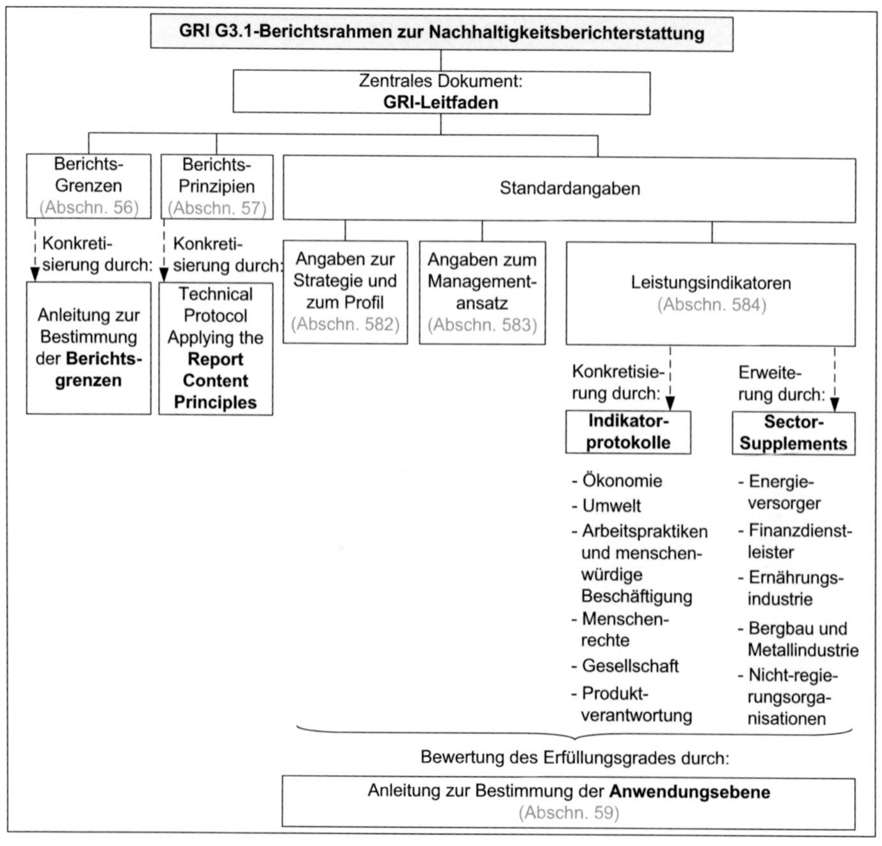

Abbildung 5-2: Bestandteile des GRI-Berichtsrahmens

[450] Die Angaben zum Managementansatz sollen darstellen, wie das Unternehmen Auswirkungen auf die Nachhaltigkeit durch eigene Tätigkeiten und in seiner Lieferkette steuert; vgl. GRI (Hrsg.), G3 Leitfaden, S. 5.

[451] Vgl. GRI (Hrsg.), G3 Leitfaden, S. 39.

In der Abbildung 5-2 werden die einzelnen Bestandteile des GRI-Berichtsrahmens systematisiert. Darüber hinaus zeigt diese, an welcher Stelle diese Bestandteile im Rahmen dieser Arbeit diskutiert werden. Neben den Berichtsprinzipien kommt insb. den Standardangaben eine wesentliche Bedeutung zu, wobei bei diesen wiederum die Leistungsindikatoren einen Schwerpunkt des Leitfadens sind.

Die **Leistungsindikatoren** können als Kern des Nachhaltigkeitsberichts angesehen werden, da sie standardisierte Informationen über die Auswirkungen des Unternehmens auf die nachhaltige Entwicklung vermitteln. Zu jedem Leistungsindikator enthält der Berichtsrahmen ein Indikatorenprotokoll (IP), in dem die (technische) Bestimmung des Indikators genauer erläutert und die Angabepflichten präzisiert werden. Für einige Branchen sind darüber hinaus sog. Sector Supplements entwickelt worden, die zusätzliche Kernindikatoren festlegen.[452] Darüber hinaus werden im GRI-Leitfaden sog. Anwendungsebenen definiert, d. h. Unternehmen können freiwillig bestimmen und angeben, welcher Teil der im Leitfaden und in den Sector Supplements geforderten Standardangaben durch den Nachhaltigkeitsbericht abgedeckt wird (Ebene A, B oder C, wobei die Ebene A den umfangreichsten Nachhaltigkeitsbericht kennzeichnet).[453] Auf Wunsch kann diese Prüfung auch durch die GRI vorgenommen werden.[454]

In Anlehnung an die Brundtland-Definition von nachhaltiger Entwicklung werden die Leistungsindikatoren in die Bereiche Ökonomie, Ökologie und Gesellschaft unterteilt[455] und in Abhängigkeit von ihrer Kategorie unterschiedlich bezeichnet. Leistungsindikatoren der Kategorie Ökonomie sind mit „EC“, Indikatoren zur Ökologie mit „EN“ gekennzeichnet. Im Bereich der Gesellschaft ist die Bezeichnung abhängig von der jeweiligen Unterkategorie (Arbeitspraktiken und menschenwürdige Beschäftigung: „LA“; Menschenrechte: „HR“; Gesellschaft: „SO“; Produktverantwortung: „PR“). Diese Kategorien werden, wie die Abbildung 5-3 zeigt, in weitere Abschnitte, sog. „Aspekte“, eingeteilt.

---

452 Vgl. HALLER, A./ERNSTBERGER, J., GRI, S. 2520. Momentan sind Sector Supplements für die Branchen Electric Utilities, Financiel Services, Food Processing, Mining and Metals und NGOs veröffentlicht, weitere Sector Supplements befinden sich in der Entwicklung. Die Sector Supplements werden in der vorliegenden Arbeit nicht analysiert.

453 Wird der Nachhaltigkeitsbericht durch einen externen Dritten überprüft, wird dies durch ein „+“ hinter der Anwendungsebene gekennzeichnet; vgl. GRI (Hrsg.), Anwendungsebenen, S. 1.

454 Zu den Anwendungsebenen vgl. Abschn. 59.

455 Vgl. FISCHER, T. M./SAWCZYN, A./BRAUCH, B., Nachhaltigkeit und Sustainability Accounting, S. 280. Zum Zirkelschluss durch die Bezeichnung der Ober- und Unterkategorie als „Gesellschaft“ vgl. Abschn. 584.41.

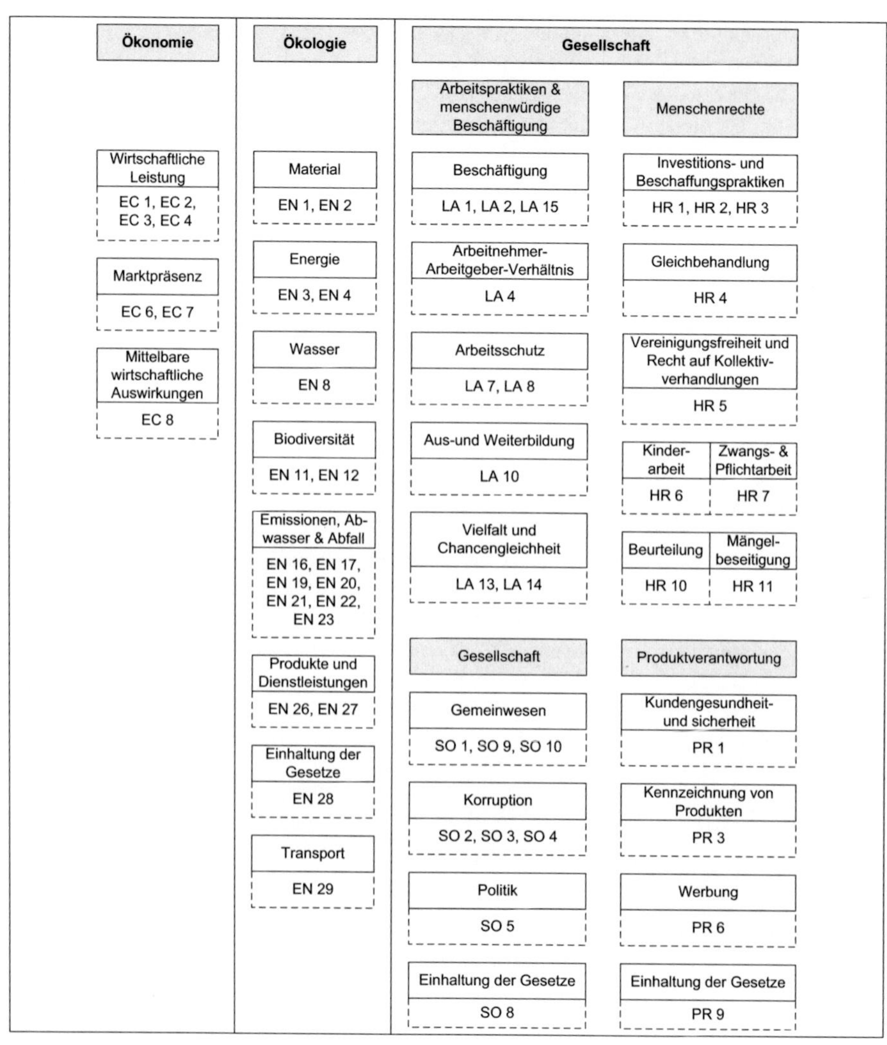

Abbildung 5-3: Systematik der GRI G3.1-Kernindikatoren[456]

[456] Zusatzindikatoren werden aufgrund ihrer eingeschränkten Wesentlichkeit nicht dargestellt. Vgl. ausführlich zur Definition von Kern- und Zusatzindikatoren Abschn. 584.1.

53 Zwecke des GRI-Nachhaltigkeitsberichts

531. Allgemeine Zwecke

Die Erstellung des Nachhaltigkeitsberichts beruht auf der **Dokumentation** der einzelnen Sachverhalte, die im Nachhaltigkeitsbericht aggregiert dargestellt werden.[457] Auch wenn eine entsprechende Dokumentationspflicht (vergleichbar zur handelsbilanzrechtlichen Buchführungspflicht nach § 238 Abs. 1 HGB) nicht gesetzlich normiert ist,[458] ist sie faktisch erforderlich, um alle Themen vollständig zu erfassen[459] und in einem nächsten Schritt ihre Wesentlichkeit zu bestimmen, die für die Aufnahme in den Nachhaltigkeitsbericht maßgeblich ist.[460]

Des Weiteren erfüllt der Nachhaltigkeitsbericht eine **Rechenschaftsfunktion**, indem er den Stakeholdern[461] Informationen über die Auswirkungen des Unternehmens auf die Gesellschaft zur Verfügung stellt und hierdurch zum Abbau bestehender Informationsasymmetrien beiträgt.[462] Nach LEFFSON bedeutet Rechenschaft (im Kontext der Finanzberichterstattung) die „Offenlegung der Verwendung anvertrauten Kapitals in dem Sinne, daß dem Informationsberechtigten – das kann auch der Rechenschaftslegende selber sein – ein so vollständiger, klarer und zutreffender Einblick in die Geschäftstätigkeit gegeben wird, daß dieser sich ein eigenes Urteil über das verwaltete Vermögen und die damit erzielten Erfolge bilden kann“[463]. Grundsätzlich ist diese Definition auf die Nachhaltigkeitsberichterstattung übertragbar. Während sich die Finanzberichterstattung naturgemäß auf den finanziellen Erfolg des Unternehmens in der abgelaufenen Periode beschränkt, so dass unter „Erfolg“ neben der Liquidität der Jahresüberschuss der Periode zu verstehen ist,[464] müssen die Begriffe für die Nachhaltigkeitsberichterstattung jedoch weiter gefasst werden.

Das dem Unternehmen **anvertraute Kapital** umfasst vor dem Hintergrund des Leitbildes der nachhaltigen Entwicklung und der Systemtheorie von LUHMANN zunächst die gesellschaftlichen Funktionssysteme, die die Rahmenbedingung für die Tätigkeit des Unternehmens bilden. Darüber hinaus sind auch die Teilbereiche der gesellschaftlichen Umwelt (Güterbestand und Ökologie) Teil des Kapitals, sofern das Unternehmen durch seine Handlungen einen Einfluss auf diese haben kann.[465] Im Gegensatz zur Finanzberichterstattung, die unter Vermögen nur den Teil des ökonomischen Ka-

---

457 Vgl. SCHULZ, W. F./BURSCHEL, C./LOSEN, D., Corporate Responsibility Reporting, S. 34.

458 Die Erfassung aller wesentlichen Sachverhalte wird durch das GRI-Prinzip der Vollständigkeit gefordert; vgl. Abschn. 574.2.

459 Zum Verständnis von „Vollständigkeit“ im Rahmen der Erfassung von Auswirkungen des Unternehmens auf die nachhaltige Entwicklung vgl. Abschn. 572.2.

460 Vgl. zum Berichtsprinzip der Wesentlichkeit Abschn. 575.3.

461 Bezogen auf die Systemtheorie von LUHMANN könnte argumentiert werden, dass der Nachhaltigkeitsbericht ein Teil der Kommunikation von durch strukturelle Kopplungen verbundenen gesellschaftlichen Funktionssystemen ist und somit die Autopoiesis der unterschiedlichen Funktionssysteme, d. h. die Anpassung an geänderte Umweltbedingungen, ermöglicht; vgl. auch Abschn. 242.

462 Hierbei muss jedoch beachtet werden, dass Unternehmen teilweise in eine Dilemmasituation geraten können, wenn durch die Veröffentlichung für den Unternehmenserfolg maßgebliche, sensible Informationen betroffen sind.

463 LEFFSON, U., GoB, S. 64.

464 Vgl. COENENBERG, A. G./HALLER, A./SCHULTZE, W., Jahresabschluss und Jahresabschlussanalyse, S. 1014.

465 Vgl. hierzu Abschn. 25.

pitals versteht, der sich im wirtschaftlichen Eigentum des Unternehmens befindet,[466] ist der Vermögensbegriff im Bereich der Nachhaltigkeitsberichterstattung somit deutlich weiter gefasst. Unter dem **„Erfolg der Unternehmenstätigkeit"** ist – aufbauend auf dem erweiterten Kapitalbegriff – demnach nicht ausschließlich der finanzielle Erfolg des Unternehmens zu verstehen, sondern der Einfluss auf den jeweiligen Kapitalstock, unterteilt in Einflüsse auf den Zugang zum Kapitalstock (intragenerative Gerechtigkeit) und seinen Erhalt (intergenerative Gerechtigkeit).[467]

Ferner kann der Nachhaltigkeitsbericht durch die Information der Stakeholder über die Auswirkungen des Unternehmens auf die nachhaltige Entwicklung der Gesellschaft zur **Erhaltung des gesellschaftlichen Kapitals** beitragen. Spricht man von „Kapitalerhaltung", so liegt es zunächst nahe, auf die Ausschüttungsbemessungsfunktion des handelsrechtlichen Jahresabschlusses einzugehen. Hier liegt der Zweck der Kapitalerhaltung in der Bestimmung des Betrags, in dessen Höhe ohne eine Existenzgefährdung des Unternehmens Kapital entnommen, d. h. an die Eigenkapitalgeber ausgeschüttet werden kann.[468] Ein Zweck der Ausschüttungsbemessungsfunktion kann somit in der Unterstützung einer nachhaltigen Unternehmensentwicklung gesehen werden. Im Vergleich zum handelsrechtlichen Jahresabschluss obliegt dem Konzernabschluss keine Ausschüttungsbemessungsfunktion.[469] Dieser dient lediglich der Information, wie eine mögliche (und aufgrund der Prüfung auf der Basis des Jahresabschlusses zulässige) Ausschüttung das Eigenkapital des Konzerns verändern würde.

Analog dazu dient die Darstellung der Auswirkungen des Unternehmens auf die Gesellschaft und ihre Umwelt zwar nicht der Erhaltung des unternehmerischen (Eigen-)Kapitals, sondern des gesellschaftlichen Gesamtkapitals.[470] Vergleichbar mit dem handelsrechtlichen Konzernabschluss sind an den Nachhaltigkeitsbericht indes keine direkten Konsequenzen in Bezug auf die Auswirkungen des Unternehmens auf die Kapitalstöcke geknüpft. Der Nachhaltigkeitsbericht kann demnach lediglich der Kapitalerhaltung durch Information dienen.

Nachfolgend wird geprüft, ob die theoretisch, abstrakt hergeleiteten Zwecke eines Nachhaltigkeitsberichts im **GRI-Berichtsrahmen** enthalten sind.

532. Zwecke des GRI-Nachhaltigkeitsberichts

Anforderungen an die **Dokumentation** möglicher Berichtsthemen sind im GRI-Leitfaden in dem Prinzip der Vollständigkeit enthalten.[471] Demnach kann „das Prinzip der Vollständigkeit [...] auf die Vorgehensweise bei der Datenerfassung bezogen werden (z. B. um sicherzustellen, dass die

---

466 Vgl. zum Begriff des wirtschaftlichen Eigentums BAETGE, J./KIRSCH, H.-J./THIELE, S., Bilanzen, S. 169 f;

467 Wenngleich der Nachhaltigkeitsbericht auch zur Differenzierung von Wettbewerbern benutzt werden kann, stellt dies keinen primären Zweck dar. Vgl. weiterführend zur Beeinflussung von Kaufentscheidungen der Konsumenten durch die Kommunikation von „Nachhaltigkeit" OTTMAN, J. A., New Rules of Green Marketing.

468 Vgl. BAETGE, J./KIRSCH, H.-J./THIELE, S., Bilanzen, S. 96-100.

469 Vgl. BAETGE, J./KIRSCH, H.-J./THIELE, S., Konzernbilanzen, S. 49; KÜTING, K./WEBER, C.-P., Der Konzernabschluss, S. 564 f.

470 Vgl. hierzu Abschn. 25.

471 Vgl. hierzu Abschn. 572.2.

erhobenen Daten Ergebnisse von allen Standorten innerhalb der Berichtsgrenzen enthalten)"[472]. Auch wenn an dieser Stelle zunächst auf die Vollständigkeit der Datenerfassung abgestellt wird, setzt dies die Notwendigkeit einer Buchführung in Bezug auf den Einfluss möglicher Berichtsthemen auf die nachhaltige Entwicklung voraus.

Indem der Nachhaltigkeitsbericht dazu dient, die Leistung des Unternehmens über einen Zeitablauf und mit der Leistung von Wettbewerbern zu vergleichen, legt die Unternehmensführung **Rechenschaft** über die Verwendung des zur Verfügung gestellten gesellschaftlichen Gesamtkapitals ab. Demzufolge dient der GRI-Nachhaltigkeitsbericht der Rechenschaftslegung gegenüber allen Stakeholdern.[473] Explizit genannt werden in den GRI-Standards die folgenden Zwecke der Berichterstattung, die unter den Rechenschaftszweck zu subsumieren sind:

1. Benchmarking und Bewertung der Nachhaltigkeitsleistung in Bezug auf Gesetze, Standards, Verhaltensregeln, Leistungsstandards und freiwillige Initiativen;
2. Veranschaulichung, wie sich das Unternehmen Ansprüchen an die Nachhaltigkeit gegenüber sieht und diese selber mitgestaltet und
3. Vergleich der Leistung innerhalb des Unternehmens über einen Zeitraum hinweg.[474]

Hierbei wird jedoch explizit auf den beispielhaften Charakter dieser Aufzählung verwiesen, die somit keinen Anspruch auf Vollständigkeit erhebt.[475]

Der Zweck der **Kapitalerhaltung durch Information** hingegen wird im GRI-Leitfaden nicht explizit erwähnt. Da ein Teil der Definition von nachhaltiger Entwicklung auf den Erhalt der unterschiedlichen Kapitalstöcke abstellt, ist der Einfluss des Unternehmens auf diese aus einem Nachhaltigkeitsbericht ersichtlich. Auch wenn der Zweck der Kapitalerhaltung aufgrund von Informationen nicht explizit im GRI-Leitfaden enthalten ist, so wird er dennoch indirekt durch die Definition von nachhaltiger Entwicklung erfüllt. Zunächst ist es auf dieser Informationsbasis für das Management des Unternehmens möglich, die Unternehmensstrategie und die operativen Prozesse an die Erfordernisse einer nachhaltigen Unternehmensführung anzupassen. Des Weiteren werden auch die sonstigen Stakeholder des Unternehmens in die Lage versetzt, Maßnahmen zur Erhaltung des Kapitals einzuleiten, indem sie auf unterschiedliche Art und Weise Einfluss auf das Unternehmen nehmen (bspw. die mengenmäßige Verringerung des Konsums von Gütern des Unternehmens).

54 Adressaten des GRI-Nachhaltigkeitsberichts

541. Allgemeine Adressaten

Um den Zweck der Rechenschaft zu erfüllen, sind die Adressaten des Nachhaltigkeitsberichts zu bestimmen, „denn Rechenschaft hat immer eine Schutzfunktion; sie soll durch Änderungen der „Informationsverteilung" Adressaten vor Nachteilen bewahren. Das ist nur möglich, wenn der Rechen-

---

472 GRI (Hrsg.), G3 Leitfaden, S. 12.
473 Vgl. GRI (Hrsg.), G3 Leitfaden, S. 3, 10.
474 Vgl. GRI (Hrsg.), G3 Leitfaden, S. 3.
475 Vgl. GRI (Hrsg.), G3 Leitfaden, S. 3.

schaftsinhalt am Informationsinteresse der Adressaten ausgerichtet wird.“[476] Um zu beurteilen, welche Adressaten schützenswerte Interessen mit dem Unternehmen verbinden, sollten in erster Linie die Risikoposition sowie die Zugangsmöglichkeiten zu unternehmensinternen Informationsquellen der jeweiligen Gruppe berücksichtigt werden.[477] Fraglich ist somit, welche Gruppen in welchem Bereich der nachhaltigen Entwicklung (Wertschöpfung, Ökologie und gesellschaftliche Funktionssysteme)[478] schutzwürdige Interessen haben.

Im Bereich der **Wertschöpfung** des Unternehmens, die den Einfluss auf den Güterbestand darstellt, betrifft dies vor allem diejenigen Personen, in deren Eigentum die dem Unternehmen überlassenen Güter stehen. In Bezug auf ihre Risikoposition ist hierbei zwischen den Eigen- und den Fremdkapitalgebern zu differenzieren. Da die Ansprüche der Eigenkapitalgeber im Falle einer Insolvenz zuletzt befriedigt werden und auch ihre periodische Vergütung von der Höhe des Jahresabschlusses abhängt, können diese als schutzwürdigste Gruppe und demnach als primäre Adressaten bezeichnet werden.[479] Darüber hinaus sind die Güter jedoch auch Teil der gesellschaftlichen Umwelt und eine Voraussetzung für ihre nachhaltige Entwicklung,[480] so dass auch die Gesellschaft ein berechtigtes Informationsinteresse an den Auswirkungen des unternehmerischen Handelns haben kann. Dies betrifft insb. die Verteilung der Wertschöpfung, d. h. die Auswirkungen des Unternehmens auf die intragenerative Gerechtigkeit. Hierbei kann indes davon ausgegangen werden, dass grds. alle benötigten Informationen aus einem Jahres- bzw. Konzernabschluss entnommen werden können.[481]

Im Bereich der **Ökologie** ist zunächst zu unterscheiden, ob sich die Güter im Privateigentum befinden oder ob es sich um öffentliche Güter handelt, d. h. um Güter, für die grds. keine Zugangsbeschränkungen bestehen (wie bspw. die Luft).[482] Während in Bezug auf die öffentlichen Güter alle betroffenen Menschen als Adressaten des Nachhaltigkeitsberichts anzusehen sind, besteht bei privaten Gütern im Bereich der Ökologie (z. B. bei einem verpachteten Waldgebiet) zunächst ein Interesse des Eigentümers an Informationen über die Nutzung der natürlichen Ressourcen durch das Unternehmen. Darüber hinaus kann jedoch auch in diesem Bereich ein Interesse der Allgemeinheit konstatiert werden, da die Auswirkungen z. B. einer nicht nachhaltigen Forstwirtschaft über die Sphäre des Eigentümers hinausgehen (bspw. durch die Fähigkeiten von Wäldern zur Reduktion des CO_2-Gehalts in der Atmosphäre). Wenngleich die Bestimmung einer Gruppe mit der höchsten Risikoposition im Bereich der Ökologie somit nicht ohne Weiteres möglich ist, kann davon ausgegangen werden, dass die Informationsbedürfnisse alle Gruppen befriedigt werden, sofern das Unternehmen seinen Einflüsse auf die Ökologie unverzerrt darstellt.

---

476 MOXTER, A., Fundamentalgrundsätze S. 94 f.

477 Vgl. KOELEN, P., Bewertungskalküle in der IFRS-Rechnungslegung, S. 8.

478 Vgl. Abschn. 26.

479 Vgl. ausführlich zur Adressatendiskussion in der externen Finanzberichterstattung BAETGE, J. (Hrsg.), Der Jahresabschluß im Widerstreit der Interessen.

480 Vgl. Abschn. 242.

481 Zu divergierenden Interessen der Jahresabschlussadressaten vgl. BAETGE, J./KIRSCH, H.-J./ THIELE, S., Bilanzen, S. 100 f.

482 Vgl. zum Begriff der öffentlichen Güter Abschn. 441.

Ebenfalls ist die Bestimmung der Adressaten der Informationen zum Einfluss des Unternehmens auf die **gesellschaftlichen Funktionssysteme** nicht einheitlich möglich. Fraglich ist jeweils, welche Funktionssysteme von den Handlungen des Unternehmens betroffen sind und wer Bestandteil dieser Funktionssysteme ist. Auch wenn der Mensch nach LUHMANN kein Bestandteil der gesellschaftlichen Funktionssysteme ist,[483] so ist er dennoch die Voraussetzung für die Gesellschaft und kann somit als Adressat des Berichts angesehen werden. Adressaten sind demnach jeweils die Menschen, die durch Kommunikation ein von dem Unternehmen betroffenes Funktionssystem bilden. Sollte eine Typisierung von Adressaten gewünscht sein, so dürfte diese je nach gesellschaftlichem Funktionssystem anders ausfallen, da in jedem Subsystem andere Gruppen enthalten sind. Im Funktionssystem Wirtschaft wird z. B. auf den „average prudent investor“ abgestellt.[484] Dabei wird davon ausgegangen, dass die Informationen, die für einen Investor entscheidungsnützlich sind, auch die Informationsbedürfnisse aller anderen Adressaten der Finanzberichterstattung erfüllen.[485] Bereichsunabhängig sollte ein Unternehmen jedoch davon ausgehen können, dass die Adressaten des Nachhaltigkeitsberichts zumindest ein rudimentäres Verständnis der behandelten Themen besitzen, so dass grundlegende Erläuterungen der Themen nicht notwendig sind.

Des Weiteren sind die Adressaten des Nachhaltigkeitsberichts nach ihrem **Zugang zu unternehmensinternen Informationen** zu differenzieren. Zu unterscheiden ist demnach zwischen Adressaten, die bereits in den Stakeholderdialog eingebunden sind und Adressaten, die noch nicht in direktem Kontakt mit dem Unternehmen stehen. Hierbei kann davon ausgegangen werden, dass in den Stakeholderdialog eingebundene Personen durch den häufig regelmäßigen Kontakt mit dem Unternehmen einen Informationsvorsprung haben. Da Unternehmen mit einem Nachhaltigkeitsbericht Rechenschaft darüber ablegen sollen, wie sie mit der von der Gesellschaft gegebenen Freiheit „wirtschaften“, d. h. welche Auswirkungen ihr Handeln (im Kerngeschäft) auf die Gesellschaft hat (wobei hierbei auch die Auswirkungen auf die Umwelt zu verstehen sind, die als quasi Allgemeingut den Unternehmen zur Verfügung gestellt wird), ist die Gesellschaft insgesamt als „Adressat“ des Berichts anzusehen. Eine Beschränkung auf in den Stakeholderdialog eingebundene Personen ist demnach abzulehnen.

Im Folgenden wird geprüft, ob die auf allgemeiner Ebene bestimmten Adressaten eines Nachhaltigkeitsberichts in den **GRI-Standards** enthalten sind.

542. Adressaten des GRI-Nachhaltigkeitsberichts

Nach Ansicht der GRI umfasst die Nachhaltigkeitsberichterstattung „die Ermittlung, Veröffentlichung und die Rechenschaftslegung der unternehmerischen Leistung gegenüber **internen und externen Stakeholdern** im Hinblick auf die Ziele einer nachhaltigen Entwicklung“[486]. Darüber hinaus

[483] Vgl. Abschn. 242. In der Systemtheorie wäre das jeweilige System selbst als Adressat des Nachhaltigkeitsberichts anzusehen.

[484] Der Begriff *average prudent investor* bezeichnet einen durchschnittlich kompetenten Wertpapieranleger, der über keine Insiderinformationen verfügt; vgl. JUNG, U., Average Prudent Investor, S. 68; KOELEN, P., Bewertungskalküle in der IFRS-Rechnungslegung, S. 10.

[485] Vgl. BAETGE, J./THIELE, S., Gesellschafterschutz, S. 17 f.

[486] GRI (Hrsg.), G3 Leitfaden, S. 3.

stellen „die nachvollziehbaren Erwartungen und Interessen von Stakeholdern […] während der Erstellung des Berichts eine maßgebliche Orientierung für viele Entscheidungen dar, z. B. zum Umfang, zu den Grenzen, zur Anwendung von Indikatoren oder zur Bestätigung der Angaben durch externe Interessen.“[487] Nach Ansicht der GRI werden indes nicht alle Stakeholder den Nachhaltigkeitsbericht nutzen. Aus diesem Grund bestehe die Herausforderung darin, eine Balance herzustellen zwischen den besonderen Interessen und Erwartungen der Stakeholder, die den Bericht voraussichtlich nutzen werden und den weitergehenden Anforderungen einer Rechnungslegung gegenüber allen Stakeholdern.[488] Der GRI-Leitfaden unterscheidet dabei nicht zwischen Stakeholdern, die durch Handlungen des Unternehmens betroffen sind und Stakeholdern, die ausschließlich die Zielerreichung des Unternehmens beeinflussen können.[489]

Rechenschaft ist somit gegenüber denjenigen Personen abzulegen, die von den Handlungen des Unternehmens beeinflusst werden oder die Einfluss auf die Zielerreichung des Unternehmens nehmen können. **Finanzanalysten**, deren primäres Interesse sich i. d. R. auf die nachhaltige Entwicklung des Unternehmens beziehen dürfte, sind demnach in dieser Gruppe enthalten und werden darüber hinaus auch explizit von der GRI als Adressaten des Nachhaltigkeitsberichts genannt.[490] Ein nach dem GRI-Leitfaden aufgestellter Nachhaltigkeitsbericht zielt demnach darauf ab, für die Finanzmärkte und die allgemeine Öffentlichkeit von Nutzen zu sein.[491] Eine weitere Typisierung, wie sie bspw. in der externen Finanzberichterstattung mit dem Average Prudent Investor vorgenommen wird, ist im GRI-Leitfaden nicht vorgesehen.[492]

Nachfolgend wird zwischen Investoren, d. h. Fremd- und Eigenkapitalgebern, und den sonstigen Stakeholdern des Unternehmens unterschieden.

55 Ziele des GRI-Nachhaltigkeitsberichts

551. Allgemeine Ziele

Wie im Abschn. 51 dargestellt, bestehen zwischen dem Unternehmen und seinen Stakeholdern Informationsasymmetrien, die durch die Rechenschaftslegung des Managements mithilfe des Nachhaltigkeitsberichts aufgehoben werden sollen. Ziel des Nachhaltigkeitsberichts ist es demnach, Informationen zu liefern, die seinen primären Zweck, d. h. die Rechenschaftsfunktion,[493] unterstützen.

Als Ziel kann ein angestrebter künftiger Zustand bezeichnet werden, der nach Inhalt, Zeit und Ausmaß genau bestimmt ist. In Bezug auf den **Zeitpunkt** und das **Ausmaß** der Nachhaltigkeitsbericht-

487 GRI (Hrsg.), G3 Leitfaden, S. 10. Um dem in Teilen nicht pagatorischen Charakters des Nachhaltigkeitsberichts gerecht zu werden, sollte indes statt des Begriffes der „Rechnungslegung“ der Begriff der „Rechenschaftslegung“ verwendet werden.

488 Vgl. GRI (Hrsg.), G3 Leitfaden, S. 10.

489 Diese Differenz hat vor allem Auswirkungen auf die Aufnahme von Themen in den Nachhaltigkeitsbericht. Vgl. hierzu Abschn. 575.3.

490 Vgl. GRI (Hrsg.), Technical Protocol Report Content Principles, S. 3 sowie ausführlich unter http://www.globalreporting.org/CurrentPriorities/FinancialMarkets (letzter Abruf am 1. Juli 2011).

491 Vgl. http://www.globalreporting.org/CurrentPriorities/IntegratedReporting (letzter Abruf am 1. Juli 2011).

492 Vgl. HALLER, A./ERNSTBERGER, J., GRI, S. 2521.

493 Vgl. Abschn. 53.

erstattung ist die Zielformulierung, verglichen mit der Festlegung des inhaltlichen Ziels, unproblematisch. In Bezug auf den Zeitpunkt der Berichterstattung wird eine Anlehnung an die Veröffentlichung der Finanzdaten des Unternehmens als sinnvoll erachtet, da hierdurch die Berichterstattung für die Shareholder den größten Nutzen erzeugt;[494] das Ausmaß des Berichts wird primär durch den Inhalt und die Berichtsgrenzen bestimmt.

Da keine rechtlichen Pflichten zur eigenständigen Berichterstattung über die Auswirkungen von Unternehmens auf die nachhaltige Entwicklung in einem (separaten) Nachhaltigkeitsbericht bestehen, unterliegen Unternehmen bei der Ausgestaltung des Nachhaltigkeitsberichts in Bezug auf die konkreten **Inhalte** keinen Einschränkungen. Auf der Basis des Leitbildes der nachhaltigen Entwicklung der Brundtland-Kommission[495] sollte der Nachhaltigkeitsbericht jedoch zunächst die vergangenen, aktuellen und künftigen Auswirkungen des unternehmerischen Handelns auf die nachhaltige Entwicklung der Gesellschaft darstellen, da hierdurch Informationsasymmetrien der Stakeholder abgebaut werden. Hierbei sollte sich das Unternehmen an den Einflüssen auf die jeweiligen Funktionssysteme der Gesellschaft sowie auf die Umwelt dieser Systeme, d. h. auf die Wertschöpfung und die Ökologie, orientieren.[496] Darüber hinaus sind auch die Shareholder (als Teilgruppe der Stakeholder) als Adressaten des Berichts anzusehen.[497] Diese Gruppe ist jedoch primär an der nachhaltigen Unternehmensentwicklung interessiert;[498] Auswirkungen auf die nachhaltige Entwicklung der Gesellschaft sind daher nur dann relevant, wenn Rückwirkungen auf die nachhaltige Unternehmensentwicklung bestehen.[499]

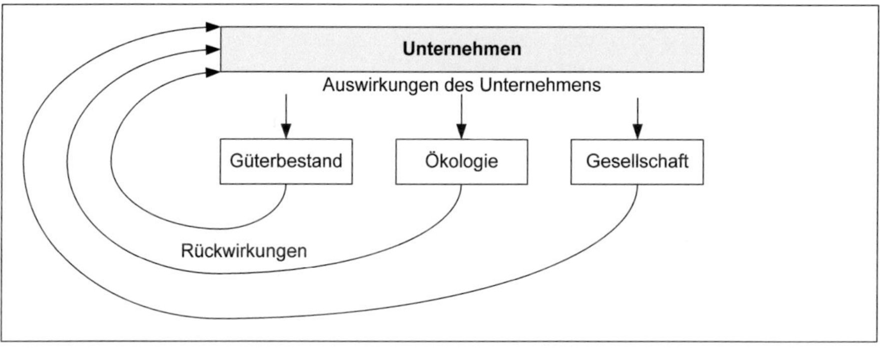

Abbildung 5-4: Ziele des GRI-Nachhaltigkeitsberichts

494 So auch die GRI; vgl. GRI (Hrsg.), G3 Leitfaden, S. 16 sowie Abschn. 574.6. In Bezug auf die Stakeholder, die nicht Shareholder sind, kann davon ausgegangen werden, dass sie durch eine an die Veröffentlichung des Geschäftsberichts angelehnte Veröffentlichung des Nachhaltigkeitsberichts zumindest keinen Nachteil erfahren.

495 Vgl. Abschn. 23.

496 Vgl. Abschn. 24.

497 Vgl. Abschn. 54.

498 Vgl. Abschn. 3.

499 Vgl. FIEBIG, N., Berichterstattung über Nachhaltigkeit, S. 115. Vgl. hierzu auch Abschn. 3.

Hierbei ist jedoch zu beachten, dass Risiken und Chancen, die sich aus der nachhaltigen Entwicklung der Gesellschaft für die Entwicklung des Unternehmens ergeben, im Falle ihrer Wesentlichkeit bereits im Lagebericht nach § 289 Abs. 1 Satz 4 HGB zu erläutern sind.[500]

552. Ziele des GRI-Nachhaltigkeitsberichts

Nach Ansicht der **GRI** hat ein nach dem GRI-Leitfaden erstellter Nachhaltigkeitsbericht „eine ausgewogene und angemessene Darstellung der Nachhaltigkeitsleistung der berichtenden Organisation [zu] liefern […]“[501]. Hierzu ist es erforderlich, dass der Nachhaltigkeitsbericht alle „Informationen über die (vergangenheits- und zukunftsorientierte) nachhaltigkeitsbezogene (wirtschaftliche, ökologische und gesellschaftliche/soziale Aspekte sowie deren Wechselwirkungen betreffende) Lage eines Unternehmens“[502] enthält. Was genau die GRI jedoch unter der Nachhaltigkeitsleistung des Unternehmens versteht, wird im Leitfaden nicht explizit definiert. Einen ersten Anhaltspunkt bietet der Verweis auf die Begriffsdefinition der Brundtland-Kommission, der im Vorwort des Leitfadens aufgenommen ist.[503] Daran anschließend wird ausgeführt, vor welchen Herausforderungen Gesellschaften weltweit stehen. Hierbei wird zum einen der Bereich der intragenerativen Gerechtigkeit angesprochen, indem auf die Steigerung des gesellschaftlichen Wohlstands verwiesen, jedoch gleichzeitig die immer noch bestehende Armut in der Welt angesprochen wird.[504] Zum anderen ist der Aspekt der intergenerativen Gerechtigkeit enthalten, da auf die Stabilität der Umwelt, d. h. der Ökologie verwiesen wird. Auch im Berichtsprinzip zur Bestimmung der Wesentlichkeit von (möglichen) Berichtsinhalten[505] wird in Bezug auf die Aufnahme von Themen in den Nachhaltigkeitsbericht untersucht, ob die (möglicherweise in den Bericht aufzunehmenden) Themen einen Einfluss auf die ökonomischen, ökologischen und gesellschaftlichen Auswirkungen des Unternehmens haben.[506] Letztlich sollte der Nachhaltigkeitsbericht alle Themen enthalten, die erforderlich sind, um zu verstehen, auf welche Art und Weise ein Unternehmen im Zeitablauf zur Wertschaffung beiträgt.[507] Hierbei wird durch die GRI klargestellt, dass „eine eingeschränkte Berichterstattung lediglich über die Entwicklung der individuellen Leistung (oder die Effizienz einer Organisation) […] keine ausreichende Antwort auf diese Frage“[508] liefert. Somit sollte der Nachhaltigkeitsbericht Auskunft über die finanziellen und nichtfinanziellen Konsequenzen der Handlungen des Unternehmens geben.[509] Auf eine mögliche Überschneidung mit der Finanzberichterstattung wird dabei explizit im „Technical Protocol Applying the Report Content Principles“ hingewiesen.[510]

---

500 Vgl. KAJÜTER, P., Risikoberichterstattung, S. 105; KAJÜTER, P./ESSER, S., Risiko- und Chancenberichterstattung, S. 381.

501 GRI (Hrsg.), G3 Leitfaden, S. 3; ähnlich GRI (Hrsg.), G3 Leitfaden, S. 37.

502 HERZIG, C./PIANOWSKI, M., Nachhaltigkeitsberichterstattung, S. 218.

503 Vgl. GRI (Hrsg.), G3 Leitfaden, S. 2.

504 Vgl. GRI (Hrsg.), G3 Leitfaden, S. 2.

505 Vgl. hierzu Abschn. 575.3.

506 Vgl. GRI (Hrsg.), G3 Leitfaden, S. 8.

507 Vgl. GRI (Hrsg.), Technical Protocol Report Content Principles, S. 3. Auf die Möglichkeiten der Werterhaltung oder Wertvernichtung wird nicht explizit eingegangen.

508 GRI (Hrsg.), G3 Leitfaden, S. 11.

509 Vgl. GRI (Hrsg.), Technical Protocol Report Content Principles, S. 3.

510 Vgl. GRI (Hrsg.), Technical Protocol Report Content Principles, S. 3.

Das Ziel des GRI-Nachhaltigkeitsberichts ist es somit, **zunächst** die Auswirkungen des Unternehmens auf die **nachhaltige Entwicklung der Gesellschaft** darzustellen. Hierbei komme den Unternehmen „als Hauptakteuren innerhalb der Gesellschaft"[511] eine wesentliche Rolle zur Erreichung dieses Ziels zu.

Da die GRI jedoch auch davon ausgeht, dass wesentliche Nachhaltigkeitsthemen eine Auswirkung auf den finanziellen Erfolg des Unternehmens haben werden,[512] ist zusätzlich auch die Perspektive der **nachhaltigen Unternehmensentwicklung** im Nachhaltigkeitsbericht zu beachten.[513] Nach Ansicht der GRI ist es dabei möglich, dass „risks and opportunities of the greatest interest to investors arising from sustainability aspects may lie outside the financial boundaries of the organisation"[514].

56 Bestimmung der Berichtsgrenzen

Vor dem Hintergrund des Ziels des Nachhaltigkeitsberichts ist fraglich, welche Einflüsse von welchen Unternehmen im Nachhaltigkeitsbericht darzustellen sind.[515] In Bezug auf die Art und den Detaillierungsgrad der Darstellung unterscheidet der GRI-Leitfaden Leistungsdaten, die Offenlegung des Managementansatzes und die beschreibende Darstellung von Themen und Schwierigkeiten, wobei die Anforderungen an die Berichterstattung von dem Einfluss des berichterstattenden Unternehmens auf andere Unternehmen abhängen.[516]

Kriterien zur Abgrenzung der Berichtsgrenzen sind direkt im GRI-Leitfaden sowie in einem Zusatzprotokoll (GRI Boundary Protocol) enthalten, das ausführlicher als der Leitfaden eine Anleitung zur Bestimmung des Berichtsgrenzen liefert.[517] Ziel der Kriterien ist es, eine möglichst einheitliche Abgrenzung der Berichtsgrenzen sicherzustellen, um so die Vergleichbarkeit zwischen verschiedenen Unternehmen zu ermöglichen.[518]

Grundlegend lehnt sich das Vorgehen bei der Bestimmung der in den Nachhaltigkeitsbericht einzubeziehenden Unternehmen an dem **Beherrschungskriterium** der IFRS an.[519] Demnach ist zusätzlich zur Nachhaltigkeitsleistung des berichterstattenden Unternehmens selbst grds. über Unternehmen zu berichten, die von dem berichterstattenden Unternehmen beherrscht werden. Beherrschung wird nach IAS 27.4 als die Möglichkeit definiert, die Finanz- und Geschäftspolitik eines Unterneh-

---

511 GRI (Hrsg.), G3 Leitfaden, S. 2.
512 Vgl. GRI (Hrsg.), G3 Leitfaden, S. 8.
513 So auch FUGGENTHALER, der die Möglichkeiten eines an dem GRI-Berichtsrahmen angelehnten Managements von Nachhaltigkeitsrisiken betont; vgl. FUGGENTHALER, T., Nachhaltigkeitsrisiken, S. 167 f.
514 GRI (Hrsg.), Boundary Protocol, S. 16.
515 Welche Themen für die Stakeholder von Interesse und damit wesentlich sind, wird durch das Prinzip der Wesentlichkeit, vgl. Abschn. 575.3, bestimmt.
516 Vgl. GRI (Hrsg.), Boundary Protocol, S. 18.
517 GRI (Hrsg.), Boundary Protocol. Das Boundary Protokoll wurde für die zweite Generation des GRI-Leitfadens entwickelt, ist jedoch weiterhin anwendbar; vgl. GRI (Hrsg.), Boundary Protocol, S. 3 f.
518 Vgl. LUNDIE, S./LENZEN, M., Quantitative Nachhaltigkeitsberichterstattung ohne Systemgrenzen, S. 108. Vgl. zum Prinzip der Vollständigkeit, das auch auf die Berichtsgrenzen anzuwenden ist, Abschn. 574.2.
519 Vgl. GRI (Hrsg.), Boundary Protocol, S. 9, 16.

mens zu bestimmen, um daraus Nutzen zu ziehen;[520] die tatsächliche Ausübung der Beherrschung ist für die Aufnahme in den Konsolidierungskreis hingegen nicht erforderlich.[521] Besteht die Möglichkeit der Beherrschung, sind neben einer „beschreibenden Darstellung von Themen und Schwierigkeiten“[522] und der Offenlegung des Managementansatzes auch quantitative Leistungsdaten anzugeben.[523]

Eine Abstufung in den Berichtsanforderungen besteht, wenn ein Unternehmen die Finanz- und Geschäftspolitik eines anderen Unternehmens nicht beherrschen, sondern lediglich einen **maßgeblichen Einfluss** (*significant influence*) ausüben kann.[524] Dieser liegt nach IAS 28.6 vor, wenn ein Unternehmen direkt oder indirekt mehr als 20 % und weniger als 50 % der Stimmrechte an einem anderen Unternehmen hält.[525] Darüber hinaus kann nach dem GRI Boundary Protocol jedoch auch dann ein wesentlicher Einfluss vorliegen, wenn das Unternehmen weniger als 20 % der Stimmrechte an dem evtl. einzubeziehenden Unternehmen hält, aber die Möglichkeit hat, die Art und Weise der Ausübung der Geschäftstätigkeit zu beeinflussen (*operational control*).[526] Diese Fälle liegen lt. GRI bspw. vor, wenn

- das berichterstattende Unternehmen in einer vertraglichen Beziehung mit dem einzubeziehenden Unternehmen steht, für deren Abschluss Betriebsparameter grundlegend waren, die die Nachhaltigkeitsleistung des einzubeziehenden Unternehmens beeinflussen;
- das berichterstattende Unternehmen einen wesentlichen Teil der produzierten Güter oder Dienstleistungen des einzubeziehenden Unternehmens abnimmt;
- durch den Beginn einer vertraglichen Beziehung mit dem einzubeziehenden Unternehmen Verpflichtungen zu nachhaltigem Handeln eingeführt wurden;
- das einzubeziehende Unternehmen Technologie oder Lizenzen des berichterstattenden Unternehmens zu Produktionszwecken verwendet und im Rahmen dieser Produktionstätigkeit ein wesentlicher Teil der Nachhaltigkeitsleistung des einzubeziehenden Unternehmens begründet wird.[527]

Nach IAS 28.6 besteht die Möglichkeit eines maßgeblichen Einflusses auch dann, wenn die Beteiligung weniger als 20% beträgt und der maßgebliche Einfluss nachgewiesen werden kann. Auch wenn in dem GRI Boundary Protocol auf diese Möglichkeit nicht eingegangen wird, kann aufgrund

520 Vgl. BAETGE, J./KIRSCH, H.-J./THIELE, S., Konzernbilanzen, S. 122; PELLENS, B./FÜLBIER, R. U./GASSEN, J./ SELLHORN, T., Internationale Rechnungslegung, S. 145; EWELT-KNAUER, C., Der Konzernabschluss, S. 71.

521 Vgl. BAETGE, J./KIRSCH, H.-J./THIELE, S., Konzernbilanzen, S. 122.

522 GRI (Hrsg.), G3 Leitfaden, S. 18.

523 Vgl. GRI (Hrsg.), Boundary Protocol, S. 14.

524 In der deutschen Übersetzung des GRI-Leitfadends wird der Terminus „erheblicher Einfluss“ verwendet; vgl. GRI (Hrsg.), G3 Leitfaden, S. 18. Da die Berichtsgrenzen jedoch auf dem IFRS-Konsolidierungskreis beruhen, sollte stattdessen aus Konsistenzgründen der Begriff „maßgeblicher Einfluss“ verwendet werden.

525 Das Vorliegen von wesentlichem Einfluss kann vom Unternehmen nach IAS 28.6 widerlegt werden.

526 Vgl. GRI (Hrsg.), Boundary Protocol, S. 10. Im GRI Boundary Protocol wird statt der 20%-Grenze eine 50%-Grenze verwendet. Da jedoch lediglich in den Fällen auf Operational Control getestet werden muss, in denen kein maßgeblicher Einfluss vorliegt, wird an dieser Stelle von einem redaktionellen Fehler ausgegangen.

527 Vgl. GRI (Hrsg.), Boundary Protocol, S. 10.

des Verweises auf den IFRS-Konsoldierungskreis davon ausgegangen werden, dass IAS 28.6 vollständig anzuwenden ist. Besitzt das berichterstattende Unternehmen keine Kontrolle, sondern übt lediglich einen maßgeblichen Einfluss aus, darf auf die Angabe von Leistungsdaten verzichtet werden, so dass lediglich Angaben zum Managementansatz erforderlich sind.[528]

Liegt **kein maßgeblicher Einfluss** mehr vor, d. h. hält das Unternehmen nur noch weniger als 20 % der Stimmrechte an einem anderen Unternehmen und besitzt kein *operational control*, dürfen die Angaben zum Managementansatz weggelassen werden, so dass lediglich relevante Themen und Schwierigkeiten zu beschreiben sind, wenn das berichterstattende Unternehmen indirekt einen Einfluss auf die nachhaltige Entwicklung haben kann (bspw. durch die Adressierung von Themen durch Verbände).[529] Für diese Vorgehensweise sprechen auch praktische Probleme bei der Informationsbeschaffung.[530]

Die abgestuften Berichtserfordernisse richten sich letztlich danach, welchen Einfluss das berichterstattende Unternehmen auf andere Unternehmen ausüben kann.[531] Da zusätzlich zu den Begriffen der Beherrschung und des maßgeblichen Einflusses der Begriff der operational control verwendet wird, sind die Berichtsgrenzen in Bezug auf die Angaben zum Managementansatz weiter gefasst als der IFRS Konsolidierungskreis. Dies ist aus Sicht der GRI notwendig, da eine Abgrenzung der Berichtsgrenzen wie in der Finanzberichterstattung nicht generell zu einem ausgeglichenen Bild der Nachhaltigkeitsleistung des Unternehmens führen würde.[532] Darüber hinaus orientiert sich die Abgrenzung der Berichtsgrenzen an den Ansprüchen der Stakeholder und nicht, wie in den IFRS, ausschließlich an den Interesse von Investoren.

Vergleichbar mit IAS 8.8, der u. a. bei Unwesentlichkeit[533] des Tochterunternehmens einen Verzicht auf die Einbeziehung in den Konsolidierungskreis ermöglicht,[534] sind Unternehmen in den Nachhaltigkeitsbericht nur dann aufzunehmen, wenn die Auswirkungen „erheblich"[535] sind. Ob dies der Fall ist, kann nach Ansicht der GRI durch den Vergleich der Auswirkungen des einzelnen Unternehmens mit dem Einfluss aller einzubeziehenden Unternehmen bestimmt werden.[536] Konkrete Grenzwerte werden nicht vorgegeben; allerdings soll das Unternehmen bei der Bestimmung der Berichtsgrenzen die nachvollziehbaren[537] Erwartungen der Stakeholder berücksichtigen.[538]

---

528 Vgl. GRI (Hrsg.), G3 Leitfaden, S. 18.

529 Vgl. GRI (Hrsg.), G3 Leitfaden, S. 18; GRI (Hrsg.), Boundary Protocol, S. 11.

530 Vgl. HALLER, A./ERNSTBERGER, J., GRI, S. 2522.

531 Vgl. GRI (Hrsg.), G3 Leitfaden, S. 17. Einen umgekehrten Kausalzusammenhang sehen HALLER und ERNSTBERGER, nach denen Unternehmen immer dann in die Berichtsgrenzen einbezogen werden sollen, wenn sie die Nachhaltigkeitsleistung des berichterstattenden Unternehmens beeinflussen können; vgl. HALLER, A./ ERNSTBERGER, J., GRI, S. 2522.

532 GRI (Hrsg.), Boundary Protocol, S. 2.

533 Vgl. zum Grundsatz der Wesentlichkeit im Framework F.12 i. V. m. F.29 f.

534 Vgl. BAETGE, J./KIRSCH, H.-J./THIELE, S., Konzernbilanzen, S. 124.

535 GRI (Hrsg.), G3 Leitfaden, S. 18. Warum in diesem Zusammenhang der Ausdruck „erheblich" verwendet wird, obwohl inhaltlich auf das Prinzip der Wesentlichkeit Bezug genommen wird (vgl. Abschn. 575.3), wird von der GRI nicht begründet.

536 Vgl. GRI (Hrsg.), Boundary Protocol, S. 11.

537 Welche Erwartungen nachvollziehbar sind, wird indes nicht konkretisiert.

Die Frage, ob ein Unternehmen wesentliche Auswirkungen hat und demnach in den Bericht einzubeziehen ist, kann je nach Themenbereich unterschiedlich beantwortet werden.[539] So ist es bspw. denkbar, dass ein Unternehmen wesentliche Auswirkungen auf die Ökologie hat, während die Auswirkungen auf Funktionssysteme unwesentlich sind.[540] Bei der Erstellung der die Gesellschaft betreffenden Leistungsindikatoren müsste das Unternehmen somit nicht berücksichtigt werden.

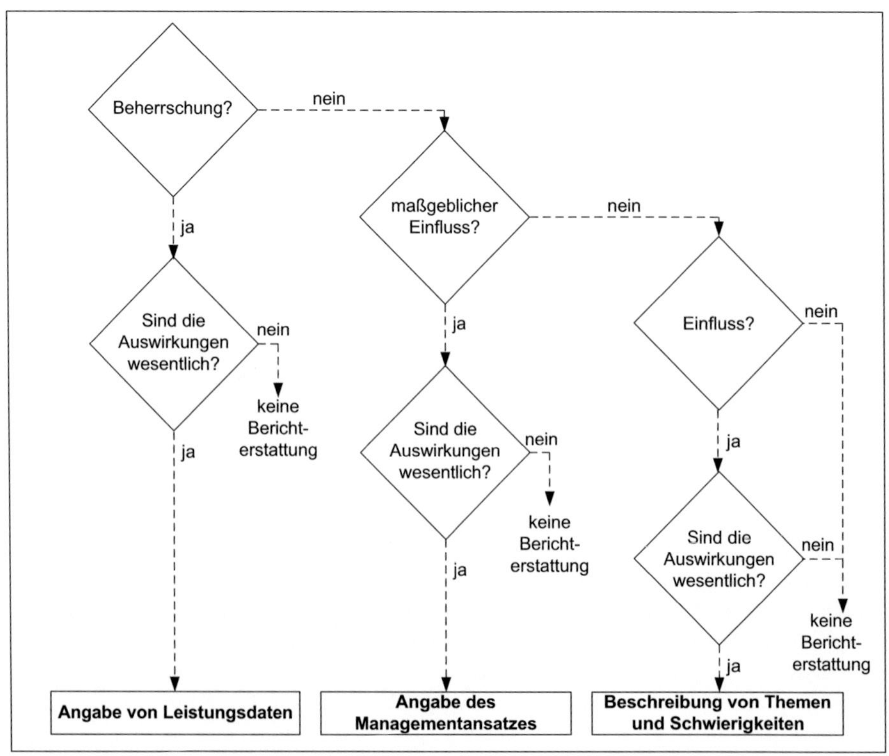

Abbildung 5-5: Bestimmung der Berichtsgrenzen[541]

Insgesamt sind die Berichtsgrenzen derart definiert, dass Unternehmen ihren (direkten und indirekten) Einfluss auf die nachhaltige Entwicklung (der Gesellschaft und des Unternehmens selbst) dar-

538 Vgl. GRI (Hrsg.), G3 Leitfaden, S. 10, wenngleich diese Erwartung nicht im Rahmen der Anleitung zur Bestimmung der Berichtsgrenzen, sondern bei der Erläuterung des Prinzips der Einbeziehung von Stakeholdern geäußert wird; vgl. Abschn. 575.4.

539 Vgl. GRI (Hrsg.), G3 Leitfaden, S. 12.

540 Vgl. GRI (Hrsg.), Boundary Protocol, S. 12. Allerdings sollte das berichterstattende Unternehmen wenn möglich darauf achten, die Berichtsgrenzen konstant zu halten.

541 Vgl. GRI (Hrsg.), G3 Leitfaden, S. 18.

stellen können. Allerdings ist fraglich, warum eine verpflichtende Anwendung der Kriterien zur Abgrenzung des Konsolidierungskreises der IFRS vorgesehen ist. Da der Nachhaltigkeitsbericht mit dem Konzernabschluss des Unternehmens vergleichbar sein soll,[542] wäre vielmehr eine Anlehnung an die Kriterien des vom berichterstattenden Unternehmen angewendeten Rechnungslegungssystems sinnvoll. Dieses könnte zur vollständigen Erfassung der direkten und indirekten Einflüsse des Unternehmens um die Lieferkette betreffende Aspekte (*operational control*) erweitert werden.

57 Berichtsprinzipien

571. Überblick und Würdigung der GRI-Prinzipiensystematik

Aufgrund der Vielfalt und Komplexität der Themen, die für eine Aufnahme in den Nachhaltigkeitsbericht in Betracht gezogen werden können, wird es nicht möglich sein, eine abschließende Liste von relevanten Indikatoren zu erstellen, über die Unternehmen berichten sollen. Um die Nachhaltigkeitsberichte dennoch aussagekräftig und vergleichbar zu gestalten, sind Berichtsprinzipien erforderlich, die Unternehmen einen groben Rahmen für die Nachhaltigkeitsberichterstattung vorgeben. Nach Ansicht der GRI beschreiben die Berichtsprinzipien „die Erwartungen an den Bericht und dienen während des gesamten Prozesses der Berichterstattung als Entscheidungshilfe, bspw. welche Themen und Indikatoren für die Berichterstattung ausgewählt und in welcher Form über sie berichtet werden soll“[543]. Durch die Anwendung der Berichtsprinzipien solle somit die Transparenz der Berichterstattung gefördert werden.[544] Diese definiert die GRI als „lückenlose Offenlegung von Informationen über Themen und Indikatoren, die erforderlich sind, um Auswirkungen widerzuspiegeln und um Stakeholder in die Lage zu versetzen, Entscheidungen zu treffen“[545]. Letztlich sollen die Prinzipien dazu führen, dass die Ziele des Nachhaltigkeitsberichts erreicht werden.[546]

Das aktuelle GRI-Prinzipiensystem ist in zwei Kategorien unterteilt. Die erste Kategorie enthält die Prinzipien zur Bestimmung der **Berichtsinhalte**, d. h. der Themen und Indikatoren, über die ein Unternehmen berichten solle. Zwar sind im GRI-Leitfaden Themen und Leistungsindikatoren vorgegeben, die im Regelfall für alle berichtenden Unternehmen relevant sein sollten.[547] Diese Vermutung kann jedoch durch das Unternehmen widerlegt werden, sofern Leistungsindikatoren für das Unternehmen aufgrund spezifischer Gegebenheiten keine wesentlichen Informationen enthalten.[548] Außerdem ist es möglich, dass weitere, nicht vom Leitfaden erfasste Themen aufgrund ihrer Rele-

542 Vgl. Abschn. 52.
543 GRI (Hrsg.), G3 Leitfaden, S. 6.
544 Vgl. GRI (Hrsg.), G3 Leitfaden, S. 6.
545 GRI (Hrsg.), G3 Leitfaden, S. 6.
546 Vgl. analog zur Umweltberichterstattung LANGE, C./DALDRUP, H., Grundsätze ordnungsmäßiger Umweltschutz-Publizität, S. 663. Nicht nachvollziehbar ist die Aussage der GRI, dass die „Grundsätze beschreiben, worauf es bei den Ergebnissen des Berichts ankommt“ (GRI (Hrsg.), G3 Leitfaden, S. 40), da die Ergebnisse, die der Bericht vermittelt, von der Nachhaltigkeitsleistung des Unternehmens abhängen sollten.
547 Vgl. GRI (Hrsg.), G3 Leitfaden, S. 39.
548 Vgl. Abschn. 575.3.

vanz in den Nachhaltigkeitsbericht aufzunehmen sind.[549] Die zweite Kategorie enthält die Prinzipien, die die **Qualität** der im Bericht enthaltenen Angaben gewährleisten sollen.[550]

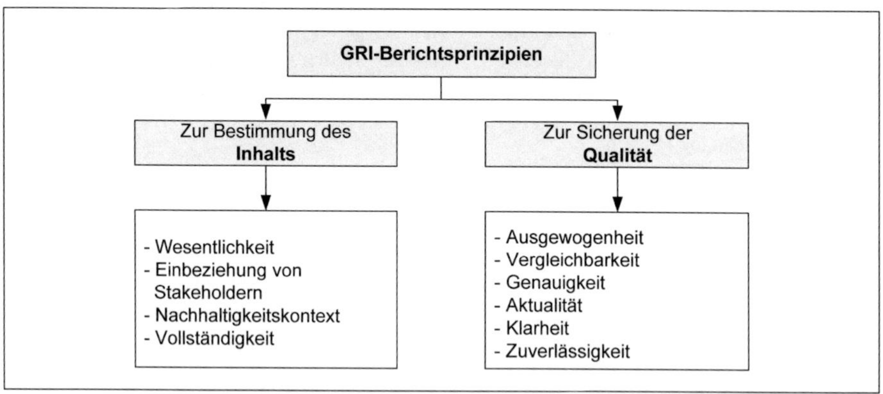

Abbildung 5-6: Aktuelle GRI-Prinzipiensystematik

Jedes Prinzip wird im GRI-Leitfaden zunächst definiert, gefolgt von einer ausführlicheren Erläuterung. Darüber hinaus enthält der Leitfaden zu jedem Prinzip „Prüfaussagen“, mit denen das berichtende Unternehmen die korrekte Anwendung testen kann.[551]

Fraglich ist jedoch, ob eine Differenzierung in „Prinzipien zur Inhaltsbestimmung“ und „Prinzipien zur Qualitätssicherung“ trennscharf sein kann. Qualität kann z. B. nach der DIN 55350 als Gesamtheit von Eigenschaften eines Produkts oder einer Dienstleistung bezüglich ihrer Eignung, festgelegte und vorausgesetzte Anforderungen zu erfüllen, definiert werden.[552] Qualität bedeutet demnach in Bezug auf einen GRI-Nachhaltigkeitsbericht, dass dieser sein Ziel erfüllen kann, d. h. die Auswirkungen des unternehmerischen Handelns auf die nachhaltige Entwicklung darstellt. Hierfür ist neben der Darstellung der Themen vor allem deren korrekte Auswahl entscheidend. Dies wird jedoch im GRI-Prinzipiensystem nicht umgesetzt, da die Themenauswahl getrennt von der Qualitätssicherung der Berichtsinhalte gesehen wird. Folglich könnte ein Bericht auch dann als qualitativ hochwertig bezeichnet werden, wenn er nicht alle wesentlichen Themen enthält und somit sein Ziel nicht erfüllen kann. Insgesamt erscheint die Systematik der GRI-Prinzipien somit zu undifferenziert.

Um die Vollständigkeit und Konsistenz der einzelnen GRI-Berichtsprinzipien zu analysieren, werden diese im Folgenden mit einem umfassenden Grundsatzsystem verglichen, das für die Finanzberichterstattung entwickelt wurde, den handelsrechtlichen Grundsätzen ordnungsmäßiger Buchführung (GoB). Zwar bestehen Unterschiede zwischen den einzelnen Grundsätzen und Prinzipien, die

549 Vgl. GRI (Hrsg.), G3 Leitfaden, S. 7.

550 Vgl. GRI (Hrsg.), G3 Leitfaden, S. 6; LACKMANN, J., Auswirkungen des Nachhaltigkeitsberichts auf den Kapitalmarkt, S. 53.

551 Vgl. GRI (Hrsg.), G3 Leitfaden, S. 6.

552 Vgl. GEIGER, W./KOTTE, W., Handbuch Qualität, S. 4; HAIST, F./FROMM, H., Qualität im Unternehmen, S. 4.

aus den verschiedenen Anforderungen an eine finanzielle und eine nichtfinanzielle Berichterstattung resultieren. In Bezug auf die Vollständigkeit können die handelsrechtlichen Grundsätze jedoch als erster Anhaltspunkt verwendet werden,[553] um Lücken in der Prinzipiensystematik der GRI zu identifizieren und Vorschläge zu erarbeiten, um diese zu schließen.[554] Ziel des Abschnitts ist demnach die Verbesserung der aktuellen GRI-Prinzipien zur Nachhaltigkeitsberichterstattung. Im Rahmen der Analyse und Würdigung der aktuellen Leistungsindikatoren[555] wird indes weiterhin auf das aktuelle Prinzipiensystem zurückgegriffen.

572. Dokumentationsgrundsätze

572.1 Überblick

Die Dokumentationsgrundsätze sollen sicherstellen, dass die Aufzeichnungen aller Auswirkungen des unternehmerischen Handelns geeignet sind, um die Grundlage für die Erstellung des Nachhaltigkeitsberichts zu bilden.[556] Hierzu müssen die Aufzeichnungen vor allem zuverlässig und vollständig sein sowie sich in einer systematischen Ordnung befinden, damit sich die Aufzeichnung der jeweiligen Handlung des Unternehmens zuordnen lässt.[557] Darüber hinaus ist ein nach der Art und Größe des Unternehmens variierendes internes Überwachungssystem erforderlich, das die lückenlose Einhaltung der unternehmensinternen Dokumentationsvorschriften überwacht.[558]

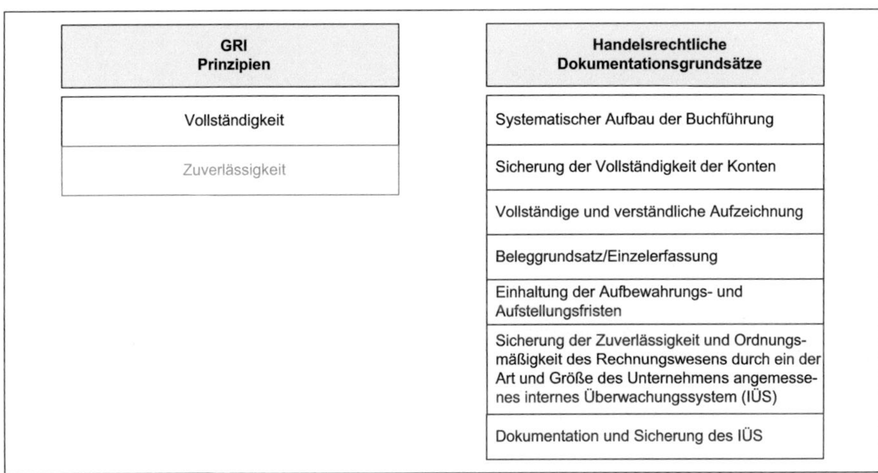

Abbildung 5-7: GRI-Prinzipien und handelsrechtliche Dokumentationsgrundsätze

553 Diese Vorgehensweise wurde bereits von zahlreichen Autoren für die Herleitung von Grundsätzen ordnungsmäßiger Umweltschutz-Publizität gewählt. Für eine Übersicht hierüber vgl. LANGE, C./DALDRUP, H., Grundsätze ordnungsmäßiger Umweltschutz-Publizität, S. 622 f.

554 Die Struktur des Abschnitts 57 orientiert sich demnach an den GoB.

555 Vgl. Abschn. 584.

556 Vgl. analog zum Dokumentationsgrundsatz im HGB BAETGE, J./KIRSCH, H.-J./ THIELE, S., Bilanzen, S. 112.

557 Vgl. BAETGE, J./KIRSCH, H.-J./THIELE, S., Bilanzen, S. 112.

558 Vgl. BAETGE, J./KIRSCH, H.-J./THIELE, S., Bilanzen, S. 114.

Wie in der Abbildung 5-7 dargestellt, enthält der GRI-Leitfaden in Bezug auf die Dokumentation der Auswirkungen des Unternehmens lediglich das Prinzip der Vollständigkeit.

572.2 Vollständigkeit

Auch wenn sich das GRI-Prinzip der Vollständigkeit primär auf die vollständige Darstellung von Themen im Nachhaltigkeitsbericht bezieht,[559] schließt es ebenfalls das Ziel einer vollständigen Erfassung der zu Grunde liegenden Daten ein.[560]

Genauere Ausführungen zur Sicherung der vollständigen Datenerfassung enthält der GRI-Leitfaden jedoch nicht; lediglich auf die Sicherung der Vollständigkeit der erhobenen Daten von allen Standorten innerhalb der Berichtsgrenzen wird verwiesen.[561]

Zu untersuchen ist indes, wie „Vollständigkeit" im Kontext der Nachhaltigkeitsberichterstattung zu verstehen ist. Während in der Finanzberichterstattung generell alle Einnahmen, Ausgaben, Erträge und Aufwendungen auf Konten zu erfassen sind,[562] dürfte eine Erfassung sämtlicher Auswirkungen der unternehmerischen Tätigkeit auf die nachhaltige Entwicklung der Gesellschaft nicht möglich sein.[563] In einem ersten Schritt sind somit sämtliche Auswirkungen des Unternehmens zu identifizieren und systematisch zu bewerten, d. h. in Bezug auf ihre Wesentlichkeit zu beurteilen.[564] Erst wenn diese Prüfung positiv ausfällt, d. h. die Auswirkungen wesentlich sind, sind diese in einem zweiten Schritt zu erfassen.

572.3 Fehlende Grundsätze

Damit die Vollständigkeit der Datenerfassung sichergestellt werden und sich ein fremder Dritter innerhalb eines angemessenen Zeitraums einen Überblick über die Systeme zur Datenerfassung verschaffen kann (was z. B. bei der Prüfung des kompletten Nachhaltigkeitsberichts oder einzelner Teile erforderlich ist),[565] ist es notwendig, dass diese systematisch aufgebaut sind. Der Grundsatz des **systematischen Aufbaus** der Buchführung ergibt sich somit aus dem Anspruch, dem GRI-Prinzip der Vollständigkeit gerecht zu werden. Wenngleich die Daten im Bereich der Nachhaltigkeitsberichterstattung aufgrund ihrer oftmals nichtfinanziellen Natur anders erfasst werden, als dies

---

559 Vgl. hierzu Abschn. 574.2.

560 Vgl. GRI (Hrsg.), G3 Leitfaden, S. 12, auch wenn dies in der Formulierung des Prinzips nicht deutlich wird. Vgl. auch HALLER, A./ERNSTBERGER, J., GRI, S. 2520.

561 Vgl. GRI (Hrsg.), G3 Leitfaden, S. 12. Die Einbeziehung von allen Standorten ist als Beispiel für die vollständige Datenerfassung jedoch nicht geeignet, da die Einbeziehung aller Standorte und Unternehmen die Vollständigkeit in Bezug auf die Berichtsgrenzen betrifft; vgl. hierzu Abschn. 574.2.

562 Vgl. COENENBERG, A. G./HALLER, A./SCHULTZE, W., Jahresabschluss und Jahresabschlussanalyse, S. 39.

563 Vgl. für die Erfassung der Auswirkungen des Unternehmens auf die Ökologie LANGE, C./DALDRUP, H., Grundsätze ordnungsmäßiger Umweltschutz-Publizität, S. 665; STEVEN, M./LETMATHE, P./SCHWARZ, E. J., Grundsätze ordnungsmäßiger Umweltberichterstattung, S. 2210.

564 Vgl. zum Prinzip der Wesentlichkeit Abschn. 575.3.

565 Vgl. grundlegend zur Prüfung von Nachhaltigkeitsberichten HÖSCHEN, N./VU, A., Prüfung von Nachhaltigkeitsberichten; CLAUSEN, J./LOEW, T., Mehr Glaubwürdigkeit durch Testate. Teilweise finden sich in der Literatur Meinungen, die sich gegen eine Prüfung der Berichte durch Wirtschaftsprüfungsgesellschaften aussprechen; vgl. beispielsweise KNIGHT, P., Held to Account, S. 26; CLAUSEN, J., Prüfung der Nachhaltigkeitsberichterstattung, S. 221.

in der externen Finanzberichterstattung der Fall ist, so ist es dennoch möglich, diese nach einer bestimmten Systematik zu erfassen. Analog kann hierbei auf die Erfassung von Risiken im Risikofrüherkennungssystem des Unternehmens verwiesen werden, die durch dieses strukturell und methodisch angemessen zu erheben und zu dokumentieren sind.[566] Folglich sollte der GRI-Leitfaden um ein Prinzip ergänzt werden, dass den systematischen Aufbau der Dokumentation der unternehmerischen Auswirkungen auf die nachhaltige Entwicklung fordert. Auch wenn in vielen Fällen keine Belege (i. S. v. Rechnungen) bestehen werden, sollten die Auswirkungen zur besseren Überprüfbarkeit der Vollständigkeit einzeln erfasst werden.

Zu evtl. einzuhaltenden **Aufstellungs- und Aufbewahrungsfristen** sind im GRI-Leitfaden ebenfalls keine Informationen enthalten.[567] In Bezug auf die Aufstellungsfristen weist die GRI lediglich darauf hin, dass sich eine zeitgleiche Veröffentlichung des Nachhaltigkeitsberichts mit dem Geschäftsbericht anbietet.[568] Aufgrund des freiwilligen Charakters der Nachhaltigkeitsberichterstattung können ein Veröffentlichungszeitpunkt sowie Aufbewahrungsfristen lediglich als Empfehlung formuliert sein.

Darüber hinaus besteht die Notwendigkeit, die Zuverlässigkeit und Ordnungsmäßigkeit des Erfassungssystems durch ein der Art und Größe des Unternehmens angemessenes **internes Überwachungssystem** (IÜS) sicherzustellen.[569] Letztlich dient dies dem Grundsatz der Vollständigkeit, der wiederum für die Erfüllung des Ziels und der Zwecke des Nachhaltigkeitsberichts von Bedeutung ist. Anforderungen hierzu finden sich im GRI-Leitfaden zur Nachhaltigkeitsberichterstattung lediglich ansatzweise im Prinzip der Zuverlässigkeit.[570] Die aktuellen GRI-Prinzipien erfüllen somit nur einen Teil der Anforderungen an Dokumentationsgrundsätze und sollten zur Sicherung der Vollständigkeit und Verlässlichkeit der Dokumentation um die Prinzipien zum systematischen Aufbau der Dokumentation sowie um ein internes Überwachungssystem erweitert werden.

573. Systemgrundsätze

Unter die Systemgrundsätze werden im handelsrechtlichen GoB-System Grundsätze gefasst, die allgemeingültig für alle anderen Grundsätze sind.[571] Im deutschen Handelsrecht sind dies der Grundsatz der Unternehmensfortführung, der Pagatorik (d. h. der orientierung an Zahlungsströmen) sowie der Einzelbewertung. Der GRI-Leitfaden hingegen enthält, wie die folgende Abbildung 5-8 darstellt, keine Prinzipien, die die Funktion von Systemgrundsätzen übernehmen.

---

566 Vgl. KAJÜTER, P., Risikoberichterstattung, S. 245.

567 Aufstellungs- und Aufbewahrungsfristen sind jedoch auch in der externen Finanzberichterstattung in den IFRS nicht enthalten, da diese im nationalen Gesellschaftsrecht normiert sind.

568 Vgl. GRI (Hrsg.), G3 Leitfaden, S. 16. Vgl. auch Abschn. 574.6.

569 Das IÜS kann somit als Teil des betrieblichen Risikomanagementsystems angesehen werden.

570 Vgl. Abschn. 574.8.

571 Vgl. BAETGE, J./KIRSCH, H.-J./THIELE, S., Bilanzen, S. 122.

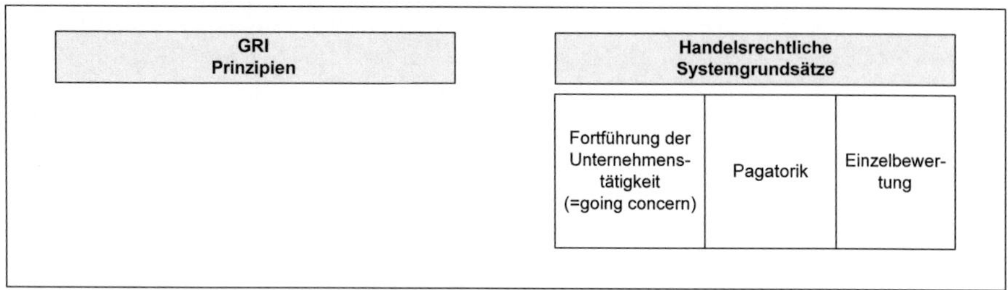

Abbildung 5-8: GRI-Prinzipien und handelsrechtliche Systemgrundsätze

Im deutschen Handelsrecht hat der Ersteller des Jahresabschlusses nach § 252 Abs. 1 Nr. 2 HGB von einer **Fortführung der Unternehmenstätigkeit** auszugehen, sofern nicht zwingende Gründe dagegen sprechen.[572] Auch bei der Erstellung des Nachhaltigkeitsberichts wäre eine Differenzierung zwischen der Unternehmensfortführung und der Unternehmenszerschlagung sinnvoll, da die Auswirkungen des Unternehmens auf die nachhaltige Entwicklung der Gesellschaft durch eine Insolvenz verändert werden können.[573] Während die Effekte der vergangenen Periode, über die berichtet wird, i. d. R. auch bei einer Liquidation des Unternehmens nicht rückgängig gemacht werden können (z. B. der Ausstoß von CO_2 in die Atmosphäre oder die durch das Unternehmen erzielte Wertschöpfung), trifft dies auf die Auswirkungen der künftigen unternehmerischen Tätigkeit nicht zu.[574] Werden Unternehmen liquidiert, so dürften sich die Auswirkungen auf die Gesellschaft und ihre Umwelt verändern, was sich ebenfalls auf die im Nachhaltigkeitsbericht dargestellten Sachverhalte auswirken würde.[575] Zur Einschätzung der Auswirkungen des Unternehmens ist es demnach für die Adressaten des Nachhaltigkeitsberichts von Bedeutung, ob das Unternehmen fortgeführt oder zerschlagen wird.[576] Dementsprechend sollte der GRI-Leitfaden um ein Prinzip der Unternehmensfortführung ergänzt werden, nach dem bei der Bewertung der Einflüsse des Unternehmens auf die nachhaltige Entwicklung von dem Fortbestand des Unternehmens auszugehen ist, sofern nichts gegen diese Annahme spricht.

Der handelsrechtliche Grundsatz der **Pagatorik**[577] (§ 252 Abs. 1 Nr. 5 HGB) ist hingegen nicht generell auf die Nachhaltigkeitsberichterstattung übertragbar, da nicht alle Auswirkungen des Unternehmens auf die nachhaltige Entwicklung der Gesellschaft auf Zahlungsströmen basieren bzw. monetär bewertet werden können und sollen.[578] In Bezug auf die Auswirkungen des Unternehmens

---

572 Vgl. COENENBERG, A. G./HALLER, A./SCHULTZE, W., Jahresabschluss und Jahresabschlussanalyse, S. 45.

573 In den Leistungsindikatoren ist dieser Grundsatz bspw. im Indikator SO 1 enthalten, der u. a. die Auswirkungen der Beendigung der Geschäftstätigkeit auf das Gemeinwesen umfasst; vgl. Abschn. 584.441.

574 Vgl. STEVEN, M./LETMATHE, P./SCHWARZ, E. J., Grundsätze ordnungsmäßiger Umweltberichterstattung, S. 2211.

575 Vgl. hierzu auch den Grundsatz der Stetigkeit, Abschn. 574.9.

576 Anzumerken ist hierzu, dass in der zweiten Version des GRI-Leitfadens das Prinzip der Unternehmensfortführung noch enthalten war; vgl. QUICK, R./KNOCINSKI, M., Nachhaltigkeitsberichterstattung - Empirische Befunde, S. 618.

577 Vgl. BAETGE, J./KIRSCH, H.-J./THIELE, S., Bilanzen, S. 124 f.

578 Vgl. zur Bewertungsproblematik Abschn. 25.

auf die Wertschöpfung ist der Grundsatz der Pagatorik grds. übertragbar, da das Nutzenpotenzial der Güter durch die Preise dargestellt wird und somit auf Zahlungen basiert. Auf die Ökologie und die Gesellschaft hat das Unternehmen jedoch oftmals durch externe Effekte Auswirkungen, die, sofern sie nicht internalisiert werden, nicht durch Zahlungen abgebildet werden können.[579] Darüber hinaus soll der GRI-Nachhaltigkeitsbericht jedoch auch Auswirkungen auf die nachhaltige Unternehmensentwicklung darstellen.[580] Da hierfür die langfristige Profitabilität des Unternehmens die grundlegende Voraussetzung ist, sollten Unternehmen die finanziellen Auswirkungen der Maßnahmen, die die nachhaltige Entwicklung der Gesellschaft betreffen, darstellen. Diese Angaben werden aufgrund von fehlenden Informationen und dem indirekten Einfluss auf den Unternehmenserfolg[581] jedoch nicht in allen Fällen bestimmbar sein.

Der handelsrechtliche Grundsatz der **Einzelbewertung** (§ 252 Abs. 1 Nr. 3 HGB) verpflichtet jeden Bilanzierenden, den Wert für alle Vermögensgegenstände und Schulden jeweils einzeln zu ermitteln.[582] Hierdurch wird verhindert, dass imparitätische Aufwendungen (d. h. erst künftig realisierte Wertminderungen von Vermögensgegenständen oder auftretende Belastungen, die aufgrund des Imparitätsprinzips bereits in der aktuellen Periode erfasst werden müssen) mit unrealisierten Erträgen verrechnet werden.[583] Darüber hinaus führt die Brutto-Darstellung dazu, dass die Adressaten des Jahresabschlusses einen besseren Einblick in die Vermögens- und Ertragslage des Unternehmens erlangen, was letztlich dem Zweck der Rechenschaft dient.[584] Auf den Nachhaltigkeitsbericht angewendet würde dieser Grundsatz bedeuten, dass generell alle Handlungen des Unternehmens und seine Produkte gesondert auf ihren Einfluss auf die nachhaltige Entwicklung zu untersuchen und diese Einflüsse ebenfalls gesondert darzustellen sind. Hierdurch könnte vermieden werden, dass positive und negative Auswirkungen saldiert werden, so dass die Gesamtauswirkungen des Unternehmens beurteilt werden könnten. Gerade aufgrund der Tatsache, dass im Bereich der Nachhaltigkeitsberichterstattung oftmals keine allgemein gültigen Bewertungsverfahren existieren oder die Einflüsse vom subjektiven Empfinden des Betroffenen abhängen, fördert die Brutto-Darstellung die Rechenschaft, so dass die Einzelbewertung zu empfehlen ist.

Im **Ergebnis** ist somit fraglich, ob der GRI-Leitfaden zur Nachhaltigkeitsberichterstattung aufgrund der fehlenden Systemgrundsätze sein Ziel erreichen kann.

574. Rahmengrundsätze

574.1 Überblick

Vergleichbar zum handelsrechtlichen Jahresabschluss, der das wirtschaftliche Geschehen des Unternehmens auf der Grundlage von Zahlungsströmen abbildet,[585] soll der Nachhaltigkeitsbericht die

579 Vgl. Abschn. 244. Zur Steuerung von finanziellen und nichtfinanziellen Auswirkungen durch eine Balanced Scorecard vgl. weiterführend MAHAMMADZADEH, M., Sustainability Balanced Scorecard.
580 Vgl. Abschn. 55.
581 Vgl. Abschn. 3.
582 Vgl. COENENBERG, A. G./HALLER, A./SCHULTZE, W., Jahresabschluss und Jahresabschlussanalyse, S. 39.
583 Vgl. BAETGE, J./KIRSCH, H.-J./THIELE, S., Bilanzen, S. 125.
584 Vgl. COENENBERG, A. G./HALLER, A./SCHULTZE, W., Jahresabschluss und Jahresabschlussanalyse, S. 39.
585 Vgl. COENENBERG, A. G./HALLER, A./SCHULTZE, W., Jahresabschluss und Jahresabschlussanalyse, S. 1.

Auswirkungen der unternehmerischen Handlungen in Bezug auf das Ziel einer nachhaltigen Entwicklung darstellen. Eine solche Abbildung hat den grundlegenden Anforderungen jeder Informationsvermittlung zu genügen.[586]

Nachfolgend werden die einzelnen GRI-Prinzipien, deren Zweck in der Durchsetzung der grundlegenden Anforderungen an eine Informationsvermittlung liegt, dargestellt und analysiert. Hierbei wird, sofern sinnvoll, auf die handelsrechtlichen Rahmengrundsätze verwiesen.

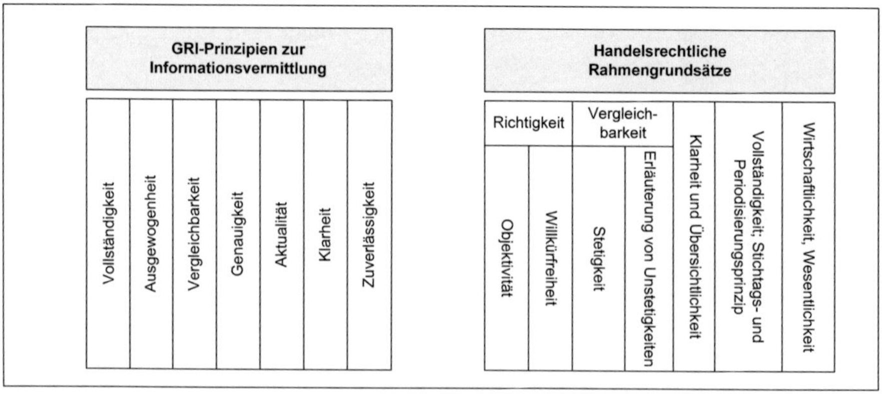

GRI-Prinzipien zur Informationsvermittlung

Vollständigkeit
Ausgewogenheit
Vergleichbarkeit
Genauigkeit
Aktualität
Klarheit
Zuverlässigkeit

Handelsrechtliche Rahmengrundsätze

Richtigkeit: Objektivität, Willkürfreiheit
Vergleichbarkeit: Stetigkeit, Erläuterung von Unstetigkeiten
Klarheit und Übersichtlichkeit
Vollständigkeit; Stichtags- und Periodisierungsprinzip
Wirtschaftlichkeit, Wesentlichkeit

Abbildung 5-9: GRI-Prinzipien zur Informationsvermittlung und handelsrechtliche Rahmengrundsätze

574.2 Vollständigkeit

„Wesentliche Themen und Indikatoren sowie die Berichtsgrenzen sollten hinreichend abgedeckt werden, um erhebliche ökonomische, ökologische und gesellschaftliche/soziale Auswirkungen darzustellen und Stakeholdern eine Beurteilung der Leistung der berichtenden Organisation im Berichtszeitraum zu ermöglichen."[587]

Wie auch in der handelsrechtlichen Rechnungslegung ist bei der Erstellung des Nachhaltigkeitsberichts der Grundsatz der **Vollständigkeit** zu beachten.[588] Dieser soll, wie bereits beschrieben, zunächst die vollständige Erfassung von möglichen Berichtsthemen gewährleisten.[589] Während in der pagatorisch ausgerichteten Rechnungslegung alle Vermögensgegenstände, Schulden und Rechnungsabgrenzungsposten in der Bilanz sowie alle Aufwendungen und Erträge in der GuV erfasst werden,[590] kann das Prinzip der Vollständigkeit im Bereich der Nachhaltigkeitsberichterstattung an

586 Vgl. BAETGE, J./KIRSCH, H.-J./THIELE, S., Bilanzen, S. 114; BALLWIESER, W., Informations-GoB, S. 115-120, wobei BALLWIESER an einigen Stellen weitergehende Anforderungen stellt als BAETGE/KIRSCH/THIELE.

587 GRI (Hrsg.), G3 Leitfaden, S. 12.

588 Vgl. BAETGE, J./KIRSCH, H.-J./THIELE, S., Bilanzen, S. 119-121.

589 Vgl. Abschn. 572.2; ebenso LACKMANN, J., Auswirkungen des Nachhaltigkeitsberichts auf den Kapitalmarkt, S. 51.

590 Vgl. BAETGE, J./KIRSCH, H.-J./THIELE, S., Bilanzen, S. 119.

seine Grenzen stoßen, da die Sachverhalte und Dimensionen nicht eindeutig abgegrenzt werden können, d. h. eine größere Bandbreite an Themen erfasst werden kann.[591] Somit lassen sich die Auswirkungen auf die nachhaltige Entwicklung nicht aggregiert in einer Erfolgsrechnung darstellen, so dass oftmals für jedes einzelne Thema qualitative Erläuterungen zur Beschreibung der Effekte erforderlich sind. Unterschiedliche Sachverhalte können dabei Themengebieten zugeordnet werden, anhand derer sich die Vollständigkeit des Nachhaltigkeitsberichts auf einer abstrakten Ebene sicherstellen lässt. Der Grundsatz der Vollständigkeit ist demnach für die Nachhaltigkeitsberichterstattung anzupassen, so dass alle wesentlichen Themen vollständig in den Bericht aufgenommen werden sollten. Die Vollständigkeit des Berichts bezieht sich dabei auf den Umfang, die Grenzen und den zeitlichen Rahmen des Nachhaltigkeitsberichts.[592]

Wenig problematisch dürfte die Bestimmung bzw. die Sicherstellung der Vollständigkeit der **Berichtsgrenzen** sein.[593] Ausgangspunkt hierbei ist der (IFRS) Konzernabschluss, darüber hinaus müssen die Liefer- und Leistungsbeziehungen entlang der Lieferkette untersucht werden, um die Möglichkeiten zur Beeinflussung von anderen Unternehmen zu erkennen. Vollständigkeit bedeutet in Bezug auf die Leistungsindikatoren, dass alle Unternehmen, die von dem berichterstattenden Unternehmen beherrscht werden, grds. bei der Berechnung der Indikatoren zu berücksichtigen sind. Werden Unternehmen nicht beherrschaft, sondern kann das berichterstattende Unternehmen lediglich einen maßgeblichen Einfluss ausüben oder besteht operational control, so sind diese Unternehmen im Rahmen der Erläuterungen des Managementansatzes zu berücksichtigen.

Unter „Umfang" ist die Bandbreite der im Bericht behandelten Themen zu verstehen, die die Auswirkungen des Unternehmens auf die nachhaltige Entwicklung verdeutlicht. Dieser Themenkreis wird lediglich durch die Wesentlichkeit der Themen eingeschränkt, wobei im aktuellen GRI-Prinzipiensystem ebenfalls die Adressatenorientierung zu berücksichtigen ist.[594] In Bezug auf den Umfang des Berichts ist demnach nicht die Forderung nach Vollständigkeit zu kritisieren, da der Nachhaltigkeitsbericht zur Darstellung der Auswirkungen des unternehmerischen Handelns auf die nachhaltige Entwicklung der Gesellschaft und der Rückwirkungen auf das Unternehmen alle wesentlichen Themen enthalten sollte. Fraglich ist vielmehr, welche Themen wesentlich sind bzw. welche Themen die nachhaltige Entwicklung beeinflussen können.[595] Gerade im Bereich der Darstellung ist eine systematische Aufbereitung der Themen erforderlich, damit Adressaten in die Lage versetzt werden, die Vollständigkeit des Nachhaltigkeitsberichts durch fehlende Themenbereiche zumindest tendenziell einschätzen können.

---

591 So auch GRI (Hrsg.), Technical Protocol Report Content Principles, S. 3.

592 Vgl. GRI (Hrsg.), G3 Leitfaden, S. 12; ALBRECHT, P., Dialogorientierte Nachhaltigkeitsberichterstattung, S. 121; HALLER, A./ERNSTBERGER, J., GRI, S. 2520.

593 Vgl. Abschn. 56.

594 Vgl. HERZIG, C./PIANOWSKI, M., Nachhaltigkeitsberichterstattung, S. 227. Zur Bestimmung der Wesentlichkeit vgl. Abschn. 575.3. Nach Ansicht der GRI sollte das Unternehmen dabei „sowohl die Ergebnisse des Stakeholder-Dialogs als auch allgemeine gesellschaftliche Erwartungen, die möglicherweise nicht Gegenstand des Stakeholder-Dialogs waren, berücksichtigen" (GRI (Hrsg.), G3 Leitfaden, S. 12). Unter Bezugnahme auf die kritische Würdigung des Wesentlichkeitsprinzips sind die Hinweise auf den Stakeholderdialog an dieser Stelle jedoch nicht erforderlich.

595 Vgl. zur Wesentlichkeit von Themen Abschn. 575.3.

Ebenfalls eindeutig bestimmbar sollten die Maßnahmen in zeitlicher Hinsicht sein, da sich der Nachhaltigkeitsbericht i. d. R. auf einen Zeitraum von einem oder zwei Jahren bezieht. Zu beachten ist indes, dass Auswirkungen des Unternehmens auf die nachhaltige Entwicklung über die Berichtsperiode hinausreichen können. In solch einem Fall sollten die Auswirkungen der aktuellen Berichtsperiode und eine Schätzung der künftigen Auswirkungen im Nachhaltigkeitsbericht enthalten sein.[596]

Gerade in Bezug auf die Vollständigkeit des Nachhaltigkeitsberichts, die von den Adressaten des Berichts nur unzureichend eingeschätzt werden kann,[597] bietet sich die Prüfung des Berichts durch einen unabhängigen Dritten an, um die Informationsasymmetrien zwischen Berichtsleser und Berichtsersteller abzubauen.[598]

574.3 Ausgewogenheit

„Der Bericht sollte sowohl positive als auch negative Aspekte der Leistung der Organisation beinhalten, um eine fundierte Beurteilung der Gesamtleistung zu ermöglichen."[599]

Nach den Erläuterungen des Prinzips der Ausgewogenheit soll der Bericht „eine unvoreingenommene Darstellung der Leistung der berichtenden Organisation liefern"[600]. Um dies zu erreichen, sollte der Inhalt des Nachhaltigkeitsberichts (positive wie negative Themen) so abgegrenzt bzw. dargestellt werden, dass der Leser des Berichts nicht zu einem verzerrten oder unangemessenen Urteil kommt.[601] Beispielsweise sollen keine wesentlichen Themen oder Angaben weggelassen werden.[602] Ausgewogenheit heißt somit, dass positive und negative Themen in einem Verhältnis zueinander enthalten sind, das den tatsächlichen Verhältnissen entspricht.[603]

Das Prinzip der Ausgewogenheit ist in der aktuellen Prinzipiensystematik erforderlich, da durch die Berücksichtigung der Interessen der Stakeholder eine nicht den tatsächlichen Verhältnissen entsprechende Darstellung der Nachhaltigkeitsleistung entstehen könnte (z. B. wenn vor allem Themen, in denen das Unternehmen einen positiven Beitrag zur nachhaltigen Entwicklung der Gesellschaft geleistet hat, von Interesse sind). Würden bei einer Überarbeitung des GRI-Prinzips der Wesentlichkeit die Interessen der Stakeholder nicht mehr maßgeblich für die Aufnahme von Themen in den

---

596 Vgl. GRI (Hrsg.), G3 Leitfaden, S. 13.

597 Vgl. HERMANN, S., Corporate Sustainability Branding, S. 229.

598 Vgl. Abschn. 51.

599 GRI (Hrsg.), G3 Leitfaden, S. 13.

600 GRI (Hrsg.), G3 Leitfaden, S. 13.

601 Vgl. HALLER, A./ERNSTBERGER, J., GRI, S. 2522.

602 Nach Ansicht der GRI soll darüber hinaus „klar zwischen der Darstellung von Fakten und der Auslegung von Informationen durch die Organisation selbst unterschieden werden" (GRI (Hrsg.), G3 Leitfaden, S. 13), da die Auslegung von Informationen durch das Unternehmen u. U. das Bild der Nachhaltigkeitsleistung verzerren kann.

603 A. A. LACKMANN, nach der ein Bericht das Kriterium der Ausgewogenheit nur dann erfüllt, wenn er lediglich „sowohl positive als auch negative Aspekte der Nachhaltigkeitsleistung des Unternehmens enthält" (LACKMANN, J., Auswirkungen des Nachhaltigkeitsberichts auf den Kapitalmarkt, S. 53). In einer empirischen Untersuchung wurde in Deutschland von der Bevölkerung nicht das Engagement, sondern vor allem die fehlende Transparenz bzw. Kommunikation über unvermeidbare Probleme in Bezug auf verantwortliches Handeln kritisiert; vgl. LUNAU, Y., Erwartungen der Bürger, S. 479. Vgl. auch HOFMANN, S., Information oder Manipulation.

Nachhaltigkeitsbericht sein,[604] bestünde keine Notwendigkeit mehr für ein Prinzip der Ausgewogenheit in der GRI-Prinzipiensystematik.

574.4 Vergleichbarkeit

„Die Themen und Informationen sollten schlüssig ausgewählt, zusammengestellt und berichtet werden. Die Informationen im Bericht sollten so dargestellt werden, dass die Stakeholder in der Lage sind, Veränderungen in der Leistung einer Organisation im zeitlichen Verlauf zu analysieren. Diese sollten auch Vergleiche mit anderen Organisationen ermöglichen.“[605]

Ebenso wie der handelsrechtliche Grundsatz der Vergleichbarkeit fordert der GRI-Leitfaden zunächst die Stetigkeit der Methoden zur Erfassung und Aufbereitung der Daten (materielle Stetigkeit) sowie der Struktur des Berichts (formelle Stetigkeit).[606] Verändern sich z. B. die Berichtsgrenzen, die Berichtsperiode oder die Berechnungsmethoden, sollen (sofern möglich) die aktuellen Daten den historischen gegenübergestellt werden.[607] Ziel des Prinzips der Vergleichbarkeit ist es, Vergleiche der Leistung des Unternehmens im Zeitverlauf und zwischen Unternehmen vornehmen zu können.[608] Um dies zu unterstützen, sollte das Unternehmen bei der Verwendung quantitativer Leistungsindikatoren sowohl absolute Zahlen, als auch Verhältniszahlen (wie z. B. die Abfallmenge pro produzierter Einheit) verwenden.[609]

Auf den Wortlaut des Prinzips bezogen ist zunächst fraglich, inwiefern „die schlüssige Zusammenstellung und Berichterstattung von Themen und Informationen“[610] die Vergleichbarkeit fördern kann. Zwar könnte argumentiert werden, dass hierdurch die Struktur des Berichts und somit die Verständlichkeit verbessert wird, dennoch ist in Bezug auf die Vergleichbarkeit vor allem entscheidend, dass das Unternehmen eine gleichbleibende Berichtsstruktur und Methoden zur Bestimmung der berichteten Daten verwendet. Die schlüssige Zusammenstellung der Themen ist somit den Prinzipien der Ausgewogenheit[611] oder Klarheit[612] zuzuordnen.

---

604 Vgl. Abschn. 575.3.

605 GRI (Hrsg.), G3 Leitfaden, S. 14.

606 Vgl. GRI (Hrsg.), G3 Leitfaden, S. 14; die Themen des Berichts verändern sich nach Ansicht der GRI im Zeitablauf in Abhängigkeit ihrer Wesentlichkeit. Dies wird bei Themen möglich sein, wenn das Unternehmen in der Lage ist, negative Auswirkungen z. B. auf die Ökologie nach und nach zu verringern bzw. komplett zu vermeiden. Bei anderen Themen kann davon ausgegangen werden, dass diese nicht an Bedeutung verlieren (wie z. B. Auswirkungen des unternehmerischen Handelns auf die Stabilität der Volkswirtschaft).

607 Vgl. GRI (Hrsg.), G3 Leitfaden, S. 14.

608 Vgl. HALLER, A./ERNSTBERGER, J., GRI, S. 2522. Ist ein Vergleich von Unternehmen nur durch Hintergrundinformationen möglich, sollten diese vom Unternehmen zur Verfügung gestellt werden, Vgl. GRI (Hrsg.), G3 Sustainability Reporting Guidelines, S. 14. Die deutsche Version der Sustainability Reporting Guidelines fordern aufgrund eines Übersetzungsfehlers lediglich die Angabe von Hintergrundinformationen, um die Leistung des Unternehmens im Zeitablauf beurteilen zu können; vgl. GRI (Hrsg.), G3 Leitfaden, S. 14.

609 Vgl. GRI (Hrsg.), G3 Leitfaden, S. 14.

610 GRI (Hrsg.), G3 Leitfaden, S. 14.

611 Vgl. Abschn. 574.3.

612 Vgl. Abschn. 574.7.

Des Weiteren ist zu kritisieren, dass nicht geregelt ist, in welchen Fällen Stetigkeitsdurchbrechungen gerechtfertigt sind.[613] Beispielsweise könnten diese zugelassen werden, wenn aufgrund neuer Erkenntnisse eine andere Bewertungsmethode die Einflüsse des Unternehmens auf die nachhaltige Entwicklung der Gesellschaft besser darstellt. Darüber hinaus sollten im Fall von Stetigkeitsdurchbrechungen Angaben zur Wiederherstellung der Vergleichbarkeit gegeben werden. Fällt bspw. ein Sachverhalt unter die Wesentlichkeitsschwelle, da ein Unternehmen seine (negativen) Auswirkungen auf die Ökologie minimieren konnte, so sollte dies angegeben werden.

574.5 Genauigkeit

„Die berichteten Daten sollten so genau sein, dass Stakeholder die Leistung der berichtenden Organisation bewerten können."[614]

Bei der Konkretisierung der Genauigkeit von Angaben ist zwischen quantitativen und qualitativen Angaben zu unterscheiden. Bei qualitativen Angaben hängt die Genauigkeit nach Ansicht der GRI in „hohem Maße vom Grad der Klarheit, der Detailliertheit und der Ausgewogenheit der Darstellung"[615] ab. Demgegenüber kann die Genauigkeit der Angaben bei qualitativen Indikatoren von den gewählten Methoden zur Datenerfassung und -analyse abhängen.[616]

Fraglich ist, ob die Genauigkeit tatsächlich von den Prinzipien der Klarheit und Ausgewogenheit abhängt. Genauigkeit kann ebenfalls als Exaktheit, Sorgfalt oder Korrektheit bezeichnet werden[617] und bewertet demnach, wie stark die Beschreibung eines Sachverhalts von diesem abweicht. Kern des Prinzips der Klarheit ist hingegen die Verständlichkeit der Darstellung; die Ausgewogenheit von Angaben bezieht sich auf das Verhältnis von positiven zu negativen Auswirkungen. Die Genauigkeit ist demnach nicht von der Klarheit und Ausgewogenheit der Angaben abhängig. Lediglich die Detailliertheit der Angaben korreliert positiv mit der Genauigkeit.

In Bezug auf quantitative Angaben ist fraglich, ob Punktwerte oder Bandbreiten angegeben werden sollten. Ist eine zuverlässige Berechnung eines Punktwerts möglich (bspw. die Menge an CO_2-Emissionen), so wird ein Punktwert für die Adressaten des Nachhaltigkeitsberichts am entscheidungsnützlichsten sein. Ist ein Unternehmen indes nicht in der Lage, einen Punktwert zuverlässig zu bestimmen (z. B. da künftige Auswirkungen geschätzt werden), so sollte eine Bandbreite angegeben werden, innerhalb derer sich der tatsächliche Wert aller Voraussicht nach bewegen wird.

---

613 Möglichkeiten einer Stetigkeitsdurchbrechung werden in der handelsrechtlichen Rechnungslegung in § 252 Abs. 2 HGB normiert; vgl. BAETGE, J./KIRSCH, H.-J./THIELE, S., Bilanzen, S. 116-118.

614 GRI (Hrsg.), G3 Leitfaden, S. 15.

615 GRI (Hrsg.), G3 Leitfaden, S. 15.

616 Vgl. GRI (Hrsg.), G3 Leitfaden, S. 15; HALLER, A./ERNSTBERGER, J., GRI, S. 2522.

617 Etymologisch betrachtet geht das Wort „genau" auf das mittelhochdeutsche Wort „genou", was „sorgfältig" bedeutet; vgl. MARSCHALL, W./WYSS-GIACOSA, P. V./ISLER, A. (Hrsg.), Genauigkeit, S. 9.

574.6 Aktualität

„Die Berichterstattung erfolgt regelmäßig, sodass (sic!) die Informationen rechtzeitig verfügbar sind, um Stakeholdern fundierte Entscheidungen zu ermöglichen.“[618]

Nach Ansicht der GRI sind zeitnahe Informationen für die Erfüllung der Entscheidungsunterstützungsfunktion des Nachhaltigkeitsberichts erforderlich.[619] Auch wenn ein kontinuierlicher Fluss an Informationen wünschenswert ist, sollte der Nachhaltigkeitsbericht jedoch zu einem festen Zeitpunkt veröffentlicht werden.[620] Dabei könne es für die Stakeholder nützlich sein, wenn der Nachhaltigkeitsbericht gleichzeitig mit dem Geschäftsbericht veröffentlicht wird.[621] Insgesamt sieht die GRI ein Spannungsfeld zwischen der aktuellen Bereitstellung der Informationen und ihrer Verlässlichkeit,[622] das durch das Unternehmen auszubalancieren sei.

Dass aktuelle Daten über die Nachhaltigkeitsleistung des Unternehmens relevanter sind als solche, die schon längere Zeit zurückliegen, ist unstrittig. Fraglich ist, ob generell ein Spannungsfeld zwischen der Aktualität und der Verlässlichkeit der Daten bestehen muss. Die Verlässlichkeit der Datenerhebung wird durch die Reportingsysteme des Unternehmens bestimmt. Sind diese noch nicht ausgereift, könnte durch den Aufbau von zeitlichem Druck die Fehleranfälligkeit steigen. Außerdem wird der für die Fehlerkorrektur zur Verfügung stehende Zeitraum verringert. Grundsätzlich kann jedoch davon ausgegangen werden, dass selbst bei sog. fast close-Abschlüssen[623] eine fehlerfreie Datenerhebung möglich ist, sofern die Kapazität der Systeme hierzu ausreicht. Im Vergleich zur Finanzberichterstattung ist indes die deutlich größere Heterogenität der Daten zu beachten, die zu höheren Anforderungen an die Reportingsysteme führen kann. Darüber hinaus kann, gerade während des Aufbaus der Systeme, entscheidend sein, ob die Themen bereits im Rahmen der Berichterstattung über nichtfinanzielle Leistungsindikatoren im Lagebericht nach § 289 Abs. 3 HGB adressiert wurden.

---

618 GRI (Hrsg.), G3 Leitfaden, S. 16.

619 Vgl. GRI (Hrsg.), G3 Leitfaden, S. 16.

620 Eine Veröffentlichung in regelmäßigen Abständen diene der Vergleichbarkeit; vgl. GRI (Hrsg.), G3 Leitfaden, S. 16. Insofern wird auch im GRI-Leitfaden ein mit dem handelsrechtliche Stichtagsprinzip vergleichbares Prinzip verwendet.

621 Vgl. HALLER, A./ERNSTBERGER, J., GRI, S. 2522.

622 Nicht zu verwechseln ist dieses Spannungsfeld mit dem in der internationalen Rechnungslegung bekannten Spannungsfeld zwischen Relevanz (die durch zukunftsgerichtete Daten hergestellt wird) und Verlässlichkeit (die vor allem bei vergangenheitsbezogenen Daten vorliegt); vgl. zu diesen Grundsätzen BAETGE, J./KIRSCH, H.-J./THIELE, S., Bilanzen, S. 146 f.; PELLENS, B./FÜLBIER, R. U./GASSEN, J./SELLHORN, T., Internationale Rechnungslegung, S. 115.

623 Fast-Close-Abschlüsse sollen durch eine zeitnahe Veröffentlichung entscheidungsrelevante Informationen für den Kapitalmarkt liefern. „Dabei bezeichnet der Begriff „Fast-Close“ die beschleunigte Aufstellung, Prüfung und Veröffentlichung von […] Jahresabschlüssen und steht zunächst für organisatorische Maßnahmen“ (SCHULTE, O., Fast-Close-Abschlüsse, S. 23).

574.7 Klarheit

„Informationen sollten so zur Verfügung gestellt werden, dass sie für Stakeholder, die den Bericht nutzen, verständlich und nachvollziehbar sind.“[624]

Im Gegensatz zum Prinzip der Genauigkeit, dass sich auf das Maß der Detailgenauigkeit bezieht, regelt das Prinzip der Klarheit demnach lediglich die Aufbereitung der Daten, d. h. ihre äußere Form. Nach Ansicht der GRI kann die Informationsdichte „für die Klarheit eines Berichts abträglich sein, wenn die Informationen entweder wesentlich detaillierter oder weniger detailliert sind, als die Stakeholder erwarten“[625]. Darüber hinaus soll es für die Stakeholder möglich sein, die Daten ohne unzumutbaren Aufwand im Bericht zu finden.[626] Voraussetzung sei jedoch, dass die Adressaten mit dem Unternehmen und seinen Aktivitäten „hinreichend vertraut sind“[627].

Grundsätzlich ist das Prinzip der Klarheit erforderlich, um die Aufbereitung der Informationen in einer Art und Weise zu gewährleisten, die für das Verständnis der Adressaten zielführend ist. Kritisch sind indes die Erläuterungen des Prinzips zu beurteilen, da sich diese in Teilen auf den Detaillierungsgrad beziehen, der jedoch im Prinzip der Genauigkeit[628] für die Aufnahme von qualitativen Informationen relevant ist, und auf den Zugang der Stakeholder zu den Daten, der ebenfalls nicht mit der Verständlichkeit der Ausführungen zusammenhängt. Des Weiteren sollte ergänzt werden, dass Adressaten nicht nur mit dem Unternehmen, sondern auch mit den berichteten Themen grds. vertraut sein sollten.

574.8 Zuverlässigkeit

„Die bei der Erstellung des Berichts verwendeten Informationen und Verfahren sollten so erfasst, aufgezeichnet, zusammengestellt, analysiert und offengelegt werden, dass sie überprüfbar sind und die Qualität und Wesentlichkeit der Informationen begründet (sic!).“[629]

Das Prinzip der Zuverlässigkeit soll sicherstellen, dass die Inhalte des Nachhaltigkeitsberichts überprüfbar sind. Dazu sollten die „in einem Bericht enthaltenen Daten und Informationen [...] so durch interne Kontrollen und Dokumentationen abgesichert sein, dass sie für Personen, die nicht an der Erstellung des Berichts mitgewirkt haben, nachvollziehbar sind“[630].

Fraglich ist jedoch, ob die Zuverlässigkeit der im Bericht enthaltenen Angaben bereits durch den Aufbau der Systeme zur Sicherstellung der Prüfbarkeit der Informationen gewährleistet werden kann. Die Zuverlässigkeit der Daten gibt an, in wieviel Prozent der Fälle die Informationen richtig

---

624 GRI (Hrsg.), G3 Leitfaden, S. 16.
625 GRI (Hrsg.), G3 Leitfaden, S. 16.
626 Vgl. GRI (Hrsg.), G3 Leitfaden, S. 16.
627 GRI (Hrsg.), G3 Leitfaden, S. 16.
628 Vgl. Abschn. 574.5.
629 GRI (Hrsg.), G3 Leitfaden, S. 17.
630 GRI (Hrsg.), G3 Leitfaden, S. 17. Insofern könnte das Prinzip der Zuverlässigkeit auch den Dokumentationsgrundsätzen zugeordnet werden; vgl. Abschn. 572.

(im Sinne von intersubjektiv nachprüfbar)[631] sind. Zwar kann der systematische Aufbau der Systeme zur Steigerung der Zuverlässigkeit beitragen, nur alleine dadurch wird die Zuverlässigkeit jedoch nicht sichergestellt. Da sich der Wortlaut sowie die Erläuterungen des Prinzips jedoch ausschließlich auf die Prüfung der Daten beziehen, ist die Bezeichnung mit „Zuverlässigkeit" nicht zielführend. Alternativ könnte der Begriff der „Überprüfbarkeit" verwendet werden.

574.9 Fehlende Prinzipien

Im Vergleich zu den handelsrechtlichen GoB sind im GRI-Leitfaden die Prinzipien der Richtigkeit, d.der Objektivität und der Willkürfreiheit sowie der Wirtschaftlichkeit nicht enthalten.

Zunächst sollten die Dokumentation der Geschäftsvorfälle und der Nachhaltigkeitsbericht an sich den Grundsatz der **Richtigkeit** erfüllen. Würde der Nachhaltigkeitsbericht falsche Angaben zu Auswirkungen des Unternehmens auf die nachhaltige Entwicklung enthalten, so könnte er seinen primären Zweck, nämlich die Beseitigung von Informationsasymmetrien zur Ermöglichung des Stakeholderdialogs aufgrund des dann fehlenden Vertrauens der Stakeholder nicht mehr erfüllen. Richtigkeit ist hierbei jedoch nicht mit „absoluter Richtigkeit" oder „Wahrheit" gleichzusetzen, sondern aufgrund je nach Sachverhalt zutreffender Annahmen für die Ermittlung der Auswirkungen als intersubjektive Nachprüfbarkeit zu definieren, so dass Dritte die Ermittlung der Daten nachvollziehen können.[632] Darüber hinaus ist es bei der Ermittlung der Daten bzw. der Bewertung der Auswirkungen des unternehmerischen Handelns in Konzernstrukturen erforderlich, dass konzernweit die gleichen Standards verwendet werden.[633]

Unterliegt die Bestimmung der Auswirkungen darüber hinaus subjektiven Einschätzungen des erstellenden Unternehmens, sollte ebenfalls der Grundsatz der Willkürfreiheit beachtet werden, d. h. das Unternehmen hat die „von ihm für zutreffend gehaltenen"[634] Annahmen zu verwenden.

Der Grundsatz der **Wirtschaftlichkeit** der handelsrechtlichen GoB fordert, dass der Informationsertrag der Adressaten höher sein muss als die Kosten der Erstellung des Abschlusses.[635] Grundsätzlich kann dieser GoB auch im Bereich der Nachhaltigkeitsberichterstattung angewendet werden. Allerdings besteht grds. das Problem der Nicht-Substituierbarkeit zwischen Kapitalstöcken, so dass das Kriterium „Ertrag > Aufwand" nicht ohne Anpassung übertragen werden kann. Auch wenn für ein Unternehmen der Aufwand der Berichterstattung größer ist als der Ertrag, der letztlich – finanziell betrachtet – für die Adressaten generiert wird, kann eine Berichterstattung dennoch erforderlich sein, um z. B. den Kapitalstock der Ökologie zu schützen.[636] „Wirtschaftlichkeit" bedeutet im Be-

631 Vgl. BAETGE, J./KIRSCH, H.-J./THIELE, S., Bilanzen, S. 115.
632 Vgl. BAETGE, J./KIRSCH, H.-J./THIELE, S., Bilanzen, S. 115.
633 BECKMANN und HORST schlagen hierzu in Anlehnung an die Konzernbilanzierungsrichtlinie ein „Corporate Responsibility Accounting Manual" vor; vgl. BECKMANN, K. M./HORST, D., Nachhaltigkeitsberichterstattung und Unternehmenspublizität, S. 114.
634 LEFFSON, U., GoB, S. 203.
635 Vgl. BAETGE, J./KIRSCH, H.-J./THIELE, S., Bilanzen, S. 121.
636 Hierbei stellt sich wohl eher die Frage, ob in diesem Fall aufgrund der Anreizstrukturen im Funktionssystem Wirtschaft eine freiwillige Berichterstattung möglich ist; vgl. zum Implementierbarkeitspostulat auch Abschn. 422.

reich der Nachhaltigkeitsberichterstattung demnach vielmehr, dass durch die Berichterstattung der Einfluss auf die inter- oder intragenerative Gerechtigkeit eines Kapitalstocks verbessert werden kann, ohne dass ein anderer Kapitalstock in seiner Substanz gemindert wird. Der GRI-Leitfaden enthält lediglich in den „allgemeinen Anmerkungen" den Hinweis, dass aufgrund von zu hohen Kosten der Datenerhebung auf die Angabe von wesentlichen Informationen verzichtet werden darf.[637] Ein Prinzip der Wirtschaftlichkeit ist im Leitfaden hingegen nicht enthalten, so dass der Leitfaden an dieser Stelle zumindest unsystematisch aufgebaut ist.

Darüber hinaus sollen im Nachhaltigkeitsbericht die Interdependenzen zwischen den unterschiedlichen Bereichen einer nachhaltigen Entwicklung (lt. GRI Ökonomie, Ökologie und Gesellschaft) beschrieben werden.[638] Hierzu enthält der GRI-Leitfaden jedoch ebenfalls kein Berichtsprinzip.

575. Ansatzgrundsätze

575.1 Überblick

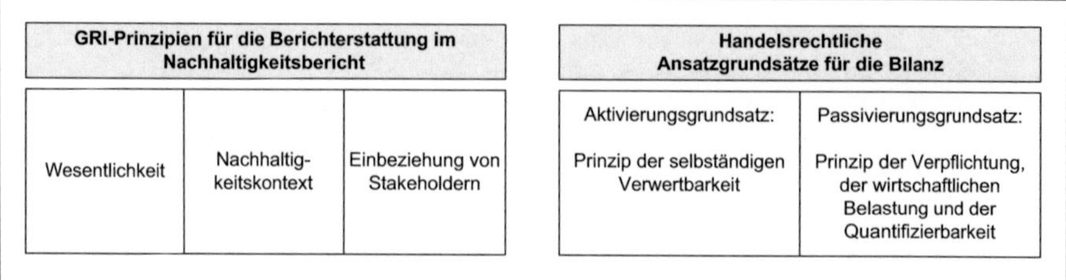

Abbildung 5-10: GRI-Aufnahmeprinzipien und handelsrechtliche Ansatzgrundsätze

Im Bereich der externen Finanzberichterstattung werden alle Sachverhalte des Unternehmens mit Zahlungswirkung systematisch (auf Konten) erfasst, aggregiert und in Abhängigkeit ihres wirtschaftlichen Gehalts in das Ergebnis einer Periode eingerechnet[639] oder (zunächst) in einer Bestandsrechnung erfasst.[640] Ob ein Ansatz in der Bestandsrechnung bzw. der Bilanz erforderlich ist (Aktivierung oder Passivierung), wird dabei im deutschen Handelsrecht durch die abstrakte Aktivierungs- und Passivierungskonzeption (§ 246 Abs. 1 Satz 1 HGB) bestimmt.[641] Liegt weder ein Vermögensgegenstand noch eine Schuld vor, werden die zu dem Sachverhalt zuzuordnenden Zahlungsströme grds. in der Ergebnisrechnung, d. h. der GuV, erfasst. Im Jahresabschluss sind somit alle auf Zahlungsströmen basierenden Vorfälle eines Geschäftsjahres enthalten. Grundsätzlich ist dieses Schema auf die Nachhaltigkeitsberichterstattung übertragbar. So kann z. B. der Einsatz von persistenten Schadstoffen in einer Periode dazu führen, dass die Umwelt über Jahre oder sogar Jahrzehnte geschädigt wird. Im Gesellschaftsbereich hingegen können bspw. Einflüsse auf die Gesund-

[637] Vgl. GRI (Hrsg.), G3 Leitfaden, S. 37; HALLER, A./ERNSTBERGER, J., GRI, S. 2522.
[638] Vgl. DAUB, C.-H., Stand und Entwicklungstendenzen in der Nachhaltigkeitsberichterstattung, S. 86.
[639] In diesem Fall werden die Auswirkungen in der GuV ausgewiesen.
[640] In diesem Fall werden die Sachverhalte in der Bilanz erfasst.
[641] Vgl. BAETGE, J./KIRSCH, H.-J./THIELE, S., Bilanzen, S. 164.

heit von Mitarbeitern in einer Periode verursacht werden. Die Auswirkungen dieser Gesundheitsschädigung können indes über Jahre bestehen und somit mehr als eine Periode betreffen. Vor diesem Hintergrund müsste ein Teil der Gesamtschäden in einer Bestandsrechnung, vergleichbar mit der Passivierung einer Rückstellung abgegrenzt und über den Zeitraum der Auswirkungen aufgelöst werden. Auf der anderen Seite können Investitionen in den Umweltschutz oder in Humankapital dazu führen, dass Unternehmen positive Auswirkungen auf die nachhaltige Entwicklung haben, die sich jedoch nicht vollständig in der aktuellen Periode niederschlagen. In diesem Fall müssten die (erwarteten) positiven Auswirkungen abgegrenzt werden.

Da dem Nachhaltigkeitsbericht kein eindeutiges Kriterium, wie z. B. das der Pagatorik für die Aufnahme in den Jahresabschluss, zu Grunde liegt, ist zunächst fraglich, welche Auswirkungen der Tätigkeiten des Unternehmens und seiner Produkte in den Nachhaltigkeitsbericht aufzunehmen sind. Die GRI sieht im „Technical Protocol Applying the Report Content Principles“, das zusammen mit dem GRI G3.1-Leitfaden neu veröffentlicht wurde, folgenden Prozess zur Aufnahme von Themen in den Nachhaltigkeitsbericht vor:

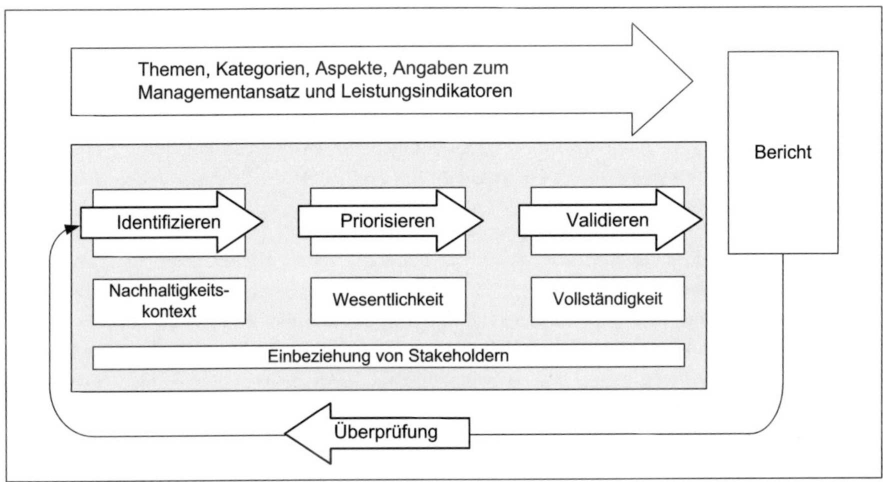

Abbildung 5-11: Prozess zur Bestimmung des Berichtsinhalts[642]

In einem ersten Schritt ist auf der Basis des Prinzips des Nachhaltigkeitskontextes eine Liste mit möglichen Themen, die in den Bericht aufgenommen werden können, zu erstellen.[643] In einem zweiten Schritt ist daran anschließend auf der Grundlage des Prinzips der Wesentlichkeit über die Aufnahme in den Nachhaltigkeitsbericht zu entscheiden.[644] In einem dritten Schritt ist dann durch

642 Vgl. GRI (Hrsg.), Technical Protocol Report Content Principles, S. 4.
643 Vgl. GRI (Hrsg.), Technical Protocol Report Content Principles, S. 4 f.
644 Vgl. GRI (Hrsg.), Technical Protocol Report Content Principles, S. 7.

das Prinzip der Vollständigkeit zu prüfen, ob alle wesentlichen Themen in den Bericht aufgenommen wurden.[645] Das Prinzip der Vollständigkeit wurde in der vorliegenden Arbeit indes bereits unter den Rahmengrundsätzen analysiert.[646] Allen Schritten gemein ist die Verknüpfung mit dem Prinzip der Einbeziehung von Stakeholdern.[647]

Im Folgenden werden die Prinzipien des Nachhaltigkeitskontextes, der Wesentlichkeit und der Einbeziehung von Stakeholdern vor dem Hintergrund ihrer im Technical Protocol beschriebenen Funktion analysiert.

575.2 Nachhaltigkeitskontext

Wie beschrieben soll das Prinzip des Nachhaltigkeitskontextes dazu dienen, Themen zu identifizieren, die grds. für die Aufnahme in den Nachhaltigkeitsbericht in Frage kommen.[648] Im Leitfaden wird das Prinzip wie folgt definiert: *„Der Bericht sollte die [Leistung der] Organisation im größeren Zusammenhang einer nachhaltigen Entwicklung darstellen.“*[649]

In den Erläuterungen des Prinzips führt die GRI aus, dass in Bezug auf das Ziel des Nachhaltigkeitsberichts „eine eingeschränkte Berichterstattung lediglich über die Entwicklung der individuellen Leistung (oder die Effizienz einer Organisation [...]) keine ausreichende Antwort“[650] gibt. Die Leistung des Unternehmens solle vielmehr in einen Bezug zu übergreifenden Ansätzen der Nachhaltigkeit, wie bspw. der Brundtland-Definition von nachhaltiger Entwicklung gesetzt und erläutert werden.[651] Wann dies der Fall ist, wird im GRI-Leitfaden nur beispielhaft aufgeführt, wobei in den Erläuterungen des Prinzips oftmals nicht zwischen der Aufnahme der Themen in den Bericht und der Art der Darstellung unterschieden wird.[652]

In Bezug auf diese Erläuterungen ist zunächst anzumerken, dass zwar das Ziel des Prinzips, die Auswirkungen des Unternehmens mit weiter reichenden Ansätzen einer nachhaltigen Entwicklung verknüpft darzustellen, unterstützt werden kann. Fraglich ist aufgrund der vielfältigen Meinungen in der Literatur und Praxis indes, ob der GRI-Leitfaden Unternehmen bei der Erstellung der Berichte eine konkrete Hilfestellung bietet. Die abstrakte Aussage, dass die Handlungen eine Auswirkung auf die „Verbesserung oder Verschlechterung von ökonomischen, ökologischen und gesellschaftlich/sozialen Bedingungen, Entwicklungen sowie Tendenzen auf lokaler, regionaler oder globaler

---

645 Vgl. GRI (Hrsg.), Technical Protocol Report Content Principles, S. 10.

646 Vgl. Abschn. 574.2.

647 Vgl. GRI (Hrsg.), Technical Protocol Report Content Principles, S. 5.

648 Vgl. GRI (Hrsg.), Technical Protocol Report Content Principles, S. 4.

649 GRI (Hrsg.), G3 Leitfaden, S. 11. In der deutschen Übersetzung fehlt indes der in der englischen Originalversion enthaltene Bezug zur Leistung der Organisation bzw. des Unternehmens; vgl. GRI (Hrsg.), G3.1 Sustainability Reporting Guidelines, S. 11.

650 GRI (Hrsg.), G3 Leitfaden, S. 11.

651 Vgl. GRI (Hrsg.), G3 Leitfaden, S. 11; HALLER, A./ERNSTBERGER, J., GRI, S. 2520. Ebenso FRINGS, die den fehlenden Zusammenhang bzw. die Verwendung von diffusen Nachhaltigkeitsbegriffen in vielen Nachhaltigkeitsberichten kritisiert; vgl. FRINGS, E., Back to the Roots, S. 25.

652 Beispielhaft wird im Bereich der Ökologie angeführt, dass der Einfluss des Unternehmens vor dem Hintergrund des Grades der Umweltverschmutzung und dem Ziel der weltweiten Einschränkung des Ressourceneinsatzes erläutert werden soll.

Ebene"[653] hat, dürfte hierbei zu unkonkret und daher nicht hilfreich sein. Da die Leistungsindikatoren des GRI-Leitfadens jedoch im Regelfall die wesentlichen Auswirkungen des Unternehmens darstellen sollen, wird im Rahmen ihrer Analyse zu prüfen sein, ob die geforderten Angaben in einen Zusammenhang mit der nachhaltigen Entwicklung der Gesellschaft und der nachhaltigen Unternehmensentwicklung gesetzt werden.

Des Weiteren ist vor dem Hintergrund der durch die GRI im Technical Protocol beschriebenen Aufgabe dieses Prinzips,[654] die Aufnahme von Themen in den Nachhaltigkeitsbericht zu steuern, zu bezweifeln, ob diese erfüllt werden kann. Da sich das Prinzip aufgrund seiner Definition und den im Leitfaden enthaltenen Erläuterungen lediglich auf die Darstellung von Themen im Nachhaltigkeitsbericht bezieht, ist hiervon nicht auszugehen. Ein Prinzip, das als notwendige Bedingung die Aufnahme von Themen in den Bericht steuert, könnte bspw. lauten: *„Für eine Aufnahme in den Nachhaltigkeitsbericht sollten ausschließlich Themen in Betracht gezogen werden, die den Einfluss des Unternehmens auf die nachhaltige Entwicklung der Gesellschaft vermitteln"*. Genauere Kriterien, die Themen erfüllen müssen, sind in der aktuellen Prinzipiensystematik der GRI jedoch im Prinzip der Wesentlichkeit enthalten. Nach diesem sollen *„die Angaben in einem Bericht Themen und Indikatoren behandeln, die [(Kriterium 1)] entweder bedeutende ökonomische, ökologische und gesellschaftliche/soziale Einflüsse der Organisation widerspiegeln oder [(Kriterium 2)] maßgeblichen Einfluss auf die Beurteilungen und Entscheidungen von Stakeholdern haben können."*[655]

Grundsätzlich kommen Themen demnach für eine Aufnahme in den Nachhaltigkeitsbericht in Frage, wenn sie einen Einfluss auf die **Ökonomie, die Ökologie und die Gesellschaft** haben und die Fähigkeit besitzen, die nachhaltige Entwicklung der Gesellschaft zu beeinträchtigen. Insofern bezieht sich die GRI direkt auf das Nachhaltigkeitsverständnis der Brundtland-Kommission. Themen sind nach Ansicht der GRI somit grds. dann in den Bericht aufzunehmen, wenn ihre Auswirkungen die Fähigkeit fördern oder gefährden, die gegenwärtigen Bedürfnisse zu befriedigen ohne die Fähigkeit der künftigen Generation darin einzuschränken, ihre eigenen Bedürfnisse befriedigen zu können.[656] Darüber hinaus soll über Themen berichtet werden, die die **Einschätzungen** und **Entscheidungen** der Stakeholder, d. h. der **Adressaten** des Nachhaltigkeitsberichts,[657] beeinträchtigen können.[658] Um welche Einschätzungen und Entscheidungen der Stakeholder es sich hierbei handelt, wird im GRI-Leitfaden nicht näher erläutert. Vor dem Hintergrund der Stakeholdertheorie kann jedoch vermutet werden, dass dies Entscheidungen von Stakeholdern betrifft, die Zielerreichung des Unternehmens zu beeinflussen (bspw. durch die Entscheidung zum Kauf von Produkten oder durch öffentlichkeitswirksame Maßnahmen, die sich gegen das Unternehmen richten). Da die Shareholder als eine Teilmenge der Stakeholder ebenfalls zu den Adressaten des Nachhaltigkeitsberichts gezählt

653 GRI (Hrsg.), G3 Leitfaden, S. 11.
654 Vgl. Abschn. 575.1.
655 GRI (Hrsg.), G3 Leitfaden, S. 8.
656 Vgl. GRI (Hrsg.), G3 Leitfaden, S. 8; vgl. auch Abschn. 23.
657 Vgl. Abschn. 54.
658 Vgl. LACKMANN, J., Auswirkungen des Nachhaltigkeitsberichts auf den Kapitalmarkt, S. 47.

werden,[659] umfasst dieses Kriterium somit auch Sachverhalte, die Auswirkungen auf die nachhaltige Unternehmensentwicklung haben.

In Bezug auf die Frage, ob Sachverhalte die nachhaltige Entwicklung beeinflussen können und demnach grds. für eine **Aufnahme** in den Nachhaltigkeitsbericht in Frage kommen, ist zu untersuchen, ob die aktuellen Kriterien 1 und 2 des Wesentlichkeitsprinzips hierfür geeignet sind. Da der Nachhaltigkeitsbericht die Auswirkungen des Unternehmens auf die nachhaltige Entwicklung der Gesellschaft darstellen soll,[660] dürfte die Berücksichtigung des Einflusses von Handlungen des Unternehmens auf diese (Kriterium 1) unstrittig sein.[661] Über diese Themen sollte ab einem bestimmten Schwellenwert[662] unabhängig von der Möglichkeit der Einschätzungs- oder Entscheidungsbeeinflussung (möglicher) Stakeholder berichtet werden.

Fraglich ist darüber hinaus, inwiefern das Kriterium der Beeinflussung von Einschätzungen und Entscheidungen der Stakeholder (Kriterium 2) erforderlich ist, um das Ziel des Nachhaltigkeitsberichts (die Darstellung der Auswirkungen des unternehmerischen Handels auf die nachhaltige Entwicklung der Gesellschaft und die nachhaltige Unternehmensentwicklung) zu erreichen. Hierzu ist festzustellen, dass die „oder-Verknüpfung" der beiden Kriterien dazu führen kann, dass theoretisch Themen in den Nachhaltigkeitsbericht aufgenommen werden können, die zwar die Einschätzung oder Entscheidungen der Stakeholder beeinflussen, deren Auswirkungen die nachhaltige Entwicklung der Gesellschaft jedoch nicht beeinflussen. Diesbezüglich ist nicht ersichtlich, warum Themen in einen auf der Brundtland-Definition beruhenden „Nachhaltigkeitsbericht" aufgenommen werden sollen, die keine wesentlichen Auswirkungen auf die nachhaltige Entwicklung der Gesellschaft haben.[663] Zwar kann es für Unternehmen vorteilhaft sein, über solche Themen zu berichten, da diese direkt oder indirekt (z. B. durch eine Verbesserung der Reputation) einen Einfluss auf den finanziellen Erfolg des Unternehmens (und dadurch u. U. auch auf die nachhaltige Unternehmensentwicklung) haben können. Eine Kommunikation dieser Themen sollte aufgrund der fehlenden Relevanz für die nachhaltige Entwicklung der Gesellschaft jedoch nicht im Rahmen des Nachhaltigkeitsberichts, sondern in anderen, allgemeiner ausgerichteten PR-Instrumenten platziert werden (in Abhängigkeit der Häufigkeit von Nachfragen zu diesen Themen könnte ggf. ein Verweis auf andere Berichtsinstrumente sinnvoll sein).

Im **Ergebnis** sollte die Entscheidung, ob ein Thema grds. in den Nachhaltigkeitsbericht aufgenommen werden kann, lediglich aufgrund der Auswirkungen auf die nachhaltige Entwicklung der Gesellschaft getroffen werden. Maßgeblich wäre demnach, ob ein Unternehmen zum einen Einfluss auf den Zugang zu den unterschiedlichen gesellschaftlichen Kapitalstöcken haben kann oder, zum anderen, zur Minderung des oder der jeweiligen Kapitalstöcke beiträgt.[664] Hat ein Thema darüber

---

659 Vgl. Abschn. 54.

660 Vgl. Abschn. 552.

661 Auch wenn in der vorliegenden Arbeit eine andere Struktur gewählt wird, so sollten die Auswirkungen auf die nachhaltige Entwicklung unabhängig von der Systematik in den Nachhaltigkeitsbericht aufgenommen werden.

662 Vgl. Abschn. 575.3.

663 Vgl. zum Ziel des GRI-Nachhaltigkeitsberichts Abschn. 552.

664 Vgl. dazu ausführlich Kap. 2 bzw. zusammenfassend Abschn. 26.

hinaus Auswirkungen auf die nachhaltige Unternehmensentwicklung, sollten diese ebenfalls dargestellt werden. Tritt indes der Fall ein, das ein Thema ausschließlich Auswirkungen auf die nachhaltige Unternehmensentwicklung, nicht jedoch auf die nachhaltige Entwicklung der Gesellschaft hat, ist über dieses nicht im Nachhaltigkeitsbericht zu berichten. Auf diesem Prinzip aufbauend ist in einem zweiten Schritt die Wesentlichkeit der Themen als hinreichende Bedingung für ihre tatsächliche Aufnahme in den Nachhaltigkeitsbericht zu bestimmen.

575.3 Wesentlichkeit

„Die Angaben in einem Bericht sollen Themen und Indikatoren behandeln, die [(Kriterium 1)] entweder bedeutende ökonomische, ökologische und gesellschaftliche/soziale Einflüsse der Organisation widerspiegeln oder [(Kriterium 2)] maßgeblichen Einfluss auf die Beurteilungen und Entscheidungen von Stakeholdern haben können.“[665]

Wenn die Themen eines der beiden Kriterien zur Aufnahme in den Bericht erfüllen, ist im nächsten Schritt zu prüfen, ob sie eine **Wesentlichkeitsschwelle** überschreiten, d. h. entweder einen „bedeutenden Einfluss“ haben oder Beurteilungen und Entscheidungen „beeinflussen“ können.

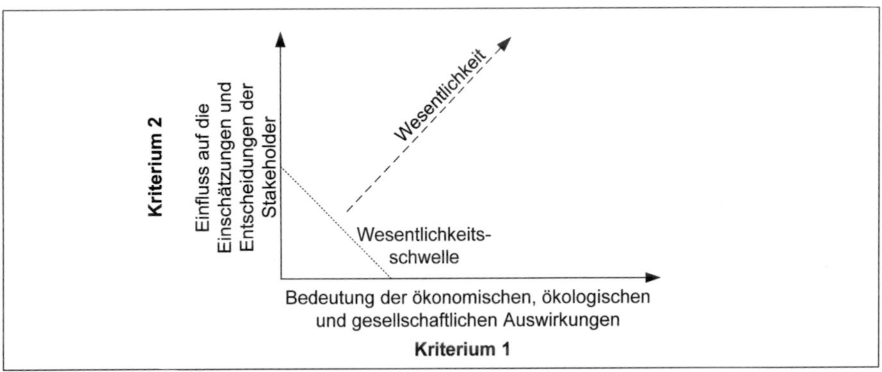

Abbildung 5-12: GRI-Prinzip zur Bestimmung der Wesentlichkeit[666]

Hierbei muss der Grenz- oder Schwellenwert nach Ansicht der GRI im Vergleich zur Wesentlichkeitsbestimmung in der externen Finanzberichterstattung[667] eine größere Anzahl von Einflüssen und Stakeholdern berücksichtigen, da sich die Auswirkungen der Unternehmenshandlungen nicht generell in „financial terms“ messen lassen.[668] Für die Bestimmung der Wesentlichkeitsgrenze des Nachhaltigkeitsberichts wird somit nicht nur darauf abgestellt, ob die Themen erhebliche (direkte)

---

665 GRI (Hrsg.), G3 Leitfaden, S. 8.

666 Vgl. GRI (Hrsg.), G3 Leitfaden, S. 8.

667 Vgl. zur Wesentlichkeitsbestimmung in der externen Finanzberichterstattung MEKAT, M. C., Wesentlichkeit in der Rechnungslegung.

668 Vgl. GRI (Hrsg.), G3 Leitfaden, S. 8; GRI (Hrsg.), Technical Protocol Report Content Principles, S. 3; HALLER, A./ERNSTBERGER, J., GRI, S. 2520.

Auswirkungen auf das berichtende Unternehmen und seine Vermögens-, Finanz- und Ertragslage haben. Die Verwendung von ausschließlich quantitativen, monetären Wesentlichkeitsgrenzen ist demnach nicht möglich,[669] auch wenn sich nach Ansicht der GRI in vielen Themenfeldern innerhalb eines gewissen, kurz- oder langfristigen Zeitraums monetäre Effekte aus den im Nachhaltigkeitsbericht enthaltenen Themen ergeben werden.[670]

Um die Bedeutung von Auswirkungen einzuschätzen, soll auf „zahlreiche bewährte **Methoden**“[671] zurückgegriffen werden; welche Methoden dies im Einzelnen sind, wird im GRI-Leitfaden nicht näher ausgeführt. Hingewiesen wird zunächst lediglich auf den Umstand, dass sich die Methoden und Prozesse bei allen Unternehmen „unterscheiden sollten“[672], wobei davon ausgegangen werden kann, dass es sich bei der verwendeten „Soll-Formulierung“ lediglich um eine sprachliche Ungenauigkeit handelt, da bei vergleichbaren Unternehmen die verwendeten Methoden und Wesentlichkeitsgrenzen nicht signifikant voneinander abweichen dürften.[673] Die Tatsache, dass ein Thema nicht oder nur schwer zu quantifizieren ist, bedeute jedenfalls nicht automatisch, dass dieses Thema als unwesentlich einzustufen sei.[674]

Darüber hinaus sollen interne und externe Faktoren, wie die Mission und das Leitbild des Unternehmens, seine Wettbewerbsstrategie, von Stakeholdern geltend gemachte Anliegen,[675] allgemeine gesellschaftliche Erwartungen sowie der Einfluss des Unternehmens auf vorgelagerte und nachgelagerte Geschäftspartner (Zulieferer und Kunden) berücksichtigt werden.[676] Diese Informationen bieten dem berichtenden Unternehmen hingegen lediglich Anhaltspunkte, welche Themen für die Berichterstattung in Frage kommen können, sagen indes nichts über die Wesentlichkeit der Themen aus. Ebenfalls zu berücksichtigt sind Berichtspflichten, die sich aus internationalen Richtlinien und Vereinbarungen ergeben.[677] Die Kriterien, die der Wesentlichkeitsanalyse zu Grund liegen, sollten klar definiert, dokumentiert und kommuniziert werden.[678]

Vor dem Hintergrund der durch die GRI im Technical Protocol dargestellten **Aufgabe**, die Wesentlichkeit einer bereits vorbestimmten Menge von Themen zu bestimmen, ist festzustellen, dass die Definition und vor allem die Erläuterungen im Indikatorprotokoll deutlich über diese begrenzte

---

669 Vgl. GRI (Hrsg.), Reference Document Content & Materiality Revisions, S. 8.

670 Vgl. GRI (Hrsg.), Reference Document Content & Materiality Revisions, S. 8; GRI (Hrsg.), G3 Leitfaden, S. 8. Wie lang diese “gewisse Zeitspanne” ist, wird nicht weiter ausgeführt. LACKMANN argumentiert hingegen, dass die Wesentlichkeitsbestimmung im Nachhaltigkeitsbericht ausschließlich qualitativ vorgenommen wird; vgl. LACKMANN, J., Auswirkungen des Nachhaltigkeitsberichts auf den Kapitalmarkt, S. 48.

671 GRI (Hrsg.), G3 Leitfaden, S. 8.

672 GRI (Hrsg.), G3 Leitfaden, S. 7.

673 Vgl. zum Prinzip der Vergleichbarkeit Abschn. 574.4.

674 Vgl. GRI (Hrsg.), Reference Document Content & Materiality Revisions, S. 15.

675 Zum Stakeholderdialog vgl. Abschn. 52.

676 Vgl. GRI (Hrsg.), G3 Leitfaden, S. 8.

677 Vgl. GRI (Hrsg.), G3 Leitfaden, S. 8. Zu Nennen wäre hier bspw. der UN Global Compact Fortschrittsbericht, der in den Nachhaltigkeitsbericht des Unternehmens integriert werden kann; vgl. GRI/GLOBAL COMPACT (Hrsg.), Verbindungen schaffen.

678 Vgl. GRI (Hrsg.), Reference Document Content & Materiality Revisions, S. 15. Eine entsprechende Angabepflicht innerhalb der Standardangaben besteht unter dem Punkt 3.5 (Berichtsumfang und -grenzen). Vgl. hierzu auch Abschn. 582.

Aufgabe hinausgehen. Eine alternative Formulierung dieses Prinzips könnte demnach bspw. lauten: *„Themen sind ausschließlich dann in den Nachhaltigkeitsbericht aufzunehmen, wenn ihr Einfluss auf die nachhaltige Entwicklung der Gesellschaft wesentlich für das Verständnis der Leistung des Unternehmens ist*".

Neben der Bestimmung der tatsächlich in den Nachhaltigkeitsbericht aufzunehmenden Themen wird das Wesentlichkeitsprinzip auch zur Bestimmung des **Umfangs der Darstellung** des Themas im Bericht verwendet. Demnach solle sich der Umfang der Darstellung an der Bedeutung des Themas im Verhältnis zu anderen Themen und Indikatoren orientieren.[679] Die Methode, nach der die Wesentlichkeit der Themen zur Festlegung des Umfangs der Berichterstattung festgelegt wird, sollte offengelegt werden.[680]

Fraglich ist, ob ebenso wie bei der Aufnahme von Sachverhalten in den Bericht lediglich auf das Ausmaß ihrer Auswirkungen auf die nachhaltige Entwicklung abgestellt werden soll (Kriterium 1) oder ob bei der Bestimmung des Umfangs der Berichterstattung über einzelne Themen die Bedürfnisse der Stakeholder berücksichtigt werden sollten (Kriterium 2). In letzterem Fall könnten Themen, die einen hohen Einfluss auf die nachhaltige Entwicklung haben und von den Stakeholdern als einschätzungs- oder entscheidungsbeeinflussend identifiziert werden, am ausführlichsten dargestellt werden. Sind Themen zwar für die nachhaltige Entwicklung relevant, werden von den Stakeholdern jedoch nicht als entscheidungsbeeinflussend eingeschätzt, so würde zwar über diese Themen berichtet, da nicht alle Stakeholder ihre Informationsbedürfnisse im gleichen Maße artikulieren können.[681] Allerdings würde der Umfang der Berichterstattung der Tatsache Rechnung tragen, dass bislang keine entsprechenden Ansprüche an das Unternehmen adressiert wurden und das Informationsbedürfnis der bekannten Adressaten in diesem Bereich begrenzt ist. Diese Auffassung ist auch bei den Erläuterungen zum Prinzip der Einbeziehung der Stakeholder[682] zu erkennen. An dieser Stelle beschreibt die GRI, dass zunächst bei der Festlegung der im Bericht behandelten Themen alle Stakeholder zu berücksichtigen sind, unabhängig davon, ob sie den Bericht tatsächlich nutzen. Erst bei der Ausgestaltung des Detaillierungsgrades sollten die Interessen der Stakeholder, die den Bericht tatsächlich nutzen, vorrangig berücksichtigt werden.[683]

Werden die Themen in ihrem Umfang jedoch an den Informationsbedürfnissen ausgewählter Stakeholder ausgerichtet, ist fraglich, ob das Ziel des Nachhaltigkeitsberichts, ein den tatsächlichen Verhältnissen entsprechendes Bild der Nachhaltigkeitsleistung des Unternehmens zu vermitteln, durch eine Verletzung des Grundsatzes der Ausgewogenheit[684] gefährdet werden kann. Da an vielen Stellen mangels anerkannter Bewertungsmodelle eine qualitative Beschreibung der Auswirkungen des Unternehmens vorgenommen wird, könnte dies nicht ausgeschlossen werden. Maßgeblich ist somit die Frage, ob das Unternehmen und seine Stakeholder bereit sind, durch eine stärkere Ausrichtung

679 Vgl. GRI (Hrsg.), G3 Leitfaden, S. 8.
680 Vgl. GRI (Hrsg.), G3 Leitfaden, S. 9.
681 Vgl. Abschn. 54.
682 Vgl. Abschn. 575.4
683 Vgl. GRI (Hrsg.), G3 Leitfaden, S. 10.
684 Vgl. Abschn. 574.3.

der Berichtsthemen an den Informationsinteressen der Stakeholder das Risiko einer nicht mehr den tatsächlichen Verhältnissen entsprechenden Darstellung des unternehmerischen Einflusses auf die nachhaltige Entwicklung einzugehen. Aufgrund möglicher Konsequenzen einer verzerrten Darstellung in Bezug auf die Zielerreichung des Nachhaltigkeitsberichts sollte indes letztlich immer einer sicheren Darstellung der tatsächlichen Einflüsse Vorrang vor der Anpassung des Berichts an die Bedürfnisse ausgewählter Adressaten eingeräumt werden.

Eine weitere Problematik liegt in der Festlegung der relevanten Stakeholder. Fraglich ist in diesem Zusammenhang, ob alle Stakeholder als **gleich wichtig** angesehen werden oder ob für Zwecke der Berichterstattung die Stakeholder z. B. nach dem Kriterium ihrer Beeinflussbarkeit durch das Unternehmen und ihrer Möglichkeit, die Zielerreichung des Unternehmens zu beeinträchtigen, in verschiedene Gruppen unterteilt werden. Themen, die nur von Stakeholdern nachgefragt werden, die von den Handlungen des Unternehmens in relativ geringem Ausmaß betroffen sind, würden demnach weniger detailliert dargestellt werden, als Themen, die Stakeholder stark beeinträchtigen. Da davon ausgegangen werden kann, dass die Informationsinteressen aller Stakeholder erfüllt werden, sofern der Nachhaltigkeitsbericht ein den tatsächlichen Verhältnissen entsprechendes Bild der Nachhaltigkeitsleistung des Unternehmens darstellt, sollten die Interessen der Stakeholder bei der Ausgestaltung des Berichts nicht berücksichtigt werden.

575.4 Einbeziehung von Stakeholdern

Nach den Erläuterungen des „Technical Protocol Applying the Report Content Principles“ liegt den ersten beiden Schritten das Prinzip der Einbeziehung von Stakeholdern zu Grunde.[685] Dieses wird im Leitfaden wie folgt definiert: *„Die Organisation sollte seine (sic!) Stakeholder angeben und im Bericht erläutern, inwiefern es (sic!) auf ihre nachvollziehbaren Erwartungen und Interessen eingegangen ist.“*[686]

Zur Bestimmung der Stakeholder des berichtenden Unternehmens bezieht sich die GRI auf die **Definition** von FREEMAN, nach der als **Stakeholder** Gruppen bezeichnet werden, von denen angenommen werden kann, dass sie entweder von den Aktivitäten des Unternehmens betroffen sind oder dass sie die Zielerreichung des Unternehmens durch ihre Aktivitäten wesentlich beeinträchtigen können.[687] Die nachvollziehbaren/berechtigten[688] Ansprüche und Interessen[689] der Stakeholder stellen nach Ansicht der GRI im Rahmen des Erstellungsprozesses eine maßgebliche Orientierungshilfe

685 Vgl. GRI (Hrsg.), Technical Protocol Report Content Principles, S. 4.

686 GRI (Hrsg.), G3 Leitfaden, S. 10.

687 Vgl. GRI (Hrsg.), G3 Leitfaden, S. 10 sowie Abschn. 442. In der deutschen Übersetzung des Leitfadens wird im Gegensatz zum englischen Originaltext von einer tatsächlichen Beeinflussung des Unternehmens durch die Stakeholdergruppe gesprochen. Der Originalfassung, nach der lediglich die Möglichkeit zur Beeinflussung bestehen muss, wird gefolgt.

688 Die Begriffe „berechtigt“ und „nachvollziehbar“ werden im Rahmen der Erläuterungen zur Einbeziehung von Stakeholdern synonym verwendet. Im englischen Originaltext werden die Ansprüche als „reasonable“ bezeichnet.

689 Warum Interessen der Stakeholder von Unternehmen im Rahmen der Erstellung des Nachhaltigkeitsberichts berücksichtigt werden sollten, wird von der GRI nicht weiter erläutert.

für viele Entscheidungen dar, z. B. in Bezug auf die in den Bericht aufzunehmenden Themen, die Berichtsgrenzen[690] oder die Notwendigkeit der externen Prüfung des Berichts.[691]

Zu unterscheiden ist nach der aktuellen **Definition** dieses Prinzips und den dazugehörigen **Erläuterungen** – neben der Pflicht zur Angabe der Stakeholder – zwischen der Aufnahme von Themen in den Nachhaltigkeitsbericht und dem Detaillierungsgrad ihrer Darstellung. Bei der Festlegung der im Nachhaltigkeitsbericht enthaltenen Themen sollte das berichtende Unternehmen zunächst berücksichtigen, dass nicht alle Stakeholder in der Lage sind, ihre Interessen (ggf. auch über Stellvertreter, z. B. NGOs) zu artikulieren oder dass Stakeholder keine Stellungnahme zu einem Bericht abgeben, „da sie auf andere Mittel der Kommunikation und des Engagements setzen“[692]. Auch wenn das berichtende Unternehmen in diesen Fällen die Informationsbedürfnisse der Stakeholder nicht sicher kennt, sollen die Erwartungen dieser Stakeholder geschätzt und bei den Entscheidungen über den Inhalt des Nachhaltigkeitsberichts berücksichtigt werden.[693] Ziel sei es, bereits bei der **Aufnahme** von Themen in den Bericht darauf zu achten, dass eine Balance zwischen den Stakeholdern, die den Bericht nutzen, und allen Stakeholdern des Unternehmens hergestellt wird.

Im nächsten Schritt sollte der unterschiedlichen Nutzung des Berichts durch die Stakeholder des Unternehmens im Rahmen der Ausgestaltung des **Detaillierungsgrades** der unterschiedlichen Themen Rechnung getragen werden. Themen, die von den bekannten Nutzern des Berichtes als wesentlich eingestuft werden, sollten demnach detaillierter dargestellt werden als andere Themen.[694] Insgesamt ist die Zweiteilung des Prinzips der Einbeziehung von Stakeholdern an das aktuelle Wesentlichkeitskriterium angelehnt, nach dem zunächst Themen aufzunehmen sind, die einen Einfluss auf die nachhaltige Entwicklung haben. Darüber hinaus ist zusätzlich bei der Aufnahme und Darstellung der Themen die Möglichkeit zur Beeinflussung der Entscheidungen der Stakeholder zu berücksichtigen.[695]

Ferner weist die GRI auf die Notwendigkeit zur Dokumentation der für die Auswahl der Stakeholder verwendeten Methoden und der zugrunde liegenden Überlegungen hin.[696] Eine Offenlegung der Methoden wird indes nicht gefordert.

Fraglich ist, warum bei der **Bestimmung der Berichtsgrenzen** die Erwartungen der Stakeholder als Orientierung zu verwenden sein sollen. Aus der Sicht des Unternehmens könnte durch die Einbeziehung der Erwartungen der Stakeholder in die Bestimmung der Berichtsgrenzen das Risiko minimiert werden, für Stakeholder wesentliche Themen nicht in den Nachhaltigkeitsbericht aufzunehmen. Hierbei ist zu untersuchen, in welchem Verhältnis dritte Unternehmen zu dem berichterstattenden Unternehmen stehen müssen, damit dieses für deren Auswirkungen ebenfalls verantwortlich

---

690 Vgl. zur Bestimmung der Berichtsgrenzen Abschn. 56.
691 Vgl. GRI (Hrsg.), G3 Leitfaden, S. 10; HALLER, A./ERNSTBERGER, J., GRI, S. 2520.
692 GRI (Hrsg.), G3 Leitfaden, S. 10.
693 Vgl. GRI (Hrsg.), G3 Leitfaden, S. 10.
694 Vgl. GRI (Hrsg.), G3 Leitfaden, S. 10; LACKMANN, J., Auswirkungen des Nachhaltigkeitsberichts auf den Kapitalmarkt, S. 49.
695 Vgl. hierzu Abschn. 575.3.
696 Vgl. GRI (Hrsg.), G3 Leitfaden, S. 10.

sein kann.[697] Im GRI-Leitfaden wird in diesem Zusammenhang von „nachvollziehbaren Erwartungen" gesprochen. Vor dem Hintergrund des Zwecks des Nachhaltigkeitsberichts ist zu hinterfragen, ob Erwartungen lediglich nachvollziehbar oder vielmehr berechtigt sein sollten. Sind Erwartungen lediglich nachvollziehbar, so kann davon ausgegangen werden, dass Unternehmen nicht für Auswirkungen auf die nachhaltige Entwicklung der Gesellschaft verantwortlich sind (ansonsten wären die Erwartungen berechtigt). Da Stakeholder indes andere, lediglich nachvollziehbare Erwartungen an das Unternehmen haben, könnte deren Missachtung Auswirkungen auf den Unternehmenserfolg und damit u. U. auf die nachhaltige Unternehmensentwicklung haben. Maßgeblich für die Berücksichtigung von nachvollziehbaren oder berechtigten Erwartungen ist demnach, welches Ziel bzw. welche Zwecke mit dem Nachhaltigkeitsbericht verfolgt werden. Soll ein den tatsächlichen Verhältnissen entsprechendes Bild des Einflusses auf die nachhaltige Entwicklung dargestellt werden, sind Erwartungen nicht zu berücksichtigen, wenn sie lediglich nachvollziehbar sind. Möchte das Unternehmen den Nachhaltigkeitsbericht jedoch primär dazu nutzen, die Verhaltensweisen der Stakeholder zu beeinflussen, um negative Auswirkungen auf das Unternehmen zu minimieren, so sind auch nachvollziehbare Erwartungen (bspw. an philanthropisches Engagement des Unternehmens) zu berücksichtigen. An dieser Stelle wird jedoch aufgrund des in Abschn. 55 herausgestellten Zieles und der in Abschn. 53 dargestellten Zwecke des GRI-Nachhaltigkeitsberichts die erste Alternative bevorzugt, d. h. Erwartungen sind ausschließlich dann zu berücksichtigen, wenn sie berechtigt sind und die Auswirkungen des Unternehmens auf die nachhaltige Entwicklung der Gesellschaft betreffen.[698]

Darüber hinaus sind im GRI-Leitfaden abschließende Kriterien für die Abgrenzung des Berichtsumfangs festgelegt,[699] die nicht auf den Erwartungen der Stakeholder, sondern auf den Möglichkeiten des Unternehmens, dritte Unternehmen zu kontrollieren oder maßgeblichen Einfluss auszuüben, basieren.[700] Die Erwartungen der Stakeholder werden hierbei lediglich implizit berücksichtigt.

Aufgrund der **Formulierung** des „Prinzips" der Einbeziehung von Stakeholdern könnte darüber hinaus vermutet werden, dass es sich nicht um ein Berichtsprinzip, sondern um konkrete Berichtspflichten handelt, die bereits in den Standardangaben integriert sind.[701] Durch die Erläuterungen des Prinzips wird jedoch deutlich, dass auch der Berichtsinhalt, d. h. die aufzunehmenden Themen und ihre Darstellung, (mit)bestimmt werden sollen. Zunächst ist somit die Formulierung des Prinzips aufgrund seiner fehlenden Aussagekraft zu kritisieren. Darüber hinaus wird die Fragen der Aufnahme von Themen und ihre Darstellung bereits durch das Prinzip der Wesentlichkeit beantwortet, so dass fraglich ist, warum das Prinzip der Einbeziehung der Stakeholder als **eigenständiges Prinzip** in der aktuellen Prinzipiensystematik enthalten ist. Letztlich ist das Prinzip der Einbeziehung der Stakeholder in der aktuellen Prinzipiensystematik als Teil des Wesentlichkeitskriteriums, das

697 Vgl. zur Verantwortung von Unternehmen Abschn. 4.
698 Vgl. hierzu auch Abschn. 55 und 53.
699 Vgl. Abschn. 56.
700 Vgl. Abschn. 56.
701 Die Einbeziehung von Stakeholdern soll durch die Standardangaben 4.14 bis 4.17 erfasst und berichtet werden. Vgl. Abschn. 582.

sich auf die Möglichkeit zur Einschätzungs- und Entscheidungsbeeinflussung bezieht, anzusehen. Da jedoch im vorherigen Abschnitt[702] gezeigt wurde, dass das Kriterium der Entscheidungsbeeinflussung von Stakeholdern für die Aufnahme und Darstellung der Themen im Nachhaltigkeitsbericht nicht zielführend ist, sollte auf dieses Prinzip für die Nachhaltigkeitsberichterstattung gänzlich verzichtet werden.

Insgesamt kann festgestellt werden, dass der von der GRI vorgesehene und im „Technical Protocol Applying the Report Content Principles" ausführlich erläuterte Prozess zur Bestimmung der Berichtsinhalte in den aktuellen Berichtsprinzipien des G3.1-Leitfadens nur unzureichend umgesetzt ist.

576. Definitionsgrundsätze für den Jahreserfolg

Fraglich ist, wie der (Jahres) „Erfolg" im Bereich der Nachhaltigkeitsberichterstattung definiert wird. Im handelsrechtlichen Jahresabschluss dient das Realisationsprinzip dazu, dass Vermögensgegenstände mit ihren Anschaffungs- oder Herstellungskosten angesetzt werden, Beschaffungs- oder Produktionsvorgänge somit (weitgehend) erfolgsneutral abgebildet werden.[703] Darüber hinaus dient das Realisationsprinzip zur Bestimmung des Zeitpunktes, zu dem positive Erfolgsbeiträge gezeigt werden dürfen, d. h. wann ein Sachverhalt in der Erfolgsrechnung der Berichtspreiode gezeigt wird. Dies ist in der Regel erst dann der Fall, wenn der Vermögensgegenstand den „Sprung zum Absatzmarkt" geschafft hat.[704] Überträgt man das Realisationsprinzip auf den Nachhaltigkeitsbericht, so ist zunächst festzustellen, dass eine Anwendung des AK/HK-Prinzips wenig sinnvoll erscheint, da keine Bilanz erstellt wird, sondern lediglich die Auswirkungen des Unternehmens auf die jeweiligen Kapitalstöcke betrachtet werden. Hierbei stellt sich jedoch ebenfalls die Frage, wann die Einflüsse des Unternehmens erfasst werden müssen. Die Frage des Zeitpunktes der Aufwand- oder Ertragsrealisation ist demnach grds. auf die Nachhaltigkeitsberichterstattung übertragbar. Die im Prinzip der Vollständigkeit enthaltene Aussagen der GRI, nach der „Handlungen, Vorfälle und Auswirkungen in dem Bereichtszeitraum dargestellt werden, in dem sie stattgefunden haben"[705] überträgt dieses Prinzip somit in die Nachhaltigkeitsberichterstattung.

Neben dem Realisationsprinzip bestimmen die Grundsätze der **Abgrenzung der Sache und der Zeit nach**, „wie Aufwendungen sowie zeitraumbezogene und periodenfremde Erträge zu periodisieren sind"[706]. Auch dieses Prinzip ist grds. auf die Nachhaltigkeitsberichterstattung zu übertragen, wobei Erträge und Aufwendungen nicht im finanziellen Sinne zu verstehen sind, sondern für positive bzw. negative Auswirkungen auf die nachhaltige Entwicklung der Gesellschaft stehen.

Fraglich ist darüber hinaus, ob das **Stichtags- und Periodisierungsprinzip** der handelsrechtlichen Rechnungslegung auch für den Nachhaltigkeitsbericht übernommen werden kann/sollte. Während

---

702 Vgl. Abschn. 575.3.
703 Vgl. COENENBERG, A. G./HALLER, A./SCHULTZE, W., Jahresabschluss und Jahresabschlussanalyse, S. 98.
704 Vgl. BAETGE, J./KIRSCH, H.-J./THIELE, S., Bilanzen, S. 129.
705 GRI (Hrsg.), G3 Leitfaden, S. 12 f.
706 BAETGE, J./KIRSCH, H.-J./THIELE, S., Bilanzen, S. 132.

der Jahresabschluss den Einfluss des wirtschaftlichen Geschehens auf das Vermögen des Unternehmens in der abgelaufenen Periode darstellt, zeigt der Nachhaltigkeitsbericht die Auswirkungen der unternehmerischen Aktivitäten auf die nachhaltige Entwicklung, d. h. auf das gesellschaftliche Gesamtkapital und die Rückwirkungen auf die nachhaltige Unternehmensentwicklung. Insofern besteht zwischen dem Nachhaltigkeitsbericht und dem Jahresabschluss kein wesentlicher Unterschied. Das (Bilanz-)Stichtagsprinzip ergibt sich als logische Konsequenz aus dem handelsrechtlichen Jahresabschlusskonzept, den Totalerfolg eines Unternehmens in Teilperioden einzuteilen, d. h. auf einzelne Geschäftsjahre zu verteilen.[707] Grundsätzlich kann diese Annahme auch für den Nachhaltigkeitsbericht getroffen werden. Darüber hinaus führt das Stichtagsprinzip zu einer eindeutigen Trennung zwischen vergangenen und künftigen Auswirkungen des Unternehmens. Während vergangene Effekte nicht mehr rückgängig gemacht werden können und die Auswirkungen insofern (unter bestimmten Annahmen) sicher und unumkehrbar sind, können künftige Auswirkungen noch durch Stakeholder beeinflusst werden. Insofern dient das Stichtagsprinzip ebenfalls dem Zweck der Rechenschaft, aber auch der Erhaltung des gesellschaftlichen Gesamtkapitals aufgrund von Information.

Das **Periodisierungsprinzip** der handelsrechtlichen Rechnungslegung fordert hingegen, „dass alle Einzahlungen und Auszahlungen nach den Definitionsgrundsätzen für den Jahreserfolg und den Ansatzgrundsätzen für die Bilanzposten dem jeweiligen Geschäftsjahr zugerechnet werden“[708]. Auch wenn im Nachhaltigkeitsbericht aufgrund der Komplexität der unterschiedlichen Einflussbereiche keine Bilanz aufgestellt wird, so ist dennoch entscheidend, dass die Einflüsse auf die nachhaltige Entwicklung der Gesellschaft, die in der aktuellen Rechenschaftsperiode begründet worden sind, auch in dieser Periode beschrieben werden.

577. Kapitalerhaltungsgrundsätze

Vor dem Hintergrund der Zwecke des handelsrechtlichen Abschlusses und dem vom Gesetzgeber intendierten Interessenausgleich zwischen den unterschiedlichen Adressaten[709] wurden zwei weitere Grundsätze in das HGB aufgenommen, die als Ziel die Erhaltung des Eigenkapitals des Unternehmens haben.

Das **Imparitätsprinzip** führt dazu, dass negative Erfolgsbeiträge, soweit sie im abgelaufen Geschäftsjahr verursacht worden sind, bereits in diesem Jahr erfasst werden müssen. Durch den zusätzlichen Aufwand mindern sich der Jahresüberschuss und das Eigenkapital des Unternehmens, so dass weniger Kapital an die Anteilseigner ausgeschüttet werden kann.[710] Übertragen auf die Nachhaltigkeitsberichterstattung würde dies bedeuten, dass künftige negative Auswirkungen des Unternehmens, deren Ursache jedoch in der aktuellen Periode liegt, vollständig in den Nachhaltigkeitsbericht aufgenommen werden sollten. Ergeben sich aus einer in der aktuellen Periode initiierten Maßnahme künftig positive Effekte, dürften diese erst in der Periode berichtet werden, in der sie tatsäch-

---

707 Vgl. BAETGE, J./KIRSCH, H.-J./THIELE, S., Bilanzen, S. 120.
708 BAETGE, J./KIRSCH, H.-J./THIELE, S., Bilanzen, S. 120.
709 Vgl. BAETGE, J./KIRSCH, H.-J./THIELE, S., Bilanzen, S. 100-102.
710 Vgl. BAETGE, J./KIRSCH, H.-J./THIELE, S., Bilanzen, S. 134 f.

lich wirksam werden. Im GRI-Leitfaden findet sich zu dieser Thematik im Prinzip der Vollständigkeit die Aussage, dass „Aktivitäten, die lediglich kurzfristige Auswirkungen haben, aber aufgrund ihrer vorhersehbaren kumulativen Wirkung längerfristig unvermeidbar oder irreversibel sein können (z. B. bioakkumulative oder persistente Schadstoffe)“[711] bereits in der auslösenden Berichtsperiode zu erfassen und ihre Auswirkungen darzustellen sind.[712] Eine Trennung zwischen positiven und negativen Auswirkungen, wie im handelsrechtlichen Imparitätsprinzip zwischen Aufwendungen und Erträgen, wird nicht vorgenommen.

Darüber hinaus ist die Bewertung von Effekten **vorsichtig** vorzunehmen, d. h. positive Effekte sind tendenziell weniger positiv und negative Effekte tendenziell marginal negativer darzustellen. Dieser handelsrechtliche Grundsatz findet immer dann Anwendung, wenn die Auswirkungen vergangener oder künftiger Sachverhalte nur geschätzt werden können[713] und könnte ebenfalls grds. auf die Nachhaltigkeitsberichterstattung übertragen werden.

578. Zwischenfazit

Berichtsprinzipien sind erforderlich, um den Nachhaltigkeitsbericht dynamisch an unternehmensindividuelle Themen anpassen zu können und gleichzeitig sicherzustellen, dass ein den tatsächlichen Verhältnissen entsprechendes Bild der Nachhaltigkeitsleistung des Unternehmens vermittelt wird. Grundsätzlich ist das Bestehen von Prinzipien somit positiv zu beurteilen.

Kritisch zu bewerten ist jedoch zunächst die aktuelle Einteilung der Berichtsprinzipien in Prinzipien zur Inhaltsbestimmung und Prinzipien zur Qualitätssicherung, die nicht überschneidungsfrei möglich ist. Verglichen mit den handelsrechtlichen GoB fehlen darüber hinaus wesentliche Prinzipien, wie bspw. die auf den Nachhaltigkeitsbericht übertragbaren Systemgrundsätze der Unternehmensfortführung und der Einzelbewertung oder das Stichtags- sowie das Periodisierungsprinzip, das die Zuordnung der Auswirkungen des Unternehmens in die jeweiligen Perioden regeln sollte.

Inhaltlich ist vor dem Hintergrund des im „Technical Protocol Applying the Report Content Principles“ explizierten Prozesses zur Aufnahme von Themen in den Nachhaltigkeitsbericht zunächst das Prinzip des Nachhaltigkeitskontextes zu kritisieren. Dieses soll im ersten Schritt dazu dienen, eine Liste von möglichen Berichtsthemen zu erstellen. Konkrete Kriterien für eine Aufnahme von Themen sind jedoch weder in der Definition des Prinzips, die sich auf die Darstellung von Themen im Bericht bezieht, noch in den Erläuterungen enthalten. Zur Bestimmung dieser Themen ist in der aktuellen Prinzipiensystematik somit auf das Prinzip zur Bestimmung der Wesentlichkeit zurückzugreifen. Des Weiteren ist kritisch zu sehen, dass dieses neben den Auswirkungen des Unternehmens auf die nachhaltige Entwicklung auch auf die Beeinflussung von Einschätzungen und Entscheidungen der Stakeholder abstellt. Durch dieses Kriterium können demnach Themen in den Nachhaltig-

---

711 GRI (Hrsg.), G3 Leitfaden, S. 13.

712 Dies dient auch der ausgewogenen Darstellung der Auswirkungen des Unternehmens; vgl. Abschn. 574.3.

713 Für eine Übertragung des handelsrechtlichen Vorsichtsprinzips in die Umweltberichterstattung vgl. STEVEN, M./LETMATHE, P./SCHWARZ, E. J., Grundsätze ordnungsmäßiger Umweltberichterstattung, S. 2211. Vgl. zum Vorsichtsprinzip in der handelsrechtlichen Rechnungslegung BAETGE, J./KIRSCH, H.-J./THIELE, S., Bilanzen, S. 137.

keitsbericht aufgenommen werden, die keinen Einfluss auf die nachhaltige Entwicklung der Gesellschaft haben. Inwiefern dies dem Ziel des Nachhaltigkeitsberichts, der die Auswirkungen des Unternehmens auf die nachhaltige Entwicklung der Gesellschaft darstellen soll, dienen kann, ist nicht ersichtlich. Ebenfalls ist nicht nachvollziehbar, warum ein eigenständiges Prinzip zur Einbeziehung von Stakeholdern im Leitfaden enthalten ist, da sein aktueller Inhalt bereits durch die Prinzipien des Nachhaltigkeitskontextes und der Wesentlichkeit abgedeckt wird.

Im Folgenden werden die konkreten Berichtspflichten des GRI-Leitfadens zur Nachhaltigkeitsberichterstattung analysiert.

58 Standardangaben des GRI-Leitfadens zur Nachhaltigkeitsberichterstattung

581. Überblick

Der GRI-Leitfaden zur Nachhaltigkeitsberichterstattung enthält eine Reihe von sog. Standardangaben, von denen angenommen wird, dass sie für alle Unternehmen grds. relevant sind, sofern das Unternehmen durch die Anwendung der Berichtsprinzipien nicht zu einem gegenteiligen Urteil kommt. Folgende Kategorien werden unterschieden:

Abbildung 5-13: Standardangaben des GRI-Nachhaltigkeitsberichts

Im Folgenden wird ein kurzer Überblick über die Angaben zur Strategie und zum Profil des Unternehmens sowie über die Angaben zum Managementansatz gegeben. Da Informationen über die Einflüsse des Unternehmens auf die nachhaltige Entwicklung primär durch die Leistungsindikatoren vermittelt werden sollen,[714] bildet ihre Analyse den Schwerpunkt der folgenden Ausführungen.

582. Angaben zur Strategie und zum Profil des Unternehmens

Das Ziel der Angaben zur Strategie und zum Profil des Unternehmens ist es, den Adressaten des Nachhaltigkeitsberichts die Einordnung der Leistung des Unternehmens in einen Gesamtzusammenhang zu ermöglichen.[715] Hierzu werden die Angaben in die folgenden Kategorien eingeteilt:

---

[714] Vgl. GRI (Hrsg.), G3 Leitfaden, S. 19.

[715] Vgl. GRI (Hrsg.), G3 Leitfaden, S. 5. Auf eine detaillierte Darstellung der unterschiedlichen Bestandteile wird an dieser Stelle aus Wesentlichkeitsgründen verzichtet.

Abbildung 5-14: Angaben zur Strategie und zum Profil des Unternehmens

Die Angaben zur **Strategie und Analyse** beschreiben „das Nachhaltigkeitsverständnis des Unternehmens aus einer übergreifenden, strategischen Perspektive“[716]. Erforderlich ist hierfür eine Erläuterung des Stellenwertes der Nachhaltigkeit für das Unternehmen insgesamt und für seine strategische Ausrichtung durch den höchsten Entscheidungsträger (in Deutschland i. d. R. der Vorsitzende des Vorstands oder der Geschäftsführung).[717] Hierdurch soll vor allem die Identifikation der Unternehmensleitung mit dem Thema Nachhaltigkeit deutlich gemacht werden.[718] Weiterhin sind „die wichtigsten Auswirkungen, Risiken und Chancen“[719] zu beschreiben. Die Auswirkungen beziehen sich auf den Einfluss des Unternehmens auf die nachhaltige Entwicklung der Gesellschaft und die Folgen für die Stakeholder; Risiken und Chancen zielen auf die „langfristige Entwicklung und finanzielle Leistung“[720] des Unternehmens ab und dürften primär für Shareholder von Interesse sein.[721] An dieser Stelle wird somit auf die duale Sichtweise im Nachhaltigkeitsbericht (d. h. auf die Auswirkungen auf die nachhaltige Entwicklung der Gesellschaft und die Rückwirkungen auf die nachhaltige Entwicklung des Unternehmens) hingewiesen.[722]

Das **Organisationsprofil** soll z. B. durch die Angabe der wichtigsten Marken, Produkte und Dienstleistungen, durch die Organisationsstruktur, die Märkte, in denen das Unternehmen tätig ist oder die Unternehmensgröße in Bezug auf die Anzahl der Arbeitnehmer, die Umsätze oder die Gesamtkapitalisierung des Unternehmens verdeutlicht werden.[723]

---

716 GRI (Hrsg.), G3 Leitfaden, S. 20. Vgl. ausführlich zur Berichterstattung über die Unternehmensstrategie im Lagebericht SCHEELE, A., Strategieorientierte Lageberichterstattung.

717 Vgl. EISELT, A., Nachhaltigkeitsberichterstattung als Instrument der Corporate Governance, S. 380.

718 Vgl. HALLER, A./ERNSTBERGER, J., GRI, S. 2522.

719 GRI (Hrsg.), G3 Leitfaden, S. 20.

720 GRI (Hrsg.), G3 Leitfaden, S. 20.

721 Ebenso LACKMANN, J., Auswirkungen des Nachhaltigkeitsberichts auf den Kapitalmarkt, S. 61.

722 Vgl. hierzu auch Abschn. 55.

723 Vgl. GRI (Hrsg.), G3 Leitfaden, S. 21; ebenso HALLER, A./ERNSTBERGER, J., GRI, S. 2523.

Ferner sind in der Kategorie **„Berichtsparameter“** grundlegende Informationen zum Nachhaltigkeitsbericht zu vermitteln, wie bspw. der Berichtszeitraum, der Berichtsumfang und die Berichtsgrenzen[724] sowie wesentliche Veränderungen des Berichts im Vergleich zur vorherigen Berichtsperiode.[725] Außerdem ist in den Nachhaltigkeitsbericht ein sog. GRI-Content Index aufzunehmen, der die Position der unterschiedlichen GRI-Angaben zur Strategie und zum Profil, zum Managementansatz (jeweils aufgeteilt nach Kategorien) sowie zu den einzelnen Leistungsindikatoren angibt. An dieser Stelle ist auch anzugeben, ob der Bericht durch externe Dritte geprüft wurde und welche Bereiche des Berichts evtl. von der Prüfung ausgeschlossen wurden.[726]

Die Kategorie **Governance, Verpflichtungen und Engagement** dient der Darstellung der Führungsstruktur des Unternehmens. In diesem Zusammenhang ist auch auf die Vergütungsstruktur der Geschäftsleitung einzugehen.[727] Darüber hinaus sind Mitgliedschaften des Unternehmens in externen Initiativen (z. B. UN Global Compact) anzugeben und das Verhältnis bzw. die Einbeziehung von Stakeholdern in unternehmerische Entscheidungen zu erklären. Die in den Stakeholderdialog einbezogenen Gruppen sind in einer Liste anzugeben.[728]

583. Angaben zum Managementansatz

Der Begriff des Managements kann sowohl in institutioneller, als auch in funktioneller Hinsicht interpretiert werden.[729] In institutioneller Hinsicht umfasst der Managementbegriff alle Instanzen im Unternehmen, „die über Kompetenzen zur Festlegung, Steuerung und Koordination der Aktivitäten untergeordneter Stellen verfügen.[730] Management als Funktion bezieht sich auf alle Aufgaben des Unternehmens zur Bestimmung der Ziele, der Struktur und der Handlungsweisen sowie die zu deren Verwirklichung notwendige Aufgaben, die nicht ausführender Art sind.[731]

Der GRI-Leitfaden fordert „Angaben zur Herangehensweise der Organisation an bestimmte Themen, die die Leistung der Organisation in bestimmten Bereichen als Ergebnis von Konzepten erkennen lassen“[732]. Weitergehend sollen die Angaben den Adressaten helfen, indem erläutert wird, „vor welchem Hintergrund die Leistungsinformationen zu betrachten sind“[733]. Darüber hinaus ist der „Ansatz der Organisation für das Management von Nachhaltigkeitsthemen, die mit Risiken und Chancen [für das Unternehmen] verknüpft sind“[734], darzustellen. Die Beschreibung der Themen

---

724 Vgl. hierzu Abschn. 56.

725 Vgl. GRI (Hrsg.), G3 Leitfaden, S. 22; LACKMANN, J., Auswirkungen des Nachhaltigkeitsberichts auf den Kapitalmarkt, S. 63.

726 Vgl. GRI (Hrsg.), G3 Leitfaden, S. 22.

727 Vgl. GRI (Hrsg.), G3 Leitfaden, S. 23. Zurückgegriffen werden kann in Deutschland dabei auf die Angaben zur Organvergütung nach § 285 Nr. 9 HGB. Zur Notwendigkeit der anreizkompatiblen Gestaltung von Vergütungssystemen vgl. Abschn. 3.

728 Vgl. GRI (Hrsg.), G3 Leitfaden, S. 24.

729 Vgl. ULRICH, P./FLURI, E., Management, S. 13.

730 ULRICH, P./FLURI, E., Management, S. 13.

731 Vgl. ULRICH, P./FLURI, E., Management, S. 14.

732 GRI (Hrsg.), G3 Leitfaden, S. 19.

733 GRI (Hrsg.), G3 Leitfaden, S. 24.

734 GRI (Hrsg.), G3 Leitfaden, S. 25.

kann hierbei pro Kategorie (Ökonomie, Ökologie, Gesellschaft/Soziales) oder weiter unterteilt nach unterschiedlichen Teilaspekten der Kategorien vorgenommen werden.[735]

Auch wenn die Aussagen zum Managementansatz des GRI-Leitfadens unspezifisch sind und demnach keine konkreten Angabepflichten begründen, wird deutlich, dass der Managementbegriff in seiner funktionellen Ausprägung verwendet wird. Unternehmen sollten demnach die Vorgehensweise darstellen, nach der Ziele bestimmt und die zur Zielerreichung erforderlichen Aufgaben festgelegt werden. Darüber hinaus sind Angaben zu Kontrollmechanismen erforderlich, die überprüfen, ob Ziele tatsächlich erreicht wurden.

584. Leistungsindikatoren

584.1 Überblick

Die GRI definiert **Leistungsindikatoren** als „Indikatoren, die vergleichbare Daten über die ökonomische, ökologische und gesellschaftliche/soziale Leistung der Organisation liefern“[736]. Diese sollten vor dem Hintergrund der Ziele des Nachhaltigkeitsberichts[737] so aufgebaut sein, dass zunächst die Auswirkungen des Unternehmens auf die nachhaltige Entwicklung der Gesellschaft dargestellt werden. Darüber hinaus sollte bei Leistungsindikatoren, die für die nachhaltige Unternehmensentwicklung wesentlich sind, der Einfluss auf das Unternehmen quantifiziert werden. Leistungsindikatoren, die ausschließlich die Auswirkungen auf die nachhaltige Unternehmensentwicklung erfassen, sind vor dem Hintergrund des Ziel und der Zwecken des Nachhaltigkeitsberichts als nicht entscheidungsnützlich anzusehen.

Differenziert wird zwischen Kern- und Zusatzindikatoren, die sich durch den Grad ihrer Wesentlichkeit für die Adressaten unterscheiden.[738] Kernindikatoren sind Indikatoren, für die im Stakeholder-Dialog ermittelt wurde, „dass sie für die meisten Stakeholder von Interesse sind und die für wesentlich gehalten werden, sofern dies auf der Grundlage der GRI-Prinzipien zur Berichterstattung nicht anders gesehen wird“[739]. Hingegen werden Zusatzindikatoren i. d. R. nicht für die Mehrheit der berichterstattenden Unternehmen von Bedeutung sein.[740] Im Rahmen der Überarbeitung des GRI G3-Leitfadens wurden fünf neue Kernindikatoren in den Leitfaden aufgenommen; ein Zusatzindikator wurde in einen Kernindikator umgewandelt. Somit enthält die aktuelle Version 3.1 des GRI-Leitfadens 55 Kernindikatoren und 29 Zusatzindikatoren.[741] Zu beachten ist darüber hinaus,

---

[735] Vgl. GRI (Hrsg.), G3 Leitfaden, S. 24; HALLER, A./ERNSTBERGER, J., GRI, S. 2523.

[736] GRI (Hrsg.), G3 Leitfaden, S. 5.

[737] Vgl. Abschn. 55.

[738] Vgl. SCHULZ, W. F./BURSCHEL, C./LOSEN, D., Corporate Responsibility Reporting, S. 37; HALLER, A./ERNSTBERGER, J., GRI, S. 2523.

[739] GRI (Hrsg.), G3 Leitfaden, S. 39.

[740] Vgl. GRI (Hrsg.), G3 Leitfaden, S. 39. Die Tatsache, dass bei der Definition der Zusatzindikatoren auf die Bedeutung für die Organisation (bzw. das Unternehmen) und nicht, wie bei der Definition der Kernindikatoren auf die Stakeholder abgestellt wird, dürfte trotz der unsystematischen Vorgehensweise keine inhaltliche Bedeutung haben. Letztlich sind Indikatoren für das Unternehmen dann von Bedeutung, wenn dies auch für ihre Stakeholder zutrifft.

[741] Die Zusatzindikatoren wurden nicht weitergehend geändert.

dass einige Leistungsindikatoren (wie bspw. die Indikatoren PR 6 und EN 26) verschiedene Themengebiete betreffen und demnach den Charakter von „Querschnittsindikatoren" besitzen.

Da zur Erfüllung der Anforderungen der höchsten Anwendungsebene A[742] die Berichterstattung über die von den Kernindikatoren abgedeckten Themen erforderlich ist, bezieht sich die folgende Analyse grds. auf diese Indikatorenkategorie. Die Zusatzindikatoren werden lediglich ergänzend genannt, indes nicht vollständig in die Analyse einbezogen.

Zur Auslegung der Berichtspflichten und -wahlrechte, die durch die GRI-Leistungsindikatoren begründet werden, wird aufgrund der durch die GRI festgelegten Funktion der Indikatorprotokolle[743] in dieser Arbeit folgendes Vorgehen gewählt: Zunächst ist für die Bestimmung der verpflichtenden Angaben[744] der Wortlaut des Leistungsindikators maßgeblich, der i. d. R. durch die Ausführungen im IP konkretisiert wird. Diese „enthalten Definitionen, Hinweise für die Erstellung des Berichts und weitere für die Berichterstellung hilfreiche Informationen, die sicherstellen, dass die Leistungsindikatoren einheitlich ausgelegt werden"[745]. Die Erläuterungen in den Indikatorenprotokollen begründen demnach keine Angabepflichten, sondern konkretisieren den Wortlaut des Indikators. Werden Angaben gefordert, die offensichtlich nicht vom Wortlaut des Indikators gedeckt werden (da sie diesem bspw. widersprechen[746] oder deutlich über die vom Wortlaut geforderten Angaben hinausgehen), werden diese Angabepflichten als nicht verpflichtend betrachtet.

In Bezug auf den Umfang der Angabepflichten kann, vergleichbar mit den Angabepflichten im Anhang des handelsrechtlichen Jahresabschlusses,[747] zwischen verschiedenen Arten von Pflichten unterschieden werden:

- **Angabe/Nennung/Bezifferung/Fehlberichte/Ausweis**: Bloße Nennung ohne weitere Zusätze; je nach dem anzugebenden Gegenstand muss diese Nennung quantitativ oder verbal erfolgen.[748] Diese Art der Berichtspflichten wird im GRI-Leitfaden primär verwendet.
- **Erläuterung/Erklärung**: Kommentierung und Interpretation, so dass Inhalt und/oder Zustandekommen und/oder Verursachung ersichtlich werden; die Erläuterung ist verbal vorzunehmen.[749]
- **Darstellung**: Angabe, verbunden mit einer Aufgliederung oder Erläuterung; je nach dem darzustellenden Gegenstand erfolgt die Darstellung quantitativ und/oder verbal.[750]

---

742 Vgl. zu den Anwendungsebenen Abschn. 59.

743 Vgl. Abschn. 52.

744 Eine Angabe wird dann als „verpflichtend" bezeichnet, wenn sie für die Erfüllung der Berichtsanforderungen der Anwendungsebene der Stufe A erforderlich ist; vgl. Abschn. 59. Eine rechtliche Verpflichtung besteht indes nicht.

745 GRI (Hrsg.), G3 Leitfaden, S. 4.

746 Dieser Fall tritt bspw. beim Indikator EN 1 auf; vgl. Abschn. 584.312.

747 Vgl. SELCHERT, F. W./KARSTEN, J., Inhalt und Gliederung des Anhangs, S. 1890.

748 Angabepflichten sind in 62 Indikatorprotokollen enthalten.

749 Erklärungspflichten sind in den Indikatorprotokollen zu den Indikatoren EC 3, EC 8, EC 9 und LA 1 enthalten.

750 Die Pflicht zur Darstellung von Sachverhalten findet sich in den Indikatorenprotokollen zu den Indikatoren LA 7 und SO 6.

- **Begründung**: Offenlegung der Überlegungen und Argumente, die kausal für ein bestimmtes Tun oder Unterlassen sind und dessen Nachvollziehbarkeit ermöglichen; die Begründung ist verbal vorzunehmen.
- **Bericht**: Die Verpflichtung zur „Berichterstattung" wird undifferenziert verwendet und kann entweder eine Erläuterung oder eine Angabe bedeuten.[751]

Im Folgenden werden die Einflüsse von Unternehmen auf die nachhaltige Entwicklung der Gesellschaft in Anlehnung an die in Abschn. 24 hergeleitete Systematik in die Bereiche Güterbestand, Ökologie und die gesellschaftlichen Funktionssysteme unterteilt und analysiert.[752] Dies führt dazu, dass die im GRI-Leitfaden gewählte Kategorisierung teilweise angepasst wird.[753]

584.2 Einflüsse auf den Güterbestand – Bruttowertschöpfung des Unternehmens

584.21 Überblick

Die grundlegende Aufgabe von Unternehmen in einer Volkswirtschaft ist es, durch die Kombination von Produktionsfaktoren Güter zu produzieren oder Dienstleistungen zu erbringen.[754] Dementsprechend haben Unternehmen einen direkten Einfluss auf das den Gütern innewohnende Nutzenpotential. Da die Brundtland-Definition von nachhaltiger Entwicklung auf der Möglichkeit der Bedürfnisbefriedigung beruht, stellt der Güterbestand eine wesentliche Grundlage für die nachhaltige Entwicklung der Gesellschaft dar.[755] Intragenerative Gerechtigkeit liegt vor, wenn Menschen die gleichen Chancen auf den Konsum von Gütern haben (Verteilungsgerechtigkeit). Demgegenüber würde die intergenerative Gerechtigkeit beeinflusst, wenn der Güterbestand einer Volkswirtschaft durch die aktuelle Generation nicht aufrechterhalten, sondern dessen Kapitalstock (teilweise) durch Konsum aufgezehrt würde.

Indem das Nutzenpotenzial der Güter erhalten wird (d. h. der Verkaufspreis die Herstellungskosten übersteigt), haben Unternehmen einen Einfluss auf die **intergenerative** Gerechtigkeit und somit auf die nachhaltige Entwicklung. Darüber hinaus kann die Werthaltigkeit des Produkts bzw. seine Lebensdauer einen Einfluss auf den in Nutzeneinheiten bewerteten Güterbestand einer Gesellschaft haben.[756] Den Zugang zu Gütern einer Gesellschaft können Unternehmen durch die Verteilung der

---

751 Undifferenzierte „Berichtspflichten" sind in den Indikatorprotokollen zu den Indikatoren EC 2, EN 4, EN 5, EN 6, EN 7, EN 8, EN 13, EN 14, EN 15, EN 16, EN 17, EN 18, EN 20, EN 21, EN 22, EN 23, EN 25, EN 26, EN 27, EN 29, EN 30, PR 5, HR 2, HR 6, HR 7, SO 1, SO 2, SO 4, SO 5, SO 7 und SO 8 enthalten.

752 Vgl. hierzu Abschn. 2. Für eine Übersicht der erforderlichen Umgliederungen von Leistungsindikatoren vgl. Abschn. 584.5.

753 Für eine Übersicht der erforderlichen Umgliederungen von Leistungsindikatoren vgl. Abschn. 584.5.

754 Vgl. NEUBÄUMER, R./HEWEL, B., Volkswirtschaftliches Rechnungswesen, S. 160.

755 Vgl. Abschn. 244.

756 Die bewusste (negative) Einflussnahme von Unternehmens auf die Lebensdauer ihrer Produkte wird in der betriebswirtschaftlichen Literatur unter dem Stichwort „geplante Obsoleszenz" diskutiert; vgl. hierzu bspw. SCHMIDT, I., Obsoleszenz und Mißbrauch wirtschaftlicher Macht, S. 868-877; HÜPEN, R., Dauerhafte Güter, Wartungsaufwand und geplante Obsoleszenz.

Wertschöpfung beeinflussen (**intragenerative Gerechtigkeit**), z. B. durch Löhne und Gehälter[757], Steuern aber auch Spenden.

Da das Nutzenpotential der Güter in Abhängigkeit von ihrer Knappheit durch den Preis des jeweiligen Gutes ausgedrückt wird, kommt das auf Zahlungsströmen basierende betriebliche Rechnungswesen grds. als Informationslieferant in Frage. Wenn das Unternehmen einen Jahresüberschuss erwirtschaftet, kann davon ausgegangen werden, dass der Output der Produktion knapper ist als die Summe der Inputfaktoren und/oder durch die Kombination der Produktionsfaktoren eine Steigerung des Nutzens erzielt werden kann, so dass grds. die Möglichkeiten zur Bedürfnisbefriedigung verbessert werden.[758] Im **Ergebnis** hängt die wirtschaftliche Lage des Unternehmens somit direkt mit seinen Auswirkungen auf den Güterbestand der Gesellschaft zusammen.

584.22 Kategorisierung der Berichtsaspekte

In dem aktuellen GRI-Leitfaden enthält die Kategorie „Ökonomische Leistungsindikatoren" drei Aspekte:

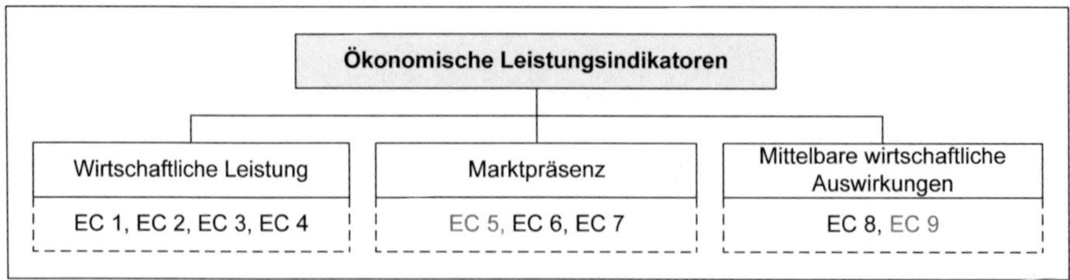

Abbildung 5-15: Gliederung der ökonomischen Leistungsindikatoren[759]

Die unter den Aspekt **„Wirtschaftliche Leistung"** gefassten Indikatoren betreffen in Teilen die Auswirkungen des Unternehmens auf das Nutzenpotenzial der Güter einer Volkswirtschaft (Indikatoren EC 1 zur Wertschöpfungsrechnung und EC 4 zu Subventionen)[760] und werden dementsprechend in diesem Abschnitt analysiert. Darüber hinaus sind jedoch unter diesem Aspekt auch Indikatoren erfasst, die nicht in direktem Zusammenhang mit den produzierten Gütern, d. h. mit der wirtschaftlichen Leistung des Unternehmens stehen. Dies ist zunächst der Indikator EC 2, der die finanziellen Auswirkungen des Klimawandels auf das Unternehmen darstellt. Da letztlich alle Auswirkungen des Unternehmens auf die nachhaltige Entwicklung der Gesellschaft (in diesem Fall auf die Ökologie) zu Rückwirkungen auf das Unternehmen und seinen (finanziellen) Periodenerfolg führen können, ist dieser Indikator dem Bereich der Ökologie zuzuordnen.[761] Darüber hinaus ist der Indi-

---

757 Alle Angaben, die den Lohn der Arbeiter oder das Gehalt der Arbeitnehmer betreffen, werden im Bereich der Menschenrechte auf günstige Arbeitsbedingungen analysiert; vgl. Abschn. 584.431.

758 Beachtet werden muss indes, dass oftmals externe Effekte nicht internalisiert, d. h. in die Preisbestimmung einbezogen werden; vgl. Abschn. 244.

759 Zusatzindikatoren sind grau dargestellt.

760 Vgl. LACKMANN, J., Auswirkungen des Nachhaltigkeitsberichts auf den Kapitalmarkt, S. 70.

761 Vgl. Abschn. 584.314.

kator EC 3, der den Umfang der betrieblichen sozialen Zuwendungen erfasst, für die Analyse umzugliedern, da er zwar die Verteilung der Wertschöpfung betrifft, letztlich aber den Einfluss des Unternehmens auf das Rentensystem zeigt.[762]

Die in den Aspekten **„Marktpräsenz"** und **„mittelbare wirtschaftliche Auswirkungen"** enthaltenen Leistungsindikatoren EC 5 bis EC 9 betreffen die Auswirkungen des Unternehmens auf das Wirtschaftssystem bzw. auf in diesem System enthaltene Organisationen (z. B. Zulieferer oder Konkurrenzunternehmen) und sind, entsprechend der Systemtheorie von LUHMANN, dem Gesellschaftsbereich zuzuordnen.[763]

584.23 Darstellung und kritische Analyse der Leistungsindikatoren

Grundsätzlich verweist der GRI-Leitfaden zur Beurteilung der wirtschaftlichen Lage des Unternehmens auf den Jahres-, Einzel- oder Konzernabschluss. Dieser Verweis wird in der Struktur der vorliegenden Arbeit indes nicht unter der Kategorie „Ökonomie" erfasst wird, sondern betrifft alle behandelten Themen, die Auswirkungen auf die nachhaltige Entwicklung der Gesellschaft und darüber auf den finanziellen Unternehmenserfolg haben können.[764] Ferner enthält der GRI-Leitfaden den Indikator EC 1[765], der im finanziellen Abschluss des Unternehmens enthaltene Daten in einer **Wertschöpfungsrechnung** komprimiert und somit die Auswirkungen des Unternehmens auf die intra- und intergenerative Gerechtigkeit verdeutlicht.[766]

Der Ausgangspunkt der Wertschöpfung ist der sog. Produktionswert, der sich aus den verkauften Gütern, d. h. den Umsatzerlösen, den Bestandsveränderungen und den selbsterstellten Anlagen der Berichtsperiode zusammensetzt.[767] Realwirtschaftlich kann die Wertschöpfung als der in einer Periode zu den Vorleistungen durch das Unternehmen hinzugefügte Produktionsbeitrag definiert werden.[768] Vom Produktionswert abzuziehen sind im ersten Schritt die eingekauften und im Rahmen der Produktion eingesetzten Vorprodukte, wodurch sich die **Bruttowertschöpfung** ergibt. Abzüglich der Abschreibungen auf das Anlagevermögen ergibt sich im zweiten Schritt die **Nettowertschöpfung**. Diese wird in die Komponenten „Lohn und Gehalt", „Zinsen" und „Gewinn" aufge-

---

[762] Vgl. Abschn. 584.434.

[763] Vgl. Abschn. 584.431. An dieser Stelle sei angemerkt, dass in der aktuellen GRI-Prinzipiensystematik der Indikator SO 7, der „die Anzahl der Klagen, die aufgrund wettbewerbswidrigen Verhaltens, Kartell- oder Monopolbildung erhoben wurden und deren Ergebnisse" erfasst, dem Gesellschaftsbereich zugeordnet ist. Die aktuelle Kategorisierung ist demnach unabhängig von der zu Grunde liegenden Triple Bottom Line nicht stringent eingehalten.

[764] Vgl. GRI (Hrsg.), G3 Leitfaden, S. 25.

[765] EC 1: „Unmittelbar erzeugter und ausgeschütteter wirtschaftlicher Wert, einschließlich Einnahmen, Betriebskosten, Mitarbeitergehältern [,] Spenden und anderer Investitionen in die Gemeinde, Gewinnvortrag und Zahlungen an Kapitalgeber und Behörden (Steuern)".

[766] Zu unterscheiden ist dieser Begriff der Wertschöpfung von Begriffen wie „Added Value", „Market Added Value" oder „Economic Value Added", der den Wertzuwachs ausschließlich aus Sicht der Eigenkapitalgeber beurteilt; vgl. HALLER, A., Wertschöpfungsrechnung, S. 66. Beispielsweise wird dieser Begriff derart im Geschäftsbericht der Henkel KGaA des Jahres 2008 verwendet; vgl. HENKEL KGAA (Hrsg.), Geschäftsbericht 2008, S. 120.

[767] Vgl. FRENKEL, M./JOHN, K. D., Volkswirtschaftliche Gesamtrechnung, S. 37 f.

[768] Vgl. KRUMBHOLZ, M., Qualität publizierter Lageberichte, S. 218; COENENBERG, A. G./HALLER, A./SCHULTZE, W., Jahresabschluss und Jahresabschlussanalyse, S. 1158; WENKE, K.-G., Wertschöpfungsrechnung, S. 169.

teilt.[769] Entgegen dem investorbezogenen Terminus „Gewinn/Verlust" im Jahresabschluss wird der Begriff der Wertschöpfung umfassender definiert, „da neben den Eigenkapitalerträgen (Jahresergebnis) auch die Fremdkapitalerträge (Zinsen), die Arbeitserträge und die Steuern zum Erfolg i. S. d. Wertschöpfung gezählt werden"[770]. Bestimmte in der GuV erfasste Aufwendungen werden demnach in der Wertschöpfungsrechnung als Ertrag gedeutet.[771] Die Wertschöpfungsrechnung kommt somit der Betrachtung des Unternehmens als Koalition unterschiedlicher Stakeholder entgegen[772] und gibt dem Adressaten Auskunft über die Leistung des Unternehmens aus Sicht der Gesamtwirtschaft.[773]

In der volkswirtschaftlichen Gesamtrechnung, auf der die Wertschöpfungsrechnung basiert bzw. in die sie eingeht, wird die (Brutto-)Wertschöpfung des Unternehmens wie folgt erfasst:

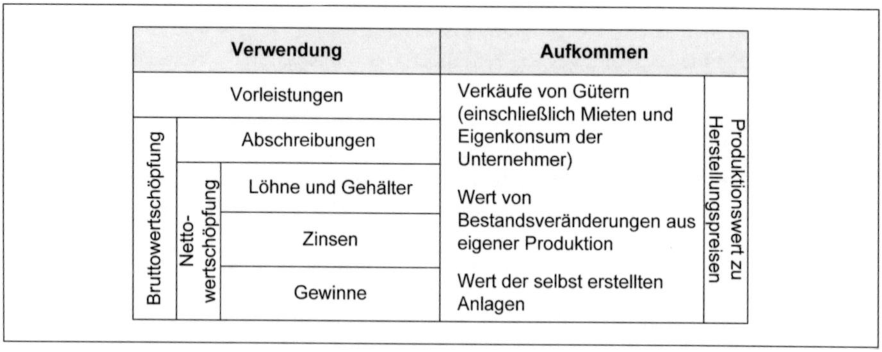

<table>
<tr><th colspan="3">Verwendung</th><th colspan="2">Aufkommen</th></tr>
<tr><td colspan="3">Vorleistungen</td><td rowspan="2">Verkäufe von Gütern (einschließlich Mieten und Eigenkonsum der Unternehmer)</td><td rowspan="5">Produktionswert zu Herstellungspreisen</td></tr>
<tr><td rowspan="4">Bruttowertschöpfung</td><td colspan="2">Abschreibungen</td></tr>
<tr><td rowspan="3">Netto-wertschöpfung</td><td>Löhne und Gehälter</td><td rowspan="2">Wert von Bestandsveränderungen aus eigener Produktion</td></tr>
<tr><td>Zinsen</td></tr>
<tr><td>Gewinne</td><td>Wert der selbst erstellten Anlagen</td></tr>
</table>

Abbildung 5-16: Unternehmerisches Produktionskonto in der volkswirtschaftlichen Gesamtrechnung[774]

Der GRI-Leitfaden enthält hierzu den Indikator ***EC 1***, der den *„unmittelbar erzeugte[n] und ausgeschüttete[n] wirtschaftliche[n] Wert, einschließlich Einnahmen, Betriebskosten, Mitarbeitergehältern, Spenden und anderen Investitionen in die Gemeinde, Gewinnvortrag und Zahlungen an Kapitalgeber und Behörden (Steuern)"* erfasst.[775]

Im Rahmen dieses Indikators sind die Umsatzerlöse und Erträge[776] sowie die Aufwendungen des Geschäftsjahres strukturiert in tabellarischer Form darzustellen:[777]

---

769 Vgl. ENGELKAMP, P./SELL, F. L., Einführung in die VWL, S. 156.

770 BAETGE, J./KIRSCH, H.-J./THIELE, S., Bilanzen, S. 769.

771 Vgl. COENENBERG, A. G./HALLER, A./SCHULTZE, W., Jahresabschluss und Jahresabschlussanalyse, S. 1157.

772 Vgl. COENENBERG, A. G./HALLER, A./SCHULTZE, W., Jahresabschluss und Jahresabschlussanalyse, S. 1157.

773 Vgl. BAETGE, J./KIRSCH, H.-J./THIELE, S., Bilanzen, S. 769.

774 Vgl. ENGELKAMP, P./SELL, F. L., Einführung in die VWL, S. 155.

775 Die Definition des Indikators sowie der Erläuterungen des Indikatorprotokolls wurden im Rahmen der Überarbeitung des GRI G3 zum G3.1-Leitfaden nicht geändert.

776 Problematisch ist die unterschiedliche Bezeichnung der Angaben, die von Kosten und Leistungen über Auszahlungen, Einnahmen und Ausgaben bis hin zu Investitionen reicht. Da jedoch auf die geprüften Daten des Jahresabschlusses, insb. der GuV verwiesen wird, kann davon ausgegangen werden, dass ausschließlich Aufwendun-

Direkt erzeugter monetärer Wert
a) Einnahmen
Ausgeschütteter monetärer Wert
b) Betriebskosten
c) Gehälter und betriebliche Leistungen
d) Zahlungen an Kapitalgeber
e) Zahlungen an öffentliche Stellen
f) Investitionen in das Gemeinwesen
Einbehaltener monetärer Wert

Abbildung 5-17: Unternehmerische Wertschöpfung[778]

Unter „**Einnahmen**" werden lt. den Erläuterungen des IP die Umsatzerlöse[779] des Unternehmens angegeben, zzgl. der Erträge aus Finanzinvestitionen und dem Verkauf von Vermögensgegenständen.[780] Die Erträge aus Finanzinvestitionen enthalten Kreditzinsen, Dividenden aus Aktien, eingenommene Lizenzgebühren und direkte Einnahmen aus Vermögensgegenständen (z. B. Vermietung/ Verpachtung).[781] Verglichen mit dem oben dargestellten Produktionskonto der volkswirtschaftlichen Gesamtrechnung umfasst der GRI-Posten „Einnahmen" den Produktionswert des Unternehmens. Einnahmen aus Finanzinvestitionen und Veräußerungen von Vermögensgegenständen des Anlagevermögens zählen in der volkswirtschaftlichen Gesamtrechnung – im Gegensatz zum GRI-Indikator EC 1 – indes nicht dazu.

---

gen und Erträge anzugeben sind; vgl. GRI (Hrsg.), G3 Indikatorenprotokoll Ökonomie, S. 4. Vgl. zur Definition von Aufwand und Ertrag sowie zur Abgrenzung zu anderen Begriffen des betrieblichen Rechnungswesens BAETGE, J./KIRSCH, H.-J./THIELE, S., Bilanzen, S. 3-6.

777 Vgl. GRI (Hrsg.), G3 Indikatorenprotokoll Ökonomie, S. 4. Darüber hinaus wird eine Aufgliederung nach Ländern, Regionen oder Märkten empfohlen, sofern die „Auswirkungen", d. h. der Anteil der Wertschöpfung des Unternehmens wesentlich ist. Die Kriterien, ab wann Auswirkungen wesentlich sind, sind anzugeben.

778 Vgl. GRI (Hrsg.), G3 Indikatorenprotokoll Ökonomie, S. 4.

779 Nach § 277 Abs. 1 HGB sind als Umsatzerlöse Erträge aus dem Verkauf und der Vermietung oder Verpachtung von für die gewöhnliche Geschäftstätigkeit der Kapitalgesellschaft typischen Erzeugnissen und Waren sowie aus von für die gewöhnliche Geschäftstätigkeit typischen Dienstleistungen nach Abzug von Erlösschmälerungen und der Umsatzsteuer auszuweisen. Nach IAS 18.7 ist der Umsatzerlös der aus der gewöhnlichen Tätigkeit eines Unternehmens resultierende Bruttozufluss wirtschaftlichen Nutzens während der Berichtsperiode, der zu einer Erhöhung des Eigenkapitals führt, soweit er nicht aus Einlagen der Anteilseigner stammt. Vgl. weiterführend z. B. PELLENS, B./FÜLBIER, R. U./GASSEN, J./SELLHORN, T., Internationale Rechnungslegung, S. 239-254.

780 Vgl. GRI (Hrsg.), G3 Indikatorenprotokoll Ökonomie, S. 4.

781 Vgl. GRI (Hrsg.), G3 Indikatorenprotokoll Ökonomie, S. 4.

In der Kategorie **„Betriebskosten"** ist der Aufwand[782] für Material, Produktkomponenten, Einrichtungen und Dienstleistungen, der im Rahmen der Verwendung der Güter in der Produktion und der Bereitstellung der betrieblichen Infrastruktur anfällt, zu erfassen.[783] Ob Unternehmen darüber hinaus auch „Bestechungsgelder" angeben, wie von der GRI gefordert,[784] mag bei einer freiwilligen Angabe aufgrund der rechtlichen Konsequenzen von Korruptionsfällen zumindest bezweifelt werden.[785] Die GRI-Kategorie „Betriebskosten" wird in der volkswirtschaftlichen Wertschöpfungsrechnung als „Vorleistungen" bezeichnet und enthält alle Güter, die im Rahmen der Produktion des Unternehmens verwendet werden. Darüber hinaus sind die Abschreibungen auf das Anlagevermögen unter dieser Position zu erfassen (von der GRI als „Aufwand für Einrichtungen" bezeichnet). Werden die Betriebskosten von den „Einnahmen" subtrahiert, erhält man die Bruttowertschöpfung des Unternehmens.

Der Aufwand, der sich aus Unternehmenssicht aus der Vergütung der Arbeitnehmer ergibt, wird in der Kategorie **„Gehälter und betriebliche Leistungen"** erfasst.[786] Dieser Teil der Nettowertschöpfung des Unternehmens zeigt, welcher Teil der Wertschöpfung des Unternehmens an die Arbeitnehmer ausgezahlt wird. Ein Unterschied zur volkswirtschaftlichen Gesamtrechnung besteht nicht.

Die **„Zahlungen an Kapitalgeber"** enthalten die Zinsen für Fremdkapital sowie die Dividenden an die Eigenkapitalgeber. Darüber hinaus sind unter dem Posten **„Zahlungen an öffentliche Stellen"** alle Unternehmenssteuern zu erfassen. Steuern, die das Unternehmen für die Arbeitnehmer direkt an die Finanzbehörden weiterleitet, sind bereits in der Kategorie „Gehälter und betriebliche Leistungen" enthalten.[787] Auch dieser Posten stimmt mit der volkswirtschaftlichen Gesamtrechnung überein.

Des Weiteren enthält eine nach dem GRI-Leistungsindikator EC 1 aufgestellte Wertschöpfungsrechnung den Posten **„Investitionen in das Gemeinwesen"**. Hierunter sind alle Aufwendungen der Periode, die vornehmlich im Interesse der Allgemeinheit getätigt worden sind (philanthropisches Engagement) zu erfassen.[788] Ein Nachhaltigkeitsbericht, der unter Anwendung des GRI-Leitfadens erstellt wurde, gibt demnach den Wert des philanthropischen Engagements des Unternehmens an, auch wenn dem GRI-Leitfaden keine konkrete Definition von Unternehmensverantwortung[789] zu Grunde liegt.

---

782 Im IP wird statt auf den Aufwand auf „Barzahlungen" abgestellt. Da für die Einschätzung der Leistung des Unternehmens indes nicht der Erwerb und die tatsächliche Bezahlung des Gutes wesentlich sind, sondern auf den Verbrauch bzw. die Verwendung im Rahmen der Produktion abgestellt wird, ist auf den in der GuV enthaltenen Aufwand abzustellen (Positionen Materialaufwand, Abschreibungen und sonstiger betrieblicher Aufwand (§ 275 Abs. 2 Nr. 5, 7 und 8 HGB bei Anwendung des Gesamtkostenverfahrens).

783 Vgl. GRI (Hrsg.), G3 Indikatorenprotokoll Ökonomie, S. 5.

784 Vgl. GRI (Hrsg.), G3 Indikatorenprotokoll Ökonomie, S. 4.

785 An dieser Stelle verletzt die GRI demnach das Implementierbarkeitspostulat der ökonomischen Wirtschaftsethik; vgl. Abschn. 421.

786 Vgl. GRI (Hrsg.), G3 Indikatorenprotokoll Ökonomie, S. 5.

787 Vgl. GRI (Hrsg.), G3 Indikatorenprotokoll Ökonomie, S. 5.

788 Vgl. GRI (Hrsg.), G3 Indikatorenprotokoll Ökonomie, S. 5.

789 Vgl. Abschn. 4.

Als Saldo der Erträge und Aufwendungen wird der **„einbehaltene wirtschaftliche Wert"** angegeben. Dieser bezieht sich auf den Teil des Jahresüberschusses des Unternehmens, der nicht in Form einer Dividende an die Anteilseigner ausgeschüttet, sondern im Unternehmen thesauriert wird.

In Bezug auf den Leistungsindikator EC 1 ist fraglich, ob zur Erstellung einer Wertschöpfungsrechnung der im IP enthaltene allgemeine Verweis auf IAS 12 (Ertragsteuern), IAS 14 (Segmentberichterstattung), IAS 18 (Erträge) und IAS 19 (Leistungen an Arbeitnehmer) sinnvoll ist. Zum einen ist dies für Unternehmen, die nicht nach IFRS bilanzieren, wenig hilfreich. Zum anderen fehlt es in dem Indikatorprotokoll an Erläuterungen, die sich auf die Art der einzubeziehenden Informationen und den Sinn und Zweck einer Wertschöpfungsrechnung beziehen. Durch den allgemeinen Verweis auf die IFRS wird somit nicht deutlich, welche Bestandteile der Posten der IFRS-Gesamtergebnisrechnung in die Wertschöpfungsrechnung übernommen werden dürfen und welche nicht.[790]

Für die Angaben des Indikators EC 1 ist die Unterscheidung zwischen der Unternehmens- und der Gesellschaftssicht von wesentlicher Bedeutung. Während die Zusammenstellung von Aufwendungen und Erträgen sowie von Vermögensgegenständen und Schulden einen Einblick in die wirtschaftliche Lage des Unternehmens geben kann, ist aus gesellschaftlicher Sicht relevant, welchen Beitrag zur Wertschöpfung das Unternehmen leistet, d. h. wie das (in Preisen bewertete) Nutzenpotenzial der Güter durch ihre Kombination im Produktionsprozess gesteigert werden kann und wie die Wertschöpfung verteilt wird. In Bezug auf die Umsetzung der Wertschöpfungsrechnung im GRI-Berichtsrahmen ist somit zu kritisieren, dass Finanzerträge und Erträge aus der Veräußerung von Vermögensgegenständen des Anlagevermögens in den Produktionswert eingerechnet werden, da diese Zahlungen lediglich darauf basieren, dass das Unternehmen Kapital zur Verfügung gestellt hat oder Güter neubewertet wurden. Eine Produktionstätigkeit des berichterstattenden Unternehmens hat indes nicht stattgefunden, so dass der Produktionswert aus gesellschaftlicher Sicht zu hoch ausgewiesen wird. Anders kann dieser Sachverhalt lediglich dann beurteilt werden, wenn die Wertschöpfungsrechnung aus Investorensicht betrachtet wird. Durch die zinsbringende Anlage des Kapitals sowie durch den gewinnbringenden Verkauf von Vermögensgegenständen wird ein Teil der gesellschaftlichen Güter zu Gunsten der Investoren umverteilt. Allerdings ergeben sich für die Investoren durch eine Wertschöpfungsrechnung im Nachhaltigkeitsbericht keine neuen Informationen, die nicht bereits aus den Daten der externen Finanzberichterstattung hätten gewonnen werden können. Aufgrund der Ableitung der Wertschöpfungsrechnung aus den Daten der externen Finanzberichterstattung ist das Prinzip der Vollständigkeit, im Vergleich zu nichtfinanziellen Leistungsindikatoren, nicht mit dem Prinzip der Wesentlichkeit verbunden, da ausnahmslos alle Zahlungsströme des Unternehmens auf Konten erfasst und im Jahresabschluss aggregiert dargestellt werden.

Positiv zu beurteilen ist (neben der grds. Forderung einer Wertschöpfungsrechnung) auch die Angabe des philanthropischen Engagements des Unternehmens. Auch wenn unterschiedliche Meinun-

---

790 Vgl. zur Erstellung der Wertschöpfungsrechnung aus den Daten der externen Finanzberichterstattung COENENBERG, A. G./HALLER, A./SCHULTZE, W., Jahresabschluss und Jahresabschlussanalyse, S. 1158.

gen darüber bestehen, ob dieses in der Verantwortung des Unternehmens liegt,[791] kann aufgrund der Veröffentlichung der Daten das Verhalten des Unternehmens in diesem Bereich durch die Adressaten eingeschätzt und die Leistung über die Berichtsperiode hinaus und zwischen Unternehmen verglichen werden. Insbesondere ist ersichtlich, welcher Teil der Brutto- bzw. Nettowertschöpfung des Unternehmens für philanthropische Zwecke eingesetzt wird. Nimmt die Berichterstattung hierüber im Nachhaltigkeitsbericht einen wesentlichen Teil ein, obwohl philanthropisches Engagement lediglich einen Bruchteil der gesamten Wertschöpfung ausmacht, könnte das von SUCHANEK beschriebene und oftmals in der Bevölkerung wahrgenommene Spannungsverhältnis zwischen Gewinn und Moral verschärft werden.[792] Vor allem wären vor diesem Hintergrund aufgrund des Prinzips des Nachhaltigkeitskontextes Erläuterungen des Unternehmens wünschenswert, die den Zusammenhang zwischen dem philanthropischem Engagement und der nachhaltigen Entwicklung der Gesellschaft verdeutlichen.

Neben der Wertschöpfungsrechnung sollten Unternehmen die Höhe der empfangenen Zuwendungen angeben. Muss ein Unternehmen durch Zuwendungen der öffentlichen Hand subventioniert werden, könnte dies z. B. bedeuten, dass der Nutzen der produzierten Güter geringer ist als der Nutzen, der aus den einzelnen Produktionsfaktoren gezogen werden könnte.[793] Da sich das Insolvenzrecht auf die bilanzielle Überschuldung von Unternehmen bezieht, können Subventionen des Weiteren einen Einfluss auf die nachhaltige Unternehmensentwicklung haben.

Um den Adressaten des Nachhaltigkeitsberichts diesbezügliche Einschätzungen zu ermöglichen, sind unter dem Indikator ***EC 4*** *„bedeutende finanzielle Zuwendungen der öffentlichen Hand (z. B. Subventionen)“* anzugeben.[794]

Das IP führt neben Subventionen weitere Formen von finanziellen Zuwendungen, z. B. Steuervergünstigungen, Fördergelder, Investitionszuschüsse oder Gebührenbefreiungen auf. Fraglich ist, ob eine Aufgliederung der bedeutenden finanziellen Zuwendungen notwendig ist, um die Anforderungen der höchsten Anwendungsebene zu erfüllen. Da im IP die Angabe für bestimmte Arten von Zuschüssen bzw. Subventionen gefordert ist,[795] dürfte die aggregierte Angabe aller Zuwendungen nicht ausreichend sein. In diesem Fall enthält der Indikator somit nicht die Pflicht zur Angabe der Subventionen, sondern zu ihrer Aufgliederung. Eine Erläuterung der den jeweiligen Zuwendungen zu Grunde liegenden Sachverhalte ist indes nicht gefordert, dürfte sich zum Teil aber schon aus der Aufgliederung ergeben.

---

791 Vgl. hierzu ausführlich Abschn. 4.

792 Vgl. Abschn. 423.

793 Subventionen können jedoch aus gesamtgesellschaftlicher Sicht für einen begrenzten Zeitraum sinnvoll sein, um strukturelle Anpassungen im Wirtschaftssystem zu verlangsamen.

794 Vgl. GRI (Hrsg.), G3 Indikatorenprotokoll Ökonomie, S. 8. Der Indikator wurde im Rahmen der Überarbeitung des G3-Leitfadens nicht geändert. Für eine Übersicht über mögliche Subventionsformen vgl. BARGEN, R.-D. V., Subventionen und Subventionspolitik, S. 13-47; ALBRECHT, D., Subventionen, S. 29-32.

795 Vgl. GRI (Hrsg.), G3 Indikatorenprotokoll Ökonomie, S. 8. Hierfür spricht auch, dass die GRI feststellt, dass die geforderten Angaben über den Ausweis von finanziellen Zuwendungen der öffentlichen Hand nach IAS 20 hinausgehen.

Abschließend kann festgestellt werden, dass ein nach dem GRI-Berichtsrahmen erstellter Nachhaltigkeitsbericht die Auswirkungen des Unternehmens auf den volkswirtschaftlichen Güterbestand während der Produktion grds. den tatsächlichen Verhältnissen entsprechend darstellen kann; lediglich die Definition des Produktionswertes kann, je nach Struktur des berichterstattenden Unternehmens, einen wesentlichen Einfluss auf die Darstellung der Wertschöpfung haben. Gänzlich fehlen jedoch Angaben zu den Auswirkungen durch die Produkte, was primär ihre Werthaltigkeit (d. h. ihre Abschreibungsdauer) betrifft, durch die der Verzehr des Kapitalstocks beeinflusst wird.

584.3 Einflüsse auf die Ökologie

584.31 Darstellung und kritische Analyse der Leistungsindikatoren

584.311 Überblick

Die Struktur der folgenden Analyse der Leistungsindikatoren zur Ökologie orientiert sich an den verschiedenen Möglichkeiten des Unternehmens, die Ökologie zu beeinflussen:

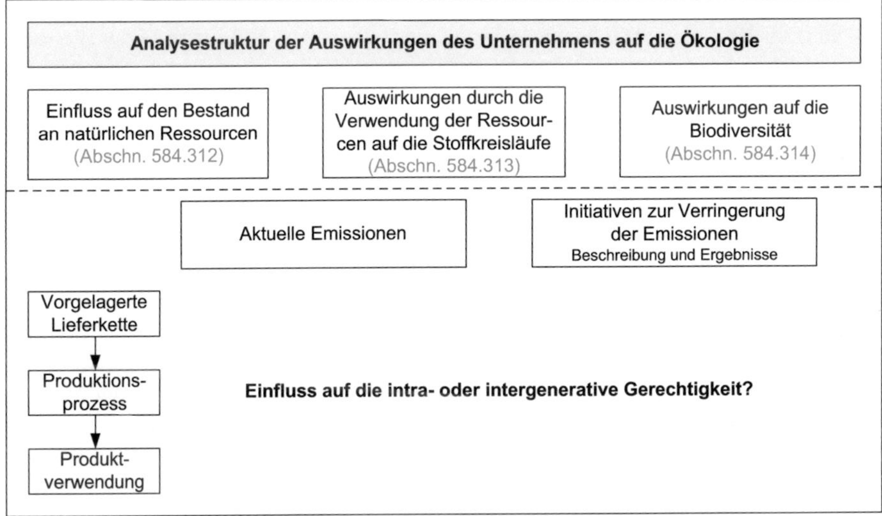

Abbildung 5-18: Analysestruktur der Auswirkungen des Unternehmens auf die Ökologie

Strukturgebend für die folgenden Abschnitte sind die Möglichkeiten von Unternehmen, Einfluss auf verschiedene Teilbereiche der Ökologie zu nehmen. In einem ersten Schritt können Unternehmen den Bestand an natürlichen Ressourcen durch ihre Entnahme mindern. In einem zweiten Schritt kann die Verwendung der Rohstoffe im Produktionsprozess Auswirkungen auf die Stoffkreisläufe haben, die wiederum in einem dritten Schritt die Biodiversität mindern kann. Innerhalb der jeweiligen Teilbereiche können die Indikatoren nach den unterschiedlichen Stufen der Wertschöpfungskette, d. h. nach der Produktionstätigkeit des Unternehmens vorgelagerten Stufen, der Produktion durch das Unternehmen und der Produktverwendung unterteilt werden.[796] Darüber hinaus wird zwischen der Berichterstattung über die aktuellen Auswirkungen und über Initiativen zur Verringerung des Einflusses auf die Ökologie differenziert. Diese Differenzierung wird durch die im GRI-Leitfaden enthaltenen Leistungsindikatoren vorgegeben.

Da die GRI-Indikatoren, wie die folgende Analyse zeigen wird, im Bereich der Ökologie ausschließlich Angaben zur intergenerativen Gerechtigkeit fordern, wird bei der Analyse der einzelnen Einflussbereiche nicht formal zwischen der inter- und der intragenerativen Gerechtigkeit unterschieden, sondern beide Aspekte gemeinsam behandelt.

584.312 Auswirkungen der Entnahme von natürlichen Ressourcen

584.312.1 Aspekt: Material

Die Entnahme von Materialien durch Unternehmen teilt die GRI in drei Bereiche ein. Unter dem Aspekt Material werden alle direkt in das Produkt eingehenden Rohstoffe erfasst. Darüber hinaus sind im Leitfaden separate Leistungsindikatoren für den Einsatz von Rohstoffen zur Energieerzeugung und für die Entnahme von Wasser enthalten.

Der Schutz der weltweiten Ressourcen ist ein erklärtes Ziel des OECD-Rates und zahlreicher nationaler Nachhaltigkeitsstrategien (auf gesellschaftlicher Ebene),[797] da Ressourcen ein Teil der Grundlage für die nachhaltige Entwicklung der Gesellschaft sind (intergenerative Gerechtigkeit). Unternehmen verwenden im Rahmen ihrer Produktion Rohstoffe, die dem lithosphärischen Kreislauf entnommen worden sind, sog. mineralische Rohstoffe der Erdkruste.[798] Sie können demnach durch den Ressourcenverbrauch einen Einfluss auf die nachhaltige Entwicklung der Gesellschaft nehmen. Des Weiteren stellt der Materialverbrauch einen wesentlichen Teil der Gesamtbetriebskosten des Unternehmens dar und beeinflusst neben der nachhaltigen Entwicklung der Gesellschaft auch den ökonomischen Erfolg des Unternehmens. Vor dem Hintergrund einer zunehmenden Ressourcenknappheit ist die Effizienz der Produktion des Unternehmens somit auch für die nachhaltige Unternehmensentwicklung von entscheidender Bedeutung.[799]

Die unter dem Aspekt „Material" des GRI-Leitfadens zusammengefassten Indikatoren zum Materialverbrauch betreffen Rohstoffe, die direkt in das Produkt eingehen. Energie (die teilweise aus lithosphärischen Rohstoffen gewonnen wird) und Wasser, das zur Produktion notwendig ist, werden nicht unter dem Materialverbrauch, sondern unter separaten Aspekten erfasst.

---

796 Da der GRI-Leitfaden keine die Ökologie betreffenden Leistungsindikatoren für den Bereich des „sonstigen Engagements" enthält, wird diese Kategorie für die Analyse in diesem Abschnitt nicht weiter berücksichtigt.

797 Vgl. BUNDESREGIERUNG DER BRD (Hrsg.), Strategie für eine nachhaltige Entwicklung, S. 8 f. Vgl. auch Abschn. 23.

798 Dies sind bspw. Eisen, Kupfer, Gold, Titan, Chrom, Nikel, Kobalt und Platin; vgl. GRIMMEL, E., Kreisläufe der Erde, S. 105.

799 Vgl. GRI (Hrsg.), G3 Indikatorenprotokoll Umwelt, S. 5.

Als erste Angabe zu den Auswirkungen auf die Ökologie ist unter dem Indikator ***EN 1*** das *„eingesetze Material nach Gewicht oder Volumen“* zu nennen.[800]

Nach dem Wortlaut des Indikators wird indes nicht deutlich, ob das Material in einer Summe oder nach Materialarten getrennt anzugeben ist. Hierzu stellt das IP klar, dass lediglich das Gesamtgewicht oder das Volumen des **nicht erneuerbaren**[801] Materials sowie das Material, das in das **Endprodukt eingegangen** ist (sog. direktes Material) „zu nennen“ [802] ist. In beiden Kategorien scheint demnach die Angabe einer Summe ausreichend zu sein. Ferner besteht eine Diskrepanz zwischen dem Wortlaut des Indikators und den Erläuterungen des IP, da nach diesen Betriebsstoffe (die nicht in das Endprodukt eingehen) nur dann angegeben werden müssen, wenn sie nicht erneuerbar sind.

Vor dem Hintergrund der von natürlichen Ressourcen abhängigen nachhaltigen Entwicklung der Gesellschaft und der damit zusammenhängenden nachhaltigen Unternehmensentwicklung sollte der Indikator deutlich machen, welcher Teil der insgesamt zur Herstellung der Produkte verwendeten Materialien erneuerbar ist. Fragwürdig ist vor diesem Hintergrund, warum in Bezug auf das Gesamtmaterial (d. h. nicht erneuerbares und erneuerbares Material) lediglich die Angabe der Menge, die in das Produkt eingeht, gefordert wird. Bedingt durch die Tatsache, dass in der Summe der erneuerbaren Materialien auch solche enthalten sind, die nicht in das Produkt eingehen, kann aufgrund der Angaben nicht bestimmt werden, wieviel Prozent des Produktes aus erneuerbarem Material bestehen. Zielführender wäre eine Angabe des direkten und indirekten Gesamtmaterialeinsatzes, jeweils mit einem davon-Vermerk für das nicht erneuerbare Material. Darüber hinaus ist fraglich, ob statt der differenzierten Angabe der eingesetzten Materialien nach ihrer Art auch eine Summe aussagefähige Informationen vermitteln kann. Zwar können unter Wettbewerbsgesichtspunkten differenzierte Angaben von Unternehmen als vertraulich eingestuft und auf eine Berichterstattung aus diesem Grunde verzichtet werden,[803] jedoch finden sich Beispiele in der Praxis, in denen Unternehmen das Gesamtmaterial nach wesentlichen Materialien unterteilt angeben.[804] Vor dem Hintergrund der Ressourcenknappheit und den möglichen Einflüssen auf die nachhaltige Entwicklung der Gesellschaft ist indes vor allem die Angabe des Anteils von erneuerbaren Materialien am Gesamtmaterialeinsatz von Bedeutung; die zwischenbetriebliche Vergleichbarkeit würde ebenfalls nicht eingeschränkt. Die Formulierung des Indikators ist somit irreführend.[805]

---

800 Die Definition des Indikators sowie die Erläuterungen des Indikatorprotokolls wurden im Rahmen der Überarbeitung des G3-Leitfadens nicht geändert.

801 Dies umfasst alle Rohstoffe, die nicht in kurzen Zeiträumen erneuert werden können, wie z. B. Öl und Kohle; vgl. GRI (Hrsg.), G3 Indikatorenprotokoll Umwelt, S. 5.

802 GRI (Hrsg.), G3 Indikatorenprotokoll Umwelt, S. 5. Betriebsstoffe sind somit nicht anzugeben, da sie nicht direkt in das Endprodukt eingehen. Hilfsstoffe gehen entgegen der GRI-Auffassung in das Produkt ein, sind jedoch von untergeordneter Bedeutung; vgl. BAETGE, J./KIRSCH, H.-J./THIELE, S., Bilanzen, S. 345.

803 Vgl. GRI (Hrsg.), G3 Leitfaden, S. 37. So argumentiert bspw. VW; vgl. VOLKSWAGEN AG (Hrsg.), Nachhaltigkeitsbericht 2009/2010, S. 61 f. sowie die zusätzlichen Erläuterungen unter http://www.volkswagenag.com/vwag/nb09bis10/content/de/GRI_Index/_Angaben_zum_Managementansatz__MAs_.html (letzter Abruf am 10. März 2011).

804 So bspw. BMW, vgl. BMW GROUP (Hrsg.), Sustainable Value Report 2007/2008, S. 91.

805 Vor dem Hintergrund des Leistungsindikators EN 2 sollte der Indikator EN 1 in „Anteil von erneuerbarem Material am Gesamtmaterialeinsatz“ umbenannt werden.

Neben der Verwendung von erneuerbaren Materialien können Unternehmen ihren negativen Einfluss auf den Bestand der natürlichen Ressourcen minimieren und somit primär die intergenerative Gerechtigkeit fördern, indem sie bereits verwendete Materialien recyceln. Materialrecycling kann neben der Förderung der nachhaltigen Entwicklung der Gesellschaft auch Auswirkungen auf die nachhaltige Unternehmensentwicklung haben, da die Ressourcenversorgung des Unternehmens gesichert wird und sich die Produktionskosten verringern können.[806] Im GRI-Nachhaltigkeitsbericht wird die Menge des Recyclingmaterials durch den Indikator ***EN 2*** *(„Anteil von Recyclingmaterial am Gesamtmaterialeinsatz")* erfasst.[807]

Die Berechnung des Indikators basiert auf dem direkt verwendeten Material, das im Rahmen der Ermittlung der Angabepflichten des Indikators EN 1 bestimmt wurde. Indem das Recyclingmaterial, das für die Erstellung des Produkts verwendet wird (bzw. in dieses eingeht), in ein Verhältnis zu dem Gesamtmaterial gesetzt wird, kann der Anteil des verwendeten Recyclingmaterials bestimmt und nach dem Wortlaut des Indikators und dem IP in Prozent angegeben werden.[808] Materialien, die nicht in die Produkte eingehen (z. B. Betriebsstoffe), sind nicht in die Berechnung einzubeziehen.[809]

Während die Auswirkungen auf den Bestand an natürlichen Ressourcen durch die Angabe des Anteils des Recyclingmaterials eingeschätzt werden können und auch ein zwischenbetrieblicher Vergleich möglich sein sollte, sieht der GRI-Leitfaden keine Angaben zu Auswirkungen auf die Produktionskosten des Unternehmens vor. Ob durch die Verwendung von Recyclingmaterial der finanzielle Unternehmenserfolg positiv oder negativ beeinflusst wird, kann durch die Angaben im Nachhaltigkeitsbericht somit nicht beurteilt werden. Auch Angaben zu Strategien, deren Ziel eine Verringerung des Materialeinsatzes im Rahmen der Produktion ist, sind nicht im GRI-Leitfaden enthalten.[810]

Neben direkten Auswirkungen im Rahmen der Produktion können auch die **Produkte** des Unternehmens während ihrer Verwendung Auswirkungen auf natürliche Ressourcen haben (z. B. Maschinen, die zur Produktion weiterer Güter verwendet werden) und so primär die intergenerative Gerechtigkeit beeinflussen. Aus Unternehmenssicht können effiziente Produkte c. p. einen Wettbewerbsvorteil begründen, der wiederum durch die Verbesserung des finanziellen Unternehmenserfolgs Auswirkungen auf die nachhaltige Unternehmensentwicklung haben kann. Vor diesem Hin-

806 Vgl. GRI (Hrsg.), G3 Indikatorenprotokoll Umwelt, S. 6. Vor allem durch die energieintensive Gewinnung von lithosphärischen Rohstoffen und der durch die Knappheit der Energieträger zunehmenden Energiekosten dürften die Kosten für Rohstoffe weltweit künftig wesentlich steigen; vgl. GRIMMEL, E., Kreisläufe der Erde, S. 106.

807 Die Definition des Indikators sowie die Erläuterungen im Indikatorprotokoll wurden im Rahmen der Überarbeitung des G3-Leitfadens nicht geändert.

808 Vgl. GRI (Hrsg.), G3 Indikatorenprotokoll Umwelt, S. 6.

809 Vgl. GRI (Hrsg.), G3 Indikatorenprotokoll Umwelt, S. 6.

810 Der Indikator EN 26 („Initiativen, um die Umweltauswirkungen von Produkten und Dienstleistungen zu minimieren und Ausmaß ihrer Auswirkungen") bezieht sich ausschließlich auf die Verwendung der Produkte.

tergrund erfasst der Querschnittsindikator ***EN 26*** *„Initiativen, um die Umweltauswirkungen von Produkten und Dienstleistungen zu minimieren und das Ausmaß ihrer Auswirkungen“.*[811]

Da keine weitergehenden Erläuterungen vorgeschrieben sind, dürfte zur Erfüllung der Berichtspflicht des Indikators eine Nennung der Initiativen und ihrer Ziele ausreichend sein. Darüber hinaus ist die als Ergebnis der Initiative im Berichtszeitraum erzielte Effizienzsteigerung entweder absolut oder relativ anzugeben.[812] Aufgrund der fehlenden Angabepflicht in Bezug auf den aktuellen Materialverbrauch ist durch die geforderten Angaben ein zwischenbetrieblicher Vergleich nicht möglich. Gibt ein Unternehmen lediglich die relative Verbesserung des Materialverbrauchs an, kann die Leistungsverbesserung im Zeitvergleich zwar tendenziell abgeschätzt werden; ein Vergleich mit Produkten anderer Hersteller durch die im Nachhaltigkeitsbericht enthaltenen Informationen ist indes nicht möglich.

Die GRI-Indikatoren zum Materialverbrauch können insgesamt wie folgt kategorisiert werden:

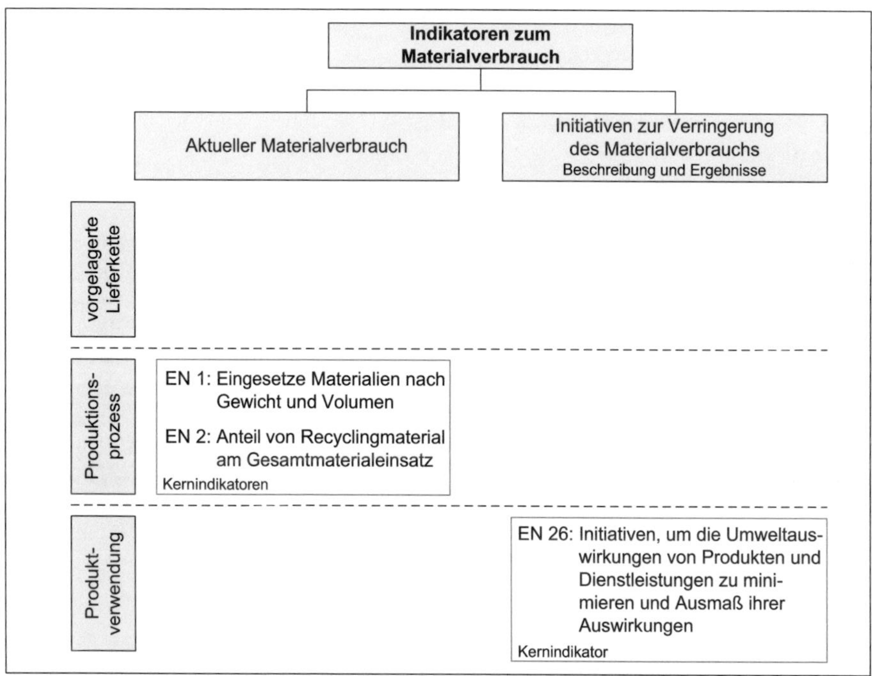

Abbildung 5-19: Kategorisierung der GRI-Indikatoren zum Materialverbrauch

811 Unter dem Indikator EN 26 werden Auswirkungen der Produkte auf unterschiedliche Aspekte der Ökologie erfasst. An dieser Stelle wird lediglich der Materialverbrauch behandelt. Der Indikator und die Erläuterungen des Indikatorenprotokolls wurden im Rahmen der Übrarbeitung des G3-Leitfadens nicht geändert.

812 Vgl. GRI (Hrsg.), G3 Indikatorenprotokoll Umwelt, S. 33.

Indikatoren zur Erfassung der für die Produktion von Vorprodukten erforderlichen Materialien sowie Maßnahmen zur Verbesserung der Materialintensität der Produktion von Vorprodukten enthält der GRI-Leitfaden, entsprechend der Anleitung zur Bestimmung der Berichtsgrenzen,[813] nicht. Lediglich allgemeine Angaben zum Management dieses Themenfeldes werden gefordert.[814]

Weitere Angaben zu lithosphärischen Rohstoffen, wie bspw. zu strategischen Engpässen aufgrund einer (künftigen) weltweiten Knappheit der Rohstoffe werden vom GRI-Leitfaden nicht gefordert. Gerade für die nachhaltige Unternehmensentwicklung kann der Bestand an natürlichen Ressourcen in Kombination mit Substitutionsmöglichkeiten jedoch wesentliche Auswirkungen haben, wie die aktuelle Diskussion über die chinesischen Exportbeschränkungen für seltene Erden zeigt.[815] Auch ist fraglich, warum keine Leistungsindikatoren zu Initiativen, deren Ziel die Erhöhung der Effizienz der Produktion des berichtenden Unternehmens ist, im GRI-Leitfaden enthalten sind. Ebenfalls sind keine Angaben zu den Auswirkungen des Unternehmens auf die intragenerative Gerechtigkeit enthalten. Fraglich ist in diesem Zusammenhang, ob durch die Produktionstätigkeit des Unternehmens Individuen oder anderen Unternehmen der Zugang zu Materialien versperrt wird.[816]

Insgesamt dürften die Auswirkungen aus der Verwendung von nicht erneuerbaren oder recycelten Rohstoffen auf die nachhaltige Entwicklung der Gesellschaft und des Unternehmens durch die Angabepflichten im Nachhaltigkeitsbericht für Adressaten mit durchschnittlichen Kenntnissen nur schwer einschätzbar sein.

584.312.2 Aspekt: Energie

Ressourcen zur Energieumwandlung können sowohl lithosphärischer, hydrosphärischer als auch atmosphärischer Natur sein. Lithosphärische Rohstoffe sind Uran sowie die fossilen Brennstoffe.[817] Ferner kann auch aus Wasser- oder Windkraft Energie gewonnen bzw. umgewandelt[818] werden.

Ziel der Leistungsindikatoren zum Energieverbrauch ist es, die Auswirkungen des Unternehmens auf den Bestand an nicht-regenerativen natürlichen Ressourcen, die zur Energieumwandlung eingesetzt werden (können), d. h. nicht direkt in das Produkt eingehen, darzustellen.[819] Durch den Verbrauch der Ressourcen wird die intergenerative Gerechtigkeit beeinflusst. Ebenfalls kann die intragenerative Gerechtigkeit beeinträchtigt werden, wenn der Zugang zu Energieressourcen nicht durch faire Institutionen geregelt wird.[820] Die nachhaltige Unternehmensentwicklung kann durch

---

813 Vgl. Abschn. 56.

814 Vgl. zum Managementansatz auch Abschn. 583.

815 Vgl. TIESS, G., Rohstoffpolitik in Europa, S. 206; GRÜNDER, W., Integration in die Weltwirtschaft, S. 44; ACHZET, B., Strategische Rohstoffplanung, S. 45.

816 Zu beachten ist indes, dass in einem marktwirtschaftlich geprägten Wirtschaftssystem der Zugang zu Ressourcen über den Preis bestimmt wird.

817 Vgl. GRIMMEL, E., Kreisläufe der Erde, S. 105.

818 Auch wenn ein Verbrauch nach dem 1. Hauptsatz der Thermodynamik nicht möglich ist (vgl. BAEHR, H. D./KABELAC, S., Thermodynamik, S. 43), sondern Energie nur umgewandelt werden kann, dürfte die Ungenauigkeit des Indikatorenwortlauts zur Förderung einer besseren Verständlichkeit (ohne physikalische Kenntnisse) vernachlässigbar sein.

819 Gehen natürliche Ressourcen direkt in das Produkt ein, werden sie unter EN 1 erfasst.

820 Vgl. Abschn. 25.

eine starke Abhängigkeit von nicht erneuerbaren Energieträgern wesentlich beeinträchtigt werden, da bei stetigem Konsum zunächst die Preise für diese Energieträger weiter steigen und letztlich die natürlichen Bestände aufgebraucht sein werden.[821] Darüber hinaus besteht das Risiko der Änderung regulatorischer Rahmenbedingungen, die zu zusätzlichen Energiekosten für das Unternehmen führen können.[822]

Die Indikatorenprotokolle der GRI-Indikatoren zum Energieverbrauch und den Emissionen verweisen als Quelle auf den Berichtsstandard der Greenhouse Gas Protocol (GHG-Protocol) Initiative,[823] dessen Angaben durch die GRI-Indikatoren nach Aussage der GRI vollständig abgedeckt werden sollen.[824] Ziel des GHG-Protocol ist ausschließlich die Angabe der Treibhausgasemissionen des Unternehmens;[825] lediglich Emissionsberechnungen basieren auf den Daten zum Verbrauch von (Primär- und Sekundär-)Energieträgern (GRI-Indikatoren EN 3 und EN 4), die nachfolgend analysiert werden.[826] Wird der Indikator EN 4 zusammen mit dem Indikator EN 3 betrachtet, lässt sich der (direkte und indirekte) Gesamtverbrauch an erneuerbaren und nicht-erneuerbaren Primärenergieträgern durch das Unternehmen feststellen.

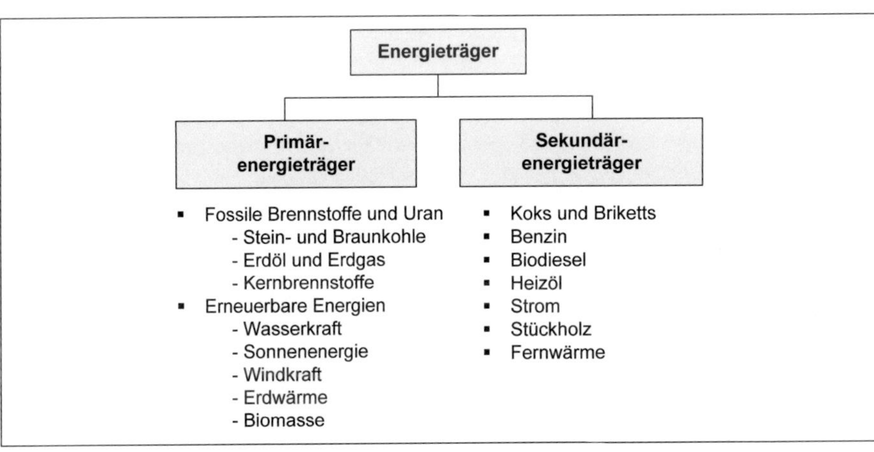

Abbildung 5-20: Primär- und Sekundärenergieträger[827]

821 Vgl. GRIMMEL, E., Kreisläufe der Erde, S. 106 f. Der Indikator EN 3 unterscheidet sich vom Indikator EN 1 (Gesamtmaterialeinsatz), da z. B. fossile Energieträger, die nicht als Rohstoff in das Produkt eingehen, als Betriebsstoffe nicht im Gesamtmaterialeinsatz erfasst werden.

822 Vgl. GRI (Hrsg.), G3 Indikatorenprotokoll Umwelt, S. 7. Die Auswirkungen der Energieumwandlung auf die verschiedenen Stoffkreisläufe werden in Abschn. 584.313 beschrieben (Indikatoren EN 16 und EN 17).

823 WBCSD/WORLD RESOURCES INSTITUTE (Hrsg.), Greenhouse Gas Protocol.

824 Vgl. GRI (Hrsg.), G3 Indikatorenprotokoll Umwelt, S. 7, 9.

825 Vgl. WBCSD/WORLD RESOURCES INSTITUTE (Hrsg.), Greenhouse Gas Protocol, S. 62-67.

826 Vgl. WBCSD/WORLD RESOURCES INSTITUTE (Hrsg.), Greenhouse Gas Protocol, S. 42.

827 In Anlehnung an: DIEKMANN, J./HORN, M./HRUBESCH, P./PRAETORIUS, B., u. a., Fossile Energieträger und erneuerbare Energiequellen, S. V.

Primärenergieträger enthalten Energie, die noch keiner technischen Umwandlung unterzogen wurde, wobei die Energie in ihrer ursprünglich vorliegenden Form nicht direkt technisch genutzt werden kann.[828] Werden die Primärenergieträger technisch umgewandelt (wird z. B. aus Braunkohle Strom und Fernwärme hergestellt), entstehen Sekundärenergieträger. In beiden Kategorien sind Energieträger enthalten, die zu Treibhausgasemissionen führen (z. B. durch die Verbrennung von Braunkohle oder von Benzin) und Energieträger, die nicht zu Treibhausgasemissionen führen (z. B. Wasserkraft und die Verwendung des daraus erzeugten Stroms).[829]

Um die Auswirkungen des berichterstattenden Unternehmens auf den Bestand an Primärenergieträgern darzustellen, fordert der GRI-Leitfaden unter dem Indikator ***EN 3*** die Angabe des *„direkte[n] Energieverbrauch[s], aufgeschlüsselt nach Primärenergieträgern“.*[830]

Der „direkte Verbrauch“ von Primärenergie wird von der GRI in den Erläuterungen zum Indikator EN 3 nicht definiert, dürfte sich aber auf das Greenhouse Gas Protocol beziehen, da nach Angaben der GRI dessen *scope 1* durch den Indikator abgedeckt werden soll.[831] Dieser umfasst die Treibhausgasemissionen, die direkt, d. h. in Anlagen des Unternehmens, erzeugt worden sind.[832] Dies können zum einen stationäre Vorrichtungen zur Energieerzeugung sein, wie Kraftwerke oder Hochöfen, aber auch mobile Vorrichtungen, wie z. B. Firmenwagen oder Lastwagen.[833]

Zur **Berechnung** des Indikators sind die eingekauften Primärenergieträger mit den von dem Unternehmen produzierten, extrahierten oder gesammelten direkten Primärenergieträgern zu addieren; werden Primärenergieträger verkauft, sind diese zu subtrahieren, da die Energieumwandlung nicht vom berichtenden Unternehmen vorgenommen wird (bspw. der Verkauf von Öl). Wandelt das Unternehmen hingegen Primärenergie in Sekundärenergie um, so ist der Primärenergieverbauch demnach dennoch anzugeben.[834]

Der direkte Verbrauch von Primärenergieträgern ist nach dem IP in Giga-Joule anzugeben und nach erneuerbaren Energieträgern und nicht erneuerbaren Energieträgern zu differenzieren.[835] Nach den Ausführungen des IP ist hierbei der Verbrauch der unterschiedlichen Primärenergieträger separat

---

[828] Vgl. BORSCH, P./WAGNER, H.-J., Energie und Umweltbelastung, S. 7.

[829] Vgl. BICK, H./HANSMEYER, K. H./OLSCHOWY, G./SCHMOOCK, P., Angewandte Ökologie – Band 2, S. 118 f.

[830] Die Definition des Indikators sowie die Erläuterungen des Indikatorprotokolls wurden im Rahmen der Überarbeitung des G3-Leitfadens nicht geändert.

[831] Vgl. GRI (Hrsg.), G3 Indikatorenprotokoll Umwelt, S. 7.

[832] Vgl. WBCSD/WORLD RESOURCES INSTITUTE (Hrsg.), Greenhouse Gas Protocol, S. 27. Diese Auffassung wird durch die Definition von „direktem Ausstoß von Treibhausgasen“ (EN 16) bestätigt, die sich auf alle Treibhausgase aus Quellen bezieht, die „sich im Eigentum der berichtenden Organisation befinden oder von dieser kontrolliert werden“ (WBCSD/WORLD RESOURCES INSTITUTE (Hrsg.), Greenhouse Gas Protocol, S. 23). Ebenso werden direkte Emissionen in den Erläuterungen zu Indikator EN 16 definiert; vgl. GRI (Hrsg.), G3 Indikatorenprotokoll Umwelt, S. 23.

[833] Vgl. WBCSD/WORLD RESOURCES INSTITUTE (Hrsg.), Greenhouse Gas Protocol, S. 41.

[834] Vgl. WBCSD/WORLD RESOURCES INSTITUTE (Hrsg.), Greenhouse Gas Protocol, S. 27.

[835] Vgl. GRI (Hrsg.), G3 Indikatorenprotokoll Umwelt, S. 8.

anzugeben.[836] Allerdings stellen Benzin, Diesel und Elektrizität, die im IP als Primärenergie erfasst werden, Sekundärenergieträger dar,[837] die demnach unter EN 4 zu erfassen sind.

Fraglich ist, warum der GRI-Indikator EN 3 die durch den *scope 1* des GHG-Protocol definierten Angabepflichten erfüllen soll, da im GHG-Protocol nicht auf den Verbrauch von Primärenergieträgern, sondern auf direkte Emissionen aus der Verwendung von Primär- und Sekundärenergieträgern abgestellt wird; eine Angabe der verbrauchten Primärenergieträger sieht das GHG-Protocol nicht vor.[838] Auch wenn die im Rahmen des Indikators EN 3 gesammelten Daten einen Teil der Berechnungsgrundlage für direkte Emissionen bilden, ist dieser nicht deckungsgleich mit *scope 1*.[839]

Neben dem direkten Verbrauch von Primärenergie in Anlagen des Unternehmens kann der Verbrauch von Primärenergieträgern indirekt durch den Bezug von Sekundärenergie durch das Unternehmen beeinflusst werden.[840] Vor diesem Hintergrund ist unter dem Indikator ***EN 4*** der *„indirekte Energieverbrauch, aufgeschlüsselt nach Primärenergieträgern"*, zu erfassen.[841]

Die Bezeichnung des Indikators kann dabei irreführend wirken, da nicht der indirekte Energieverbrauch, z. B. von dritten Unternehmen im Rahmen der Herstellung von Vorprodukten, erfasst wird, sondern der Verbrauch von Sekundärenergie durch das Unternehmen selbst. Eine alternative Formulierung für den Indikator könnte lauten: „direkter Verbrauch von Sekundärenergie, aufgeschlüsselt nach den zur Erzeugung verwendeten Primärenergieträgern".

Die Angabe des indirekten Verbrauchs von Primärenergie durch das Unternehmen ist erforderlich, um die Emissionen aus der Verwendung von Primärenergieträgern für Zwecke des Unternehmens zu erfassen.[842] An dieser Stelle stehen jedoch vor allem die Auswirkungen auf den Bestand von Primärenergieträgern im Mittelpunkt der Betrachtung. Die Auswirkungen der Energieeffizienz sind mit dem Indikator EN 3 vergleichbar; lediglich der Prozess der Primärenergieumwandlung wird nicht durch das berichterstattende Unternehmen selbst durchgeführt. Auch der Verbrauch von Sekundärenergie wird von der GRI nicht definiert. Sie verweist erneut nur auf das Greenhouse Gas Protocol, dessen *scope 2* von dem Indikator EN 4 abgedeckt werden soll. Dieser fordert die Angabe der indirekten Treibhausgasemissionen, die durch die unternehmensexterne Produktion von Strom für das Unternehmen verursacht wurden.[843] Darüber hinausgehend fordert die GRI jedoch auch die Angabe der Primärenergieträger, aus denen z. B. Fernwärme oder Wasserdampf erzeugt wurde.[844] Insofern gehen die GRI-Angabepflichten über das GHG-Protocol (*scope 2)* hinaus, das für den

836 Vgl. GRI (Hrsg.), G3 Indikatorenprotokoll Umwelt, S. 8.
837 Vgl. BICK, H./HANSMEYER, K. H./OLSCHOWY, G./SCHMOOCK, P., Angewandte Ökologie - Band 2, S. 198.
838 Vgl. WBCSD/WORLD RESOURCES INSTITUTE (Hrsg.), Greenhouse Gas Protocol, S. 63-67.
839 Vgl. hierzu auch Abschn. 584.314, Indikator EN 16.
840 Vgl. GRI (Hrsg.), G3 Indikatorenprotokoll Umwelt, S. 9.
841 Die Definition des Indikators sowie die Erläuterungen im Indikatorprotokoll wurden im Rahmen der Überarbeitung des G3-Leitfadens nicht geändert.
842 Vgl. GRI (Hrsg.), G3 Indikatorenprotokoll Umwelt, S. 9.
843 Vgl. WBCSD/WORLD RESOURCES INSTITUTE (Hrsg.), Greenhouse Gas Protocol, S. 27.
844 Vgl. GRI (Hrsg.), G3 Indikatorenprotokoll Umwelt, S. 9. Wärme und Wasserdampf fallen als Nebenprodukte bei der Erzeugung von Strom an; vgl. TEPASSE, H., Erzeugungsprozess von Sekundärenergiearten, S. 3.

Verbrauch indirekter Energie, die nicht Strom ist, ein Wahlrecht zur Berichterstattung vorsieht (*scope 3*).[845] Für den Verbrauch von Primärenergieträgern außerhalb des Unternehmens, der nicht der Stromerzeugung, der Wärme- oder Dampfgewinnung oder der Erzeugung „anderer Formen“[846] von Energie dient, besteht kein GRI-Leistungsindikator.[847] Angegeben werden sollen letztendlich nach den Erläuterungen des IP die Menge der bezogenen Sekundärenergie, unterteilt nach erneuerbaren und nicht erneuerbaren Primärenergieträgern.[848]

Problematisch könnte bei der Berechnung des Indikators eine unvollständige Datenbasis sein, sofern z. B. der Stromversorger des Unternehmens keine Angaben über die von ihm verwendeten Primärenergieträger zur Verfügung stellt. In diesem Fall ist der Primärenergieverbrauch auf der Grundlage öffentlich zugänglicher Daten zu schätzen. Anzugeben ist die Menge der verwendeten Sekundärenergie und die für die Herstellung erforderliche Menge an Primärenergieträgern.[849]

Wie auch beim Indikator EN 3 ist fraglich, warum der Indikator EN 4 die Angaben zu *scope 2* des GHG-Protocols umfassen soll. Dieser enthält lediglich die indirekten Emissionen, d. h. Emissionen, die durch die Verbrennung von Primär- und Sekundärenergieträgern für Zwecke des Unternehmens in Anlagen verursacht worden sind, die nicht in seinem Eigentum stehen und auch nicht von diesem kontrolliert werden. Ob die Verwendung von Sekundärenergie zu Emissionen führt, kann jedoch nicht generell beurteilt werden, sondern hängt von der Form der Energie ab (so ist aus Wasserkraft erzeugter Strom frei von CO_2-Emissionen und, sofern nicht der hydrologische Kreislauf beeinflusst wird, erneuerbar).

Die Darstellung der Energiebilanz des Unternehmens wird durch den Zusatzindikator EN 5, der die Entwicklung der Energieeffizienz durch technische Neuerungen sowie durch umweltbewussteres Verhalten von Mitarbeitern, umfasst,[850] ergänzt. Darüber hinaus können Initiativen zur Verringerung des indirekten Energieverbrauchs unter EN 7[851] angegeben werden (bspw. der Verzicht auf Dienstreisen zu Gunsten von Telefonkonferenzen). Angaben über Initiativen zur Verbesserung der Energieeffizienz der Produkte des Unternehmens können unter dem Zusatzindikator EN 6[852] erfasst werden.[853]

Die GRI-Leistungsindikatoren zum Energieverbrauch können abschließend wie folgt kategorisiert werden:

---

845 A. A. RWE AG (Hrsg.), Unsere Verantwortung, S. 82.

846 Vgl. GRI (Hrsg.), G3 Indikatorenprotokoll Umwelt, S. 9.

847 Lediglich die Strategien, die zu einer Reduzierung sonstiger Emissionen führen, sind zu erläutern (EN 17).

848 Vgl. GRI (Hrsg.), G3 Indikatorenprotokoll Umwelt, S. 10.

849 Vgl. GRI (Hrsg.), G3 Indikatorenprotokoll Umwelt, S. 9.

850 EN 5: „Eingesparte Energie aufgrund von umweltbewusstem Einsatz und Effizienzsteigerungen“.

851 EN 7: „Initiativen zur Verringerung des indirekten Energieverbrauchs und erzielte Einsparungen“.

852 EN 6: „Initiativen zur Gestaltung von Produkten und Dienstleistungen mit höherer Energieeffizienz und solchen, die auf Basis erneuerbarer Energien basieren sowie dadurch erreichte Verringerungen des Energiebedarfs“.

853 Während Initiativen zur Verringerung der Umweltauswirkungen der Produkte grds. unter dem Kernindikator EN 26 erfasst werden und somit angabepflichtig sind, besteht für den Energieverbrauch der Produkte offensichtlich eine Ausnahme. Eine Begründung hierfür ist im GRI-Berichtsrahmen nicht enthalten.

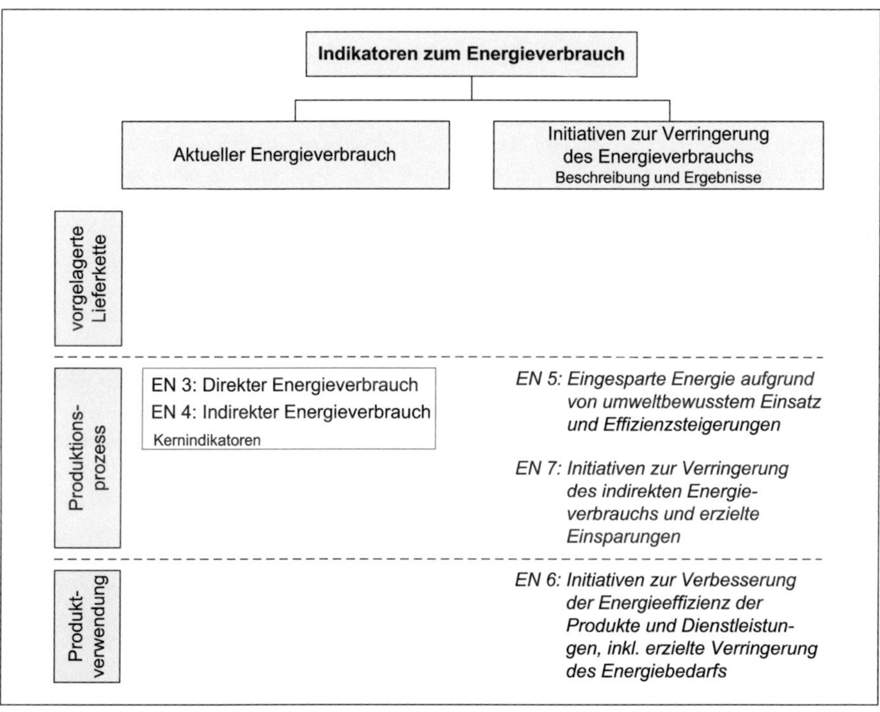

Abbildung 5-21: Kategorisierung der GRI-Indikatoren zum Energieverbrauch[854]

Indikatoren zur Erfassung der für die Produktion von Vorprodukten erforderlichen Energie sowie Maßnahmen zur Verbesserung der Energieintensität der Produktion von Vorprodukten enthält der GRI-Leitfaden, entsprechend der Anleitung zur Bestimmung der Berichtsgrenzen,[855] nicht. Lediglich allgemeine Angaben zum Management dieses Themenfeldes werden gefordert.[856] Darüber hinaus sieht der GRI-Leitfaden keine Leistungsindikatoren zur Darstellung der Auswirkungen der Produktion des Unternehmens auf die intragenerative Gerechtigkeit, d. h. auf den Zugang zu (nicht erneuerbaren) Energieträgern, vor. Problematisch in diesem Bereich ist indes, dass die Verteilung der aktuell bestehenden Ressourcen nach marktwirtschaftlichen Prinzipien gesteuert wird, d. h. Länder, die im Besitz der Ressourcen sind, verkaufen diese zu Marktpreisen. Verfügen andere Länder, Unternehmen oder Individuen nicht über „tauschfähige" Ressourcen, so wird ihnen der Zugang verwehrt. Da Unternehmen jedoch innerhalb des Wirtschaftssystems nach dessen Regeln wirtschaften, ist fraglich, ob sie für Auswirkungen auf die intragenerative Gerechtigkeit verantwortlich sind.

---

854 Zusatzindikatoren werden kursiv dargestellt.

855 Vgl. Abschn. 56.

856 Vgl. zum Managementansatz auch Abschn. 583.

Auf der Produktebene werden Angaben zum aktuellen Energieverbrauch nicht für alle Unternehmen verlangt.[857] Des Weiteren ist auffällig, dass der Indikator EN 6, der Initiativen zur Verbesserung der Energieeffizienz von Produkten angibt, lediglich als Zusatzindikator ausgestaltet ist. Im Rahmen der Darstellung der Auswirkungen der Produkte auf die Aspekte Materialien und Wasser ist hingegen der Indikator EN 26[858] als Kernindikator verpflichtend anzugeben (sofern das Unternehmen einen Nachhaltigkeitsbericht der Anwendungsebene A[859] erstellen möchte). Einen Grund für diese Abweichung gibt die GRI nicht an.

Insgesamt können die Adressaten die Auswirkungen des Unternehmens auf die Primärenergieträger somit nicht vollständig einschätzen.

584.312.3 Aspekt: Wasser

Wasser wird Experten zufolge der Rohstoff sein, um den in der Zukunft Kriege geführt werden.[860] Unternehmen können durch den Verbrauch von Wasser zu sinkenden Grundwasserspiegeln beitragen, was den hydrologischen Kreislauf stören und somit die intra- und die intergenerative Gerechtigkeit beeinflussen kann.[861] Darüber hinaus kann durch den Wasserverbrauch von Unternehmen auch direkt Menschen Trinkwasser vorenthalten werden, was wiederum die intragenerative Gerechtigkeit beeinflussen würde. Auf das Unternehmen bezogen kann eine hohe Abhängigkeit von sauberem Wasser aufgrund künftig zu befürchtender Knappheitsverhältnisse Auswirkungen auf die nachhaltige Unternehmensentwicklung haben.[862] Ferner weist die GRI auch darauf hin, dass in Gegenden mit stark begrenzten Wasserquellen der Wasserverbrauch des Unternehmens seine Beziehungen zu den Stakeholdern beeinflussen kann.[863]

Um den Adressaten den Einfluss des Unternehmens auf den Wasserbestand zu verdeutlichen, fordert die GRI von dem berichterstattenden Unternehmen unter dem Indikator ***EN 8*** die Darstellung der *„Gesamtwasserentnahme, aufgeteilt nach Quellen"*.[864]

Zur Berechnung des Indikators ist zu ermitteln, wieviel Wasser von jeder Wasserquelle (z. B. Oberflächenwasser, Grundwasser[865] oder Regenwasser) von dem Unternehmen oder durch Intermediäre

---

857 Allerdings können in einzelnen Sector Supplements Angabepflichten für die jeweilige Branche definiert sein. Bspw. soll in der Automobilindustrie der Verbrauch der Fahrzeuge angegeben werden; vgl. GRI (Hrsg.), Automotive Sector Supplement, S. 16.

858 In den Erläuterungen des IP wird lediglich der Energieverbrauch der Produkte nicht aufgeführt (vgl. GRI (Hrsg.), G3 Indikatorenprotokoll Umwelt, S. 33), so dass im Zusammenhang mit EN 6 davon auszugehen ist, dass dieser bewusst ausgenommen wurde.

859 Vgl. Abschn. 59.

860 BUNDESMINISTERIUM FÜR WIRTSCHAFTLICHE ZUSAMMENARBEIT UND ENTWICKLUNG (Hrsg.), Überlebensfrage Wasser, S. 10 f.

861 Vgl. Abschn. 245.

862 Vgl. PwC (Hrsg.), True Value of Water, S. 2.

863 Vgl. GRI (Hrsg.), G3 Indikatorenprotokoll Umwelt, S. 14.

864 Die Definition des Indikators sowie die Erläuterungen des Indikatorprotokolls wurden im Rahmen der Überarbeitung des G3-Leitfadens nicht geändert.

865 Vgl. ausführlich zum Schutz des Grundwassers im Recht der Bundesrepublik Deutschland DELFS, S., Grundwasser.

(Wasserversorger) entnommen wurde. Die Menge des in der vergangenen Periode entnommenen Wassers ist nach Quellen gesondert in m^3 anzugeben. Grundsätzlich ist ebenso wie bei der Darstellung des indirekten Energieverbrauchs (EN 3) bei der Ermittlung der Daten zu berücksichtigen, dass die Entnahmequellen des über Wasserversorger bezogenen Wassers dem Unternehmen nicht immer bekannt sind. Sollte der Wasserversorger hierzu keine Daten bereitstellen (entweder auf direkte Nachfrage oder in seinem eigenen Nachhaltigkeitsbericht), so ist die Entnahme aus Wasserquellen durch das Unternehmen unter Angabe der Methoden und Prämissen zu schätzen.[866]

Fraglich ist jedoch, ob die geforderten Angaben ausreichen, um den Einfluss des Unternehmens auf den Wasserkreislauf einschätzen zu können. Da z. B. der Bestand des Grundwassers durch die jährliche Abflussrate und die Zuführung von Wasser durch Regen bestimmt wird, sollte das berichterstattende Unternehmen zusätzliche Daten zur Wasserknappheit zur Verfügung stellen, anhand derer sein Eingriff in den Wasserkreislauf an den jeweiligen Standorten beurteilt werden kann (bspw. die jährliche Veränderung des Grundwassers und die vorhandene Menge). Dies betrifft vor allem Produktionsstandorte, die in wasserarmen Gebieten bspw. in Afrika angesiedelt sind. Nur durch diese zusätzlichen Angaben würde die Möglichkeit zu zwischenbetrieblichen Vergleichen geschaffen, da die absolute Wasserentnahme ohne Kenntnis der örtlichen Gegebenheiten aussagelos ist.

Ob durch die Produktionstätigkeit des Unternehmens Menschen der Zugang zu Trinkwasser verwehrt wird, kann aufgrund der Angaben des Indikators ebenfalls nicht beurteilt werden. Im Zuge der Überarbeitung des GRI G3-Leitfadens wurden indes in den Zusatzindikator EN 9[867], der Angaben zum Wasserverbrauch des Unternehmens enthält, ein zusätzlicher Berichtsaspekt aufgenommen, nach dem Unternehmen über den Wert bzw. die Relevanz der betroffenenen Wasserquelle für die örtliche Bevölkerung berichten sollen.[868] Wenngleich die Angabe nicht verpflichtend ist, kann die explizit formulierte Möglichkeit zur Aufnahme eines die intragenerative Gerechtigkeit betreffenden Aspektes begrüßt werden. Darüber hinaus können die Angaben zum Einfluss des Unternehmens auf die Ressource Wasser durch den Zusatzindikator EN 10[869], der den Anteil und das Volumen von wiederverwendetem Wasser enthält, ergänzt werden.

Neben dem Wasserverbrauch im Rahmen der Produktion kann auch durch die Verwendung des Produkts ein erheblicher Wasserverbrauch entstehen (z. B. bei Waschmaschinen), dessen Auswirkungen auf die nachhaltige Entwicklung mit dem Wasserverbrauch während der Produktion vergleichbar sind. Auswirkungen auf den finanziellen Unternehmenserfolg können durch Effizienzsteigerungen der Produkte entstehen, wenn die niedrigeren Betriebskosten c. p. zu einem Wettbewerbsvorteil führen, der den Absatz der Produkte erhöht.

---

866 Vgl. GRI (Hrsg.), G3 Indikatorenprotokoll Umwelt, S. 14.

867 EN 9: „Wasserquellen, die wesentlich von der Entnahme von Wasser betroffen sind“.

868 Vgl. GRI (Hrsg.), G3.1 Indicator Protocol Environment, S. 15. Die Definition des Indikators wurde indes nicht verändert.

869 EN 10: „Anteil in Prozent und Gesamtvolumen an zurückgewonnenem und wiederverwendetem Wasser“.

Hierzu sind unter dem Querschnittsindikator ***EN 26*** *„Initiativen, um die Umweltauswirkungen von Produkten und Dienstleistungen zu minimieren und Ausmaß ihrer Auswirkungen" zu* erfassen.[870]

Zunächst sind nach dem Wortlaut des Indikators und dem IP jene Initiativen zu beschreiben, die den Wasserverbrauch der Produkte minimieren sollen. Darüber hinaus sind Ergebnisse durch die Angabe der relativen oder absoluten Verbesserung des Wasserverbrauchs zu nennen.[871] Fraglich ist jedoch, ob die geforderten Angaben das Prinzip der zwischenbetrieblichen Vergleichbarkeit erfüllen, da keine absoluten Angaben zum Wasserverbrauch der Produkte gefordert sind.

Die GRI-Leistungsindikatoren zum Wasserverbrauch können insgesamt wie folgt kategorisiert werden:

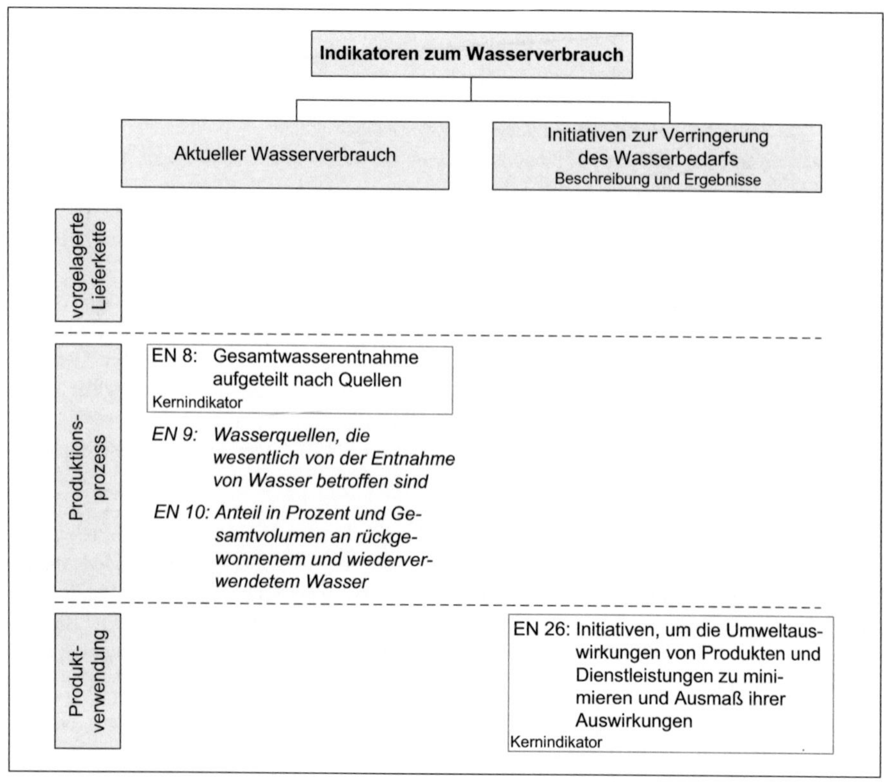

Abbildung 5-22: Kategorisierung der GRI-Indikatoren zum Wasserverbrauch

870 Die Definition des Indikators sowie die Erläuterungen im Indikatorprotokoll wurden im Rahmen der Überarbeitung des G3-Leitfadens nicht geändert.

871 Vgl. GRI (Hrsg.), G3 Indikatorenprotokoll Umwelt, S. 33.

Der GRI-Leitfaden enthält, in Übereinstimmung mit der Anleitung zur Bestimmung der Berichtsgrenzen,[872] keine Angaben zum Wasserverbrauch auf vorgelagerten Stufen der Lieferkette, bspw. zu dem für die Produktion von Vorprodukten erforderlichem Wasser. In Bezug auf die Produktion des Unternehmens sind keine Indikatoren für die Berichterstattung über Strategien zur Steigerung der Effizienz sowie deren Ergebnisse enthalten. Ebenfalls nicht zu berichten ist über die Auswirkungen des Unternehmens auf den Zugang von Menschen zu sauberem Trinkwasser. In Bezug auf die Produkte des Unternehmens ist darüber hinaus kein Leistungsindikator enthalten, der den Wasserverbrauch der Produkte erfasst. Insgesamt können die Adressaten demnach die Auswirkungen des Unternehmens auf den Wasserbestand nur unvollständig einschätzen, wobei insb. das Prinzip der Vergleichbarkeit durch die Angabepflichten nicht erfüllt wird.

584.313 Auswirkungen der Rohstoffverwendung auf die Stoffkreisläufe

584.313.1 Aspekt: Abfall

Nachdem die erste Indikatorengruppe die Auswirkungen des Unternehmens auf den Bestand an natürlichen Ressourcen erfasst, enthält die zweite Gruppe Indikatoren, die die Auswirkungen der Verwendung der Ressourcen im Produktionsprozess auf die Stoffkreisläufe darstellen. Die Gliederung orientiert sich hierbei an der des vorherigen Abschnitts, so dass zwischen dem aus der Materialverwendung entstehenden Abfall, den Emssionen aus der Energieerzeugung und dem Abwasser, das durch den Einsatz von Wasser entsteht, unterschieden wird.

Abfälle können im Rahmen der Produktion und des Konsums der Güter entstehen.[873] Dies sind Rohstoffe, die nicht mehr im Rahmen der Produktion eingesetzt werden. Hierbei sind zwei Aspekte zu beachten: erstens können Unternehmen durch das Recyceln von im Produktionsprozess und in den Produkten verwendeten Materialien natürliche Ressourcen schonen. Zweitens können Abfallstoffe, wenn sie in die Lithosphäre gelangen, Auswirkungen auf die Ökosysteme und somit auf die Biodiversität haben.[874] Die Menge an Abfall lässt neben den Auswirkungen auf die Ökologie auch darauf schließen, wie effizient die Produktionsmethoden des Unternehmens im Branchenvergleich sind. Effizienz kann wiederum einen Einfluss auf den finanziellen Unternehmenserfolg und somit auf die nachhaltige Unternehmensentwicklung haben.[875] Dadurch, dass negative Auswirkungen des Abfalls[876] Menschen betreffen, die diesen nicht verursacht haben (was bspw. bei Abfallexporten der Fall ist), wird die intragenerative Gerechtigkeit beeinflusst.

---

[872] Vgl. Abschn. 56.

[873] Vgl. PETERSEN, D., Industrielle Umweltkostenrechnung, S. 10.

[874] Abfälle, die durch das Unternehmen als Abwasser entsorgt werden und somit die Hydrosphäre betreffen, werden unter dem Aspekt „Abwasser" analysiert; Störstoffe, die in die Atmosphäre abgegeben werden, unter dem Aspekt „Emissionen". Allerdings führen auch in festem Zustand gelagerte Abfälle durch das Eindringen von Wasser nach einiger Zeit zu einer Beeinflussung der Hydrosphäre sowie durch entstehende Emissionen (z. B. Methan bei der Deponierung von Abfällen) zu einer Beeinträchtigung der Atmosphäre.

[875] Vgl. GRI (Hrsg.), G3 Indikatorenprotokoll Umwelt, S. 29. Vgl. ausführlich zu Produktverpackung und Nachhaltigkeit JAMES, K./LEWIS, H./FITZPATRICK, L./SONNEVELD, K., Sustainable Packaging.

[876] Vgl. KNISCH, H., Müllexporte, S. 19-22.

Gefordert wird zunächst unter dem Indikator ***EN 22*** die Angabe des *„Gesamtgewicht[s] des Abfalls nach Art und Entsorgungsmethode"*.[877]

Genauere Angaben zur Berechnung des Indikators enthält das Indikatorprotokoll nicht. Die GRI weist lediglich darauf hin, dass in Fällen, in denen keine Daten zum Gewicht des Abfalls vorliegen, dieses unter Zuhilfenahme zur Verfügung stehender Informationen zu Dichte und Volumen des Abfalls zu schätzen sind. Anzugeben sind nach dem Wortlaut des Indikators und dem IP die Mengen des Abfalls, unterteilt in die Kategorien „gefährlicher Abfall" (bspw. Stoffe, die entflammbar, ätzend oder brennbar sind) und „nicht gefährlicher Abfall".[878] Darüber hinaus ist die Abfallmenge nach der Entsorgungsmethode zu differenzieren (bspw. zwischen der Lagerung auf Deponieen und der Verbrennung) und überdies darzustellen, wie das Unternehmen die Entsorgungsmethode kontrolliert, sofern es die Entsorgung nicht selber durchführt. Auch wenn Emissionen und Abwasser, je nach verwendeter Definition, ebenfalls als Abfall bezeichnet werden können,[879] sind sie nach dem GRI-Leitfaden unter den separaten Aspekten „Emissionen" und „Abwasser" anzugeben.

Die Angaben zum Abfall können durch den Zusatzindikator EN 24[880] ergänzt werden, der die Menge des gefährlichen Abfalls erfasst, der in andere Staaten exportiert wird.

Einen Einfluss auf die Abfallmenge können Unternehmen auch durch das Recycling und die Verpackung ihrer **Produkte** haben.[881] Aus Unternehmenssicht kann das Recycling von Verpackungsmaterialien und Produkten zu Wettbewerbsvorteilen führen, da sich in bestimmten Branchen Unternehmen regulatorischen Rahmenbedingungen zum Recycling von „Produkten und Verpackungen" ausgesetzt sehen.[882] Demnach können die Rücknahme und das Recycling von Verpackungen und Produkten auch einen Einfluss auf die nachhaltige Unternehmensentwicklung haben.[883]

Diese Auswirkungen erfasst der Indikator ***EN 27:*** *„Prozentsatz der nach Gebrauch zurückgenommenen verkauften Produkte und des zurückgenommenen Verpackungsmaterials, aufgeteilt nach Kategorie"*[884].

---

[877] Die Definition des Indikators sowie die Erläuterungen im Indikatorprotokoll wurden im Rahmen der Überarbeitung des G3-Leitfadens nicht geändert.

[878] Ob Abfall als gefährlich eingestuft wird, richtet sich nach dem nationalem Recht am Ort der Abfallentstehung; vgl. GRI (Hrsg.), G3 Indikatorenprotokoll Umwelt, S. 29. Vgl. zu Definitionen von gefährlichem Abfall STEDE, B., Abfallexport, S. 89-98. Vgl. weiterführend zum deutschen Abfallrecht BECKMANN, M., Kreislaufwirtschafts- und Abfallrecht.

[879] Vgl. PETERSEN, D., Industrielle Umweltkostenrechnung, S. 14 f.

[880] EN 24: „Gewicht des transportierten, importierten, exportierten oder behandelten Abfalls, der gemäß den Bestimmungen des Basler Übereinkommens, Anhang I, II, III und VIII als gefährlich eingestuft wird, sowie Anteil in Prozent des zwischenstaatlich verbrachten Abfalls".

[881] GRI (Hrsg.), G3 Indikatorenprotokoll Umwelt, S. 34. Insofern könnte der Indikator EN 27 auch in Abschn. 584.312 unter dem Aspekt „Material" eingeordnet werden, da angegeben wird, wie das Unternehmen durch das Recycling von Materialien natürliche Ressourcen schützt.

[882] Vgl. GRI (Hrsg.), G3 Indikatorenprotokoll Umwelt, S. 34.

[883] Vgl. Hierzu auch die Indikatoren EN 1 und EN 2 in Abschn. 584.312.

[884] Der englische Originaltext des Indikators lautet „percentage of products sold and their packaging materials that are reclaimed by category" (GRI (Hrsg.), G3 Sustainability Reporting Guidelines, S. 29). Aus diesem Grund wir die deutsche Originalübersetzung, die lediglich eine Angabe des recycelten Verpackungsmaterials fordert („An-

Zur Bestimmung des Indikators ist die Anzahl der am Ende ihrer Lebensdauer zurückgegebenen Produkte sowie das zurückgenommene Verpackungsmaterial zu ermitteln.[885] Anzugeben ist nach dem IP das Verhältnis der „im Berichtszeitraum zurückgenommenen Produkte und Verpackungen" zu den „im Berichtszeitraum verkaufte[n] Produkte[n]". In Bezug auf die zurückgenommenen Verpackungen ist auszuweisen, ob diese recycelt oder wiederverwendet werden. Ferner ist anzugeben, aus welcher Quelle die Daten stammen, bspw. aus internen Quellen oder von externen Dienstleistern, die die Rücknahme des Materials für das Unternehmen durchführen.[886]

Grundsätzlich soll der Indikator durch die Darstellung der Fähigkeiten des Unternehmens, Materialien zu recyceln oder wiederzuverwenden, den Einfluss des Unternehmens auf natürliche Ressourcen darstellen. Allerdings ist die Berechnung des anzugebenden Prozentsatzes der zurückgenommenen **Produkte** im Indikatorprotokoll nicht zielführend. Da diese in ein Verhältnis mit den im Berichtszeitraum verkauften Produkten gesetzt werden, können Absatzschwankungen über die Lebensdauer der Produkte nicht berücksichtigt werden. Um den Prozentsatz der vom Unternehmen zurückgenommenen Produkte zu ermitteln, sollten diese ins Verhältnis zu den Produkten gesetzt werden, die in der aktuellen Berichtsperiode das Ende ihrer Lebensdauer erreicht haben. Erst auf diese Weise zeigt sich, wieviel Prozent der im Berichtszeitraum zu entsorgenden Produkte vom Unternehmen tatsächlich zurückgenommen werden. Der Prozentsatz der zurückgenommenen **Verpackungen** kann hingegen gebildet werden, wenn man diese in ein Verhältnis mit den in der aktuellen Berichtsperiode verkauften Produkte setzt, da davon ausgegangen werden kann, dass die Rücknahme des Verpackungsmaterials zeitlich eng an den Verkauf der Produkte gekoppelt ist.

Darüber hinaus liefert der Indikator keine Informationen zum „effizienten Recycling"[887] der Produkte und der Produktverpackung (wie von der GRI intendiert). Da nur Informationen über die Rücknahme, nicht aber den weiteren Entsorgungsprozess (der das Recycling, die sonstige (z. B. energetische) Verwertung oder die Beseitigung umfassen kann)[888] gemacht werden, bedeutet die Rücknahme an sich noch kein Recycling der Produkte/Verpackungen. Um die tatsächliche Fähigkeit der Organisation zum Recycling von Produkten einschätzen zu können, sollte somit zusätzlich angegeben werden, wieviel Prozent der Produktmaterialien der zurückgenommenen Produkte recycelt und erneut dem Produktionsprozess zugeführt werden konnten. Insgesamt kann der Indikator EN 27 die (positiven) Auswirkungen des Unternehmens auf die Ökologie somit nur teilweise den tatsächlichen Verhältnissen entsprechend darstellen.

---

teil in Prozent der verkauften Produkte, bei denen das Verpackungsmaterial zurückgenommen wurde, aufgeteilt nach Kategorien"; GRI (Hrsg.), G3 Leitfaden, S. 29), nicht übernommen. Die Definition des Indikators sowie die Erläuterungen im Indikatorprotokoll wurden im Rahmen der Überarbeitung des G3-Leitfadens nicht geändert.

885 Vgl. GRI (Hrsg.), G3 Indikatorenprotokoll Umwelt, S. 34.

886 Vgl. GRI (Hrsg.), G3 Indikatorenprotokoll Umwelt, S. 34.

887 GRI (Hrsg.), G3 Indikatorenprotokoll Umwelt, S. 34.

888 Vgl. Zielhierarchie der Abfallwirtschaft, EG RL 2008/98/EG.

Des Weiteren kann ein Unternehmen einen Einfluss auf die Lithosphäre haben, wenn unbeabsichtigt Stoffe freigesetzt werden. Diese Freisetzungen sind unter dem Querschnittsindikator ***EN 23*** zu erfassen, der die *„Gesamtzahl und [das] Volumen wesentlicher Freisetzungen"* angibt.[889]

Wesentliche Freisetzungen eines gefährlichen Materials bestehen dann, wenn der Boden und dadurch nach einiger Zeit die Vegetation, Gewässer und das Grundwasser beeinträchtigt werden können.[890] Freisetzungen können zu finanziellen Konsequenzen für das Unternehmen durch Bußgelder, die Verschärfung regulatorischer Rahmenbedingungen aber auch indirekt durch Reputationsschäden führen und prinzipiell die nachhaltige Unternehmensentwicklung beeinflussen.

Zur Bestimmung des Indikators EN 23 für die Kategorie Abfall sind alle Freisetzungen von Materialien, die unter dem Indikator EN 1 in den Gesamtmaterialeinsatz eingerechnet worden sind, anzugeben.[891] Anhaltspunkte für die Bestimmung von wesentlichen Freisetzungen können sich z. B. aus der externen Rechnungslegung ergeben, wenn Rückstellungen für die Beseitigung aufgetretener Umweltschäden gebildet werden.[892] Entscheidend ist jedoch die (auch der Bildung von Rückstellungen zu Grunde liegende) Einschätzung des Unternehmens, dass der ausgetretene Stoff Auswirkungen auf die Lithosphäre haben wird.[893] Anzugeben sind die Gesamtzahl und das Gesamtvolumen der Freisetzungen. Wurden Freisetzungen einzeln im Jahresabschluss des Unternehmens „erwähnt" (d. h. bspw. die Bildung einer Rückstellung im Anhang erläutert), was tendenziell auf weiterreichende Auswirkungen schließen lässt, so ist für diese Freisetzung ihr Ort, die Menge der freigesetzten Substanz und ihre Art anzugeben.[894] Darüber hinaus sind die Auswirkungen wesentlicher Vorfälle darzustellen (in diesem Fall die Auswirkungen von nicht sachgerechter Behandlung von Abfällen auf den Boden und die Konsequenzen für Ökosysteme und die Biodiversität).[895] Ob sich das Kriterium der Wesentlichkeit an die Berichterstattung im Jahresabschluss anlehnt, wird von der GRI im Indikatorprotokoll nicht beantwortet. Da für die Rückstellungsbildung indes die monetären Konsequenzen für das Unternehmen zu bewerten sind, während für die Nachhaltigkeitsberichterstattung die Auswirkungen auf die Ökologie im Vordergrund stehen sollten, ist hiervon nicht auszugehen.

Neben seiner Produktionstätigkeit kann ein Unternehmen die Ökologie auch durch seine Produkte beeinflussen. In Bezug auf den entstehenden Abfall betrifft dies unerwünschte Reststoffe, die im

---

889 Die Definition des Indikators sowie die Erläuterungen des Indikatorprotokolls wurden im Rahmen der Überarbeitung des GRI G3-Leitfadens nicht geändert.

890 Vgl. GRI (Hrsg.), G3 Indikatorenprotokoll Umwelt, S. 30. Wenn Freisetzungen direkt die menschliche Gesundheit beeinträchtigen, werden die Auswirkungen nicht an dieser Stelle, sondern im Rahmen der Analyse der Auswirkungen auf das Gesundheitssystem erfasst; vgl. Abschn. 584.434.

891 Der Indikator EN 23 erfüllt eine Querschnittsfunktion, da in allen drei Aspekten während der Verwendung von Ressourcen Freisetzungen auftreten können. Freisetzungen im Zusammenhang mit der Energieerzeugung und mit der Verwendung von Wasser sind in den anderen beiden Aspekten zu erfassen.

892 Vgl. hierzu BAETGE, J./KIRSCH, H.-J./THIELE, S., Bilanzen, S. 434 f.

893 Vgl. GRI (Hrsg.), G3 Indikatorenprotokoll Umwelt, S. 30. Zu beachten ist indes, dass eine Rückstellungsbildung erst dann erforderlich ist, wenn die Auswirkungen des Unternehmens auf die Ökologie auch zu monetären Konsequenzen führen.

894 Vgl. GRI (Hrsg.), G3 Indikatorenprotokoll Umwelt, S. 30.

895 Vgl. GRI (Hrsg.), G3 Indikatorenprotokoll Umwelt, S. 30.

Rahmen des Konsums der Produkte entstehen.[896] Hierzu sind unter dem Querschnittsindikator ***EN 26*** *„Initiativen, um die Umweltauswirkungen von Produkten und Dienstleistungen zu minimieren und [das] Ausmaß ihrer Auswirkungen“*[897] anzugeben.[898]

Der Indikator soll vor diesem Hintergrund darstellen, welche Maßnahmen das Unternehmen eingeleitet hat, um die Umweltauswirkungen seiner Produkte zu minimieren. Zunächst sind somit alle Initiativen im Unternehmen, die dieses Ziel verfolgen, zu erheben und anzugeben. Darüber hinaus sind die Ergebnisse der Maßnahmen der letzten Berichtsperiode darzustellen. Hierzu ist quantitativ die erzielte Einsparung anzugeben, gefolgt von den Annahmen in Bezug „auf das Gebrauchsverhalten oder [...] auf Normierungsfaktoren“[899]. Ob die Einsparungen als absolute oder relative Einsparungen anzugeben sind, wird nicht vorgeschrieben.

Fraglich ist, ob die Erfolge des Unternehmens im Bereich der Abfallverringerung tatsächlich eingeschätzt werden können, wenn ausschließlich die Initiativen zur Abfallverringerung in Verbindung mit der relativen bzw. absoluten Verringerung der entstehenden Abfallmenge angegeben wird. Eine Angabepflicht der absoluten Abfallmenge enthält der GRI-Leitfaden nicht (lediglich das Verpackungsmaterial für den Transport wird durch den Zusatzindikator EN 29 erfasst). Somit ist das Prinzip der zwischenbetrieblichen Vergleichbarkeit nicht erfüllt.

Wie die Abbildung 5-23 zeigt, enthält der GRI-Leitfaden - unter Berücksichtigung der Anleitung zur Bestimmung der Berichtsgrenzen[900]- keine Leistungsindikatoren für die vorgelagerte Lieferkette. Ebenso sind keine Initiativen zu beschreiben, die eine Abfallminimierung im Rahmen der Produktion des Unternehmens anstreben. In Bezug auf die intragenerative Gerechtigkeit ist lediglich der Zusatzindikator EN 24 zu nennen, der sich auf den Export von gefährlichem Abfall bezieht. Aus welchen Gründen der GRI-Leitfaden keinen Indikator zum Export von nicht gefährlichem Abfall enthält, ist ebenfalls nicht nachvollziehbar. Insgesamt wird somit auch im Bereich des Abfalls nur ein unvollständiger Einblick in die Auswirkungen des Unternehmens auf die Ökologie gewährt.

---

896 Vgl. PETERSEN, D., Industrielle Umweltkostenrechnung, S. 10.

897 Unter dem Indikator EN 26 werden Auswirkungen des Produktes auf viele Bereiche der Ökologie erfasst. An dieser Stelle werden lediglich die Auswirkungen durch Abfälle betrachtet.

898 Die Definition des Indikators sowie die Erläuterungen im Indikatorprotokoll wurden im Rahmen der Überarbeitung des G3-Leitfadens nicht geändert.

899 GRI (Hrsg.), G3 Indikatorenprotokoll Umwelt, S. 33.

900 Vgl. Abschn. 56.

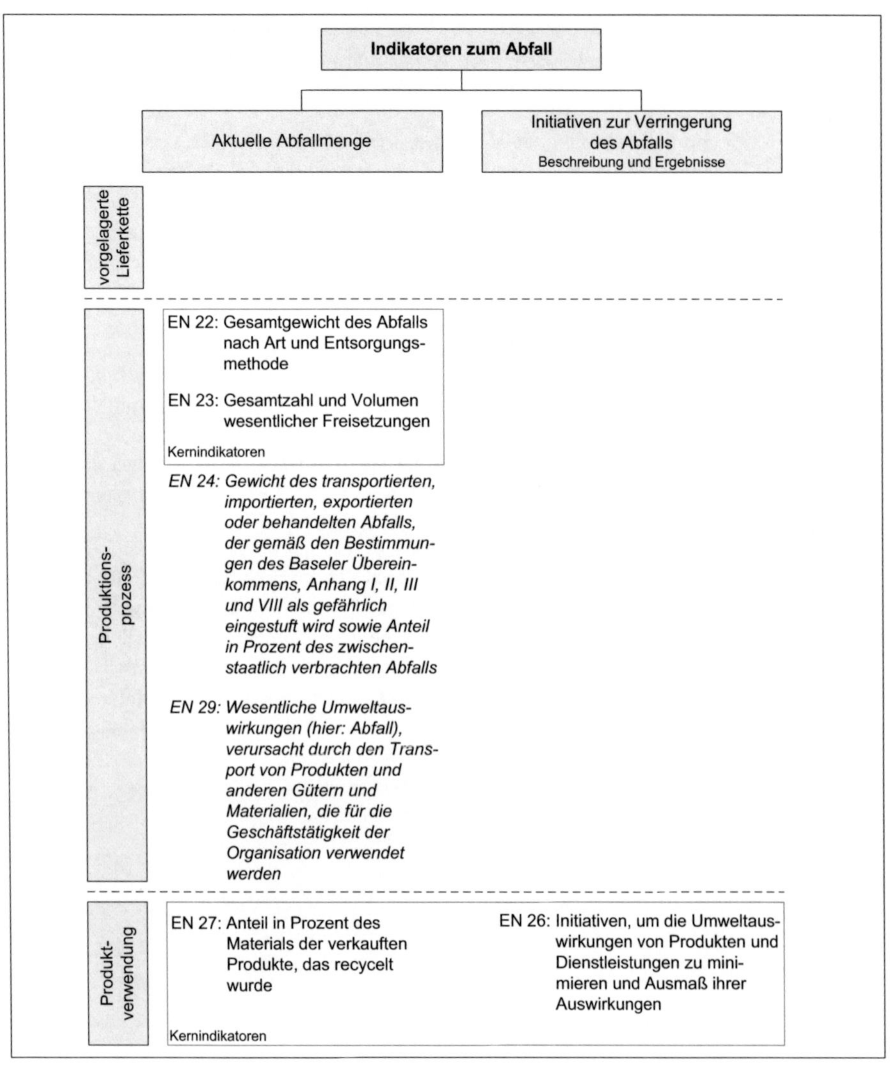

Abbildung 5-24: Kategorisierung der GRI-Indikatoren zum Abfall[901]

901 Zur Behandlung der Produktverantwortung in Bezug auf Abfall im deutschen Recht vgl. DILLING, O., Grenzüberschreitende Produktverantwortung; THOMSEN, S., Produktverantwortung; STRECK, T., Abfallrechtliche Produktverantwortung.

584.313.2 Aspekt: Emissionen

Emissionen werden definiert als Aussendung von Störfaktoren (Schadstoffen) in die Umwelt und beeinflussen direkt die Atmosphäre.[902] Durch die sich hieraus ergebenden Konsequenzen (wie z. B. den Klimawandel oder sauren Regen) kann die intragenerative Gerechtigkeit beeinflusst werden, indem Menschen betroffen sind, die nicht ursächlich zur Verursachung dieser Ökologieveränderungen beigetragen haben.[903] Zusätzlich wird durch die Schädigung von Ökosystemen die intergenerative Gerechtigkeit beeinflusst.

Unternehmen können im Rahmen ihrer Produktionstätigkeit direkt und indirekt Emissionen verursachen. Vor diesem Hintergrund sind zunächst unter dem Indikator ***EN 16*** *„die gesamten direkten und indirekten Treibhausgasemissionen nach Gewicht"* anzugeben.[904]

Diese Angabe bezieht sich auf den im Rahmen der Indikatoren EN 3 und EN 4 erhobenen Verbrauch an Primär- und Sekundärenergieträgern für die Produktionstätigkeit des Unternehmens. Direkte Treibhausgasemissionen entstehen dann, wenn das Unternehmen selbst Primärenergie (z. B. Steinkohle) oder Sekundärenergie (z. B. Koks) in Anlagen umwandelt, die es besitzt oder beherrscht;[905] indirekte Treibhausgasemissionen entstehen durch den Bezug von umgewandelter Primärenergie (= Sekundärenergie) von externen Dienstleistern (z. B. Strom). Da Primär- in Sekundärenergie für Zwecke des Unternehmens umgewandelt wird, sollte dieses die durch den Umwandlungsprozess entstehenden Emissionen angeben. Aus Unternehmenssicht zeigen die Emissionen die Abhängigkeit von (endlichen und erneuerbaren) Energieträgern. Darüber hinaus lässt die Rohstoffabhängigkeit auch auf das Risiko schließen, dass eine Verschärfung der regulatorischen Rahmenbedingungen (in diesem Fall des Emissionsrechtehandels) zu einer Erhöhung der Betriebskosten des Unternehmens führen würde.[906]

Nach dem Wortlaut des Indikators und dem IP sind die direkten sowie die indirekten Emissionen in einer Summe in Tonnen CO_2-Äquivalent anzugeben.[907] Der Indikator EN 16 deckt somit (im Gegensatz zu den Indikatoren EN 3 und EN 4) die Emissionen, die unter *scope 1* und *scope 2* des GHG-Protocol erfasst werden, ab. Beachtet werden sollte jedoch, dass im GHG-Protocol auch eine separate Angabe der direkten sowie der indirekten Emissionen sowie neben der CO_2-Äquivalente auch eine Angabe in Tonnen gefordert wird.[908] Insofern erfüllt ein ausschließlich unter Beachtung der GRI-Leistungsindikatoren aufgestellter Nachhaltigkeitsbericht entgegen der GRI-Sicht nicht sämtliche Anforderungen des GHG-Protocols.

---

902 Vgl. Borsch, P./Wagner, H.-J., Energie und Umweltbelastung, S. 37.

903 Vgl. Bick, H./Hansmeyer, K. H./Olschowy, G./Schmoock, P., Angewandte Ökologie - Band 2, S. 413.

904 Die Definition des Leistungsindikators sowie die Erläuterungen im Indikatorprotokoll wurden im Rahmen der Überarbeitung des GRI G3-Leitfadens nicht geändert.

905 Vgl. WBCSD/World Resources Institute (Hrsg.), Greenhouse Gas Protocol, S. 25. Im GRI-Leitfaden wird dieses Kriterium nicht direkt definiert. In die Berechnung des Indikators sind jedoch alle Unternehmen innerhalb der Berichtsgrenzen einzubeziehen, die von dem berichtenden Unternehmen beherrscht werden; vgl. Abschn. 56. Somit scheinen die Berichtsgrenzen des GHG-Protocol und des GRI-Nachhaltigkeitsberichts übereinzustimmen.

906 Vgl. GRI (Hrsg.), G3 Indikatorenprotokoll Umwelt, S. 22.

907 Vgl. GRI (Hrsg.), G3 Indikatorenprotokoll Umwelt, S. 22.

908 Vgl. WBCSD/World Resources Institute (Hrsg.), Greenhouse Gas Protocol, S. 63.

Da Unternehmen auch für Treibhausgasemissionen verantwortlich sein können, die nicht im Rahmen ihrer Produktionstätigkeit entstehen (z. B. durch Dienstreisen von Mitarbeitern), erfasst der Indikator ***EN 17*** *„andere relevante Treibhausgasemissionen nach Gewicht“.*[909]

„Andere relevante Treibhausgasemissionen“ sind solche Emissionen, die nicht bereits unter dem Indikator EN 16 erfasst worden sind. Im GHG-Protocol werden diese Emissionen unter *scope 3* subsumiert. Da alle direkt durch das Unternehmen verursachten Treibhausgasemissionen bereits unter EN 16 angegeben werden, kann EN 17 lediglich indirekte Emissionen enthalten, wobei die bei der Stromerzeugung (und bei der Erzeugung von Fernwärme und Wasserdampf) verursachten Emissionen durch die Erfassung unter EN 16 ausgenommen sind. Angegeben werden könnten somit z. B. Emissionen von Treibhausgasen bei der Produktion von Vorprodukten oder aus der Reisetätigkeit von Mitarbeitern.[910] Eine weitere wesentliche Kategorie, die im GHG-Protocol, jedoch nicht im GRI-Leitfaden oder im IP genannt ist, bilden die Treibhausgasemissionen, die durch die Produkte des Unternehmens verursacht werden.[911]

Anzugeben ist nach dem IP die Summe aller indirekten Treibhausgasemissionen in Tonnen CO_2-Äquivalent. Im Gegensatz zum GHG-Protocol, das die Angaben unter *scope 3* als Wahlrecht ausgestaltet, ist der GRI-Indikator EN 17 ein Kernindikator und wird demnach grds. als wesentlich für die Darstellung der Nachhaltigkeitsleistung des Unternehmens eingestuft.

Fraglich ist, ob die geforderten Angaben eine zwischenbetriebliche Vergleichbarkeit ermöglichen. Da lediglich die Summe der CO_2-Emissionen angegeben werden muss, können Adressaten nicht erkennen, aus welchen Quellen die angegebenen Emissionen stammen. Da jedes Unternehmen die Wesentlichkeit selber bestimmt,[912] kann die CO_2-Effizienz des Unternehmens in Bezug auf die „sonstigen relevanten Treibhausgase“ nicht eingeschätzt werden.

Ergänzt werden können die Angaben zu den CO_2-Emissionen durch den Zusatzindikator EN 18[913], unter dem Initiativen zur Verringerung der Treibhausgasemissionen und erzielte Ergebnisse dargestellt werden können.

Ferner können Unternehmen einen Einfluss auf die Atmosphäre nehmen, indem sie durch die Verwendung von **Ozon** abbauenden Stoffen (bspw. FCKW) den Ozongehalt verändern. Ozon spielt auf unterschiedliche Art und Weise eine Rolle bei der Umweltverschmutzung. In den unteren Luftschichten kann es durch eine zunehmende Konzentration ein Level erreichen, das toxisch für Pflan-

909 Die Definition des Leistungsindikators sowie die Erläuterungen im Indikatorprotokoll wurden im Rahmen der Überarbeitung des GRI G3-Leitfadens nicht geändert.

910 An dieser Stelle ist auf eine Überschneidung mit dem Indikator EN 29 (Wesentliche Auswirkungen verursacht durch den Transport von Gütern und Mitarbeitern) hinzuweisen. Da der Transport von Gütern und Mitarbeitern durch den Verbrauch von Sekundärenergie direkt und indirekt zu Emissionen führt, sind diese bereits in den Angaben dieses Indikators enthalten. Aufgrund der besonderen Relevanz des Transportes sollten dessen Auswirkungen indes durch einen „davon-Vermerk“ gekennzeichnet werden. Vgl. weiterführend zu diesem Themenbereich GERIKE, R., Nachhaltige Verkehrsentwicklung.

911 Vgl. WBCSD/WORLD RESOURCES INSTITUTE (Hrsg.), Greenhouse Gas Protocol, S. 25.

912 Vgl. GRI (Hrsg.), G3 Indikatorenprotokoll Umwelt, S. 24.

913 EN 18: „Initiativen zur Verringerung der Treibhausgasemissionen und erzielte Ergebnisse“.

zen ist und zur Entstehung von Smog beiträgt.[914] Ozon wirkt ferner auch als Treibhausgas, wenngleich dies von untergeordneter Bedeutung ist. Im Gegensatz zu den negativen Folgen reichert sich Ozon jedoch auch im oberen Bereich der Atmosphäre an und wirkt dort positiv durch die Filterung des größten Teils der UV-Strahlung, durch die der Planet erst für Pflanzen und Tiere bewohnbar wird.[915]

Aus gesellschaftlicher Perspektive ist eine Vermeidung von Ozon abbauenden Substanzen demnach von Bedeutung, um die natürliche Lebensgrundlage für Planzen, Tiere und letztlich den Menschen zu erhalten (intergenerative Gerechtigkeit).[916] Des Weiteren kann auch die intragenerative Gerechtigkeit beeinflusst werden, wenn nicht zur Verursachung des Ozonabbaus beitragende Menschen von den Konsequenzen betroffen sind. Aus Unternehmenssicht stehen primär die mit dem Ausstieg aus der Verwendung von Ozon abbauenden Stoffen verbundenen Risiken und Kosten im Vordergrund.[917]

Anzugeben sind demnach unter dem Indikator ***EN 19*** *„Emissionen von Ozon abbauenden Stoffen nach Gewicht“*.[918]

Zur Bestimmung der Emissionen von Ozon abbauenden Stoffen sind die produzierten mit den importierten Stoffen (d. h. den von externen Anbietern erworbenen Stoffe) zu addieren. Verkaufte Stoffe sind abzuziehen, da die hierdurch entstehenden Emissionen nicht dem Unternehmen zuzuordnen sind. Die Emissionen sind in FCKW-11 Äquivalenten anzugeben.[919]

Ferner kann die Freisetzung z. B. von Stickoxiden (NO_x) und Schwefeloxiden (SO_x) gravierende Auswirkungen auf die jeweiligen Stoffkreisläufe haben und zu Auswirkungen auf verschiedene Ökosysteme und die Biodiversität führen.[920] So kann z. B. saurer Regen zur Übersäuerung des Bodens führen und somit den Lebensraum von Pflanzen zerstören. Für Unternehmen kann eine Verschmutzung der Luft z. B. das Verhältnis zu Gemeinden verschlechtern und Änderungen des regulatorischen Umfelds bewirken. Darüber hinaus können Emissionen in Ländern mit Emissionsobergrenzen direkte Auswirkungen auf die Kosten des Unternehmens haben.[921]

---

914 Vgl. FARMER, K./STADLER, I., Marktdynamik und Umweltpolitik, S. 20.

915 Vgl. WILLIMANN, I./EGLI-BROZ, H., Ökologie, S. 59.

916 Aus diesem Grund wurde die Verwendung von Ozon abbauenden Stoffen durch das Montreal-Abkommen vom 16. September 19867 begrenzt bzw. verboten, Vgl. UNEP (Hrsg.), Handbook for the Montreal Protocol, sowie BÖHLMANN, D., Umweltbelastungen, S. 46.

917 Vgl. GRI (Hrsg.), G3 Leitfaden, S. 26.

918 Die Definition des Indikators sowie die Erläuterungen im Indikatorprotokoll wurden im Rahmen der Überarbeitung des GRI G3-Leitfadens nicht geändert.

919 Vgl. GRI (Hrsg.), G3 Leitfaden, S. 26.

920 Vgl. Abschn. 245.

921 Vgl. GRI (Hrsg.), G3 Leitfaden, S. 27.

Anzugeben sind unter dem Indikator ***EN 20*** demnach *„NO_x, SO_x und andere wesentliche Luftemissionen nach Art und Gewicht“.*[922]

Nach den Erläuterungen des IP ist das Gewicht wesentlicher Luftemissionen in Kilogramm oder Tonnen für NO_x (Stickoxide), SO_x (Schwefeloxide), persistente organische Schadstoffe (POP, *persistant organic pollutants*)[923], flüchtige organische Verbindungen (VOC, *volatile organic compounds*)[924], gefährliche Luftschadstoffe (HAP, *hazardous air pollutants)*[925], direkte und diffuse Emissionen, Feinstäube oder andere, in Vorschriften festgelegte Standardkategorien für Luftemissionen, anzugeben. Welche Emissionen ein Unternehmen tatsächlich verursacht, richtet sich hierbei nach der Zugehörigkeit zu unterschiedlichen Branchen; ein brancheninterner zwischenbetrieblicher Vergleich sollte indes auf Grundlage der Angaben des Indikators möglich sein.

Wie bereits im Rahmen der Analyse der Indikatoren des Aspekts „Abfall“ beschrieben, können unbeabsichtigte Freisetzungen (in diesem Fall von Gasen in die Luft) zu Veränderungen von Stoffkreisläufen führen und Ökosysteme sowie die Biodiversität beeinflussen. Der GRI-Leitfaden fordert von Unternehmen diesbezüglich unter dem Querschnittsindikator ***EN 23*** die Angabe der *„Gesamtzahl und das Volumen wesentlicher Freisetzungen“.*[926]

In Bezug auf die Produkte des Unternehmens sind unter dem Indikator ***EN 17*** (andere relevante Treibhausgase nach Gewicht, s. o.) die aktuellen Emissionen der Produkte anzugeben. Darüber hinaus erfasst der ebenfalls bereits analysierte Querschnittsindikator ***EN 26*** *„Initiativen, um die Umweltauswirkungen von Produkten und Dienstleistungen zu minimieren und das Ausmaß ihrer Auswirkungen“.*[927]

Die GRI-Leistungsindikatoren zu Emissionen in die Atmosphäre können abschließend wie folgt kategorisiert werden:

---

922 Die Definition des Indikators sowie die Erläuterungen im Indikatorprotokoll wurden im Rahmen der Überarbeitung des GRI G3-Leitfadens nicht geändert.

923 Persistente organische Schadstoffe bleiben über eine lange Zeit in der Umwelt stabil; vgl. WISSENSCHAFTLICHER BEIRAT DER BUNDESREGIERUNG GLOBALE UMWELTVERÄNDERUNGEN (Hrsg.), Jahresgutachten 1998, S. 11. Darüber hinaus werden sie in Organismen angereichert und weltweit transportieret; vgl. SCHEFFLER, F./ SCHACHTSCHABEL, P. (Hrsg.), Bodenkunde, S. 480

924 Flüchtige organische Verbindungen sind Lösemittel, „die allein oder in Verbindung mit anderen Stoffen zur Auflösung oder Verdünnung von Rohstoffen, Stoffen und Zubereitungen oder Abfallstoffen, als Reinigungsmittel zur Auflösung von Verschmutzungen, als Dispersionsmittel, als Mittel zur Einstellung der Viskosität oder der Oberflächenspannung oder als Weichmacher oder Konservierungsstoff verwendet werden“ (JANSSEN, G., Lösemittelbilanz, S. 45 f.). Beispielsweise gibt BMW an, wie viel Kg VOC pro produziertem Fahrzeug in die Umwelt abgegeben wird; vgl. BMW AG (Hrsg.), Sustainable Value Report 2008, S. 90.

925 Gefährliche Luftschadstoffe sind „gasförmige, aerosolische oder partikuläre Bestandteile der Umgebungsluft, die in Spurenkonzentrationen auftreten und deren Eigenschaften (z. B. Toxizität und Persistenz) eine Gefährdung für den Menschen, Pflanzen oder Tiere darstellen“ (NAGEL, H.-D./GREGOR, H.-D. (Hrsg.), Ökologische Belastungsgrenzen, S. 22).

926 Die Definition des Leistungsindikators sowie die Erläuterungen im Indikatorprotokoll wurden im Rahmen der Überarbeitung des GRI G3-Leitfadens nicht geändert.

927 Die Definition des Leistungsindikators sowie die Erläuterungen im Indikatorprotokoll wurden im Rahmen der Überarbeitung des GRI G3-Leitfadens nicht geändert.

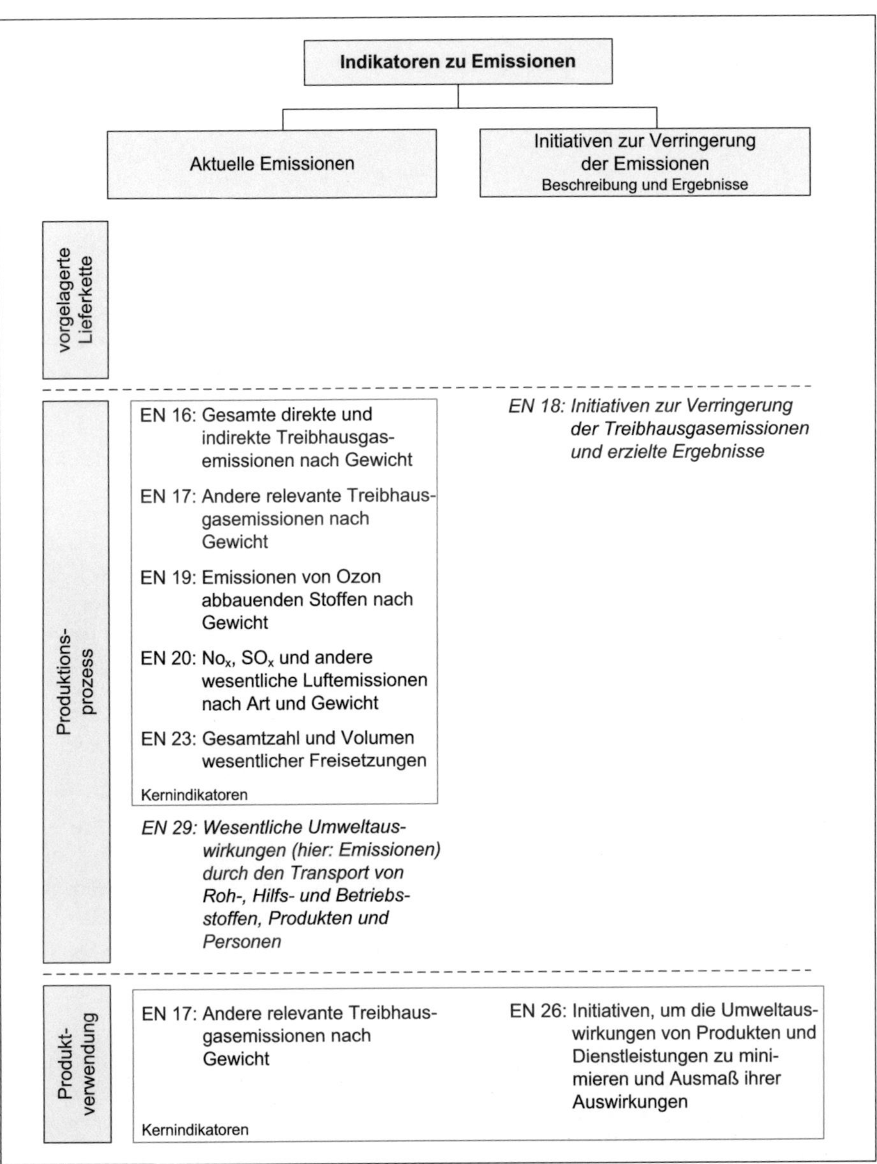

Abbildung 5-25: Kategorisierung der GRI-Indikatoren zu Emissionen

Initiativen zur Verringerung von Emissionen sind nicht verpflichtend anzugeben, sondern können fakultativ unter dem Leistungsindikator EN 18 ausgewiesen werden. Ebenfalls sind die Emissionen während der Produktverwendung nicht separat anzugeben, sondern werden mit anderen Emissionen zusammen unter dem Leistungsindikator EN 17 erfasst (auch wenn sie nicht explizit im Indikatorprotokoll aufgeführt werden). Durch diese Vermischung der CO_2-Quellen wird den Adressaten des Nachhaltigkeitsberichts die Einsicht in die Auswirkungen des Unternehmens auf die Ökologie deutlich erschwert.

584.313.3 Aspekt: Abwasser

Die in der Kategorie „Abwasser" dargestellten Auswirkungen des Unternehmens beziehen sich auf die direkte Einleitung von Schadstoffen in die Hydrosphäre. Abwasser wird bspw. im Landes-Wassergesetz des Landes NRW (LWG NRW) definiert als „das durch häuslichen, gewerblichen, landwirtschaftlichen oder sonstigen Gebrauch in seinen Eigenschaften veränderte und das bei Trockenwetter damit zusammen abfließende Wasser (Schmutzwasser) sowie das von Niederschlägen aus dem Bereich von bebauten oder befestigten Flächen abfließende und gesammelte Wasser (Niederschlagswasser)" (§ 51 Abs. 1 LWG NRW). Werden Schadstoffe anders freigesetzt und erst später erfasst, z. B. durch Niederschlag oder Auswaschungen, sind die Auswirkungen in den Kategorien „Abfall" und „Emissionen" darzustellen.

Aus Gesellschaftssicht ist die Abwassereinleitung durch Unternehmen relevant, da die Verunreinigung von Wasser Auswirkungen auf die Ökosysteme haben kann. Aus Unternehmenssicht können sich Auswirkungen ergeben, wenn dem Unternehmen durch die Verschmutzung von Wasser dieses nicht mehr in akzeptabler Qualität für die Produktion zur Verfügung steht. Außerdem besteht das Risiko der Änderung regulatorischer Rahmenbedingungen zum Schutz der Ökologie, was wiederum zu einer Erhöhung der Produktionskosten des Unternehmens führen kann.[928]

Anzugeben sind unter dem Indikator ***EN 21*** die *„gesamte[n] Abwassereinleitungen nach Art und Einleitungsort".*[929]

Bei der Bestimmung der Menge des Abwassers ist zwischen geplanter und ungeplanter Abwassereinleitung zu unterscheiden, wobei gesammeltes Regenwasser und Nutzwasser nicht mit in die Berechnung einbezogen werden.[930] Anzugeben ist der Ort der Wassereinleitung, die Aufbereitungsmethode und eine evtl. Weiterverwendung durch ein anderes Unternehmen. Außerdem fordert das IP die Angabe der Wasserqualität, die durch Standardabwasserparameter (z. B. biochemischer Sauerstoffbedarf oder Gesamtmenge suspendierter Feststoffe) definiert wird. „Haushaltsabwässer" werden nach den Erläuterungen des IP nicht in die Berechnungen einbezogen.[931]

Auffällig ist in den Erläuterungen des IP, dass gesammeltes Regenwasser und Nutzwasser im Rahmen der Datensammlung nicht einbezogen werden. Da in der Definition des Begriffes „Abwassereinleitung insgesamt" im IP Nutzwasser nicht mehr ausgeschlossen wird, kann von einem redaktio-

---

928 Vgl. GRI (Hrsg.), G3 Leitfaden, S. 28.

929 Die Definition des Indikators sowie die Erläuterungen im Indikatorprotokoll wurden im Rahmen der Überarbeitung des GRI G3-Leitfadens nicht geändert.

930 Vgl. GRI (Hrsg.), G3 Leitfaden, S. 28.

931 Vgl. GRI (Hrsg.), G3 Leitfaden, S. 28.

nellen Fehler ausgegangen werden, da gerade die Verwendung und Verschmutzung von Wasser während der Produktion wesentliche Einflüsse des Unternehmens auf die Wasserqualität verdeutlichen sollte. Regenwasser indes ist auch nach der Definition des Begriffs „Abwasserleitung insgesamt“ des IP ohne eine Begründung nicht anzugeben. Da allerdings auch gesammeltes Regenwasser im Rahmen der Produktion mit Schadstoffen belastet werden kann, ist die fehlende Angabe des hieraus entstehenden Abwassers nicht nachvollziehbar.[932] Beispielsweise wird sachgerechter im LWG NRW zur Bestimmung des Abwassers nicht nach der Entnahmequelle differenziert; entscheidend ist vielmehr die Tatsache, dass das Wasser „in seinen Eigenschaften verändert wurde“ (§ 51 Abs. 1 LWG NRW).

Ferner wird nicht erläutert, warum „Haushaltsabwässer“, die nicht näher definiert werden, nicht anzugeben sind. Ziel scheint letztlich eine Angabe des Abwassers aus der Produktionstätigkeit des Unternehmens zu sein. Da jedoch auch Abwasser, das nicht im Rahmen der Produktion, sondern z. B. in der Verwaltung entstanden ist, der Einflusssphäre des Unternehmens zugerechnet werden kann, ist die vollständig fehlende Angabepflicht zumindest nicht nachvollziehbar. Möglich wäre z. B. die Angabe der produktionsbezogenen Abwässer durch einen „davon-Vermerk“ im Rahmen der Angabe des gesamten Abwassers. Erst durch den Einbezug der aus diesen Quellen stammenden Abwässer wäre die Verwendung und Belastung des gesamten Wassers, über das unter dem Indikator EN 8 berichtet wird, gewährleistet.[933]

Unbeabsichtigte Freisetzungen von Stoffen in den Wasserkreislauf sind unter dem Indikator ***EN 23*** als ***„****Volumen wesentlicher Freisetzungen“* zu erfassen.[934] Verursachen die Produkte des Unternehmens Abwasser, so sind unter dem Indikator ***EN 26*** *„Initiativen, um die Umweltauswirkungen von Produkten und Dienstleistungen zu minimieren und das Ausmaß ihrer Auswirkungen“* anzugeben.[935]

Wie die folgende Abbildung 5-26 zeigt, sind auch im Bereich der Leistungsindikatoren zum Abwasser keine Leistungsindikatoren zu Initiativen zur Verringerung des Abwassers während der Produktion oder zum aktuellen Wasserverbrauch der Produkte enthalten, so dass auch in dieser Kategorie die Auswirkungen des Unternehmens auf die Ökologie nur unvollständig dargestellt werden.

---

932 Dies wäre lediglich dann der Fall, wenn durch den Indikator die Auswirkungen des Unternehmens auf die Wasserquellen und somit auf die Nachhaltigkeit des hydrologischen Kreislaufes dargestellt werden sollte. Die Auswirkungen des Unternehmens auf die unterschiedlichen Wasserquellen werden jedoch unter dem Indikator EN 8 angegeben.

933 Beispielweise veröffentlicht BMW auch den „allgemeinen Wasserverbrauch“, der u. a. den Verbrauch der Sanitäranlagen umfasst; vgl. BMW AG (Hrsg.), Sustainable Value Report 2008, S. 92.

934 Vgl. analog die Ausführungen in den Kategorien Abfall oder Emissionen.

935 Vgl. analog die Ausführungen in der Kategorie Abfall.

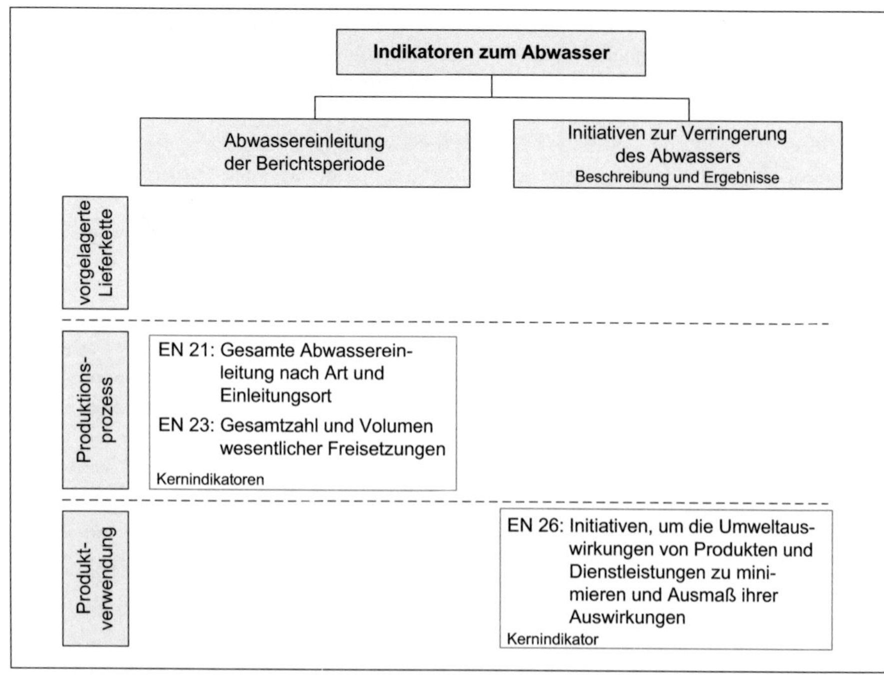

Abbildung 5-27: Kategorisierung der GRI-Indikatoren zum Abwasser

584.314 Auswirkungen auf die Biodiversität

Unternehmen können indirekt, d. h. durch die Veränderung von Stoffkreisläufen, die Entnahme und die Verwendung von natürlichen Ressourcen (Stoffen) einen Einfluss auf die Biodiversität[936] haben. Durch eine Verringerung der Biodiversität werden künftige Generationen in ihren Möglichkeiten negativ beeinflusst (intergenerative Gerechtigkeit). Darüber hinaus kann jedoch auch die Biodiversität in Ländern gemindert werden, die keinen Einfluss auf die Veränderung der Stoffkreisläufe haben (intragenerative Gerechtigkeit). Aus Unternehmenssicht können durch einen Rückgang der Biodiversität direkt Kosten entstehen, wenn „Dienstleistungen" der Natur nicht mehr erbracht werden.[937] Des Weiteren können Änderungen der regulatorischen Rahmenbedingungen zu Kosten führen.

---

936 Biodiversität wird definiert als die Anzahl von Arten in einem definierten geographischen Gebiet; vgl. TOWNSEND, C. R./BEGON, M./HARPER, J. L., Ökologie, S. 544.

937 Vgl. TOWNSEND, C. R./BEGON, M./HARPER, J. L., Ökologie, S. 508. Beispielsweise kann auf die Natur als Nahrungslieferant für den Menschen verwiesen werden. Ferner machen z. B. die Bestäubungsleistungen Bienen zu einer der wichtigsten Nutztierarten, vgl. GENERSCH, E./OHE, W. V. D./KAATZ, H./SCHROEDER, A., u. a., Bienen-Monitoring-Projekt, S. 2.

Der folgende Leistungsindikator EN 11 dient der Angabe der Aktivitäten des Unternehmens in Gebieten, in denen ein hoher Biodiversitätswert besteht:

EN 11: *„Ort und Größe von Grundstücken in Schutzgebieten oder angrenzend an Schutzgebiete. Ort und Größe von Grundstücken in Gebieten mit hohem Biodiversitätswert außerhalb von Schutzgebieten oder daran angrenzend. Zu berücksichtigen sind Grundstücke, die im Eigentum der berichtenden Organisation stehen, oder von dieser gepachtet oder verwaltet werden".*[938]

Anzugeben sind nach dem IP die geographische Lage sowie unterirdisches Land (z. B. im Steinkohlebergbau), die Lage im Verhältnis zum Gebiet mit hohem Biodiversitätswert, die Art des Betriebs auf dem Grundstück, die Größe des Grundstücks und der Biodiversitätswert, der nach internationalen Standards bestimmt werden kann.[939]

Aus der Auflistung der Grundstücke in Schutzgebieten oder in Gebieten mit hohem Biodiversitätswert allein kann noch keine Aussage über die Einflüsse des Unternehmens auf diese getroffen werden. Tendenziell kann lediglich davon ausgegangen werden, dass die Auswirkungen des Unternehmens mit zunehmender Anzahl an Produktionsstätten in Gebieten mit hoher Biodiversität steigen. Der Indikator EN 11 schafft durch die Angabe der Grundstücke in Gebieten mit hohem Biodiversitätswert die Grundlage für den Indikator ***EN 12***, der die Auswirkungen des Unternehmens auf diese Gebiete erfasst. Unter diesem Indikator sind die *„wesentlichen Auswirkungen von Aktivitäten, Produkten und Dienstleistungen auf die Biodiversität in Schutzgebieten und in Gebieten mit hohem Biodiversitätswert außerhalb von Schutzgebieten"* anzugeben.[940]

Zunächst sind nach dem IP die Gründe für die Auswirkungen auf die Biodiversität anzugeben. Die GRI nennt hierzu den Bau oder die Verwendung von Produktionsanlagen, Minen und Verkehrsinfrastruktur, Umweltverschmutzung, Einführung invasiver Tierarten, Schädlingen und Krankheitserregern, Veränderungen des Lebensraums und Veränderungen der ökologischen Prozesse, die über natürliche Schwankungen hinausgehen.[941] Umweltverschmutzung unterscheidet sich von der Veränderung der ökologischen Prozesse insofern, als dass sie Stoffe in die Umwelt einbringt, die dort noch nicht vorhanden sind, während Veränderungen ökologischer Prozesse dazu führen, dass sich die Konzentration natürlicher Stoffe verändert.[942] Darüber hinaus gibt die GRI die Verringerung der Artenvielfalt als Grund an. Dem kann jedoch nicht zugestimmt werden, da die Verringerung der

938 Fraglich ist, warum der Wortlaut des Indikators im letzten Satz eine Anleitung zur Bestimmung der einzubeziehenden Grundstücke enthält, da Anleitungen zur Ermittlung der Daten des Indikators ansonsten im Indikatorprotokoll und nicht im Wortlaut des Indikators enthalten sind. Darüber hinaus sind aufgrund der Formulierung des Wortlauts Grundstücke, die im Besitz von beherrschten Unternehmen stehen, nicht eingeschlossen. Die Definition des Indikators sowie die Erläuterungen im Indikatorprotokoll wurden im Rahmen der Überarbeitung des GRI G3-Leitfadens nicht geändert.

939 Vgl. GRI (Hrsg.), G3 Indikatorenprotokoll Umwelt, S. 17.

940 Die Definition des Indikators sowie die Erläuterungen im Indikatorprotokoll wurden im Rahmen der Überarbeitung des GRI G3-Leitfadens nicht geändert.

941 Vgl. GRI (Hrsg.), G3 Indikatorenprotokoll Umwelt, S. 18.

942 Vgl. GRI (Hrsg.), G3 Indikatorenprotokoll Umwelt, S. 18.

Artenvielfalt (= Biodiversität) der Indikator für die Einschätzung der Auswirkungen auf die Ökologie ist.

Neben den Gründen für die Auswirkungen sind die betroffenen Arten, das Ausmaß der betroffenen Gebiete, die Dauer der Auswirkungen und damit zusammenhängend die Umkehrbarkeit bzw. Unumkehrbarkeit der Auswirkungen anzugeben. Hierbei kann unterschieden werden zwischen persistenten Auswirkungen, d. h. Störungen, die die Struktur des Ökosystems nicht verändern, und resilienten Auswirkungen, die die Struktur des Ökosystems zunächst verändern, jedoch nach einiger Zeit zum Ausgangszustand zurückkehrt. Ferner ist die Möglichkeit einer vollständigen Zerstörung des Ökosystems zu berücksichtigen.[943]

Insgesamt sind die geforderten Angaben ausreichend, um die Auswirkungen des Unternehmens auf die Biodiversität zu erkennen. Eine Quantifizierung des durch den Verlust an Biodiversität vernichteten wirtschaftlichen Wertes wird indes nicht gefordert. Auch müssen Auswirkungen für das Unternehmen nicht erläutert werden.

Weitere Einflüsse des Unternehmens auf die Ökosysteme können unter den Zusatzindikatoren EN 13[944], EN 14[945], EN 15[946], EN 25[947] erläutert werden.

Zusätzlich sind unter dem Indikator ***EC 2***[948] *„finanzielle Folgen des Klimawandels für die Aktivitäten der Organisation und andere mit dem Klimawandel verbundene Risiken und Chancen“* anzugeben.[949]

Systematisch betrachtet nimmt dieser Indikator eine Sonderstellung innerhalb der GRI-Leistungsindikatorensystematik ein, da alle anderen GRI-Leistungsindikatoren zunächst die Auswirkungen des Unternehmens auf die nachhaltige Entwicklung der Gesellschaft erfassen, die wiederum (teilweise, d. h. nicht generell) Rückwirkungen auf die nachhaltige Unternehmensentwicklung haben können.[950] Im Gegensatz zum Indikator EC 2, der sich lediglich auf die Auswirkungen einer Veränderung der Ökologie auf die nachhaltige Unternehmensentwicklung bezieht, werden die

943 Vgl. Abschn. 245.

944 EN 13: „Geschützte oder wiederhergestellte natürliche Lebensräume“.

945 EN 14: „Strategien, laufende Maßnahmen und Zukunftspläne für das Management der Auswirkungen der Biodiversität“. Im Rahmen der Überarbeitung des GRI G3-Leitfadens wurde in das Indikatorprotokoll zusätzlich der Hinweis eingefügt, dass ortsansässige Personen oftmals einzigartiges Wissen über den Biodiversitätswert lokaler Gebiete haben; die Definition des Indikators wurde nicht geändert; vgl. GRI (Hrsg.), G3.1 Indicator Protocol Environment, S. 20.

946 EN 15: „Anzahl der Arten auf der Roten Liste der IUCN und auf nationalen Listen, die ihren natürlichen Lebensraum in Gebieten haben, die von der Geschäftstätigkeit der Organisation betroffen sind, aufgeteilt nach dem Bedrohungsgrad“.

947 EN 25: „Bezeichnung, Größe, Schutzstatus und Biodiversitätswert von Gewässern und damit verbundenen natürlichen Lebensräumen, die von den Abwassereinleitungen und vom Oberflächenabfluss der berichtenden Organisation erheblich betroffen sind“.

948 Der Indikator EC 2 ist in der aktuellen Prinzipiensystematik im Bereich der Ökonomie eingeordnet; vgl. Abschn. 52.

949 Die Definition des Indikators sowie die Erläuterungen im Indikatorprotokoll wurden im Rahmen der Überarbeitung des GRI G3-Leitfadens nicht geändert.

950 Vgl. Abschn. 55.

Auswirkungen auf das Unternehmen durch die Mehrheit der GRI-Indikatoren integriert erfasst. Warum ausschließlich für die Auswirkungen des Klimawandels auf das finanzielle Ergebnis des Unternehmens eine Ausnahme besteht, wird durch die GRI nicht erläutert.

Abschließend können die Indikatoren zur Biodiversität wie folgt kategorisiert werden:

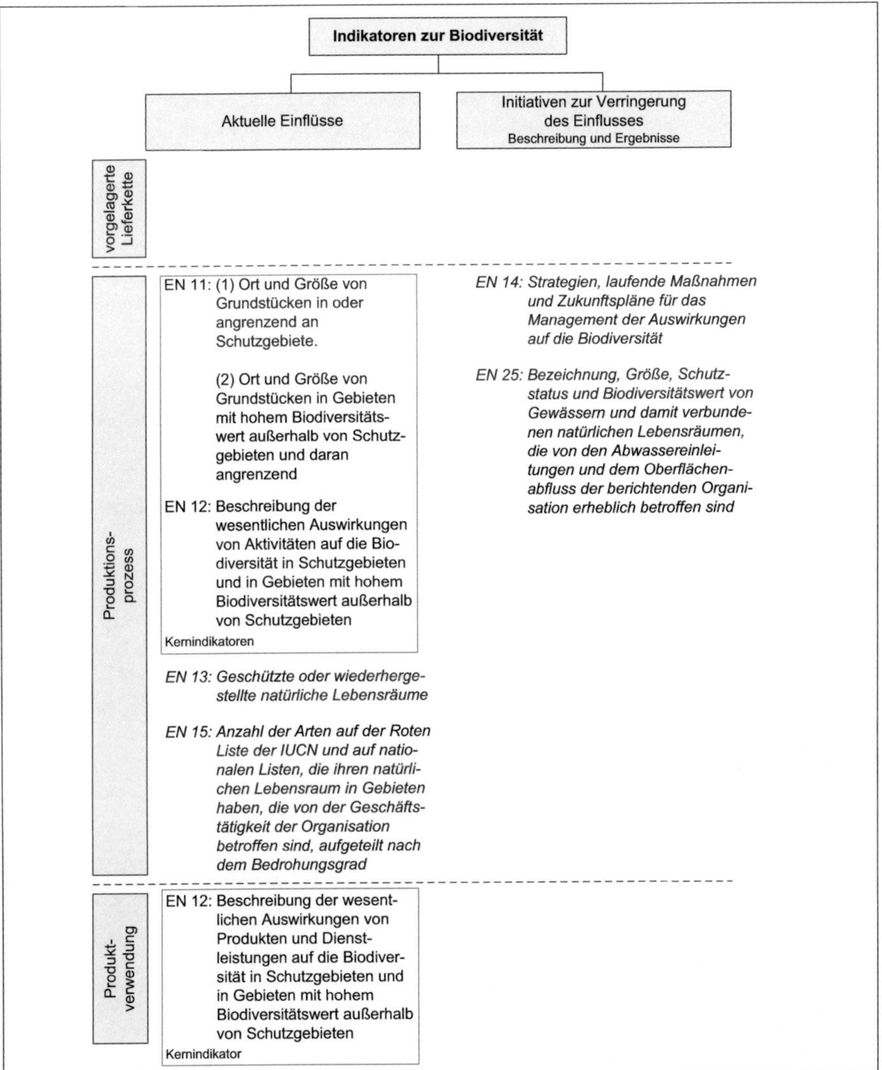

Abbildung 5-28: Kategorisierung der GRI-Indikatoren zur Biodiversität

Neben den fehlenden Indikatoren zur vorgelagerten Lieferkette, die indes mit der Anleitung zur Bestimmung der Berichtsgrenzen vereinbar sind, enthält der GRI-Leitfaden lediglich zu Strategien, die die Auswirkungen von Produkten auf die Biodiversität minimieren sollen, keinen Leistungsindikator. Die aktuellen Einflüsse des Unternehmens und seiner Produkte werden durch die Leistungsindikatoren vollständig erfasst.

584.315 Makroindikatoren

Neben den Indikatoren, die explizit die Auswirkungen des Unternehmens auf Teilbereiche der Ökologie darstellen, enthält der GRI-Leitfaden Makroindikatoren, die lediglich indirekt über den Einfluss des Unternehmens auf die Ökologie informieren. Diese betreffen Programme und Vorschriften, durch die das Unternehmen seine Auswirkungen auf die Ökologie reduzieren möchte. Darüber hinaus sind in der Berichtsperiode gegen das Unternehmen verhängte Bußgelder anzugeben.

Der GRI-Leitfaden fordert von den Unternehmen unter dem Indikator ***PR 3*** die Angabe der *„Art der durch Verwaltungsvorschriften*[951] *verlangten Informationen über Produkte und Dienstleistungen, und [den] Prozentsatz der Produkte und Dienstleistungen, die solchen Informationspflichten unterliegen*“.[952]

Aus Gesellschaftssicht sind Informationen über die Verwaltungsvorschriften des Unternehmens relevant, um einschätzen zu können, ob Kunden die zur Einschätzung der Umweltauswirkungen des Unternehmens notwendigen Informationen erhalten.[953] Auswirkungen auf die nachhaltige Unternehmensentwicklung können nur indirekt entstehen, wenn Kunden sich für Alternativprodukte entscheiden, weil sie die Auswirkungen der Produkte nicht einschätzen können. Darüber hinaus kann Transparenz Auswirkungen auf die Unternehmensreputation haben.

Nach den Erläuterungen des IP ist „Art“ hierbei nicht in Bezug auf die Aufbereitung der Daten (z. B. qualitativ oder quantitativ) zu verstehen. Vielmehr ist anzugeben, ob die Verwaltungsvorschriften Angaben zu unterschiedlichen Themenfeldern fordern.[954] In Bezug auf die Auswirkungen auf die Ökologie ist durch das Unternehmen nach dem IP anzugeben, ob im Unternehmen Verwaltungsvorschriften bestehen, die Angaben zur Beeinflussung der Ökologie durch in den Produkten enthaltene Stoffe und deren Entsorgung fordern. Eine konkrete Angabe dieser Informationen im Nachhaltigkeitsbericht oder weitere Erläuterungen werden hingegen nicht gefordert.[955] Anzugeben

---

951 In der deutschen Übersetzung des GRI-Leitfadens wird die Angabe der „gesetzlich vorgeschrieben Informationen“ gefordert (vgl. GRI (Hrsg.), G3 Leitfaden, S. 36). In der englischen Originalversion wird jedoch die Angabe der vom Unternehmen angewendeten „procedures“ gefordert (vgl. GRI (Hrsg.), G3 Sustainability Reporting Guidelines, S. 36). Dem folgt ebenfalls die Übersetzung des Indikatorprotokolls, nach der die Verwaltungsvorschriften anzugeben sind (vgl. GRI (Hrsg.), G3 Indikatorenprotokoll Produktverantwortung, S. 5).

952 Der Indikator fordert Informationen, die alle Bereiche einer nachhaltigen Entwicklung betreffen können. An dieser Stelle werden lediglich die Informationen über ökologische Auswirkungen der Produktverwendung betrachtet. Die Definition des Indikators sowie die Erläuterungen im Indikatorprotokoll wurden im Rahmen der Überarbeitung des GRI G3-Leitfadens nicht geändert.

953 Vgl. OECD (Hrsg.), Leitsätze für multinationale Unternehmen, S. 27.

954 Die durch den Wortlaut des Indikators und das IP geforderten Angaben sind demnach nicht deckungsgleich.

955 Vgl. GRI (Hrsg.), G3 Indikatorenprotokoll Produktverantwortung, S. 5.

ist lediglich der Prozentsatz der wesentlichen[956] Produkt- und Dienstleistungskategorien, für die solche Verfahrensweisen bestehen. Nach dem Wortlaut des IP ist darüber hinaus anzugeben, bei wieviel Prozent der bestehenden Verfahrensweisen ihre Einhaltung geprüft wird.[957]

Darüber hinaus können Unternehmen durch Werbung die Meinung und Kaufentscheidung von Konsumenten beeinflussen.[958] Beispielsweise können (teilweise subtil) Produkte als „umweltfreundlich" angepriesen werden, ohne dass tatsächliche Fakten über die Auswirkungen auf die Ökologie vermittelt werden (oder gar vorliegen), die das „umweltfreundliche" Image unterstützen. Aus Gesellschaftssicht ist es erstrebenswert, diese Vorgehensweisen zu unterbinden, um Verbrauchern eine unvoreingenommene Kaufentscheidung zu erleichtern. Aus Unternehmenssicht dient Werbung der (kostengünstigen) Absatzsteigerung,[959] was sich wiederum auf den (finanziellen) Unternehmenserfolg auswirken kann. Es besteht jedoch die Gefahr von Reputationsschäden, sofern Werbung Produkte besser (hier i. S. v. umweltfreundlicher) darstellt, als diese tatsächlich sind.

Zu diesem Thema sind unter dem Querschnittsindikator ***PR 6*** *„Programme zur Befolgung von Gesetzen, Standards und freiwilligen Verhaltensregeln in Bezug auf Werbung, einschließlich Anzeigen, Verkaufsförderung und Sponsoring"* anzugeben.[960]

An dieser Stelle ist insb. auf Programme einzugehen, die Auswirkungen von Werbung auf den Bereich der Ökologie überwachen/steuern (bspw. Greenwashing). Darüber hinaus wird die Angabe gefordert, wie häufig das Unternehmen die Einhaltung der Vorgaben überprüft.[961]

Fraglich ist jedoch, ob die Angabe der gesetzlichen Vorschriften oder freiwilligen Standards sowie die Häufigkeit ihrer Überprüfung eine Einschätzung der Effektivität der diesbezüglichen Überwachungssysteme des Unternehmens zulassen. Da keine Angabepflicht für Fälle besteht, in denen das Unternehmen Gesetze, Standards und eigene Verhaltensregeln nicht beachtet hat (diese Fälle werden unter dem Zusatzindikator PR 7[962] erfasst und sind dementsprechend nicht angabepflichtig),

956 Ab welcher Schwelle Produkt- oder Dienstleistungskategorien wesentlich sind, wird im GRI-Leitfaden nicht ausgeführt.

957 Vgl. GRI (Hrsg.), G3 Indikatorenprotokoll Produktverantwortung, S. 5.

958 Vgl. GRI (Hrsg.), G3 Indikatorenprotokoll Produktverantwortung, S. 8.

959 Vgl. KOTLER, P./ARMSTRONG, G./WONG, V./SAUNDERS, J., Grundlagen des Marketing, S. 822.

960 Die Definition des Indikators wurde im Rahmen der Überarbeitung des GRI G3-Leitfadens nicht geändert. Allerdings wurden die Erläuterungen des Indikatorprotokolls dahingehend erweitert, dass die respektvolle Verwendung von geschlechtsspezifischen Rollen im Rahmen der Angaben von PR 6 zu beachten sind; vgl. GRI (Hrsg.), G3.1 Indicator Protocol Product Responsibility, S. 8. In dem aktuellen Zusammenhang ist die Änderung demnach nicht relevant.

961 Vgl. GRI (Hrsg.), G3 Indikatorenprotokoll Produktverantwortung, S. 8. Darüber hinaus soll angegeben werden, „ob die Organisation Produkte verkauft, deren Verkauf in bestimmten Märkten verboten ist oder die Gegenstand von Fragen von Stakeholdern oder der öffentlichen Auseinandersetzung sind. [Ebenfalls soll angegeben werden,] wie die Organisation auf Fragen oder Bedenken in Bezug auf diese Produkte reagiert hat" (GRI (Hrsg.), G3 Indikatorenprotokoll Produktverantwortung, S. 8). Fraglich ist jedoch, welchen Bezug diese Angaben zur Werbung für Produkte haben. Da dieser (wenn überhaupt) indirekt hergestellt werden kann und die Angaben somit vom Wortlaut des Indikators signifikant abweichen, kann eine Angabe unter PR 6 nicht gefordert werden.

962 PR 7: „Gesamtzahl der Vorfälle, in denen Vorschriften und freiwillige Verhaltensregeln in Bezug auf Werbung einschließlich Anzeigen, Verkaufsförderung und Sponsoring, nicht eingehalten wurden, dargestellt nach Art der Folgen".

scheint dies nicht möglich zu sein. Die alleinige Angabe, dass das Unternehmen die Einhaltung der Richtlinien für Werbung in Bezug auf irreführende Angaben im Bereich der Ökologie überprüft, ist somit alleinstehend nicht zweckdienlich.

Zusätzlich kann das Unternehmen unter dem Zusatzindikator EN 30[963] angeben, welcher Betrag für den Umweltschutz in der Berichtsperiode ausgegeben bzw. investiert wurde.

Der Indikator ***EN 28*** erfasst darüber hinaus den *„Geldwert wesentlicher Bußgelder und [die] Gesamtzahl nicht-monetärer Strafen wegen Nichteinhaltung von Rechtsvorschriften im Umweltbereich"*.[964]

Aus gesellschaftlicher Sicht dient diese Angabe dazu, (indirekt) die Strategie des Unternehmens in Bezug auf den Umweltschutz einschätzen zu können. Aus Unternehmensperspektive mindern Strafen den finanziellen Erfolg und können in Abhängigkeit von ihrer Höhe Auswirkungen auf die nachhaltige Unternehmensentwicklung haben.[965] Darüber hinaus können sich durch wesentliche Bußgelder Einflüsse auf die Unternehmensreputation ergeben.

Zunächst sind alle Verstöße gegen „internationale Erklärungen/Konventionen/ Verträge und nationale, regionale und lokale Vorschriften"[966] zu erheben. Ferner können freiwillige Vereinbarungen mit Umweltbehörden bestehen, gegen die ein Unternehmen ebenfalls verstoßen kann. Ob die Verstöße von Gerichten oder durch Verwendung internationaler oder nationaler Mechanismen zur Streitbeilegung vorgebracht werden, die von staatlichen Stellen beaufsichtigt werden, ist für die Angabepflichten nicht wesentlich und dient lediglich der strukturierten Erfassung aller Verstöße.[967] Anzugeben sind danach der Gesamtwert der wesentlichen Bußgelder (eine Aufgliederung ist nicht erforderlich),[968] die Anzahl der nicht-monetären Strafen und die Fälle, die im Rahmen von Streitbeilegungsmechanismen vorgebracht wurden.[969] Hat das Unternehmen keine Verstöße begangen, ist dies durch ein Fehlbericht zu kommunizieren.[970]

Insgesamt geben die Makroindikatoren einen tendenziellen Einblick in die Strategien des Unternehmens, seine negativen Auswirkungen auf die Ökologie zu minimieren bzw. lassen die Ergebnisse aufgrund verhängter Bußgelder einschätzen. Detaillierte Angaben zur Beeinflussung der verschiedenen Bereiche der Ökologie können durch sie jedoch nicht ersetzt werden.

---

963 EN 30: „Gesamte Umweltschutzausgaben und -investitionen, aufgeschlüsselt nach Art der Ausgaben und Investitionen".

964 Die Definition des Indikators sowie die Erläuterungen im Indikatorprotokoll wurden im Rahmen der Überarbeitung des GRI G3-Leitfadens nicht geändert.

965 Ein separater Ausweis von Aufwand für Bußgelder u. ä. Aufwendungen in der Gewinn- und Verlustrechnung ist nach § 275 HGB nicht vorgesehen.

966 Vgl. GRI (Hrsg.), G3 Indikatorenprotokoll Umwelt, S. 35.

967 Vgl. GRI (Hrsg.), G3 Indikatorenprotokoll Umwelt, S. 35.

968 Angaben zur Bestimmung der Wesentlichkeitsgrenze sind im GRI-Leitfaden nicht enthalten.

969 Strafen, die dem Unternehmen durch die Verletzung von Umweltauflagen im Rahmen der Produktverwendung auferlegt werden, werden auch unter dem Indikator PR 9 erfasst; vgl. Abschn. 584.315.

970 Vgl. GRI (Hrsg.), G3 Indikatorenprotokoll Umwelt, S. 35.

584.32 Zusammenfassende Würdigung der Leistungsindikatoren zur Ökologie

Da die Industrie einen Großteil der Umweltschäden verursacht, wird in der Öffentlichkeit oftmals der Ruf nach ökologisch verantwortlichem Handeln von Unternehmen laut. Fraglich ist aus diesem Grund, inwiefern die Adressaten des GRI-Nachhaltigkeitsberichts aufgrund der GRI-Leistungsindikatoren die Auswirkungen des Produktionsprozesses und der Produktverwendung auf die Ökologie beurteilen können.

Aufbauend auf den in Abschn. 245. beschriebenen Einflussmöglichkeiten von Unternehmen auf die Ökologie (Entnahme/Verwendung von natürlichen Ressourcen, Beeinflussung der Stoffkreisläufe durch die Entnahme/Verwendung der Ressourcen und Auswirkungen auf die Biodiversität) und unter Beachtung der Lieferkette, der Produktionstätigkeit und des sonstigen Engagements sollten die GRI-Leistungsindikatoren in das folgende Schema eingeordnet werden können:

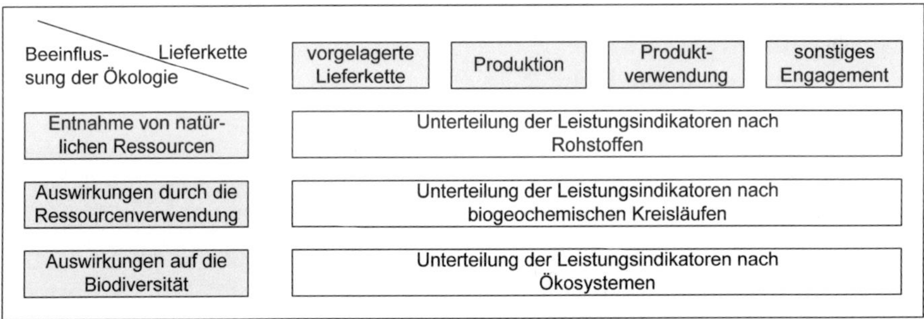

Abbildung 5-29: Kategorisierungsschema der GRI-Indikatoren zur Ökologie

Der GRI-Leitfaden teilt die ökologischen Leistungsindikatoren in die als „Aspekte" bezeichneten Sub-Kategorien Materialien, Energie, Wasser, Biodiversität, Emissionen, Abwasser und Abfall, Produkte und Dienstleistungen, Einhaltung von Rechtsvorschriften, Transport und Insgesamt[971] ein.

Fraglich ist, ob die von der GRI vorgenommene **Einteilung** der Indikatoren in Aspekte geeignet ist, die Auswirkungen des Unternehmens auf die nachhaltige Entwicklung der Ökologie **vollständig** darzustellen. Wie in Abschn. 245. dargestellt, können Unternehmen durch die Entnahme von natürlichen Ressourcen und durch die Stofffreisetzung im Rahmen der Produktion Einfluss auf die Biodiversität und damit auf die Ökologie nehmen. Grundsätzlich werden diese Möglichkeiten durch die in den GRI-Standards enthaltenen Aspekte abgedeckt. Die Aspekte „Materialien", „Energie" und „Wasser" beziehen sich auf die Entnahme von natürlichen Ressourcen durch das Unternehmen. Die Kategorie „Emissionen, Abwasser und Abfall" beschreibt die Stofffreisetzung während der Produk-

[971] Die Kategorie „Insgesamt" enthält einen Leistungsindikator, der die Aufschlüsselung der gesamten Umweltschutzausgaben und -investitionen nach Art der Ausgaben und Investitionen fordert.

tion und die Kategorie „Biodiversität" enthält schließlich Auswirkungen auf die Stabilität der Ökosysteme, da eine Destabilisierung die Biodiversität mindert.[972]

Fraglich ist jedoch, wie die verbleibenden Sub-Kategorien („Produkte und Dienstleistungen", „Einhaltung von Rechtsvorschriften", „Transport" und „Insgesamt") in die zuvor Systematik einzuordnen sind. Generell sind die Auswirkungen des Unternehmens zu trennen in Auswirkungen auf den vorgelagerten Stufen der Lieferkette, während der Produktion und während der Nutzung des Produkts. Ebenfalls kann ein Unternehmen durch Engagement jenseits des Kerngeschäfts Auswirkungen auf die Ökologie haben. Insofern ist fraglich, warum eine einzelne Kategorie „Produkte und Dienstleistungen" erforderlich ist, da dies lediglich eine von vier in den Zeilen enthaltenen Hauptkategorien ist (vgl. nachfolgende Abb. 5-28). Ebenso beschreibt die Kategorie „Transport"[973] Auswirkungen des Unternehmens während der Produktion bzw. auf vorgelagerten Wertschöpfungsstufen, da das Produkt noch nicht in den Einflussbereich des Kunden gelangt, d. h. noch nicht verwendet ist. Die Aspekte „Einhaltung von Rechtsvorschriften" und „Insgesamt" enthalten Indikatoren zur indirekten Beurteilung der Einflüsse auf die Ökologie und können keinem Bereich direkt zugeordnet werden. In das oben aufgestellte Schema können die Aspekte demnach wie folgt eingeordnet werden:

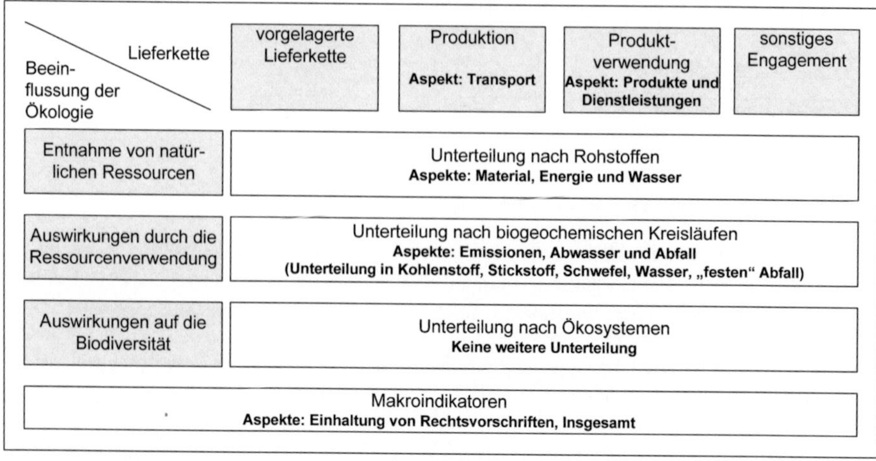

Abbildung 5-30: Kategorisierung der GRI-Berichtsaspekte zur Ökologie[974]

Angaben zu **philanthropischem Engagement** sieht der GRI-Leitfaden im Bereich der Ökologie nicht vor; alle Indikatoren betreffen das Kerngeschäft der Unternehmen. Vor dem Hintergrund der

---

972 Vgl. Abschn. 245.

973 Der Aspekt „Transport" bezieht sich auf die Auswirkungen auf die Ökologie, die durch den Transport von Rohstoffen und Produkten sowie die dienstlichen Fahrten der Mitarbeiter verursacht werden.

974 Da im Folgenden ausschließlich die Kernindikatoren einzeln analysiert und gewürdigt werden, wird der Aspekt „Einhaltung von Rechtsvorschriften" nicht näher untersucht.

verschiedenen Theorien zur Unternehmensverantwortung (bzw. CSR oder CC) kann somit festgestellt werden, dass ein nach dem GRI-Leitfaden aufgestellter Nachhaltigkeitsbericht im Bereich der Ökologie nicht allen Informationsbedürfnissen gerecht werden kann. Nach der Terminologie von HOMANN[975] werden nur Informationen zur Handlungsverantwortung bereitgestellt. Informationsbedürfnisse in Bezug auf die Wahrnehmung der erweiterten Handlungsverantwortung und der Ordnungsverantwortung werden nicht befriedigt. Des Weiteren ist fraglich, auf welchen Stufen der Lieferkette der GRI-Leitfaden welche Art und Anzahl von Leistungsindikatoren enthält:

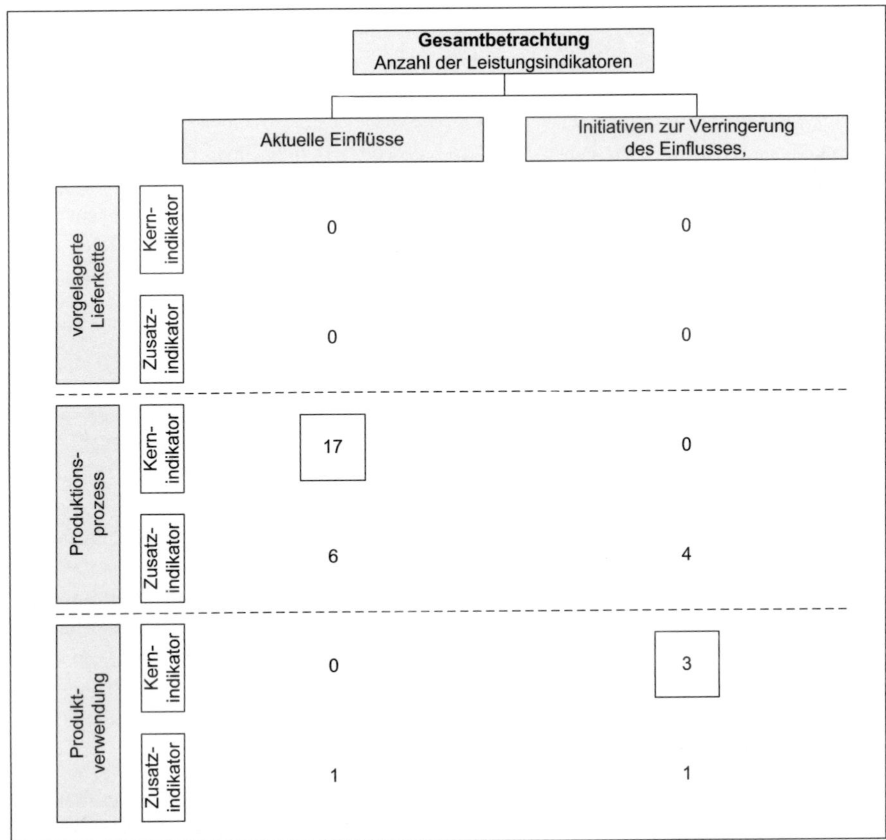

Abbildung 5-31: Gesamtkategorisierung der GRI-Leistungsindikatoren zur Ökologie[976]

975 Vgl. Abschn. 422.

976 Kann ein Indikator aufgrund seiner Querschnittsfunktion mehreren Aspekten zugeordnet werden, wird er in der Abbildung mehrfach erfasst.

Über aktuelle Einflüsse des Unternehmens auf die nachhaltige Entwicklung der Gesellschaft ist primär im Bereich der eigenen Produktionstätigkeit zu berichten. Dies entspricht den Anforderungen der Anleitung zur Bestimmung der Berichtsgrenzen, nach der Leistungsdaten für Unternehmen angegeben werden sollen, die von den berichterstattenden Unternehmen kontrolliert werden.[977] Fraglich ist jedoch, warum im Bereich der Produktion keine Kernindikatoren zu Initiativen zur Minimierung von negativen Einflüssen auf die Ökologie vorgesehen sind. Auch ist zu erkennen, dass im Bereich der Produktverwendung lediglich ein Zusatzindikator die aktuellen Einflüsse der Produkte des Unternehmens erfasst. Zwar wurde der Erstellungsprozess der GRI-Standards durch einen breiten Multistakeholderprozess begleitet;[978] dennoch werden keine Gründe für die unterschiedliche Schwerpunktsetzung genannt, die sogar zwischen den unterschiedlichen Aspekten einer Beeinflussungsmöglichkeit variiert. Letztendlich kann der GRI-Leitfaden somit aufgrund der Struktur der Leistungsindikatoren die Auswirkungen des Unternehmens auf die Ökologie nicht vollständig erfassen bzw. darstellen. Darüber hinaus stellen sich Fragen nach dem Grund für diese willkürliche Vorgehensweise. Beispielsweise ist nicht nachvollziehbar, warum ausgerechnet CO_2-Emissionen von Produkten nicht einzeln angegeben werden müssen (Indikator EN 17)[979] und Initiativen zur Verbesserung der Energieeffizienz von Produkten lediglich unter einem Zusatzindikator erfasst werden (EN 6)[980], wohingegen für die Strategien zur Verringerung der Ressourcenintensität in Bezug auf alle anderen Ressourcen unter dem Kernindikator EN 26 anzugeben sind.

In Bezug auf die Dimensionen der nachhaltigen Entwicklung, die **intra- und intergenerative Gerechtigkeit**, kann festgestellt werden, dass alle Leistungsindikatoren primär die Auswirkungen des Unternehmens auf die Ökologie erfassen. Dargestellt werden demnach die Auswirkungen auf die Höhe des Kapitalstocks, was der intergenerativen Gerechtigkeit entspricht. Leistungsindikatoren, die Auswirkungen des unternehmerischen Handelns auf den Zugang zu natürlichen Ressourcen betreffen und demnach die Auswirkungen auf die intragenerative Gerechtigkeit darstellen, sind mit einer Ausnahme nicht im GRI-Leitfaden enthalten. Lediglich durch die Änderung des Zusatzindikators EN 9 im Rahmen der Überarbeitung des GRI G3-Leitfadens wurde die Bedeutung von Wasserquellen für die lokale Bevölkerung als neuer Aspekt eingefügt. Gerade vor dem Hintergrund der verwendeten Brundtland-Definition von nachhaltiger Entwicklung, in der die intra- und die intergenerative Gerechtigkeit gleich stark gewichtet werden, ist dies nicht nachvollziehbar. Um diesen Mangel zu heilen, sollten Unternehmen freiwillig Informationen bereitstellen, inwiefern sie einen Einfluss auf den Zugang von Menschen zu natürlichen Ressourcen (bspw. Wasser) haben.

In Bezug auf das Prinzip des **Nachhaltigkeitskontextes** kann festgestellt werden, dass bei allen Indikatoren mit Ausnahme von EC 2 (finanzielle Folgen des Klimawandels für das Unternehmen) der Zusammenhang zur Nachhaltigkeitsdefinition der Brundtland-Kommission deutlich wird. Allerdings ist bei vielen Indikatoren weitergehendes Wissen erforderlich, um die Auswirkungen des Unternehmens einschätzen zu können. So ist bspw. aufgrund des Wasserverbrauchs nicht ohne

---

977 Vgl. Abschn. 56.
978 Vgl. Abschn. 52.
979 Vgl. Abschn. 584.313.
980 Vgl. Abschn. 584.312.

Weiteres nachvollziehbar, ob der hydrologische Kreislauf wesentlich beeinflusst wird. Gerade vor dem Hintergrund der Interdisziplinarität der im Nachhaltigkeitsbericht enthaltenen Themen ist dies kritisch zu sehen.

Ferner wird in Bezug auf die Angabepflichten oftmals nicht zwischen Industrie- und Entwicklungsländern unterschieden. Vor dem Hintergrund der in Abschn. 43 erläuterten Zusammenhänge zwischen der Stabilität der gesellschaftlichen Funktionssysteme und der demokratischen Legitimät von unternehmerischem Handeln wäre diese Differenzierung jedoch hilfreich oder zwingend erforderlich, um die Aktitäten des Unternehmens im jeweiligen Kontext einordnen zu können.

Werden die Rückkopplungen einer nachhaltigen Entwicklung der Gesellschaft und der **nachhaltigen Unternehmensentwicklung** beschrieben, wird vor allem vor einer möglichen Rohstoffknappheit und vor dem Risiko der Verschärfung regulatorischer Rahmenbedingungen gewarnt. Die Angabepflichten scheinen an diese Perspektive nicht abschließend angepasst zu sein, da keine Quantifizierung der Werttreiber oder zumindest deren qualitative Erläuterung gefordert wird. Eine Einschätzung der Rückwirkungen der nachhaltigen Entwicklung der Gesellschaft auf die nachhaltige Unternehmensentwicklung ist somit nur ansatzweise möglich; wie stark diese Auswirkungen sind, kann nicht erkannt werden.

Insgesamt stellen die GRI-Indikatoren zu den Auswirkungen des Unternehmens auf die Ökologie eine in Teilen zielführende Basis dar, um einschätzen zu können, in welchen Bereichen Unternehmen die nachhaltige Entwicklung der Gesellschaft beeinträchtigen können. Allerdings decken die Indikatoren lediglich einen Teil der möglichen Einflüsse ab, so dass Potential für weitere Verbesserungen der Leistungsindikatoren besteht. Ferner sind die Angabepflichten bzw. die Erläuterungen in einer Vielzahl von Indikatorprotokollen anzupassen, um eine Vergleichbarkeit der Angaben sicherzustellen.

584.4 Einflüsse auf die Gesellschaft

584.41 Kategorisierung der Berichtsaspekte

Nach der Systemtheorie von LUHMANN setzt sich die Gesellschaft aus unterschiedlichen Funktionssystemen zusammen, für deren Existenz die Grund- oder Menschenrechte entweder eine allgemeine oder systemspezifische Voraussetzung sind.[981] Für die Kategorisierung der die Gesellschaft betreffenden Leistungsindikatoren wird nachfolgend die in Abschn. 243. dargestellte Struktur der Menschenrechte verwendet, die Unternehmen nach den Prinzipien 1[982] und 2[983] des UN Global Compact unterstützen und beachten sollen.

[981] Vgl. Abschn. 242., 243.

[982] Prinzip 1 des UN Global Compact: „Unternehmen sollen den Schutz der internationalen Menschenrechte innerhalb ihres Einflussbereichs unterstützen und achten".

[983] Prinzip 2 des UN Global Compact: „Unternehmen sollen sicherstellen, dass sie sich nicht an Menschenrechtsverletzungen mitschuldig machen".

In der aktuellen Version des GRI-Leitfadens werden die Leistungsindikatoren, die Auswirkungen des Unternehmens auf die Gesellschaft erfassen, wie folgt kategorisiert:

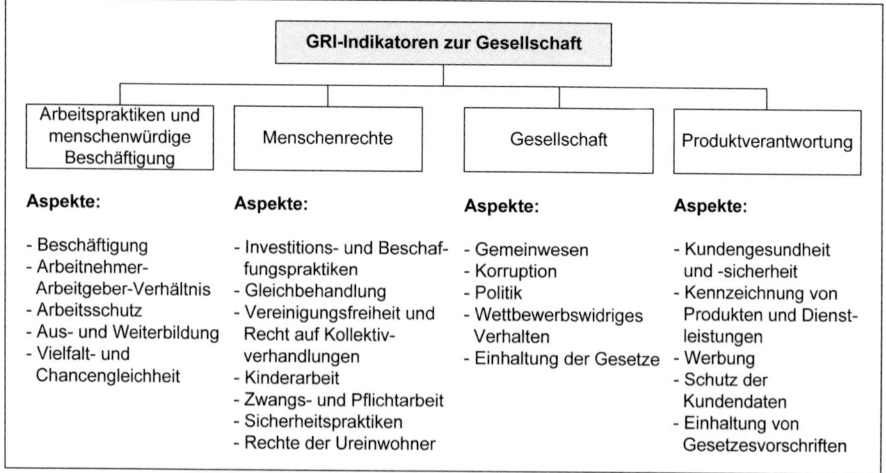

Abbildung 5-32: Kategorisierung der GRI-Indikatoren zur Gesellschaft

Auf der ersten Ebene werden die Indikatoren in die Kategorien „Arbeitspraktiken und menschenwürdige Beschäftigung", „Menschenrechte" „Gesellschaft" sowie „Produktverwendung" unterteilt. Hierbei fällt auf, dass der Begriff „Gesellschaft" an zwei Stellen verwendet wird, d. h. die Gesellschaft umfasst die Arbeitspraktiken, die Menschenrechte, die Produktverantwortung und die Gesellschaft, so dass ein Zirkelschluss entsteht. Unter Rückgriff auf die Gesellschaftstheorie von LUHMANN wird unter der Gesellschaft jedoch ausschließlich die Gesamtheit der unterschiedlichen Funktionssysteme verstanden;[984] die Menschenrechte sind grundlegende Rechte, die die funktionale Differenzierung der Gesellschaft erst ermöglichen. Der in dem GRI-Leitfaden enthaltenen Differenzierung in „Arbeitspraktiken und menschenwürdige Beschäftigung" und „Menschenrechte" kann ebenfalls nicht gefolgt werden, da alle Rechte, die Arbeitsbedingungen betreffen, ebenfalls Menschenrechte sind (bspw. können die IAO-Normen dem Bereich der universellen Menschenrechte zugeordnet werden).[985] Darüber hinaus ist eine alleinstehende Kategorie „Produktverantwortung" (wie im Folgenden gezeigt wird) nicht sinnvoll, da Unternehmen indirekt über ihre Produkte ebenfalls auf unterschiedliche Menschenrechte und darüber auf die gesellschaftlichen Funktionssysteme Einfluss nehmen können.[986]

---

984 Vgl. Abschn. 242.

985 Vgl. BUNTENBROICH, D., Menschenrechte und Unternehmen, S. 26; ähnlich MUCHLINSKI, P., Human Rights Responsibilities, S. 41. Vgl. auch Abschn. 243.

986 Vgl. hierzu analog die Ausführungen zur Ökologie, die durch vorgelagerte Tätigkeiten in der Lieferkette, durch die Produktionstätigkeit des Unternehmens und durch die Produktverwendung beeinflusst werden kann (Abschn. 584.3).

Aus diesen Gründen werden die GRI-Leistungsindikatoren im weiteren Verlauf der Arbeit in die folgende, auf der Systemtheorie von LUHMANN und den Menschenrechten der Vereinten Nationen beruhende Systematik von allgemeinen und systemspezifischen Menschenrechten eingeordnet:[987]

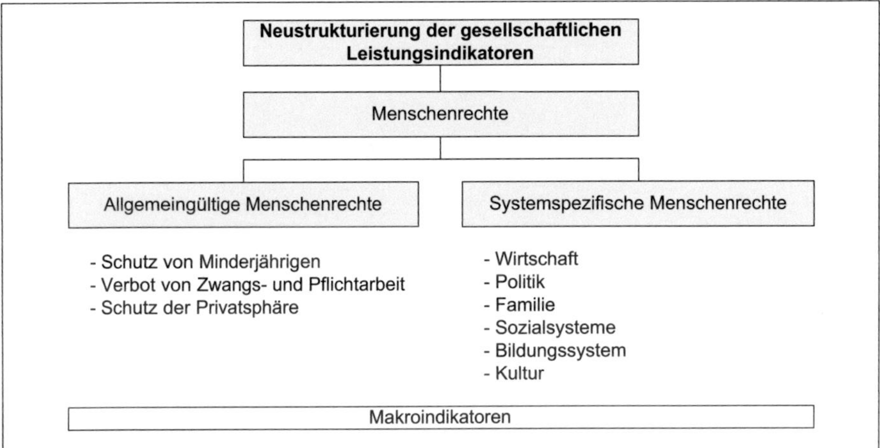

Abbildung 5-33: Neustrukturierung der GRI-Indikatoren zur Gesellschaft[988]

Diese Systematik liegt der Struktur der nachfolgenden Abschnitte zu Grunde.

584.42 Leistungsindikatoren zu allgemeinen Menschenrechten

584.421 Schutz von Minderjährigen

Der Schutz von Minderjährigen ist in Art. 24 Abs. 1 AErkl und Art. 2 IPbpR[989], in den IAO-Kernarbeitsnormen Nr. 138[990] und 182[991] und im Prinzip 5[992] des UN Global Compact festgeschrieben und betrifft letztlich alle gesellschaftlichen Funktionssysteme, so dass dieses Recht der nachhaltigen Entwicklung der **Gesellschaft** dient. Aus **Unternehmenssicht** kann das Beeinflussen des Minderjährigenschutzes u. a. zu Reputationsschäden führen, die sich negativ auf den Unternehmenserfolg auswirken können.[993]

---

987 Vgl. zur Struktur der Menschenrechte Abschn. 243.

988 Grundrechte, die nicht wesentlich von Unternehmen beeinflusst werden können, wie bspw. die Gleichheit vor dem Gesetz oder das Recht auf Asyl, werden im Folgenden nicht weiter betrachtet; vgl. für eine Übersicht dieser Rechte Abschn. 243.

989 Neben der Festlegung des Schutzes vor Kinderarbeit im IPbpR fordert auch Art. 32 der Kinderrechtskonvention der UN den Schutz vor wirtschaftlicher Ausbeutung.

990 Vgl. IAO (Hrsg.), Übereinkommen Nr. 138 über das Mindestalter für die Zulassung zur Beschäftigung.

991 Vgl. IAO (Hrsg.), Übereinkommen Nr. 182 über das Verbot und unverzügliche Maßnahmen zur Beseitigung der schlimmsten Formen der Kinderarbeit.

992 Prinzip 5 des UN Global Compact: „Unternehmen sollen für die Abschaffung von Kinderarbeit eintreten".

993 Vgl. LÜBKE, V., Kinderarbeit, S. 9 f.

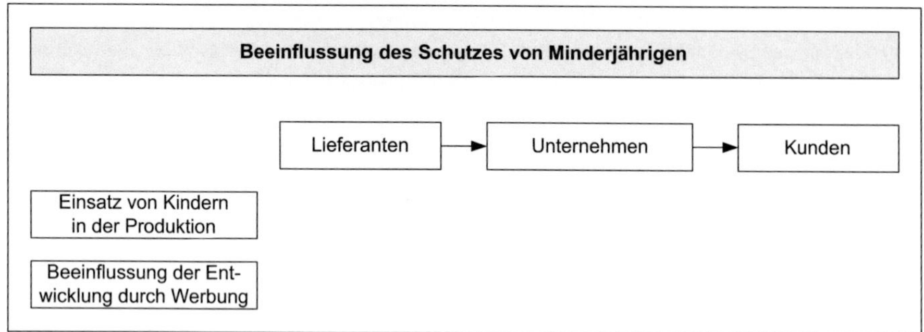

Abbildung 5-34: Möglichkeiten zur Beeinflussung des Minderjährigenschutzes

Unternehmen können durch die Beschäftigung von Kindern und Jugendlichen (Kinderarbeit)[994] direkt Einfluss auf den Schutz von Minderjährigen nehmen. Diese können direkt in der Produktion des Unternehmens als Arbeitskräfte eingesetzt werden oder z. B. bei Zulieferern tätig sein, für deren Einhaltung der Menschenrechte das Unternehmen ebenfalls verantwortlich gemacht werden kann.[995]

Zunächst haben Unternehmen unter dem Indikator ***HR 6*** die *ermittelte[n] Geschäftstätigkeiten und wesentlichen Zulieferer, bei denen ein erhebliches Risiko auf Kinderarbeit besteht und ergriffene Maßnahmen, um zur Abschaffung von Kinderarbeit beizutragen,* zu erfassen.[996]

Das IP eröffnet diesbezüglich die Möglichkeit der Aufteilung entweder nach der Art der Tätigkeit (z. B. Produktion oder Vertrieb) oder nach dem jeweiligen Land bzw. der Region.[997] Ob tatsächlich Fälle von Kinderarbeit aufgetreten sind, muss hingegen nicht angegeben werden. Lediglich die Maßnahmen, die das Unternehmen ergriffen hat, um Kinderarbeit abzuschaffen, sind zu berich-

---

994 Nach Ansicht der GRI liegt Kinderarbeit bei Personen vor, die jünger als 15 Jahre sind. Als Kind wird nach Art. 1 der UN-KRK jeder Mensch gesehen, der das 18. Lebensjahr noch nicht vollendet hat, sofern die Volljährigkeit nach nationalem Recht nicht früher eintritt. Allerdings wird in Art. 32 lit. a der KRK auch festgelegt, dass die Staaten ein oder mehrere Mindestalter für die Zulassung zur Arbeit festlegen. Nach IAO-Übereinkommen 138 darf dieses Alter keinesfalls unter 15 Jahren liegen (vgl. IAO (Hrsg.), Übereinkommen Nr. 138 über das Mindestalter für die Zulassung zur Beschäftigung, Art. 2 Abs. 3). Für eine Übersicht zu verschiedenen Definitionen von Kinderarbeit vgl. SCHRADER, T., Nachteilige Kinderarbeit, S. 90-103.

995 Für einen Überblick über aktuelle Zahlen zur Kinderarbeit in ausgewählten Ländern Vgl. UNICEF (Hrsg.), Zur Situation der Kinder, S. 204 f. Zur indirekten Beeinflussung von Kindern durch die Änderung von Familienstrukturen Vgl. ENGELBERT, A., Wandel der Familie sowie Abschn. 584.433.

996 Im Rahmen der Überarbeitung des G3-Leitfadens wurde in der Definition des Indikators klargestellt, dass auch das Risiko auf Kinderarbeit bei wesentlichen Zulieferern zu erfassen ist; vgl. GRI (Hrsg.), G3.1 Sustainability Reporting Guidelines, S. 35.

997 Vgl. GRI (Hrsg.), G3 Indikatorenprotokoll Menschenrechte, S. 8.

ten.[998] Ein Verweis auf die Einhaltung der IAO-Normen zur Kinderarbeit dürfte zur Erfüllung der Angabepflichten aufgrund der wesentlich unkonkreteren Informationen nicht ausreichend sein.[999]

Darüber hinaus ist nach dem IP auch zu ermitteln, ob Geschäftstätigkeiten mit erheblichen Risiken für den Einsatz jugendliche Arbeiter[1000] unter gefährlichen Bedingungen bestehen.[1001] Angabepflichten hierüber sehen jedoch weder der Wortlaut des Indikators noch das IP vor.

Grundsätzlich kann der Indikator einen Einblick in die Strategie des Unternehmens geben, durch Maßnahmen Kinderarbeit in seinem Einflussbereich abzuschaffen. Zu kritisieren ist indes, dass keine Angabe zu den tatsächlichen Fällen von Kinderarbeit gefordert wird, da erst durch diese Angabe die Effektivität der vom Unternehmen getroffenen Maßnahmen eingeschätzt werden kann und eine Vergleichbarkeit im Zeitablauf und zwischen Unternehmen hergestellt wird. Darüber hinaus ist es nicht nachvollziehbar, dass keine Angabepflichten für den Einsatz von Jugendlichen unter gefährlichen Bedingungen bestehen, wenn nach den Erläuterungen des IP Daten zu diesem Themenfeld zu ermitteln sind.[1002] Die Vorschriften zur Datenermittlung und die Angabepflichten sind demnach nicht konsistent. Aufgrund der Relevanz dieses Themas sollten Unternehmen die Angaben dennoch auf freiwilliger Basis in den Nachhaltigkeitsbericht aufnehmen.

Neben dem Einsatz als Arbeitskräfte in der Produktion bzw. bei der Erbringung von Dienstleistungen können Unternehmen Minderjährige auch durch **Werbemaßnahmen** beeinflussen. Unternehmen versuchen hierbei, durch zielgruppenspezifische Werbung die Kaufentscheidung von Minderjährigen zu Gunsten des Unternehmens zu verändern.[1003] Zu beachten ist in diesem Zusammenhang, dass Inhalte der Medienwelt mittlerweile Primärerfahrungen, „die Kindern [die] Entwicklung im wirklichen Lebenszusammenhang ermöglichen, […] teilweise ergänz[en] oder ersetz[en]“[1004]. Kinder entschlüsseln dabei visuelle Codes anders als Erwachsene, da sich diese Fähigkeiten erst im Laufe der Jahre entwickeln.[1005] Die sich hieraus (potentiell) ergebenden Entwicklungsdefizite von Kindern und Jugendlichen zu verhindern, ist ein Anliegen des Staats und der Gesellschaft, die für den Schutz von Minderjährigen verantwortlich sind. Aus Unternehmenssicht führen geringere Um-

---

998 Oftmals dürften Unternehmen vor allem durch die Drohung einer Beendigung der Geschäftsbeziehung Zulieferer zur Achtung der Menschenrechte, hier dem Schutz Minderjähriger, bewegen können; vgl. z. B. BASS, H. H., Arbeiterrechte in China, S. 17 f.

999 So bspw. zu finden im Nachhaltigkeitsbericht von BMW; vgl. BMW Group (Hrsg.), Sustainable Value Report 2007/2008, S. 50.

1000 Jugendliche Arbeit liegt nach dem IAO-Übereinkommen 138, Art. 3 Abs. 1 dann vor, wenn die Person das Alter für Kinderarbeit überschritten, das 18. Lebensjahr grds. aber noch nicht vollendet hat (Ausnahmen, die das Alter bis auf 16 Jahre senken, sind nach Abs. 3 unter bestimmten Auflagen möglich). Eine Anpassung des Alters von Jugendlichen, wie sie Art. 1 der KRK für die Definition eines Kindes vorsieht, ist in dem IAO-Übereinkommen Nr. 138 nicht enthalten.

1001 Vgl. GRI (Hrsg.), G3 Indikatorenprotokoll Menschenrechte, S. 8.

1002 Jugendliche sind aufgrund des Wortlautes des Menschenrechts, das sich auf den Schutz von Minderjährigen bezieht, ein Teil der schutzwürdigen Personengruppe.

1003 Kinder können zum einen Kaufentscheidungen direkt, d. h. eigenständig treffen. Zum anderen können sie Einfluss auf die Kaufentscheidung der Eltern nehmen oder als künftige Konsumenten einen Einfluss auf den Unternehmensumsatz haben; vgl. BORGELT, K., Werbung für Kinder, S. 22-27.

1004 BIEBER-DELFOSSE, G., Kinder der Werbung, S. 35.

1005 Vgl. BIEBER-DELFOSSE, G., Kinder der Werbung, S. 35.

sätze mit Minderjährigen c. p. zunächst zu negativen Auswirkungen auf den (kurzfristigen) Unternehmenserfolg. Allerdings können sich Verstöße gegen Gesetze und freiwillige Verhaltensregeln negativ auf die Reputation des Unternehmens und dadurch auf den mittel- bis langfristigen Unternehmenserfolg auswirken. Darüber hinaus sind Unternehmen auf gut ausgebildete und in ihrer Persönlichkeit gefestigte Arbeitnehmer angewiesen, um die nachhaltige Unternehmensentwicklung zu sichern.

Zur Darstellung des Einflusses von Unternehmen auf Minderjährige durch Werbung fordert der Querschnittsindikator ***PR 6*** die Angabe von *„Programme[n] zur Befolgung von Gesetzen, Standards und freiwilligen Verhaltensregeln in Bezug auf Werbung einschließlich Anzeigen, Verkaufsförderung und Sponsoring“*, die sich (an dieser Stelle)[1006] speziell auf den Schutz von Minderjährigen beziehen.[1007]

Eine Erläuterung der jeweiligen Normen ist hierbei weder nach dem Wortlaut des Indikators noch nach den Erläuterungen des IP gefordert. Ferner ist nach dem IP anzugeben, wie häufig die Einhaltung der Gesetze, Standards und Verhaltensregeln überprüft wird.[1008]

Ebenso wie im Bereich der Ökologie[1009] ist zu kritisieren, dass die Angabe der tatsächlichen Verstöße (PR 7)[1010] nicht verpflichtend i. S. d. GRI-Leitfadens ist. Des Weiteren ist fraglich, inwiefern die Adressaten des Berichts die Effektivität der Unternehmenssysteme einschätzen können, wenn noch nicht einmal eine qualitative Erläuterung der Programme gefordert wird. Ein hinreichender Einblick in die Nachhaltigkeitsleistung des Unternehmens sowie die Möglichkeit zum Vergleich der Performance des Unternehmens im Zeitablauf sowie eine zwischenbetriebliche Vergleichbarkeit sind demnach nicht gegeben.

584.422 Verbot von Zwangs- und Pflichtarbeit

In Bezug auf das Verbot der Sklaverei und des Sklavenhandels sowie das Verbot von Leibeigenschaft und Zwangs- oder Pflichtarbeit betrifft Unternehmen vor allem der Bereich der Zwangs- oder Pflichtarbeit, insb. bei Produktionsaktivitäten in Entwicklungsländern. Das Verbot von Zwangs- und Pflichtarbeit ist in Art. 8 Abs. 2 und 3 IPbpR und in den IAO-Kernarbeitsnormen Nr. 29[1011] und 105[1012] normiert. Des Weiteren fordert das Prinzip 4[1013] des UN Global Compact die Beseitigung

---

1006 Das Unternehmen kann durch Werbung Auswirkungen auf unterschiedliche Bereiche einer nachhaltigen Entwicklung haben, die im GRI-Leitfaden undifferenziert unter dem Indikator PR 6 erfasst werden.

1007 Die Definition des Indikators wurde im Rahmen der Überarbeitung des G3-Leitfadens nicht geändert. Lediglich in das Indikatorprotokoll ist ein Hinweis eingefügt worden, nach dem auch die unangemessene Darstellung von geschlechterspezifischen Rollenverteilungen in der Werbung (bspw. die Reduzierung des Frauenbildes auf Hausfrauen) unangemessen ist; vgl. GRI (Hrsg.), G3.1 Indicator Protocol Product Responsibility, S. 8.

1008 Vgl. GRI (Hrsg.), G3.1 Indicator Protocol Product Responsibility, S. 8.

1009 Vgl. Abschn. 584.314.

1010 PR 7: „Gesamtzahl der Vorfälle, in denen Vorschriften und freiwillige Verhaltensregeln in Bezug auf Werbung, einschließlich Anzeigen, Verkaufsförderung und Sponsoring, nicht eingehalten wurden, dargestellt nach Art der Folgen“.

1011 Vgl. IAO (Hrsg.), Übereinkommen Nr. 29 über Zwangs- oder Pflichtarbeit.

1012 Vgl. IAO (Hrsg.), Übereinkommen Nr. 105 über die Abschaffung der Zwangsarbeit.

aller Formen von Zwangsarbeit. Dies betrifft die Fälle, in denen von einer Person unter Androhung irgendeiner Strafe jegliche Form von Arbeit oder Dienstleistung verlangt wird, für die sich die Person nicht freiwillig zur Verfügung gestellt hat.[1014] Durch Zwangs- oder Pflichtarbeit wird die Möglichkeit der Menschen, ein selbstbestimmtes Leben zu führen, eingeschränkt, so dass die intragenerative Gerechtigkeit beeinflusst wird. Aus **Unternehmenssicht** sollte Zwangs- oder Pflichtarbeit zunächst aus ethischen/moralischen Gründen vermieden werden. Ferner besteht das Risiko von Reputationsschäden, das wiederum den finanziellen Unternehmenserfolg negativ beeinträchtigen kann.

Der GRI-Leitfaden enthält zum Verbot von Zwangs- und Pflichtarbeit den Indikator ***HR 7,*** unter dem die *ermittelte[n] Geschäftstätigkeiten und wesentliche Zulieferer, bei denen ein erhebliches Risiko auf Zwangs- und Pflichtarbeit besteht und [die] ergriffene[n] Maßnahmen, [die] zur Abschaffung von Zwangs- und Pflichtarbeit* beitragen, zu erfassen sind.[1015]

Nach dem Wortlaut des Indikators sind (wie auch beim Indikator HR 6 zuvor) zunächst die (Geschäfts-)Tätigkeiten des Unternehmens anzugeben, bei denen ein erhebliches[1016] Risiko auf Zwangs- oder Pflichtarbeit besteht. Die Darstellung kann nach dem IP entweder nach der Art der Geschäftstätigkeit (z. B. Produktion oder Vertrieb) oder nach Ländern bzw. nach geografischen Gebieten aufbereitet werden. Ferner sind die Maßnahmen anzugeben, die das Unternehmen im Berichtszeitraum ergriffen hat, um Zwangs- oder Pflichtarbeit abzuschaffen.[1017] Weitere Angabepflichten sehen weder der Wortlaut noch das IP vor.

Grundsätzlich gewährt der Indikator einen Einblick in die Strategie des Unternehmens, zur Abschaffung der Zwangs- oder Pflichtarbeit beizutragen und somit seine Handlungsverantwortung wahrzunehmen. Verbessert werden könnte die Darstellung indes, wenn statt einer Angabe auch eine Erläuterung der Programme gefordert würde. Fragwürdig ist indes, warum keine Angabepflicht für die **tatsächlich aufgetretenen Fälle** von Zwangs- oder Pflichtarbeit besteht (vergleichbar mit den Angabepflichten zur Kinderarbeit). Die Angabe von Maßnahmen zur Verhinderung von Zwangs- oder Pflichtarbeit führt demnach nicht zu einer Vergleichbarkeit der Leistung des Unternehmens.

584.423 Schutz der Privatsphäre

In die Privatsphäre, die durch Art. 12 AErkl, Art. 17 und 23 Abs. 1 IPbpR und Art. 10 IPwskR geschützt ist, kann ein Unternehmen vor allem durch den unsachgemäßen Umgang mit personenbezogenen Daten und durch belästigende Werbung eingreifen.

1013 Prinzip 4 des UN Global Compact: „Unternehmen sollen für die Beseitigung aller Formen von Zwangsarbeit eintreten".

1014 Art. 2 Abs. 1 IAO-Übereinkommen Nr. 29; vgl. GRI (Hrsg.), G3 Indikatorenprotokoll Menschenrechte, S. 9. Eine explizite Unterscheidung in Zwangs- und Pflichtarbeit wird nicht vorgenommen; die Begriffe werden synonym verwendet.

1015 Im Rahmen der Überarbeitung des G3-Leitfadens wurde in der Definition des Indikators klargestellt, dass auch wesentlichen Zulieferer zu erfassen sind; vgl. GRI (Hrsg.), G3.1 Sustainability Reporting Guidelines, S. 35.

1016 Wann das Risiko „erheblich" ist, wird weder durch den Wortlaut, noch durch das IP definiert.

1017 Vgl. GRI (Hrsg.), G3 Indikatorenprotokoll Menschenrechte, S. 9.

Aufgrund des unsachgemäßen Umgangs mit Kundendaten verhängte Bußgelder können Auswirkungen auf den finanziellen Unternehmenserfolg haben;[1018] des Weiteren können Verstöße gegen den Datenschutz die Reputation negativ beeinflussen. Zu diesem Themenbereich sieht der GRI-Leitfaden lediglich den Zusatzindikator ***PR 8*** vor, der die *„Gesamtzahl der berechtigte[n] Beschwerden in Bezug auf die Verletzung des Schutzes der Kundendaten und deren Verlust"* angibt. Ein Unternehmen kann somit einen Bericht der höchsten Anwendungsebene veröffentlichen, ohne auf den Umgang mit sensiblen Daten der Kunden und Arbeitnehmer eingehen zu müssen.[1019] Vor dem Hintergrund der zunehmenden Bedeutung digital gespeicherter Daten kann zumindest bezweifelt werden, ob die Auswirkungen des Unternehmens in diesem Bereich i. d. R.[1020] unwesentlich sind.

Unternehmen können darüber hinaus auch durch Werbung einen Einfluss auf die Privatsphäre haben. **Belästigend** ist Werbung nach § 7 Abs. 2 Nr. 1 UWG dann, wenn ein Verbraucher durch ein für den Fernabsatz geeignetes Mittel der kommerziellen Kommunikation (Telefon, Faxgerät oder (elektronische) Post) angesprochen wird, obwohl er dies erkennbar nicht wünscht.[1021] Diese Form der Werbung ist in Deutschland nach § 7 UWG[1022] untersagt. Für Unternehmen dient Werbung der Absatzförderung und sollte sich demnach positiv auf den Unternehmenserfolg auswirken. Eingriffe in die Privatsphäre (potentieller) Kunden durch belästigende Werbung sollten indes vermieden werden, um mögliche Schadenersatzforderungen u. ä. Konsequenzen, die sich aus dem UWG ergeben können, zu vermeiden. Außerdem kann Werbung, wenn sich Kunden getäuscht, genötigt oder belästigt sehen, negative Auswirkungen auf die Reputation und somit auf den finanziellen Erfolg des Unternehmens haben.[1023]

In Bezug auf belästigende Werbung sind durch das Unternehmen unter dem Querschnittsindikator ***PR 6*** *„Programme zur Befolgung von Gesetzen, Standards und freiwilligen Verhaltensregeln in Bezug auf Werbung einschließlich Anzeigen, Verkaufsförderung und Sponsoring"* anzugeben.[1024]

Nach dem IP zur PR 6 fordert die GRI von den Unternehmen zusätzlich die Darstellung der Systeme, mit denen die Einhaltung überwacht wird.[1025] Weitergehende Erläuterungen werden nicht gefordert. Eine Angabe von Fällen, in denen gegen Regeln verstoßen wurde, ist freiwillig unter den Zusatzindikator PR 7[1026] möglich, jedoch nicht zur Erfüllung der Kriterien der höchsten Anwen-

---

1018 Vgl. weiterführend zum deutschen Datenschutzrecht Kühling, J./Seidel, C./Sivridis, A., Datenschutzrecht.
1019 Vgl. zu diesem Thema auch OECD (Hrsg.), Leitsätze für multinationale Unternehmen, S. 29.
1020 Dies unterstellt die GRI durch die Einordnung als Zusatzindikator; vgl. Abschn. 584.1.
1021 Vgl. Berlit, W., Wettbewerbsrecht, S. 206. Vgl. ausführlich zu belästigender E-Mailwerbung Altermann, K., E-Mail-Werbung.
1022 Vgl. weiterführend zur Auslegung des § 7 UWG Burmeister, J., Belästigung als Wettbewerbsverstoß.
1023 Vgl. Altermann, K., E-Mail-Werbung, S. 3.
1024 Die Definition des Indikators wurde im Rahmen der Überarbeitung des G3-Leitfadens nicht geändert. Lediglich die Erläuterungen im IP wurden um geschlechterspezifische Beispiele von unverantwortlicher Werbung erweitert; vgl. GRI (Hrsg.), G3.1 Indicator Protocol Product Responsibility, S. 8.
1025 Vgl. GRI (Hrsg.), G3 Indikatorenprotokoll Produktverantwortung, S. 8.
1026 PR 7: „Gesamtzahl der Vorfälle, in denen Vorschriften und freiwillige Verhaltensregeln in Bezug auf Werbung einschließlich Anzeigen, Verkaufsförderung und Sponsoring nicht eingehalten wurden, dargestellt nach Art der Folgen".

dungsebene erforderlich.[1027] Ein hinreichender Einblick in die Leistung des Unternehmens und die Möglichkeit eines Vergleichs der Leistung des Unternehmens im Zeitablauf sowie eine zwischenbetriebliche Vergleichbarkeit sind demnach nicht gegeben.

584.43 Leistungsindikatoren zu system-/organisationsspezifischen Menschenrechten

584.431 Funktionssystem Wirtschaft

584.431.1 Grundlegende Institutionen

Die Leistungsindikatoren zur Ökonomie (die im GRI-Leitfaden eine eigenständige Kategorie bilden, unter Bezugnahme auf die Gesellschaftstheorie von LUHMANN in der vorliegenden Arbeit jedoch als Teil der Gesellschaft gesehen werden)[1028] sollen darstellen, welche direkten und indirekten Auswirkungen das Unternehmen auf andere Akteure im Wirtschaftssystem hat.[1029] Hierzu ist zunächst zu untersuchen, welche Auswirkungen Unternehmen auf das Wirtschaftssystem an sich haben können.

Grundlegend für die Aufrechterhaltung der Funktionsfähigkeit eines kapitalistisch ausgerichteten Wirtschaftssystems[1030] ist das **Privateigentum**,[1031] das in der Menschenrechtssystematik der Vereinten Nationen in Art. 18 AErkl festgeschrieben ist. Das Menschenrecht auf Gewährleistung des Eigentums kann durch Unternehmen z. B. durch die Missachtung von Urheberrechten beeinflusst werden.[1032]

Vor diesem Hintergrund ist unter dem Indikator **PR 9** die *„Höhe wesentlicher Bußgelder aufgrund von Verstößen gegen Gesetzesvorschriften in Bezug auf die Zurverfügungstellung und Verwendung von Produkten und Dienstleistungen"*[1033] anzugeben.[1034] Nach den Erläuterungen des IP ist allerdings lediglich die Gesamtsumme aller Bußgelder, die mit der „Zurverfügungstellung und Verwendung" der Produkte zusammenhängt, anzugeben.[1035] Inwiefern eine solche undifferenzierte Angabe den Anforderungen des Prinzips des Nachhaltigkeitskontextes gerecht werden kann, ist indes frag-

---

1027 Vgl. analog die Ausführungen zu PR 6 im Bereich des Schutzes von Minderjährigen in Abschn. 584.421.

1028 Vgl. Abschn. 24.

1029 Vgl. THURM, R., Transparenz, S. 109; QUICK, R./KNOCINSKI, M., Nachhaltigkeitsberichterstattung - Empirische Befunde, S. 620. Eine Darstellung der Risiken und Chancen für eine nachhaltige Unternehmensentwicklung kann nach der Systematik des GRI-Leitfandens, nach dem zunächst in jeder Kategorie die Auswirkungen des Unternehmens auf die Gesellschaft und erst in einem nächsten Schritt die Rückwirkungen auf die nachhaltige Unternehmensentwicklung darzustellen sind, nicht intendiert sein.

1030 Zur Abgrenzung unterschiedlicher Wirtschaftssysteme vgl. bspw. STREIT, M. E., Wirtschaftspolitik, S. 48-57.

1031 Vgl. STREIT, M. E., Wirtschaftspolitik, S. 33; WEGENER, B. W., Wirtschaftsgrundrechte, S. 145; DEUTSCHER BUNDESTAG (Hrsg.), Abschlussbericht der Enquete-Kommission, S. 26.

1032 Die Ausprägungen der Auswirkungen des Unternehmens können sich nach der jeweiligen Branche unterscheiden. So ist bspw. in der pharmazeutischen Industrie die Entschädigung von Ureinwohnern im Rahmen der Entwicklung von Medikamenten aus traditioneller Medizin relevant; vgl. ECKELMANN, O., Nachhaltigkeitsmanagement in der pharmazeutischen Industrie, S. 96.

1033 Die Definition des Indikators und die Erläuterungen im Indikatorprotokoll wurden im Rahmen der Überarbeitung des G3-Leitfadens nicht geändert.

1034 Werden Unternehmen nicht rechtskräftig verurteilt, ist eine Angabe der jeweiligen Sachverhalte somit nicht verpflichtend.

1035 Vgl. GRI (Hrsg.), G3 Indikatorenprotokoll Produktverantwortung, S. 11.

lich, da die Ursachen für die Bußgelder nicht für die Adressaten ersichtlich sind. Auch dürfte die zwischenbetriebliche Vergleichbarkeit eingeschränkt sein.

Das Recht auf Eigentum bildet die Grundlage für die Kernmechanismen der Marktwirtschaft, die freie Preisbildung[1036] und den Wettbewerb auf den Märkten.[1037] Auf diese grundlegenden Institutionen können Unternehmen im Rahmen ihrer Tätigkeit unterschiedlich starke Auswirkungen haben. Grundsätzlich kann davon ausgegangen werden, dass für Unternehmen ein Anreiz besteht, die freie Preisbildung sowie den Wettbewerb zu ihrem Vorteil einzuschränken.[1038] Möglichkeiten hierzu bestehen durch

- abgestimmte Verhaltensweisen (Preisabsprachen),
- die Bildung von Kartellen und Unternehmenszusammenschlüssen (Erhöhung der Konzentration auf horizontaler oder vertikaler Ebene sowie durch ein Konglomerat) und durch
- Behinderungsstrategien marktmächtiger Unternehmen.[1039]

Im Folgenden wird analysiert, ob diese Möglichkeiten für Unternehmen, das Wirtschaftssystem zu beeinflussen, im GRI-Leitfaden durch Leistungsindikatoren abgedeckt werden.

Zur Aufrechterhaltung der freien Preisbildung und des Wettbewerbs dienen in Deutschland[1040] das Gesetz gegen Wettbewerbsbeschränkungen (GWB), das den freien Zugang zum Markt regelt, sowie das Gesetz gegen den unlauteren Wettbewerb (UWG), das die Lauterkeit des Wettbewerbs sicherstellen soll.[1041] Ersteres dient durch die Verhinderung einer zu hohen Konzentration von Unternehmen dem Wettbewerb;[1042] letzteres dient dem Schutz der Mitbewerber, der Verbraucherinnen und Verbraucher sowie der sonstigen Marktteilnehmer vor unlauteren geschäftlichen Handlungen und setzt auf die Weise das Interesse der Allgemeinheit an einem unverfälschten Wettbewerb durch (§ 1 UWG).[1043] Geschäftliche Handlungen sind demnach unlauter und damit unzulässig, „wenn sie geeignet sind, die Interessen von Mitbewerbern, Verbrauchern oder sonstigen Marktteilnehmern spürbar zu beeinträchtigen" (§ 3 Abs. 1 UWG).

Der **Preismechanismus** kann durch abgestimmtes Verhalten (Preisabsprachen) zwischen Unternehmen beeinflusst werden, die dadurch gegen § 1 GWB verstoßen.[1044] Hierdurch werden die Allokationsmechanismen des Marktes beeinflusst, so dass durch Fehlallokationen von Ressourcen das

---

1036 Zu den unterschiedlichen Preisfunktionen, auf die an dieser Stelle nicht näher eingegangen wird, vgl. STREIT, M. E., Wirtschaftspolitik, S. 37 f. Für eine Übersicht über verschiedene Definitionen des Preises Vgl. ENGELMANN, M., Komplexität von Preissystemen, S. 8 f.

1037 Vgl. KERBER, W., Wettbewerbspolitik, S. 373.

1038 Vgl. KERBER, W., Wettbewerbspolitik, S. 391 f.

1039 Vgl. KERBER, W., Wettbewerbspolitik, S. 391 f.

1040 Für eine Übersicht über die Rechtsordnung in verschiedenen Ländern Vgl. EMMERICH, V., Unlauterer Wettbewerb, S. 10-16.

1041 Vgl. ALPMANN, J. A., Kartell- und Wettbewerbsrecht, S. 1; KERBER, W., Wettbewerbspolitik, S. 374; MEYER, J., Wirtschaftsprivatrecht, S. 223.

1042 Vgl. LETTL, T., Kartellrecht, S. 207.

1043 Vgl. BOESCHE, K. V., Wettbewerbsrecht, S. 1 sowie *Sonitza* in Piper/Ohly/Sosnitza, § 2, Rdn. 31 f.

1044 Vgl. *Bechthold*, § 1, Tz. 46.

gesamtgesellschaftliche Wohlstandsniveau negativ verändert wird.[1045] Der GRI-Leitfaden enthält zu diesem Themenbereich keinen eigenständigen Leistungsindikator; lediglich der Zusatzindikator **EC 9** stellt das *„Verständnis und [die] Beschreibung der Art und des Umfangs wesentlicher indirekter wirtschaftlicher Auswirkungen“*[1046] des Unternehmens dar, wenngleich äußerst zweifelhaft ist, ob Unternehmen offen über noch nicht aufgedeckte Preisabsprachen berichten werden.[1047] Klagen, die gegen das Unternehmen aufgrund mutmaßlicher Preisabsprachen eingereicht wurden, können unter dem Zusatzindikator **SO 7** *(„Anzahl der Klagen, die aufgrund wettbewerbswidrigen Verhaltens, Kartell- oder Monopolbildung erhoben wurden und deren Ergebnisse“)*[1048] erfasst werden. Unternehmen sind somit nicht verpflichtet, über ihre Auswirkungen auf das Wirtschaftssystem durch Preisabsprachen zu berichten.

Neben Preisabsprachen können Unternehmen ebenfalls durch die Erhöhung der Konzentration, d. h. durch **Monopolbildung**, den Wettbewerb einschränken.[1049] Auch zu diesen Möglichkeiten der Wettbewerbsbeeinflussung enthält der GRI-Leitfaden keinen eigenständigen Indikator. Die Erläuterungen der Auswirkungen des unternehmerischen Handelns auf den Wettbewerb können jedoch ebenso wie die Auswirkungen auf den Preismechanismus unter dem Zusatzindikator **EC 9** und **SO 7** (s. o.) vorgenommen werden; eine Pflicht zur Berichterstattung besteht demnach nicht.

Konkrete **Behinderungstatbestände**, die einen Einfluss auf die Funktionsfähigkeit des Wirtschaftssystems haben, sieht das UWG in irreführender Werbung (§ 5 UWG) sowie in vergleichender Werbung (§ 6 Abs. 1 UWG) erfüllt.[1050] Eine geschäftliche Handlung ist demnach dann irreführend, wenn sie unwahre Angaben oder sonstige zur Täuschung geeignete Angaben enthält (§ 5 Abs. 1 Satz 2 UWG).[1051] Unternehmen können durch irreführende und vergleichende Werbung das Wirtschaftssystem schädigen, indem sie sich auf unlautere Art und Weise Wettbewerbsvorteile verschaffen.[1052] Vergleichende Werbung hingegen ist nicht in jedem Fall unlauter, sondern lediglich dann, wenn sie sich nicht „auf Waren oder Dienstleistungen für den gleichen Bedarf oder dieselbe

1045 Vgl. EUCKEN, W., Wirtschaftspolitik, S. 17.

1046 Die Definition des Indikators sowie die Erläuterungen im Indikatorprotokoll wurden im Rahmen der Überarbeitung des G3-Leitfadens nicht geändert.

1047 An dieser Stelle kann erneut auf das Implementierbarkeitspostulat der ökonomischen Wirtschaftsethik verwiesen werden; vgl. Abschn. 421.

1048 Die Definition des Indikators sowie die Erläuterungen im Indikatorprotokoll wurden im Rahmen der Überarbeitung des G3-Leitfadens nicht geändert.

1049 Der Monopolist ist im Gegensatz zu Unternehmen, die im Wettbewerb miteinander stehen, nicht Preisnehmer, sondern Preissetzer und hat dadurch die Möglichkeit, seine Gewinne durch die optimale Preis-Mengenkombination zu maximieren, was zu einer geringeren Gütermenge verglichen mit dem Zustand der vollständigen Konkurrenz führt; vgl. SCHUMANN, J./MEYER, U./STRÖBELE, W., Mikroökonomische Theorie, S. 25-27. Zu den Auswirkungen von Monopolen vgl. ausführlich ENGELKAMP, P., Konkurrenz und Monopol; STREIT, M. E., Wirtschaftspolitik, S. 105.

1050 BOESCHE, K. V., Wettbewerbsrecht, S. 87. Auf einzelne Voraussetzungen für die Erfüllung der jeweiligen Tatbestände soll an dieser Stelle nicht eingegangen werden. Der Tatbestand der belästigenden Werbung (§ 7 UWG) wird den persönlichen Freiheitsrechten zugeordnet, da belästigende Werbung eher einen Eingriff in die Privatsphäre der Menschen darstellt und nicht direkt die Funktionsfähigkeit des Wirtschaftssystems gefährdet.

1051 Für eine Aufzählung von irreführenden Angaben vgl. § 5 Abs. 1 Satz 2 Nr. 1 bis 7 UWG.

1052 Im Fall von irreführender Werbung wird durch Unternehmen dem Verbraucher eine Möglichkeit zur Bedürfnisbefriedigung suggeriert, die seine Möglichkeiten zur rationalen Entscheidung beeinflusst; vgl. PFUHL, F., Verkaufsförderung und Korruption, S. 58.

Zweckbestimmung bezieht“ (§ 6 Abs. 2 Nr. 1 UWG).[1053] Aufgrund des gesellschaftlichen Interesses am freiem Wettbewerb (§ 1 Satz 2 UWG) werden dementsprechende Handlungen zivilrechtlich verfolgt, so dass für Unternehmen u. a. das Risiko auf Schadenersatzzahlungen oder Gewinnabschöpfung besteht.[1054]

Informationen über Behinderungsstrategien sind durch das Unternehmen unter dem Querschnittsindikator ***PR 6*** („*Programme zur Befolgung von Gesetzen, Standards und freiwilligen Verhaltensregeln in Bezug auf Werbung einschließlich Anzeigen, Verkaufsförderung und Sponsoring*“) zur Verfügung zu stellen.[1055]

Nach dem Wortlaut des Indikators und dem IP sind Verhaltensregeln oder freiwillige Standards in Bezug auf Werbung anzugeben, die für das gesamte Unternehmen gelten; an dieser Stelle sind dies alle Verfahrensweisen, die irreführende und unlautere vergleichende Werbung verhindern sollen.[1056] Weitergehende Erläuterungen sind nicht gefordert, so dass kein vollständiger Einblick in die Strategie des Unternemens gewährt wird. Auch dürfte aufgrund der fehlenden Angaben zur Effektivität der Programme eine zwischenbetriebliche Vergleichbarkeit nicht gegeben sein.

Der Indikator PR 6 steht im Zusammenhang mit dem Indikator SO 7[1057], der die Anzahl von Klagen aufgrund von wettbewerbswidrigem Verhalten angibt (hierunter fällt auch irreführende und vergleichende Werbung). Da der Indikator SO 7 indes als Zusatzindikator nicht verpflichtend anzuwenden ist, kann ein Nachhaltigkeitsbericht auch dann der Anwendungsebene A zugeordnet werden,[1058] wenn die Klagen aufgrund wettbewerbswidrigen Verhaltens und somit ein wesentlicher Einfluss des Unternehmens auf das Wirtschaftssystem nicht angegeben werden. Auch wenn die GRI-Leistungsindikatoren in einem Multi-Stakeholderprozess entwickelt worden sind, ist die fehlende Angabepflicht zu kritisieren, wobei indes fraglich ist, ob Unternehmen freiwillig Informationen über Wettbewerbsbeschränkungen kommunizieren würden.

Insgesamt ist in Bezug auf den Einfluss des Unternehmens auf das Wirtschaftssystem festzustellen, dass dieser im GRI-Leitfaden primär durch Zusatzindikatoren erfasst wird. Erstellt ein Unternehmen einen Nachhaltigkeitsbericht, der lediglich die Mindestanforderungen der Anwendungsebene A erfüllt, so werden die Auswirkungen des Unternehmens auf das Wirtschaftssystem nicht vollständig angegeben. Die diesbezügliche (Nachhaltigkeits)Leistung des Unternehmens kann somit durch die Adressaten nicht eingeschätzt werden. Gerade vor dem Hintergrund, dass Unternehmen durch ihre Einbettung in dieses System wesentliche Auswirkungen haben können, ist dies nicht nachvollziehbar.

1053 Für eine Aufzählung von Gründen vgl. § 6 Abs. 2 Nr. 1 bis 6 UWG.

1054 Vgl. hierzu weiterführend BOESCHE, K. V., Wettbewerbsrecht, S. 57-64, 69-78; EMMERICH, V., Unlauterer Wettbewerb, S. 354-359, 363-367.

1055 Die Definition des Indikators sowie die das Wirtschaftssystem betreffenden Erläuterungen im Indikatorprotokoll wurden im Rahmen der Überarbeitung des G3-Leitfadens nicht geändert.

1056 Vgl. GRI (Hrsg.), G3 Indikatorenprotokoll Produktverantwortung, S. 8.

1057 SO 7: „Anzahl der Klagen, die aufgrund wettbewerbswidrigen Verhaltens, Kartell- oder Monopolbildung erhoben wurden und deren Ergebnisse“.

1058 Vgl. zu den Anwendungsebenen Abschn. 59.

584.431.2 Arbeitnehmerrechte (Recht auf günstige Arbeitsbedingungen)

Aus Gesellschaftssicht dienen die Arbeitnehmerrechte aufgrund der Förderung der intragenerativen Gerechtigkeit direkt der nachhaltigen Entwicklung der Gesellschaft. Aus Unternehmenssicht stellen Mitarbeiter Werttreiber dar, die einen Einfluss auf den Unternehmenserfolg und auf die nachhaltige Unternehmensentwicklung haben (können).[1059]

Vergleichbar mit der Zusammenarbeit mit Zulieferern können Unternehmen auch Einfluss auf das Wirtschaftssystem ausüben, indem sie Arbeitnehmer beschäftigen. Für jeden Menschen ist in Art. 23 Abs. 1 AErkl und Art. 6 IPwskR das **Recht auf Arbeit** normiert. Ob Unternehmen jedoch hierfür verantwortlich sind, ist fraglich bzw. hängt von der Definition von Unternehmensverantwortung ab.[1060] Um das Ausmaß der (potenziellen) Auswirkungen des unternehmerischen Handelns im Bereich der Arbeitnehmerrechte einschätzen zu können, ist zunächst unter dem Indikator ***LA 1*** die *Gesamtbelegschaft nach Beschäftigungsart, Arbeitsvertrag und Region, jeweils differenziert nach Geschlecht* anzugeben.[1061]

Hierzu ist nach den Erläuterungen des IP zum Ende der Periode[1062] die Gesamtzahl der Arbeitnehmer des Unternehmens zu bestimmen, getrennt nach Vollzeit- und Teilzeitmitarbeitern. Die Trennung zwischen Voll- und Teilzeitmitarbeitern wird auf der Grundlage des nationalen Rechts vorgenommen; Unterschiede zwischen den Definitionen sollen bei der Aggregation der nationalen zu einer internationalen Kennzahl außer Acht gelassen werden.[1063] **Anzugeben** ist zunächst die Zahl von „Arbeitnehmern und Arbeitern", unterteilt nach Geschlecht.[1064] Ist ein Großteil der Mitarbeiter selbständig tätig (d. h. durch Werkverträge an das Unternehmen gebunden), sollte dies ebenfalls unterteilt nach Geschlcht kommuniziert werden. Ferner ist die Gesamtbelegschaft nach den Kriterien Beschäftigungsart (Vollzeit- oder Teilzeit), Arbeitsvertrag (unbefristet, befristet bzw. Zeitarbeitsvertrag) und Region nach Geschlecht differenziert aufzuschlüsseln.[1065]

1059 Vgl. DGFP (Hrsg.), Wertorientiertes Personalmanagement, S. 11. Für eine Übersicht über empirische Studien zum Zusammenhang zwischen Personalmanagement und Unternehmenserfolg vgl. DGFP (Hrsg.), Wertorientiertes Personalmanagement, S. 13. Vgl. weiterführend zur Beeinflussung der Unternehmenskultur SACKMANN, S. A., Erfolgsfaktor Unternehmenskultur.

1060 Erkennt man an, dass Unternehmen eine Ordnungsverantwortung besitzen, so könnte diese Frage positiv beantwortet werden (z. B. grundsätzlich Ansicht von HOMANN, vgl. Abschn. 422.) Auf der anderen Seite kann argumentiert werden, dass Unternehmen lediglich den Nutzen der Shareholder maximieren sollten (Shareholder Value-Konzept, vgl. Abschn. 442).

1061 Die zusätzliche geschlechterspezifische Angabe wurde im Rahmen der Überarbeitung des G3-Leitfadens eingefügt; vgl. GRI (Hrsg.), G3.1 Sustainability Reporting Guidelines, S. 31.

1062 Eine Durchschnittsbetrachtung über den Berichtszeitraum wird demnach nicht gefordert.

1063 Vgl. GRI (Hrsg.), G3 Indikatorenprotokoll Arbeit, S. 4, wenngleich diese Einschränkung vor dem Hintergrund des fehlenden Wirtschaftlichkeitsprinzips willkürlich erscheint.

1064 GRI (Hrsg.), G3 Indikatorenprotokoll Arbeit, S. 4 bzw. in Bezug auf die geschlechterspezifische Trennung GRI (Hrsg.), G3.1 Indicator Protocol Labor Practices, S. 4. Warum diese Unterscheidung gewählt wird, ist zumindest nach deutschem Recht nicht nachvollziehbar. Nach § 5 Abs. 1 BetrVG teilt sich die Belegschaft eines Unternehmens nicht in Arbeitnehmer und Arbeiter auf. Vielmehr sind die Arbeiter eine Teilgruppe der Arbeitnehmer, die darüber hinaus die Angestellten umfasst. Ferner unterscheidet das BetrVG nach § 5 Abs. 3 zwischen Angestellten und leitenden Angestellten.

1065 Vgl. GRI (Hrsg.), G3 Indikatorenprotokoll Arbeit, S. 4 bzw. für die geschlechterspezifische Differenzierung GRI (Hrsg.), G3.1 Indicator Protocol Labor Practices, S. 4.

Ein Großteil der Arbeitnehmerrechte wird durch das Menschenrecht auf Gleichheit (Art. 2 AErkl und Art. 2 IPbpR) sowie die IAO-Kernarbeitsnorm Nr. 111[1066] beeinflusst. Auch der UN Global Compact fordert im Prinzip 6[1067] die Beseitigung von Diskriminierung. Die Gleichheit der Menschen ist eine Grundvoraussetzung für die Entwicklung einer differenzierten Gesellschaft und bildet die Basis für alle weiteren Menschenrechte.[1068] Gleichheit kann anders ausgedrückt auch als Diskriminierungsfreiheit definiert werden.[1069] Eine Diskriminierung bzw. eine unmittelbare Benachteiligung liegt im deutschen Recht nach § 3 Abs. 1 i. V. m. § 1 AGG bspw. dann vor, wenn eine Person aufgrund ihrer Rasse, der ethnischen Herkunft, des Geschlechts[1070], der Religion oder Weltanschauung, einer Behinderung, des Alters oder der sexuellen Identität eine weniger günstige Behandlung erfährt, als eine andere Person in einer vergleichbaren Situation erfährt, erfahren hat oder erfahren würde.[1071] Darüber hinaus wird zwischen mittelbarer Benachteiligung durch dem Anschein nach neutrale Vorschriften, Kriterien oder Verfahren (§ 3 Abs. 2 AGG) und der Belästigung[1072] (§ 3 Abs. 3 und 4 AGG) unterschieden.

Bestrebungen nach Gleichheit dienen durch die Förderung der intragenerativen Gerechtigkeit (Gerechtigkeit als Fairness bzw. Chancengleichheit)[1073] direkt der nachhaltigen Entwicklung der Gesellschaft. Aus Unternehmenssicht können Diskriminierungsfälle durch verhängte Bußgelder direkt den finanziellen Erfolg beeinflussen. Darüber hinaus können z. B. die Motivation der Mitarbeiter oder die Reputation des Unternehmens negativ beeinflusst werden.[1074]

Entlang der Lieferkette kann das Menschenrecht der **Gleichheit** durch das berichterstattende Unternehmen im Rahmen des Einkaufs von Rohstoffen- oder Vorprodukten von Lieferanten bzw. beim Verkauf von Vorprodukten an andere Unternehmen beeinflusst werden, indem das berichterstattende Unternehmen auf die Einhaltung des Gleichheitsrechts bei seinen Zulieferern achtet. Auf der Ebene des Unternehmens können Diskriminierungsfälle bei der Einstellung von Personal und im Rahmen der anschließenden Leistungsbeurteilung[1075] sowie der Entlohnung der Arbeitnehmer entstehen. Darüber hinaus können Arbeitnehmer des Unternehmens an ihrem Arbeitsplatz belästigt werden.

1066 IAO (Hrsg.), Übereinkommen Nr. 111 über die Diskriminierung in Beschäftigung und Beruf.

1067 Prinzip 6 des UN Global Compact: „Unternehmen sollen für die Beseitigung von Diskriminierung bei Anstellung und Beschäftigung eintreten“.

1068 Vgl. Abschn. 243.

1069 Vgl. MONEN, K., Verbot der Diskriminierung, S. 25.

1070 Vgl. zu Auswirkungen der Diskriminierung aufgrund des Geschlechts weiterführend HERZOG, U., Sexuelle Belästigung am Arbeitsplatz; zu arbeitsmarkttheoretischen Erklärungsversuchen vgl. KIM, M.-K., Frauenarbeit, S. 45-48.

1071 Vgl. zu verschiedenen Definitionen des Diskriminierungsbegriffs SCHLOTBÖLLER, D., Diskriminierung, S. 23-113.

1072 Die Belästigung von Arbeitnehmern am Arbeitsplatz kann ferner Auswirkungen auf deren (psychische) Gesundheit haben und somit das Gesundheitssystem betreffen; vgl. BEERMANN, B./MESCHKUTAT, B., Psychosoziale Faktoren am Arbeitsplatz, S. 1.

1073 Vgl. Abschn. 25.

1074 Vgl. für eine empirische Untersuchung des positiven Zusammenhangs zwischen CSR, der Reputation des Unternehmens und der Wahrnehmung durch potentielle Arbeitnehmer TURBAN, D. B./GREENING, D. W., Attractiveness to Prospective Employees.

1075 Die Leistungsbeurteilung wiederum hat i. d. R. einen Einfluss auf die Karrierechancen des Mitarbeiters.

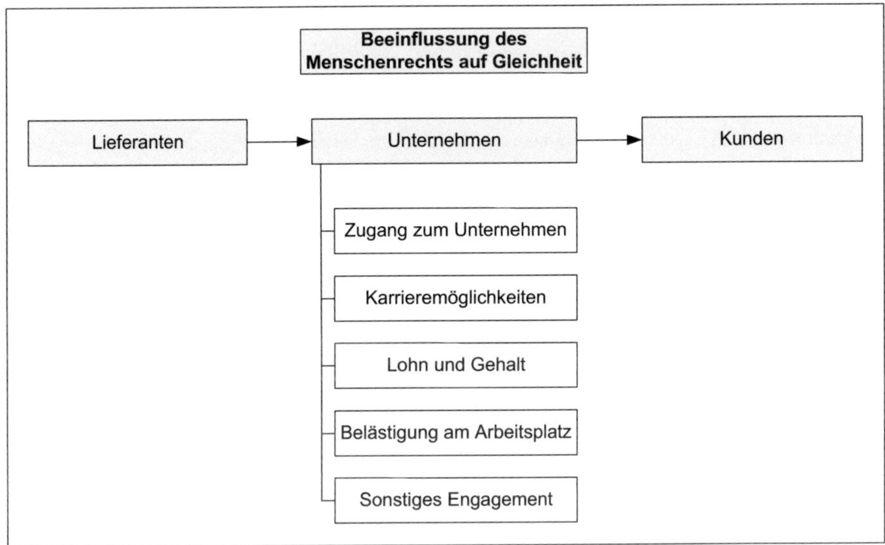

Abbildung 5-35: Möglichkeiten zur Beeinflussung der Gleichheitsrechte

In Bezug auf den **Zugang zum Unternehmen** (d. h. in Bezug auf die Einstellung von Personal) und auf gleiche Karrierechancen ist durch das Unternehmen unter dem Indikator ***LA 13*** (1) die *„Zusammensetzung der leitenden Organe und [(2) die] Aufteilung der Mitarbeiter nach Mitarbeiterkategorie hinsichtlich Geschlecht, Altersgruppe, Zugehörigkeit zu einer Minderheit und anderen Indikatoren für die Vielfalt"* anzugeben.[1076]

Nach dem Wortlaut des Indikators ist die Zusammensetzung der Mitglieder der leitenden Organe des Unternehmens[1077] sowie aller anderen Mitarbeiter des Unternehmens, die nach verschiedenen

1076 Die Definition des Indikators wurde im Rahmen der Überarbeitung des G3-Leitfadens geringfügig geändert. Die Mitarbeiter sind demnach nicht mehr nach „Kategorie", sondern nach „Mitarbeiterkategorie" aufgegliedert anzugeben; vgl. GRI (Hrsg.), G3.1 Sustainability Reporting Guidelines, S. 32. Die Änderung ist indes größtenteils redaktioneller Natur und dient der Übersichtlichkeit der Erläuterungen des Indikatorprotokolls, da bereits nach dem G3-Leitfaden die Arbeitnehmer nach der Managementebene aufzugliedern waren; vgl. GRI (Hrsg.), G3 Indikatorenprotokoll Arbeit, S. 18 sowie GRI (Hrsg.), G3.1 Indicator Protocol Labor Practices, S. 19.

1077 Leitende Organe sind nach Ansicht der GRI (GRI (Hrsg.), G3 Indikatorenprotokoll Arbeit, S. 18) „die Gremien oder Vorstände, die für die strategische Ausrichtung der Organisation, die effiziente Aufsicht über die Geschäftsführung und die Haftung des Managements gegenüber der Organisation und seinen Stakeholdern verantwortlich zeichnen." Unter „Aufsicht über die Geschäftsführung" wird (lt. englischer Originalfassung) die Überwachung des Managements ab der 1. Führungsebene verstanden, wobei fraglich ist, warum der Effizienzgedanke eine Rolle spielt, da nach der aktuellen Definition demnach nicht berichtet werden müsste, wenn die Überwachung ineffizient wäre. Mit der „Haftung des Managements" ist lt. englischem Originaltext (dort: „accountability) die Rechenschaftslegung gegenüber den Stakeholdern intendiert, da oftmals eine persönliche Haftung der Mitglieder der Leitungsorgane durch die Rechtsform des Unternehmens ausgeschlossen ist. In Deutschland würde (je nach Rechtsform) der Vorstand oder die Geschäftsführung sowie der Aufsichtsrat als „leitendes Organ" eingestuft werden. Der Plural bezieht sich auf leitende Organe von Konzerntochterunternehmen.

Kategorien einzuteilen sind,[1078] nach den Merkmalen „Geschlecht", „Altersgruppe", „Zugehörigkeit zu einer Minderheit"[1079] und „anderen Indikatoren" zu differenzieren und anzugeben. Neu anzugeben ist nach dem IP des G3.1-Leitfadens eine zusätzliche Aufgliederung der Aufteilung nach Altersgruppe und der Zugehörigkeit zu einer Minderheit nach Geschlecht.[1080] Weiter unterteilt werden nach dem IP zu LA 13 darüber hinaus die Angaben zur Altersstruktur der Belegschaft. Diese ist in drei Altersgruppen (jünger als 30 Jahre, 30-50 Jahre, älter als 50 Jahre) einzuteilen.[1081] Die nach dem Wortlaut des Indikators anzugebenden „anderen Indikatoren für die Vielfalt" werden auch im Indikatorenprotokoll nicht näher konkretisiert. Die Angaben zu Geschlecht, Minderheiten und Altersgruppe stellen somit Mindestangaben dar, die gemacht werden müssen, um die Angabepflichten des Indikators LA 13 zu erfüllen.

Die Daten des Indikators können Rückschlüsse auf die Gleichberechtigung innerhalb des Unternehmens zulassen, indem die Angaben zur Gesamtbelegschaft mit den Angaben zu Mitgliedern der leitenden Organe verglichen werden. Ob jedoch auch die Einstellung von Mitarbeitern nach fairen Verfahren bzw. Kriterien vorgenommen wird (die durch den Indikator EC 7 (s. u.) beschrieben werden), kann erst dann beurteilt werden, wenn Daten zur Ausprägung des jeweiligen Merkmals in der Gesamtbevölkerung an den Standorten des Unternehmens bekannt sind. Diese werden im GRI-Leitfaden jedoch nicht gefordert; ebenso sind keine Angaben zur Strategie des Unternehmens zur Förderung der Vielfalt im GRI-Leitfaden enthalten.[1082]

Bei international tätigen Unternehmen kommt des Weiteren der Beschäftigung von ortsansässigen Personen an den jeweiligen Standorten eine hohe Bedeutung zu. Das Unternehmen kann das Menschenrecht der Gleichberechtigung fördern, indem am Produktionsstandort ansässige Personen zumindest gleichberechtigt, bzw. bei bestehender Benachteiligung (z. B. in Entwicklungsländern) bevorzugt[1083] bei der Auswahl der Arbeitskräfte berücksichtigt werden.[1084] Aus Unternehmenssicht können vor allem Kenntnisse der lokalen Kultur und Märkte für die Einstellung von lokalem Personal sprechen. Ferner können Unternehmen durch die Entwicklung der örtlichen Wirtschaft (gerade in Entwicklungsländern) neue Absatzmärkte schaffen, die den finanziellen Erfolg des Unterneh-

---

1078 Mögliche Kategorien können sich zum einen an der Hierarchie des Unternehmens orientieren (z. B. Mitglieder des Vorstands, Mitglieder der oberen Führungsebene, Mitglieder der unteren Führungsebene, Angestellte und Arbeiter) oder an den Organisationsbereichen (z. B. Produktion und Verwaltung). Vgl. GRI (Hrsg.), G3 Indikatorenprotokoll Arbeit, S. 18.

1079 Nach welchem Merkmal sich die Minderheit konstituiert, wird nicht explizit ausgeführt. Lediglich Staatsangehörigkeit, Abstammung, Glaubensrichtung oder Behinderung werden als „Indikatoren" für die Vielfalt genannt (wenngleich dies noch keine Indikatoren, sondern nur die Merkmale der Minderheit sind). Vgl. GRI (Hrsg.), G3 Indikatorenprotokoll Arbeit, S. 18.

1080 Vgl. GRI (Hrsg.), G3.1 Indicator Protocol Labor Practices, S. 19.

1081 Vgl. GRI (Hrsg.), G3 Indikatorenprotokoll Arbeit, S. 18.

1082 Beispielsweise könnten Maßnahmen zur Steigerung der Frauenquote beschrieben werden. Vgl. beispielsweise DEUTSCHE TELEKOM AG (Hrsg.), CR Bericht 2010, S. 30.

1083 Bei bestehender Ungleichheit dient die Bevorzugung der benachteiligten Gruppe der intragenerativen Gerechtigkeit, da Defizite beseitigt werden.

1084 Hierbei ist jedoch zu beachten, dass die Möglichkeiten zur Einstellung von lokalem Personal abhängig von dem örtlichen Bildungsniveau sind.

mens positiv beeinflussen können (erweiterte Handlungsverantwortung und Ordnungsverantwortung).

Anzugeben sind daher unter dem Indikator ***EC 7*** *(1) „Verfahren für die Einstellung von lokalem Personal und [(2) der] Anteil von lokalem Personal an den Posten für leitende Angestellte an wesentlichen Geschäftsstandorten“.*[1085]

Nach dem Wortlaut des Indikators ist nicht eindeutig zu bestimmen, ob nur die Existenz eines Verfahrens bzw. einer Richtlinie für die Einstellung von lokalem Personal bestätigt bzw. negiert wird oder ob die Verfahrensweisen zu erläutern sind. Das IP zu EC 7 stellt diesbezüglich klar, das lediglich anzugeben ist, ob das Unternehmen ein einheitliches Verfahren anwendet, um Ortsansässige bei der Einstellung an wesentlichen Geschäftsstandorten zu bevorzugen.[1086] Eine Erläuterung des Verfahrens ist demnach nicht gefordert.

Darüber hinaus ist der Anteil von lokalem Personal an den Posten für leitende Angestellte an wesentlichen Geschäftsstandorten anzugeben; lt. dem IP zu EC 7 jedoch nur dann, wenn Verfahren zur Einstellung von lokalem Personal bestehen. Bei dieser Berechnung sind die Daten für Vollzeitbeschäftigte zu Grunde zu legen.[1087] Weitere Vorschriften zur Berechnung bestehen nicht, lediglich die Definition von „leitenden Angestellten“ ist anzugeben.[1088]

Nicht nachvollziehbar ist, warum der Anteil des lokalen Personals an den leitenden Angestellten auf Basis der Vollzeitbeschäftigten zu berechnen ist. Letztlich ist entscheidend, auf wieviele vollzeitäquivalente Stellen von lokalem Personal besetzt werden. Ob leitende Angestellte voll- oder teilzeit arbeiten, dürfte hierbei keine Rolle spielen. Der Anteil von Teilzeitstellen könnte indes auf die Bemühungen des Unternehmens, die Vereinbarkeit von Familie und Beruf zu fördern, hindeuten.[1089] Im Gegensatz zur Einstellung von Personal ist darüber hinaus fraglich, warum eine Angabe zur Strategie, die den Anteil von ortsansässigen Mitarbeitern in Führungspositionen steigern soll, nicht gefordert wird. Ebenfalls nicht begründet wird die bedingte Angabe des Anteils von lokalem Personal an den Führungspositionen, die nur dann gefordert wird, wenn Verfahren zur Einstellung dieses Personals bestehen. Auch an dieser Stelle wird der Schwerpunkt des GRI-Leitfadens zu sehr auf interne Verfahren, als auf die Angabe der tatsächlichen Verhältnisse gelegt.

Weitere Angaben zur Personalentwicklung werden nicht gefordert, obwohl diese gerade aus Unternehmenssicht einen nicht unwesentlichen Einfluss auf die nachhaltige Unternehmensentwicklung

---

1085 Die Definition des Indikators sowie die Erläuterungen im Indikatorprotokoll wurden im Rahmen der Überarbeitung des G3-Leitfadens nicht geändert.

1086 Vgl. GRI (Hrsg.), G3 Indikatorenprotokoll Ökonomie, S. 11.

1087 Vgl. GRI (Hrsg.), G3 Indikatorenprotokoll Ökonomie, S. 11.

1088 Der Begriff „leitende Angestellte“ sollte vom Unternehmen definiert und angegeben werden; vgl. GRI (Hrsg.), G3 Indikatorenprotokoll Ökonomie, S. 11.

1089 Vgl. Abschn. 584.433.

haben kann.[1090] Bspw. könnte berichtet werden, welcher Anteil der Führungskräfte aus dem eigenen Unternehmen rekrutiert werden konnte.

Neben dem Zugang zum Unternehmen und der Chancengleichheit in Bezug auf Karrieremöglichkeiten können Unternehmen durch die **Gehaltszahlungen** positive wie negative Auswirkungen auf das Menschenrecht der Gleichheit haben. Diesbezüglich hat die IAO die Kernarbeitsnorm Nr. 100[1091] erlassen, die sich auf das Verhältnis der Vergütung von Männern und Frauen bezieht. Unternehmen sollten hierzu unter dem Indikator ***LA 14***[1092] das *Verhältnis des Grundgehalts*[1093] *und der Bonuszahlungen für Männer zum Grundgehalt für Frauen nach Mitarbeiterkategorie, aufgegliedert nach wesentlichen Standorten,* angeben.

Die Berechnung des Gehaltsverhältnisses basiert auf der Kategorisierung der Mitarbeiter (vgl. Indikator LA 13).[1094] Weitere Angaben zur Bestimmung des Grundgehaltes und der Bonuszahlungen von Männern und Frauen innerhalb der Kategorien sind im Indikatorenprotokoll nicht enthalten. Da jedoch nicht generell davon ausgegangen werden kann, dass innerhalb der Kategorien ausschließlich ein Grundgehalt gezahlt wird,[1095] ist die Verwendung eines Durchschnittswertes aller in der Kategorie gezahlten Gehälter zu empfehlen. Ist jedoch z. B. aufgrund eines in der jeweiligen Kategorie auf alle Mitarbeiter angewandten Tarifvertrages eine Differenz zwischen den einzelnen Personen nicht möglich, ist eine Durchschnittsberechnung nicht erforderlich. Welche Standorte als wesentlich anzusehen sind, wird im IP ebenfalls nicht defniert.

Grundsätzlich ist der Indikator LA 14 geeignet, die gleiche oder ungleiche Entlohnung von Männern und Frauen abzubilden. Insbesondere ist zu begrüßen, dass im Rahmen der Überarbeitung des G3-Leitfadens die separate Angabe von Bonuszahlungen eingeführt wurde. Nur durch diese Angabe kann in Fällen, in denen ein wesentlicher Teil der Mitarbeitervergütung durch variable Gehaltsbestandteile gewährt wird, die Gleichheit der Entlohnung festgestellt werden. Problematisch könnte bei einer Einbeziehung der variablen Bestandteile in die Berechnung indes sein, dass diese auf der Erfüllung individueller Leistungsziele beruhen. Demnach muss nach dem Gesetz der großen Zahl[1096] eine hinreichend große Grundgesamtheit vorliegen, damit individuelle Leistungsunterschiede kompensiert werden.

1090 Vgl. BECKER, A., Personal- und Führungskräfteentwicklung, S. 89-93; BECK, M., Strategische Personalentwicklung, S. 39.

1091 Vgl. IAO (Hrsg.), Übereinkommen Nr. 100 über die Gleichheit des Entgelts männlicher und weiblicher Arbeitskräfte für gleichwertige Arbeit.

1092 Die Definition des Indikators wurde im Rahmen der Überarbeitung des G3-Leitfadens um die Komponente „Bonuszahlungen" sowie um die Aufliederung der Angaben nach wesentlichen Standorten ergänzt; vgl. GRI (Hrsg.), G3.1 Sustainability Reporting Guidelines, S. 32.

1093 Als Grundgehalt wird die feste Entlohnung der Mitarbeiter ohne evtl. variable Vergütungskomponenten und sonstiger Komponenten (z. B. Weihnachts- oder Urlaubsgeld) definiert; vgl. GRI (Hrsg.), G3 Indikatorenprotokoll Arbeit, S. 20.

1094 Vgl. GRI (Hrsg.), G3.1 Indicator Protocol Labor Practices, S. 21.

1095 Dies könnte z. B. der Fall sein, wenn individuelle Vertragsverhandlungen einen Einfluss auf das Gehalt haben können.

1096 Vgl. beispielsweise LEINER, B., Statistik, S. 192.

In Bezug auf Kunden, die gerade bei Industriegüterherstellern ähnliche Auswirkungen auf die Gleichheitsrechte haben können wie das Unternehmen selbst, enthält der GRI-Leitfaden ebenfalls keine Angaben. Da Unternehmen die Abnehmer ihrer Produkte im Regelfall jedoch nicht kontrollieren, sind Angaben zum Managementansatz ausreichend.[1097]

Zusätzlich enthalten die Menschenrechte das **Recht auf angemessenen Lohn und existenzsichernde Schutzmaßnahmen** (Art. 23 Ziff. 3 AErkl, Art. 7 lit. a ii) IPwskR). Wie hoch ein „angemessener Lohn" sein muss, hängt von den Lebenshaltungskosten in dem jeweiligen Land ab.[1098] Der GRI-Leitfaden sieht zu diesem Recht lediglich einen Zusatzindikator (***EC 5)*** vor, unter dem die *„Spanne des Verhältnisses der Standardeintrittsgehälter, aufgeteilt nach Geschlecht, zum lokalen Mindestlohn an wesentlichen Geschäftsstandorten"* angegeben werden kann.[1099] Unterstellt man, dass der Mindestlohn so bemessen ist, dass er gerade ausreicht, um die Lebenshaltungskosten im existenznotwendigen Bereich zu decken,[1100] gibt dieser Indikator somit Auskunft über die angemessene Entlohnung der Mitarbeiter des Unternehmens. Verpflichtend ist die Angabe indes nicht, so dass auch ein an dieser Stelle unvollständiger Nachhaltigkeitsbericht die Anforderungen der höchsten Anwendungsebene[1101] erfüllen kann.

Darüber hinaus können Unternehmen die Arbeitnehmerrechte durch Veränderungen des betrieblichen Umfelds beeinflussen. Diese können dazu führen, dass das Unternehmen einen Einfluss auf die Mitarbeiter hat und auf diese faktisch Druck ausgeübt wird, eine Änderung ihrer Arbeitsverhältnisse zu akzeptieren. Für das Unternehmen kann die Art und Weise, wie es mit seinen Mitarbeitern in Zeiten strukturellen Wandels zusammenarbeitet, durch die Motivation der Mitarbeiter oder durch einen Verlust von Reputation bedeutend sein. Aus Gesellschaftssicht dient die Abstimmung zwischen Arbeitgeber und Arbeitnehmer und die frühzeitige Vorbereitung der Mitarbeiter und des Unternehmensumfeldes der Stärkung der Menschenrechte.

Unter dem Leistungsindikator ***LA 5*** werden hierzu *„Mitteilungsfrist(en) in Bezug auf wesentliche betriebliche Veränderungen, einschließlich der Information, ob diese Frist in Kollektivvereinbarungen festgelegt wurde"*[1102] erfasst.[1103]

1097 Vgl. zur Bestimmung der Berichtsgrenzen Abschn. 56.

1098 Vgl. weiterführend JACOBS, A., Vergleich der Lebenshaltungskosten; EVERS, H./SCHMUCKER, H./TEICH, G., Unterschiede in den Lebenshaltungskosten; INTERNATIONALES ARBEITSAMT (Hrsg.), Gegenüberstellung der Lebenshaltungskosten.

1099 Der Indikator wurde im Vergleich zum GRI G3-Leitfaden um die geschlechterspezifische Aufgliederung erweitert; vgl. GRI (Hrsg.), G3.1 Sustainability Reporting Guidelines, S. 26.

1100 Vgl. NERMERICH, D., Mindestlohn, S. 6 f; FRIELING, R., Sittlicher Mindestlohn, S. 1; GEORGE, R., Gesetzlicher Mindestlohn, S. 48 f.

1101 Vgl. hierzu ausführlich Abschn. 59.

1102 Die Definition des Indikators sowie die Erläuterungen im Indikatorprotokoll wurden im Rahmen der Überarbeitung des G3-Leitfadens nicht geändert.

1103 Als „wesentliche Veränderungen" definiert die GRI „Veränderungen des Musters der Betriebstätigkeit der Organisation, die grundlegende positive oder negative Folgen für die Arbeitnehmer der Organisation haben werden." (vgl. GRI (Hrsg.), G3 Indikatorenprotokoll Arbeit, S. 9).

Während nach dem Wortlaut die Information der Mitarbeiter ausreicht, wird im IP die Diskussion der Veränderungen mit den Mitarbeitern gefordert.[1104] Das IP geht in seinen Berichtsanforderungen demnach über den Wortlaut des Leistungsindikators hinaus. Grundsätzlich kann der Indikator einen Einblick in das Verhältnis von Arbeitgebern zu Arbeitnehmern ermöglichen. Neben der Angabe der Fristen wäre jedoch darüber hinaus die Angabe der Fälle, in denen das Unternehmen die Arbeitnehmer im vergangenen Geschäftsjahr über wesentliche Veränderungen informieren musste, sinnvoll.

Für eine indirekte Einschätzung der Arbeitsbedingungen kann die Fluktuationsrate (d. h. die Austauschrate) der Arbeitnehmer verwendet werden.[1105] Aufbauend auf der Gesamtzahl der Arbeitnehmer fordert die GRI hierzu unter dem Indikator ***LA 2*** die Angabe der *Gesamtzahl und der Rate der Neueinstellungen und der Mitarbeiterfluktiation, aufgegliedert nach Alter, Geschlecht und Region.*[1106]

Die GRI definiert die Fluktuationsrate als „Anzahl der Arbeitnehmer, das (sic!) die Organisation freiwillig verlassen oder denen gekündigt wurde, die in Rente gehen oder versterben"[1107]. Erfasst werden somit (ohne Ausnahme) all diejenigen Fälle, in denen Arbeitnehmer das Unternehmen verlassen.[1108] Nach Ansicht der GRI kann eine hohe Fluktuationsrate ein Indiz für schlechte Arbeitsbedingungen in dem berichterstattenden Unternehmen, für einen strukturellen Wandel oder, je nach Ausprägung der Fluktuation pro Altersgruppe, für eine Ungleichbehandlung von Mitarbeitern sein.[1109] Im G3.1-Leitfaden wird die Fluktuationsrate darüber hinaus um die Anzahl der Personen, die in der Berichtsperiode neu eingestellt wurden, erweitert.[1110] Die Prozentsätze sind auf der der Grundlage der für den Indikator LA 1 bestimmten Gesamtzahl an Arbeitnehmern zu berechnen.

Jedoch können nicht in allen Fällen aus der Angabe der Fluktuationsrate für das jeweilige Unternehmen direkte Rückschlüsse in Bezug auf seine Leistung gezogen werden. Gut zu interpretieren ist eine geringe Fluktuationsrate, da diese grds. für vergleichsweise gute Arbeitsbedingungen sprechen dürfte. Im Gegensatz dazu kann jedoch aus einer höheren Fluktuationsrate allein nicht darauf geschlossen werden, dass die Arbeitsbedingungen nicht den Vorstellungen der Mitarbeiter entspro-

---

1104 Vgl. GRI (Hrsg.), G3 Indikatorenprotokoll Arbeit, S. 9.

1105 Aus Unternehmenssicht kann die langfristige Bindung von Mitarbeitern kostensenkende Effekte haben; vgl. SINNHOLD, H., Unternehmenswert und People Care, S. 76.

1106 Da die Definition des Indikators im Rahmen der Überarbeitung des G3-Leitfadens geändert wurde, wird die deutsche Übersetzung im G3-Leitfaden nicht weiter verwendet; vgl. GRI (Hrsg.), G3.1 Sustainability Reporting Guidelines, S. 31.

1107 GRI (Hrsg.), G3 Indikatorenprotokoll Arbeit, S. 6. Warum die GRI explizit auf „Personen, die in Rente gehen oder versterben" abstellt, ist fraglich. Letztlich werden bereits alle Personen durch die Unterteilung in freiwillig ausgeschiedene und gekündigte Mitarbeiter erfasst. Eine einheitliche Definition von Fluktuation hat sich bislang noch nicht herausgebildet; vgl. NEUHAUS, A., Arbeitnehmerkündigungsverhalten, S. 28

1108 Ebenso ADEBAHR, H., Fluktuation der Arbeitskräfte, S. 15. Darüber hinaus können in den Fluktuationsbegriff jedoch auch innerbetriebliche und zwischenbetriebliche Arbeitsplatzwechsel einbezogen werden; vgl. BENZ, W., Fluktuation, S. 5.

1109 Vgl. GRI (Hrsg.), G3 Indikatorenprotokoll Arbeit, S. 6; ebenso SABATHIL, P., Fluktuation von Arbeitskräften, S. 94.

1110 Vgl. GRI (Hrsg.), G3.1 Indicator Protocol Labor Practices, S. 6.

chen haben,[1111] da in manchen Branchen die Karrierewege der Mitarbeiter von Anfang an darauf ausgerichtet sind, in der Unternehmenshierarchie aufzusteigen oder das Unternehmen zu verlassen. In diesem Fall kann erst ein Vergleich mit der durchschnittlichen Fluktuationsrate der Branche Aussagen dazu liefern, ob die Arbeitsbedingungen in dem Unternehmen tatsächlich unter denen des Branchendurchschnitts liegen. Entscheidend für das Verständnis des Indikators ist somit neben der quantitativen Angabe der Fluktuationsrate auch die qualitative Erläuterung der Gründe, die indes nicht gefordert wird. Darüber hinaus kann die nach dem G3.1-Leitfaden neu anzugebende Anzahl der Neueinstellungen bei der Beurteilung hilfreich sein, da eine hohe Anzahl von Neueinsteigern für eben dieses Personalentwicklungsmodell spricht. Ebenfalls ist nicht in jedem Fall davon auszugehen, dass die Einbeziehung von Personen, die das Unternehmen aus Altersgründen verlassen, zielführend ist, da dieser Teil der Fluktuationsrate in keinem Zusammenhang mit den Arbeitsbedingungen steht, sondern von der demographischen Struktur der Arbeitnehmer abhängig ist. Diese Angabe dürfte demnach vor allem hilfreich sein, um das Risiko des Wissensverlusts für das Unternehmen, das sich aus starken Veränderungen der Belegschaft ergibt, einzuschätzen.

584.431.3 Organisationen: Betriebsrat und Gewerkschaften

Die **Versammlungs- und Vereinigungsfreiheit,** die allgemein für die Entwicklung differenzierter Gesellschaften notwendig ist, kann von Unternehmen vor allem im Bereich der Zusammenschlüsse von Arbeitnehmern (Betriebsrat/Gewerkschaften) beeinflusst werden. Dieses Recht wird durch das im IPwskR enthaltene Recht auf Kollektivvereinbarungen (Art. 23 Abs. 4 AErkl, Art. 22 IPbpR, Art. 8 IPwskR) sowie durch die Kernarbeitsnormen der IAO Nr. 87[1112] und 98[1113] konkretisiert.[1114] Die Einhaltung dieser Rechte fordert außerdem das Prinzip 3[1115] des UN Global Compact. Aus Unternehmenssicht können Verletzungen der Koalitionsfreiheit durch Bußgelder direkt den finanziellen Unternehmenserfolg beeinflussen. Darüber hinaus können Reputationsschäden entstehen; außerdem steigert die Mitarbeiterzufriedenheit die Produktivität und somit den finanziellen Unternehmenserfolg. Anreize, gegen Koalitionsfreiheiten zu verstoßen, sind z. B. geringere Lohnkosten durch eine schlechtere Verhandlungsposition der Arbeitnehmer oder höhere Wochenarbeitszeiten ohne Lohnausgleich.

Unternehmen können das Menschenrecht auf Koalitionsfreiheit beeinflussen, indem sie die Bildung von Betriebsräten und den Eintritt ihrer Arbeitnehmer in Gewerkschaften verhindern. Indirekt kön-

1111 Für eine Pluralität der Kündigungsgründe siehe auch ZIRWAS, J., Fluktuation gewerblicher Arbeitnehmer, S. 84 f.

1112 Vgl. IAO (Hrsg.), Übereinkommen Nr. 87 über die Vereinigungsfreiheit und den Schutz des Vereinigungsrechts.

1113 Vgl. IAO (Hrsg.), Übereinkommen Nr. 98 über die Anwendung der Grundsätze des Vereinigungsrechtes und des Rechtes zu Kollektivverhandlungen.

1114 Zur gesellschaftlichen Notwendigkeit von Gewerkschaften vgl. ALTHAMMER, W., Theorie der Gewerkschaften, S. 74-174.

1115 Prinzip 3 des UN Global Compact: „Unternehmen sollen die Vereinigungsfreiheit und die wirksame Anerkennung des Rechts auf Kollektivverhandlungen wahren".

nen solche Missstände durch die Angaben des Indikators ***LA 4***, der den *„Prozentsatz der Mitarbeiter, die unter Kollektivvereinbarungen fallen"*, erfasst,[1116] beurteilt werden.[1117]

Eine weitere Untergliederung der Informationen wird nicht verlangt. Gerade bei international operierenden Unternehmen, die in Ländern ohne gesetzlichen Schutz auf Koalitionsfreiheit tätig sind, könnte jedoch eine Differenzierung nach geographischen Kriterien sinnvoll sein.[1118] Ferner ist anzugeben, wieviel Prozent der Arbeitnehmer aufgrund ihrer Stellung und ihres Gehalts (z. B. leitende Angestellte) nicht unter Kollektivvereinbarungen fallen.

Darüber hinaus sind unter dem Indikator ***HR 5*** die *ermittelte[n] Geschäftstätigkeiten und wesentliche Zulieferer, bei denen die Vereinigungsfreiheit oder das Recht zu Kollektivverhandlungen erheblich gefährdet sein könnten sowie ergriffene Maßnahmen, um diese Rechte zu schützen,* anzugeben.[1119]

Die Geschäftstätigkeiten sind entweder nach ihrer Art (z. B. Produktion oder Vertrieb) oder nach geographischen Kriterien darzustellen.[1120] Ferner soll das Unternehmen durchgeführte Maßnahmen nennen, die den Schutz der Vereinigungsfreiheit und der Kollektivverhandlungen zum Ziel hatten.

Grundsätzlich ist auch am Indikator HR 5 zu kritisieren, dass gefährdete Geschäftsfelder und Maßnahmen anzugeben sind und nicht auf tatsächlich eingetretene Fälle eingegangen wird, in denen diese Rechte gebrochen wurden. Ein Einblick in die Leistung des Unternehmens kann durch den Indikator demnach nicht vermittelt werden. Ebenfalls mag aus Unternehmenssicht z. B. in Bezug auf die Berichterstattung über Geschäftsaktivitäten in China die Gefahr bestehen, die politischen Machthaber „zu verstimmen", indem Defizite in der Vereinigungsfreiheit angesprochen werden.[1121]

584.431.4 Organisation: Unternehmen

Unternehmen sind als Teil des Wirtschaftssystems[1122] nach der Systemtheorie von LUHMANN ebenfalls als Teil der Gesellschaft anzusehen, so dass aus gesellschaftlicher Perspektive grds. ein Interesse an einer nachhaltigen Unternehmensentwicklung besteht.[1123]

1116 Die Definition des Indikators sowie die Erläuterungen im Indikatorprotokoll wurden im Rahmen der Überarbeitung des G3-Leitfadens nicht geändert.

1117 Vgl. GRI (Hrsg.), G3 Indikatorenprotokoll Arbeit, S. 8.

1118 Darüber hinaus ist zu berücksichtigen, dass Gewerkschaften oftmals keine mit international tätigen Unternehmen vergleichbaren Strukturen besitzen. Vgl. zu dieser Thematik auch BIEL, J., Multinationale Unternehmen, S. 152-165.

1119 Im Rahmen der Überarbeitung des G3-Leitfadens wurde in der Definition des Indikators klargestellt, dass neben den Geschäftstätigkeiten des Unternehmens auch wesentliche Zulieferer zu betrachten sind; vgl. GRI (Hrsg.), G3.1 Sustainability Reporting Guidelines, S. 35. Inhaltliche Änderungen ergeben sich hierdurch indes nicht.

1120 Vgl. GRI (Hrsg.), G3 Indikatorenprotokoll Menschenrechte, S. 7.

1121 Vgl. GEFFKEN, R., Arbeitsbeziehungen und Arbeitsrecht in China, S. 62.

1122 Unternehmen stellen aus wirtschaftswissenschaftlicher Sicht eine Organisationsform im System Wirtschaft dar, die sich aus Effizienzgründen entwickelt hat. Vgl. zum wirtschaftswissenschaftlichen Unternehmensbegriff Abschn. 44.

1123 Vgl. Abschn. 242.

Das berichterstattende Unternehmen kann auf andere Unternehmen Auswirkungen haben, indem es z. B. mit Lieferanten zusammenarbeitet. Damit die Adressaten des Nachhaltigkeitsberichts diese Auswirkungen einschätzen können, sind unter dem Indikator ***EC 6*** die *„Geschäftspolitik, -praktiken und [der] Anteil der Ausgaben, der auf Zulieferer vor Ort an wesentlichen Geschäftsstandorten entfallen"* anzugeben.[1124]

Zunächst ist nach dem IP der Begriff „vor Ort" zu definieren und die Definition anzugeben.[1125] Darüber hinaus ist anzugeben, ob das Unternehmen eine Firmenrichtlinie oder anerkannte Verfahren verwendet, nach denen örtliche Zulieferer bevorzugt werden.[1126] Eine weitergehende Erläuterung der Verfahren ist nach dem Wortlaut des Indikators und dem IP nicht erforderlich. Lediglich in den Fällen, in denen Richtlinien für die Bevorzugung von örtlichen Lieferanten bestehen, fordern die Erläuterungen des IP, den auf diese entfallenen Prozentsatz des Einkaufsbudgets anzugeben, sofern der Standort wesentlich ist.[1127]

Zunächst ist nicht nachvollziehbar, warum eine Angabe des Prozentsatzes des auf örtliche Lieferanten entfallenden Einkaufsvolumens nur dann gefordert ist, wenn das Unternehmen über entsprechende Richtlinien verfügt. Grundsätzlich könnte angenommen werden, dass eine Ermittlung dieser Daten bei Fehlen einer diesbezüglichen Richtlinie nicht unter wirtschaftlich vertretbarem Aufwand möglich ist. Hierzu sei jedoch angemerkt, dass die Wirtschaftlichkeit der Berichterstellung in den aktuell gültigen Berichtsprinzipien nicht explizit enthalten ist.[1128] Darüber hinaus ist fraglich, warum bei der Ermittlung der Daten auf das „Budget", d. h. auf die Planungsrechnung des Unternehmens abgestellt wird.[1129] Alternativ wäre die Verwendung der tatsächlichen Einkaufsvolumina möglich. Ob der Indikator der Handlungs- oder der erweiterten Handlungsverantwortung von Unternehmen zugeordnet wird,[1130] kann nicht pauschal beurteilt werden, sondern hängt von den Rahmenbedingungen des unternehmerischen Engagements ab.

584.432 Funktionssystem Politik

Nach Art. 21 AErkl und Art. 25 IPbpR hat jeder Mensch das Recht, an der Leitung öffentlicher Angelegenheiten des eigenen Landes unmittelbar oder durch frei gewählte Vertreter teilzunehmen.[1131] Maßgeblich ist dabei ein Mindestmaß an Partizipationsmöglichkeiten sowie die Gleichberechtigung der Bürger bei politischen Entscheidungen.[1132] In welcher Art und Weise und in welcher Intensität

---

1124 Die Definition des Indikators sowie die Erläuterungen im Indikatorprotokoll wurden im Rahmen der Überarbeitung des G3-Leitfadens nicht geändert.

1125 Vgl. GRI (Hrsg.), G3 Indikatorenprotokoll Ökonomie, S. 10. Nach Ansicht der GRI sollte das zuliefernde Unternehmen im selben geographischen Markt wie das berichterstattende Unternehmen angesiedelt sein, wobei sich ein geographischer Markt nicht über Landesgrenzen erstrecken soll.

1126 Vgl. GRI (Hrsg.), G3 Indikatorenprotokoll Ökonomie, S. 10.

1127 Vgl. GRI (Hrsg.), G3 Indikatorenprotokoll Ökonomie, S. 10. Eine Definition von Wesentlichkeit wird durch die GRI nicht vorgenommen.

1128 Vgl. Abschn. 574.9.

1129 Vgl. GRI (Hrsg.), G3 Indikatorenprotokoll Ökonomie, S. 10.

1130 Vgl. Abschn. 422.

1131 Vgl. Abschn. 43.

1132 Vgl. Abschn. 43.

sich Unternehmen in die poltische Willensbildung einbringen sollten, ist dabei umstritten und kann von dem Entwicklungsgrad des politischen Systems und der Gesellschaft insgesamt abhängen. Aus Unternehmenssicht bestehen Anreize, auf die Gestaltung der Rahmenbedingungen zu Gunsten des Unternehmens hinzuwirken. Dies kann Vorteile für die Gesellschaft mit sich bringen, da Unternehmen zur Produktion der Güter, die letztlich der Bedürfnisbefriedigung der Menschen dienen, auf stabile und für sie vorteilhafte Rahmenbedingungen angewiesen sind. Problematisch aus Gesellschaftssicht wird die Teilnahme des Unternehmens an der politischen Willensbildung indes dann, wenn das Unternehmen Rahmenbedingungen durchsetzt, die zwar der eigenen Gewinnmaximierung dienen, jedoch auf lange Sicht einen negativen Einfluss auf die nachhaltige Entwicklung der Gesellschaft haben.

Während sich die gesetzlichen Rahmenbedingungen aus Unternehmenssicht direkt positiv durch die Erweiterung oder negativ durch die Einschränkung von Handlungsmöglichkeiten auf den Unternehmenserfolg auswirken können, besteht ebenfalls die Gefahr von Reputationsschäden, wenn das Unternehmen den Eindruck erweckt, die Gestaltung von Rahmenbedingungen lediglich zu seinen Gunsten anzustreben.

Zur Darstellung ihres Einflusses fordert die GRI von den Unternehmen unter dem Indikator ***SO 5*** die Angabe ihrer vertretenen *„politische Positionen und [ihre] Teilnahme an der politischen Willensbildung und am Lobbying*[1133]*“*.[1134]

Zu jedem Thema werden die Darstellung der durch das Unternehmen vertretenen Positionen und der Unterschied zu von anderen Organisationen öffentlich geäußerten Positionen gefordert.[1135] Darüber hinaus sind alle Unterschiede zwischen der von dem Unternehmen im Rahmen der Lobbyarbeit vertretenen Positionen und den vom Unternehmen öffentlich geäußerten Positionen zu erklären.[1136] Letztendlich legt das Unternehmen somit offen, ob es sich bei den Versuchen, Regierungen oder Parlamentsmitglieder von den eigenen Positionen zu überzeugen, an seine öffentlich geäußerten Ansichten gehalten hat.

Auch wenn die geforderten Angaben grds. wünschenswert sind, kann bezweifelt werden, das Unternehmen freiwillig Inhalte der Lobbyarbeit veröffentlichen, die öffentlich geäußerten Ansichten widersprechen. Darüber hinaus sei an dieser Stelle angemerkt, dass der Indikator ***SO 6*** *(„Gesamtwert der Zuwendungen (Geldzuwendungen und Zuwendungen von Sachwerten) an Parteien, Politi-*

1133 Lobbying wird von der GRI definiert als „Bemühungen, diejenigen Personen, die ein politisches Amt bekleiden oder dafür kandidieren, zu überzeugen oder zu beeinflussen, sich für bestimmte politische Ansichten einzusetzen bzw. auf die Entwicklung der Gesetzgebung oder auf politische Entscheidungen Einfluss zu nehmen.“ (GRI (Hrsg.), G3 Indikatorenprotokoll Gesellschaft, S. 7). Laut GRI kann sich der Begriff auf das Lobbying bei Regierungen aller Ebenen als auch bei internationalen Institutionen beziehen. Neben dieser Definition sollten jedoch vor allem Parlamentsmitglieder einbezogen werden, da diese letztlich über das Zustandekommen von Gesetzen entscheiden (Legislative), die Regierungen (Exekutive) umsetzen müssen.

1134 Die Definition des Indikators sowie die Erläuterungen im Indikatorprotokoll wurden im Rahmen der Überarbeitung des G3-Leitfadens nicht geändert.

1135 Vgl. GRI (Hrsg.), G3 Indikatorenprotokoll Gesellschaft, S. 7.

1136 Vgl. GRI (Hrsg.), G3 Indikatorenprotokoll Gesellschaft, S. 7.

ker und den damit verbundenen Einrichtungen nach Ländern"), der zumindest in Ansätzen Aufschluss über die finanzielle Beeinflussung von politischen Entscheidungsträgern geben kann,[1137] aufgrund seiner Klassifikation als Zusatzindikator nicht erforderlich ist, um einen der höchsten Anwendungsebene entsprechenden Nachhaltigkeitsbericht zu erstellen.[1138] Außerdem können Korruptionsfälle für die Beurteilung des Einflusses, den ein Unternehmen auf das politische System ausüben kann, von Bedeutung sein.[1139]

Weitere Indikatoren zum Einfluss des Unternehmens auf das politische System enthält der GRI-Leitfaden nicht; eine Trennung zwischen entwickelten und weniger entwickelten Systemen wird nicht vorgenommen. Insbesondere vor dem Hintergrund der Globalisierung und der zunehmenden Machtverschiebung vom politischen System in das Wirtschaftssystem ist dies nicht nachvollziehbar. Ob Unternehmen eine erweiterte Handlungsverantwortung oder Ordnungsverantwortung wahrnehmen, ist durch die Angaben ebenfalls nur tendenziell ersichtlich. Vor diesem Hintergrund muss bezweifelt werden, ob die Angaben des GRI-Leitfadens zur Beurteilung der Auswirkungen des Unternehmens auf das politische System ausreichend sind.

584.433 Funktionssystem Familie

Alle Menschen haben nach Art. 12 AErkl, Art. 17 und 23 Abs. 1 IPbpR und Art. 10 IPwskR das Recht auf den Schutz der Familie.[1140] Auch wenn die Umsetzung des Menschenrechts primär dem Staat obliegt, können Unternehmen durch die Gestaltung des Arbeitsumfelds (d. h. durch die zeitliche und räumliche[1141] Gestaltung der Arbeit) Einfluss auf dieses Menschenrecht haben.[1142]

Aus Unternehmenssicht beeinflusst familienbewusste Personalpolitik,[1143] wie empirisch gezeigt wurde,[1144] direkt die aktuelle Mitarbeiter betreffenden Ziele Arbeitszufriedenheit, Motivation, Mitarbeiterbindung und Wiedereinstiegskosten. Mittelbar besteht ein Einfluss auf die Zielbereiche Fehlzeiten, Humankapitalakkumulation, Kundenbindung und Mitarbeiterproduktivität.

1137 Ferner ist die Grenze zwischen Lobbying und Korruption fließend; vgl. PRIDDAT, B. P., Politik unter Einfluss, S. 64.

1138 Vgl. Abschn. 59.

1139 Vgl. Abschn. 584.442.

1140 Vgl. Abschn. 243.

1141 Vgl. KÖHLER, S./WILLE, V., Mobile Gesellschaft, S. 1.

1142 Vgl. MERTENS, H., Vereinbarkeit von Beruf und Familie; G.I.B. - GESELLSCHAFT FÜR INNOVATIVE BESCHÄFTIGUNGSFÖRDERUNG MBH (Hrsg.), Familie und Beruf, S. 4. Unternehmen, die dem UN Global Compact beigetreten sind, haben sich verpflichtet, den Schutz der Menschenrechte und demnach auch den Schutz der Familie in ihrem Einflussbereich zu unterstützen (Prinzip 1); ROST, H., Work-Life-Balance, S. 21-24; EICHHORST, W./ KAISER, L. C./THODE, E./TOBSCH, V., Vereinbarkeit von Familie und Beruf, S. 95. Für Verbesserungsmöglichkeiten vgl. auch FINE-DAVIS, M./FAGNANI, J./GIOVANNINI, D./HOJGAARD, L., u. a., Dilemmas of the Work-Life-Balance, S. 243-246.

1143 Familienbewusste Personalpolitik bezieht sich zum einen auf die Vereinbarkeit von Beruf und Kinderbetreuung. Vor dem Hintergrund des demographischen Wandels gewinnt jedoch auch die Pflege von älteren Angehörigen zunehmend an Bedeutung; vgl. MÜLLER, G., Work-Life-Balance, S. 107.

1144 Vgl. SCHNEIDER, H./GERLACH, I./JUNCKE, D./KRIEGER, J., Familienbewusste Personalpolitik, S. 63. Vergleichbare Aussagen treffen RUMP/EILERS/GROH, jedoch ohne die Validierung durch eine empirische Untersuchung; vgl. RUMP, J./EILERS, S./GROH, S., Vereinbarkeit von Beruf und Familie, S. 64-66; KRAMER, U./BURIAN, K./ GERBRACHT, P./HEGNER, F., Wettbewerbsstärke und Vereinbarkeit von Familie und Beruf, S. 19; BOEGNER, T., Work-Life-Balance, S. 42 f.

Vor dem Hintergrund der gesellschaftlichen und unternehmerischen Auswirkungen erscheint es fraglich, warum der GRI G3-Leitfaden **keine Indikatoren** zur Vereinbarkeit von Familie und Beruf enthalten hat. Um den Adressaten einen Einblick in die Strategie und die erzielten Erfolge des Unternehmens in diesem Bereich zu ermöglichen, könnten flexible Arbeitszeitmodelle wie z. B. Richtlinien zur Heimarbeit und die tatsächliche Inanspruchnahme dieses Instruments dargestellt werden,[1145] ebenso wie die Möglichkeit zur Annahme von Teilzeitstellen oder Leistungen bei Mutterschaft oder bei Pflegebedürftigkeit von Familienangehörigen. Auch ein Betriebskindergarten kann die Vereinbarkeit von Familie und Beruf fördern.[1146]

Im Rahmen der Überarbeitung des G3-Leitfadens wurde mit dem Indikator ***LA 15***, der die *Rückkehr- und Verbleibrate nach der Elternzeit, aufgegliedert nach Geschlecht*, erfasst,[1147] ein erster Indikator zum Funktionssystem Familie eingeführt.

Anzugeben ist nach dem IP zunächst die Anzahl der Angestellten, aufgegliedert nach Geschlecht, die in der Berichtsperiode anspruchsberechtigt gewesen sind sowie die Mitarbeiter, die tatsächlich ihr Recht auf Elternzeit in Anspruch genommen haben.[1148] Ferner soll die Anzahl der weiblichen und männlichen Mitarbeiter angegeben werden, die nach dem Ende ihrer Elternzeit in das Unternehmen zurückgekehrt sind sowie die Anzahl, die auch nach einem Jahr nach ihrer Rückkehr noch im Unternehmen gearbeitet haben. Ferner sind aus diesen Daten die Rückkehrrate (zurückgekehrte Mitarbeiter/Mitarbeiter, die Elternzeit in Anspruch genommen haben) sowie die Verbleibsrate (Mitarbeiter, die nach einem Jahr noch im Unternehmen angestellt waren/Mitarbeiter, die nach Ende der Elternzeit zurückgekehrt sind) zu berechnen.[1149] Die vom Unternehmen angegebenen Daten ermöglichen somit erstmals einen zwischenbetrieblichen Vergleich in einem Bereich des Funktionssystems Familie, der von Unternehmen beeinflusst werden kann.

Wenngleich die Einführung eines ersten Indikators zu diesem Funktionssystem begrüßt werden kann, sind jedoch, wie oben bereits ausgeführt, für die Darstellung eines umfassenden Bildes der Einflüsse des Unternehmens auf das Funktionssstem Familie noch weitere Leistungsindikatoren erforderlich, die u. a. die Möglichkeit zur Heimarbeit oder zur Pflege von kranken Angehörigen erfassen. Die Überarbeitung des G3-Leitfadens kann in diesem Bereich somit als ein erster Schritt in die richtige Richtung bewertet werden.

1145 Vgl. ausführlich zu flexiblen Arbeitszeitmodellen FAUTH-HERKNER, A., Flexible Arbeitszeitmodelle; PEPLINSKI, K., Arbeitszeitflexibilisierung.

1146 Vgl. SCHNEIDER, H./GERLACH, I./JUNCKE, D./KRIEGER, J., Familienbewusste Personalpolitik, S. 7. Zu Ergebnissen einer weiteren empirischen Befragung in Bezug auf die Wünsche von Arbeitnehmern zur familienfreundlicheren Gestaltung des Arbeitsplatzes HINZ, S. K. B., Erwerbsarbeit im Wandel, S. 240-265. In der Praxis ist dieses Thema bspw. im Nachhaltigkeitsbericht von BMW (vgl. BMW AG (Hrsg.), Sustainable Value Report 2008, S. 53), der Deutschen Telekom (vgl. DEUTSCHE TELEKOM AG (Hrsg.), CR Bericht 2010, S. 28) oder RWE (vgl. RWE AG (Hrsg.), Unsere Verantwortung, S. 62) enthalten.

1147 Vgl. GRI (Hrsg.), G3.1 Indicator Protocol Labor Practices, S. 31.

1148 Vgl. GRI (Hrsg.), G3.1 Indicator Protocol Labor Practices, S. 8.

1149 Vgl. GRI (Hrsg.), G3.1 Indicator Protocol Labor Practices, S. 8, wobei die Vorschriften zur Berechnung der Raten nicht im IP enthalten sind.

584.434 Sozialsysteme

584.434.1 Gesundheitssystem

Das Recht auf soziale Sicherheit ist in Art. 22 und 25 AErkl und Art. 9 und 11 IPwskR normiert. Konkretisiert wird das Recht an diesen Stellen nicht; bspw. jedoch in der Charta der Grundrechte der Europäischen Union (GRC). Dort werden in Art. 34 Abs. 1 Leistungen bei Mutterschaft, bei Krankheit, bei Arbeitsunfällen, Pflegebedürftigkeit oder im Alter sowie bei Verlust des Arbeitsplatzes genannt.[1150] In Deutschland sichern die Renten-, Kranken-, Pflege- und Arbeitslosenversicherung die Menschen ab.

Das Recht auf soziale Sicherheit wird in Bezug auf Leistungen im Krankheitsfall zusätzlich durch Art. 12 IPwskR konkretisiert und um präventive Maßnahmen ergänzt. Demnach hat jeder Mensch das Recht auf ein Höchstmaß an körperlicher Gesundheit. Ziel des Staates muss es sein, „auf lokaler, regionaler und staatlicher Ebene ein Netz von Gesundheitseinrichtungen[1151] zu schaffen, das nach Möglichkeit der gesamte Bevölkerung ausreichenden Schutz durch präventive und kurative Maßnahmen gewähren soll“[1152].

Auch Unternehmen können das Menschenrecht auf Gesundheit direkt und indirekt beeinflussen,[1153] wobei die folgende Abbildung die im GRI-Leitfaden enthaltenen Indikatoren systematisiert:

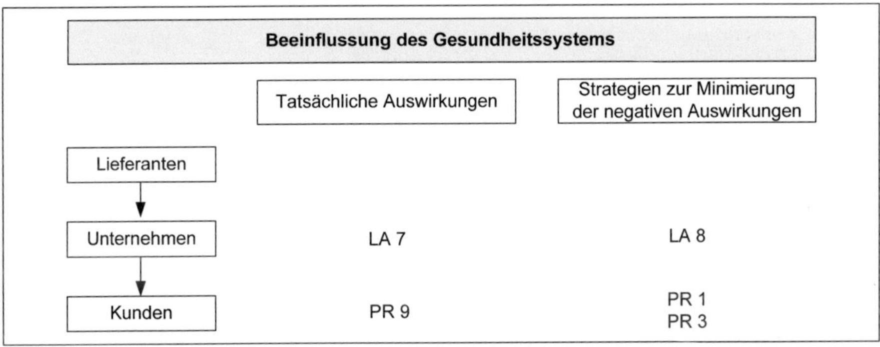

Abbildung 5-36: Möglichkeiten zur Beeinflussung des Gesundheitssystems

1150 Leistungen bei Mutterschaft und Leistungen an Hinterbliebene betreffen die Familie und wurden aus diesem Grund bereits im vorherigen Abschnitt erfasst. Vgl. ausführlich zu nachhaltiger Entwicklung und sozialen Sicherungssystemen SEITZ, N./BROSCH, E., Soziale Sicherungssysteme und nachhaltige Entwicklung. Diese Pflichten des Staates sind auch im IAO-Übereinkommen 102 enthalten.

1151 Auch das Gesundheitssystem muss, ebenso wie das Wirtschaftssystem, ökonomische Gegebenheiten berücksichtigen, da Ressourcen zur Heilung von Krankheiten knapper Natur sind (z. B. die Arbeitszeit des Arztes oder Medikamente); vgl. hierzu ausführlich BREYER, F./ZWEIFEL, P. S./KIFMANN, M., Gesundheitsökonomie. Im Gegensatz zur Wirtschaft ist der Entscheidungscode des Gesundheitssystems nach LUHMANN jedoch nicht zahlen/nicht zahlen, sondern krank/gesund; vgl. Abschn. 242.

1152 FUCHS, M., Soziale Sicherheit, S. 17.

1153 Eine Ausnahme besteht bei Unternehmen, deren Kerngeschäft im Gesundheitsbereich liegt (bspw. Krankenhausbetreiber). Ein Sector Supplement für diese Unternehmen ist im GRI-Berichtsrahmen nicht enthalten.

Zunächst können Unternehmen das Gesundheitssystem durch die Sicherheit i. S. v. körperlicher Unversehrtheit ihrer Arbeitnehmer beeinflussen.[1154] Des Weiteren kann ein Unternehmen positive Auswirkungen auf das Gesundheitssystem haben, indem es selbst Kapazitäten schafft, die über die gesetzlich vorgeschriebenen Stellen eines betriebsärztlichen Dienstes hinausgehen.[1155] Aus gesellschaftlicher Sicht fördert ein ausgebautes Gesundheitssystem, das allen Menschen zugänglich ist, die intragenerative Gerechtigkeit und somit die nachhaltige Entwicklung der Gesellschaft. Aus Unternehmenssicht[1156] können sich z. B. Präventionsmaßnahmen positiv auf die durch Krankheitstage entstehenden Kosten auswirken,[1157] die sich durch die Addition der „Lohnfortzahlungskosten, der Kosten für die Ausfallzeiten in Folge von Langfristerkrankungen außerhalb der Lohnfortzahlung, des an die Berufsgenossenschaft zu zahlenden Teils der Personalkosten und des Arbeitgeberanteils an der Krankenversicherung“[1158] ergeben. Darüber hinaus sind gesunde Mitarbeiter produktiver.[1159] Auch die Reputation eines Unternehmens kann z. B. durch tödliche Unfälle, aber auch bereits durch die durchschnittliche Anzahl der Fehltage der Arbeitnehmer beeinflusst werden.[1160]

Um die Auswirkungen des Unternehmens auf die Gesundheit seiner Arbeitnehmer erkennen zu können, sind unter dem Indikator ***LA** 7* die *„Rate der Verletzungen, Berufskrankheiten, Ausfalltage und Abwesenheit sowie [die] Summe der arbeitsbedingten Todesfälle nach Region und nach Geschlecht“*[1161] anzugeben.[1162]

In die nach dem Wortlaut des Indikators zu berechnende Rate der Verletzungen ist dabei jede Verletzung einzubeziehen, die durch die Arbeit oder im Zuge der Arbeit[1163] aufgetreten bzw. verursacht worden ist.[1164] Neben der Verletzungsrate ist die Rate der Berufskrankheiten anzugeben, wobei jede Krankheit zu erfassen ist, die „aus der Arbeitssituation oder der beruflichen Tätigkeit entsteht [...] oder die Folge einer arbeitsbedingten Verletzung ist“[1165].

1154 Vgl. FRANK, E., Unfallverhütung, S. 29.

1155 Die Bestellung und der Aufgabenbereich von Betriebsärzten wird in Deutschland in den §§ 2 und 3 ASiG normiert. Vgl. auch TROJAN, A./LEGEWIE, H., Nachhaltige Gesundheit und Entwicklung, S. 186-190.

1156 Vgl. zum Zusammenhang zwischen Unternehmenserfolg und Gesundheitsmanagement ausführlich BAUMANNS, R., Unternehmenserfolg durch Gesundheitsmanagement.

1157 Vgl. SCHLIEPHACKE, J., Betriebsunfälle, S. 25.

1158 DGFP (Hrsg.), Unternehmenserfolg durch Gesundheitsmanagement, S. 14.

1159 Vgl. BADURA, B./GREINER, W./RIXGENS, P./UEBERLE, M., u. a., Gesundheit und Unternehmenserfolg, S. 26.

1160 Ebenfalls sollte berücksichtigt werden, dass vor dem Hintergrund des demographischen Wandels eine Beschäftigung von älteren Arbeitnehmern für das Unternehmen und die Gesellschaft von Bedeutung ist. Voraussetzung hierfür ist indes, dass diese psychisch und physisch hierzu fähig sind, was wiederum die Notwendigkeit präventiver Maßnahmen begründet; vgl. BADURA, B., Betriebliches Gesundheitsmanagement, S. 129.

1161 Die deutsche Übersetzung des Leistungsindikators stimmt nicht vollständig mit dem englischen Original überein, da in der deutschen Version nicht die Angabe einer Rate bzw. Quote gefordert wird (vgl. GRI (Hrsg.), G3 Leitfaden, S. 31; GRI (Hrsg.), G3 Sustainability Reporting Guidelines, S. 31). Der deutsche Originaltext wurde insofern angepasst.

1162 Die geschlechtsspezifische Unterscheidung wurde im Rahmen der Überarbeitung des G3-Leitfadens neu eingefügt; vgl. GRI (Hrsg.), G3.1 Sustainability Reporting Guidelines, S. 31.

1163 „Im Zuge der Arbeit“ wird nicht näher definiert.

1164 Vgl. GRI (Hrsg.), G3 Indikatorenprotokoll Arbeit, S. 11.

1165 GRI (Hrsg.), G3 Indikatorenprotokoll Arbeit, S. 12.

Des Weiteren ist die Ausfalltagerate[1166] zu berechnen. Hierzu sind die aufgrund von Berufsunfällen und -krankheiten ausgefallenen Arbeitstage ins Verhältnis mit den gesamten Arbeitsstunden zu setzen und mit dem Faktor 200.000[1167] zu multiplizieren.[1168] Da weltweit unterschiedliche Definitionen eines Ausfalltages bestehen, die in Bezug auf den Beginn der Zählung nach dem eigentlichen Unfall variieren (direkt, einen Tag später oder vier Tage später),[1169] ist die Angabe der durch das Unternehmen verwendeten Definition erforderlich. Eine Präferenz für eine der Definitionen wird von der GRI nicht geäußert. Ferner ist anzugeben, ob arbeitsfreie Tage (wie z. B. in Deutschland der Samstag und der Sonntag) in die Berechnung der Ausfalltage einbezogen werden.[1170]

Außerdem ist nach dem Wortlaut des Indikators die Abwesenheitsquote zu berechnen.[1171] Abwesenheit umfasst die aufgrund eines Berufsunfalls oder einer Berufskrankheit ausgefallenen Tage. Darüber hinaus werden in diesem Indikator jedoch auch Abwesenheiten z. B. aus persönlichen oder familiären Gründen erfasst.[1172] Die Todesfälle hingegen werden nach den Erläuterungen des IP nicht als Rate, sondern als absolute Zahl angegeben.[1173]

Aus dem Wortlaut des Indikators nicht abzuleiten, jedoch vom IP vorgesehen, ist des Weiteren die Angabe des verwendeten Arbeitsschutzmanagementsystems (bspw. OHSAS 18001).[1174]

Nicht nachvollziehbar ist, warum die Abwesenheitsrate der Mitarbeiter eine Auswirkung auf die Einhaltung des genannten Menschenrechts haben soll. Wenn, wie z. B. in Kanada definiert, Abwesenheit neben der unfall- oder krankheitsbedingten Abwesenheit die Abwesenheit aufgrund von persönlichen oder familiären Gründen umfasst, so ist fraglich, wie diese Gründe mit dem Recht auf

---

1166 In der deutschen Version des IP wird der englische Originaltext (*rate*; vgl. GRI (Hrsg.), G3 Indicator Protocol Labor Practices & Decent Work, S. 11) mir „Quote" übersetzt (vgl. GRI (Hrsg.), G3 Indikatorenprotokoll Arbeit, S. 11). Da sich die Angabe jedoch auf eine Stromgröße bezieht (Anzahl der Ausfalltage zu Arbeitsstunden), ist die englische Bezeichnung als „Rate" korrekt und wird an dieser Stelle verwendet; vgl. zur Abgrenzung von Strom- zu Bestandsgrößen HAYEK, F. A. V., Theorie des Kapitals, S. 156

1167 Die Rate berechnet sich durch das Verhältnis der Verletzungen zu den tatsächlich geleisteten Arbeitsstunden der Belegschaft multipliziert mit dem Faktor 200.000, der sich aus 50 Arbeitswochen à 40 Stunden pro 100 Arbeitnehmer berechnet; vgl. GRI (Hrsg.), G3 Indikatorenprotokoll Arbeit, S. 11. Diese Berechnung basiert auf den Vorschriften der Occupational Safety & Health Administration der USA (OSHA incident rate). Die Raten geben an, wieviel Prozent der Arbeitnehmer sich im Berichtszeitraum bspw. verletzt haben; vgl. GRI (Hrsg.), G3 Indikatorenprotokoll Arbeit, S. 11.

1168 Vgl. GRI (Hrsg.), G3 Indikatorenprotokoll Arbeit, S. 12.

1169 Vgl. IAO (Hrsg.), Occupational Accidents and Diseases, S. 3.

1170 Vgl. GRI (Hrsg.), G3 Indikatorenprotokoll Arbeit, S. 11. Um die ökonomischen Konsequenzen für das Unternehmen zu bestimmen, sollten lediglich die (ausgefallenen) Arbeitstage gezählt werden. Um jedoch die Schwere der Verletzung einschätzen zu können, sollten auch ausgefallene arbeitsfreie Tage in die Berechnung einbezogen werden; vgl. IAO (Hrsg.), Occupational Accidents and Diseases, S. 3.

1171 Vgl. GRI (Hrsg.), G3 Indikatorenprotokoll Arbeit, S. 11 f.

1172 So z. B. die Definition der kanadischen Statistikbehörde, http://www.statcan.gc.ca/bsolc/olc-cel/olc-cel?catno=71-211-XIE&lang=eng#formatdisp (abgerufen am 5. Dezember 2010). Warum die Abwesenheitsquote berechnet werden soll, wird von der GRI nicht begründet. Die sonstigen Verweise auf IAO-Übereinkommen und -Dokumente sind hierbei nicht aussagekräftig, da die Berechnung der Abwesenheitsquote von der IAO in den angegebenen Dokumenten nicht gefordert wird.

1173 Vgl. GRI (Hrsg.), G3 Indikatorenprotokoll Arbeit, S. 11.

1174 Vgl. GRI (Hrsg.), G3 Indikatorenprotokoll Arbeit, S. 11; DIN DEUTSCHES INSTITUT FÜR NORMUNG E.V. (Hrsg.), OHSAS 18001; TÜV RHEINLAND (Hrsg.), OHSAS 18001.

sichere und gesunde Arbeitsbedingungen zusammenhängen. Eine Angabe der Abwesenheitsrate unter dem Indikator LA 7 ist somit nicht nachvollziehbar, da das Unternehmen nicht für Abwesenheitszeiten aufgrund familiärer Umstände verantwortlich ist. Allerdings könnte diese Information im Zusammenhang mit LA 8 nützlich sein, um zu beurteilen, inwiefern Unternehmen Mitarbeitern und ihren Familien beim Umgang mit „ernsten Krankheiten" helfen.[1175] Insgesamt gewährt der Indikator LA 7 in vielen Bereichen einen Einblick in die Gesundheitsstandards des Unternehmens, da durch die Angabe von Raten die Effektivität des Arbeitsschutzes eingeschätzt werden kann. Ein zwischenbetrieblicher Vergleich ist hierdurch ebenfalls möglich.

Neben den tatsächlichen Auswirkungen des Unternehmens auf die Gesundheit seiner Arbeitnehmer erfassen die Indikatoren LA 6[1176] und LA 9[1177] das Arbeitsschutzmanagementsystem[1178] und die Beteiligung der Arbeitnehmer in Arbeitsschutzausschüssen. Die Gründe für Arbeitsunfälle und Berufskrankheiten (wie z. B. Lärm, verunreinigte Luft oder Fließbandarbeit)[1179] sind nicht anzugeben.

Im Gegensatz zur negativen Beeinflussung des Gesundheitssystems durch Berufsunfälle und -krankheiten können Unternehmen durch präventive[1180] und kurative Maßnahmen positive Auswirkungen auf das Gesundheitssystem haben. Zu diesem Themenbereich erfasst der Leistungsindikator ***LA 8*** *„Unterricht, Schulungen, Beratungsangebote, Vorsorge- und Risikokontrollprogramme*[1181]*, die Mitarbeiter, ihre Familien oder Gemeindemitglieder in Bezug auf ernste Krankheiten*[1182] *unterstützen".*[1183] Des Weiteren fordert das IP die Angabe, ob die genannten Personen auch behandelt werden.[1184] Eine binäre Angabe (ja/nein) ist hierbei ausreichend. Ebenfalls anzugeben sind Krankheiten, die bei Arbeitnehmern, die in bestimmten Bereichen eingesetzten sind, häufig auftreten.[1185]

Die Angabe, ob grds. Unterstützung gewährt wird, ist für die Einschätzung der Unternehmensverantwortung für die Gesellschaft sinnvoll. So kann z. B. die Unterstützung von Gemeindemitgliedern, die in keinem direkten Verhältnis zum berichterstattenden Unternehmen stehen, der erweiterten Handlungsverantwortung von Unternehmen oder auch philanthropischem Engagement zuge-

---

1175 Vgl. hierzu die Ausführungen zum „Recht auf ein Höchstmaß an körperlicher und geistiger Gesundheit" in diesem Abschnitt.

1176 LA 6: „Prozentsatz der Gesamtbelegschaft, der in Arbeitsschutzausschüssen vertreten wird, die die Arbeitsschutzprogramme überwachen und darüber beraten".

1177 LA 9: „Arbeitsschutzthemen, die in förmlichen Vereinbarungen mit Gewerkschaften behandelt werden".

1178 Zum Arbeitsschutzmanagementsystem nach OHSAS 18001 vgl. TÜV RHEINLAND (Hrsg.), OHSAS 18001.

1179 Vgl. BEER, B., Industriearbeit und soziale Sicherheit, S. 40-59.

1180 Vgl. bspw. BARTH, C./HAMACHER, W./STOLL, R., Präventive Arbeitsschutzstrukturen, S. 177-257.

1181 Unter Risikokontrolle werden Praktiken verstanden, „die versuchen, die Gefährdung einer Erkrankung einzugrenzen und die Übertragung von Krankheiten beschränken" (GRI (Hrsg.), G3 Indikatorenprotokoll Arbeit, S. 13).

1182 Unter ernsten Krankheiten sind z. B. HIV/AIDS, Diabetes, RSI-Syndrom oder Stress zu verstehen, vgl. GRI (Hrsg.), G3 Indikatorenprotokoll Arbeit, S. 13.

1183 Die Definition des Indikators sowie die Erläuterungen im Indikatorprotokoll wurden im Rahmen der Überarbeitung des G3-Leitfadens nicht geändert. Grundsätzlich ist ebenfalls eine Einordnung dieses Indikators in den Bereich des Bildungssystems möglich.

1184 Vgl. GRI (Hrsg.), G3 Indikatorenprotokoll Arbeit, S. 13. Die Angabe soll in tabellarischer Form gemacht werden.

1185 Vgl. GRI (Hrsg.), G3 Indikatorenprotokoll Arbeit, S. 13.

schrieben werden.[1186] Neben der Angabe, ob solche Programme existieren, könnte darüber hinaus deren Umfang beschrieben werden, um die Intensität der durch das Unternehmen gewährten (Vorsorge-)Behandlung einschätzen und die Bemühungen zwischenbetrieblich vergleichen zu können.

Darüber hinaus kann der Gesundheitszustand der Mitarbeiter und damit das Gesundheitssystem durch das **Verhältnis von Arbeit zu Freizeit** der Mitarbeiter (präventiv) beeinflusst werden.[1187] Hierzu ist in der AErkl und im IPwskR das Menschenrecht auf Erholung und Freizeit (Art. 23 AErkl, Art. 7 lit. d IPwskR) enthalten. Der GRI-Leitfaden enthält indes keinen Leistungsindikator zu diesem Themenbereich. Gerade vor dem Hintergrund, dass in verschiedenen Ländern der Welt unterschiedliche Regelungen in Bezug auf den Urlaubsanspruch und Arbeitszeiten gelten, könnten Angaben zum Umgang des Unternehmens hiermit für die Adressaten relevant sein.

Neben der Beeinflussung des Gesundheitszustands seiner Mitarbeiter kann ein Unternehmen im Rahmen der Verwendung seiner **Produkte** und Dienstleistungen auch indirekt einen Einfluss auf die Gesundheit der Menschen haben. Um die Bemühungen des Unternehmens zur Verringerung möglicher negativer Auswirkungen einschätzen zu können, sind unter dem Indikator ***PR 1*** die „*Lebenszyklusstadien, in denen die Auswirkungen von Produkten und Dienstleistungen auf die Gesundheit und Sicherheit hinsichtlich Verbesserungen untersucht werden und [der] Prozentsatz der Produkt- und Dienstleistungskategorien, die entsprechend untersucht werden*“[1188] anzugeben.

Das IP unterscheidet hierbei verschiedene Phasen, die sich an dem Lebenszyklus des einzelnen Produkts orientieren. Nach dem IP sind zu jeder der beschriebenen Phasen („Entwicklung des Produktkonzepts“, „F + E“[1189], „Zertifizierung“, „Herstellung und Produktion“, „Marketing und Verkaufsförderung“, „Lagerung und Anlieferung“, „Verwendung und Wartung“, „Entsorgung, Wiederverwendung oder Recycling“) anzugeben, ob die Produktsicherheit überprüft wird.[1190] Im Gegensatz zum Wortlaut des Indikators sind nach den Anforderungen des IP alle Phasen des Lebenszyklus des einzelnen Produkts anzugeben und nicht nur die, in denen die Auswirkungen auf die Gesundheit untersucht werden. Ferner ist nach dem Wortlaut des Indikators und dem IP der Prozentsatz der Produktkategorien anzugeben, in denen die Auswirkungen auf die Gesundheit untersucht werden.

Fraglich ist, warum sich der Lebenszyklus am einzelnen Produkt und nicht an der Produktart orientiert, die die Phasen „Einführung“, „Wachstum“, „Reife“, „Sättigung“ und „Rückgang“ unterscheidet.[1191] Grundsätzlich dürfte es unüblich sein, dass z. B. während der von der GRI angegebenen

---

1186 Vgl. hierzu Abschn. 422.

1187 Vgl. weiterführend zu den Zusammenhängen zwischen der Arbeitszeit und der Gesundheit der Arbeiter BEER, B., Industriearbeit und soziale Sicherheit, S. 11-36.

1188 Der Wortlaut des Indikators PR 1 im GRI-Leitfaden weicht geringfügig vom Wortlaut des Indikators im IP Produktverantwortung ab. Angegeben ist der Wortlaut des IP. Die Definition des Indikators sowie die Erläuterungen im Indikatorprotokoll wurden im Rahmen der Überarbeitung des G3-Leitfadens nicht geändert.

1189 „F + E“ dürfte für die Forschungs- und Entwicklungsphase des Produkts stehen.

1190 Vgl. GRI (Hrsg.), G3 Indikatorenprotokoll Produktverantwortung, S. 3.

1191 Vgl. z. B. BECKER, J., Marketing-Konzeption, S. 724; HOMBURG, C./KROHMER, H., Marketingmanagement, S. 435; KOTLER, P./ARMSTRONG, G./WONG, V./SAUNDERS, J., Grundlagen des Marketing, S. 666; FISCHER, T. M., Kostenmanagement strategischer Erfolgsfaktoren, S. 20 f.

Phasen „Lagerung und Anlieferung“ oder „Marketing und Verkaufsförderung“ die Auswirkungen auf die Kundengesundheit untersucht werden, da hierfür i. d. R. die Forschungs- und Entwicklungsabteilung des Unternehmens zuständig ist. Legt man jedoch einen auf der Produktart beruhenden Lebenszyklus zu Grunde, so zeigt der Indikator die Bemühungen des Unternehmens, auch nach der Markteinführung aus begangenen Fehlern zu lernen und das Produkt im Sinne des Konsumenten sicherer zu gestalten.

Eine Angabepflicht für tatsächlich eingetretene Auswirkungen auf die Gesundheit und Sicherheit von Konsumenten besteht jedoch nicht. Lediglich unter dem Zusatzindikator PR 2 können Verstöße gegen Gesetze oder freiwillige Verhaltensvorschriften angegeben werden. Erfüllt ein Unternehmen lediglich die Mindestanforderungen der Anwendungsebene A, kann die Effektivität der getroffenen Maßnahmen durch die Adressaten demnach nicht eingeschätzt werden.

Neben der Verbesserung des Produkts können Informationen über die sichere Verwendung des Produkts die Auswirkungen des Unternehmens auf die Kundengesundheit und -sicherheit beeinflussen. Hierzu sind unter dem Leistungsindikator ***PR 3*** die *„Art der durch Verwaltungsvorschriften*[1192] *vorgeschriebenen Informationen über Produkte und Dienstleistungen und [der] Prozentsatz der Produkte und Dienstleistungen, die solchen Informationspflichten unterliegen“*[1193] anzugeben.

Fraglich ist jedoch, was unter „der Art“ der vorgeschrieben Informationen zu verstehen ist. Nach dem IP ist nicht die Art der durch Verwaltungsvorschriften geforderten Informationen anzugeben, sondern, ob Angaben zu bestimmten Themenfeldern gefordert sind. Diese sind die Zusammensetzung des Produkts in Bezug auf Gesundheitsauswirkungen[1194] von enthaltenen Stoffen sowie die Möglichkeit der sicheren Produktverwendung.[1195] Darüber hinaus ist anzugeben, für wieviel Prozent der Produkte und Dienstleistungen Angaben zu den jeweiligen Themenfeldern zu machen sind. Der Indikator PR 3 gibt somit lediglich an, für welche Produkte und Dienstleistungen welche Informationen angegeben werden sollten. Ob es zu Verletzungen der (internen) Verfahrensanweisungen gekommen ist, kann fakultativ unter dem Zusatzindikator PR 4 angegeben werden. Darüber

1192 Offen bleibt an dieser Stelle, ob es sich um die Verwaltung des Unternehmens oder um die Verwaltung des Staates handelt. Für die Möglichkeit 1 spricht die Angabepflicht im IP, die sich auf die Verfahrensanweisungen des Unternehmens bezieht. Für die zweite Möglichkeit spricht indes, dass sich die direkt mit dem Indikator PR 3 zusammenhängenden Indikatoren PR 4 und PR 9 auf gesetzliche Strafen und von der Verwaltung verhängte Strafen beziehen. Unterstellt man, dass die Verfahrensanweisungen des Unternehmens alle gesetzlichen Vorschriften integrieren sollten, so würde die Definition von Verwaltung als Verwaltung des Unternehmens weitergehende Angabepflichten begründen. Aus diesem Grund wird ihr an dieser Stelle gefolgt.

1193 Der Wortlaut des Indikators in der deutschen Version des GRI-Leitfadens stimmt nicht mit dem englischen Originaltext überein. Während der deutsche Leistungsindikator die Angabe von „gesetzlichen Vorschriften“ fordert (vgl. GRI (Hrsg.), G3 Leitfaden, S. 36), wird im englischen Original die Angabe der durch *„procedures“* (Verwaltungsvorschriften) verlangten Informationen (vgl. GRI (Hrsg.), G3.1 Sustainability Reporting Guidelines, S. 36). Dies deckt sich auch mit Übersetzung im deutschen IP; vgl. GRI (Hrsg.), G3 Indikatorenprotokoll Produktverantwortung, S. 5. Die Definition des Indikators sowie die Erläuterungen im Indikatorprotokoll wurden im Rahmen der Überarbeitung des G3-Leitfadens nicht geändert.

1194 Im IP wird an dieser Stelle zwar von „Gesellschaft“ gesprochen. Da Stoffe jedoch keine direkten Auswirkungen auf die gesellschaftlichen Funktionssysteme, sondern auf die Gesundheit des Menschen haben können, wird von einem Redaktionsversehen ausgegangen.

1195 Vgl. GRI (Hrsg.), G3 Indikatorenprotokoll Produktverantwortung, S. 5.

hinaus fordert die GRI unter dem Indikator ***PR 9*** die Angabe der *„Höhe wesentlicher Bußgelder aufgrund von Verstößen gegen Gesetzesvorschriften in Bezug auf die Zurverfügungstellung und Verwendung von Produkten und Dienstleistungen"*. Auch wenn eine Angabe der konkreten Verstöße nicht erforderlich ist, können die Adressaten des Nachhaltigkeitsberichts durch die Angabe der Bußgelder wenigstens für den Teil der Verfahrensanweisungen des Unternehmens, der auf gesetzliche Vorschriften zurückgehen, tendenziell auf das Ausmaß der Verstöße schließen.

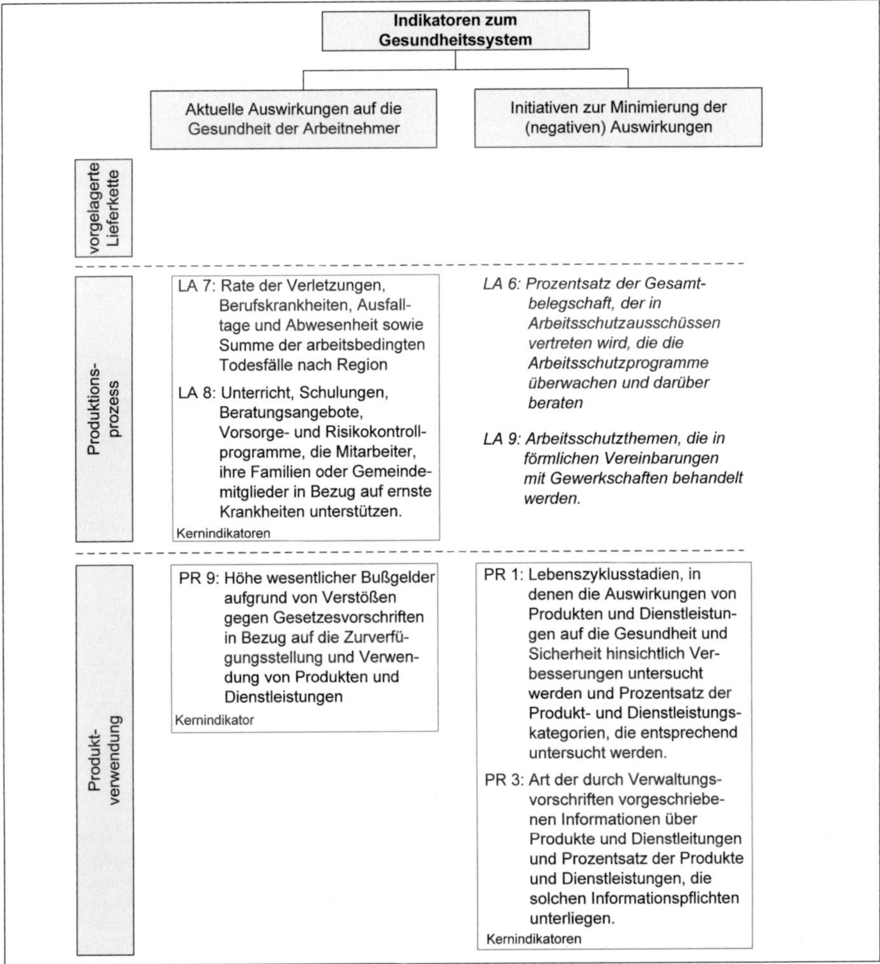

Abbildung 5-37: Kategorisierung der GRI-Indikatoren zum Gesundheitssystem

Wie die Abbildung 5-38 zeigt, kann in Bezug auf die Darstellung der Auswirkungen des Unternehmens auf das Gesundheitssystem festgestellt werden, dass für alle Bereiche (mit Ausnahme der vorgelagerten Lieferkette) Leistungsindikatoren im GRI-Leitfaden enthalten sind. Gesundheitsbeeinträchtigungen durch die Produkte des Unternehmens lassen sich indes lediglich tendenziell erkennen, da nicht über tatsächlich aufgetretene Fälle, sondern nur über verhängte Bußgelder berichtet werden muss.

584.434.2 Rentenversicherung

In Bezug auf die Altersvorsorge der Mitarbeiter, die grds. Aufgabe des Staates bzw. der Mitarbeiter selbst ist,[1196] können Unternehmen zusätzlich durch eine freiwillige betriebliche Altersvorsorge einen positiven Einfluss haben.[1197] Darüber hinaus haben Unternehmen Einfluss auf das Sozialsystem, wenn Arbeitnehmer entlassen werden, die nicht direkt eine andere Anstellung finden. Für Unternehmen kann eine betriebliche Altersvorsorge einen Wettbewerbsvorteil auf dem Personalmarkt bedeuten. Die Altersvorsorge stellt hierbei einen Teil der für die Arbeitskraft des Arbeitnehmers gewährten Gegenleistung dar.[1198]

Anzugeben ist diesbezüglich unter dem Indikator ***EC 3*** der *„Umfang der betrieblichen sozialen Zuwendungen“*.[1199]

Nach dem Wortlaut des Indikators ist der Umfang aller sozialen Zuwendungen anzugeben. Dem widersprechen jedoch die Ausführungen des IP, nach dem sich der Indikator lediglich auf die betriebliche Altersvorsorge bezieht.[1200] Anzugeben ist demnach zunächst, ob die betriebliche Altersvorsorge auf *defined benefit*[1201] oder *defined contribution plans*[1202] beruht.[1203] Sollten definded benefit plans gewählt worden sein, ist anzugeben, welcher Teil der finanziellen Verpflichtung bereits in Fonds eingezahlt worden ist und welcher Teil durch „allgemeine Mittel“, d. h. aus dem laufenden

---

1196 Vgl. GOLLER, M., Arbeitsunfall- und Berufskrankheitenrisiko, S. 27 f.; BIERWEILER, A., Soziale Sicherheit, S. 31.

1197 Dies trifft jedenfalls dann zu, wenn sich das Unternehmen im Rahmen von (teilweise) arbeitgeberfinanzierten Altersvorsorgeprogrammen am Aufbau von Kapital beteiligt; vgl. KERSCHBAUMER, J./PERRENG, M., Betriebliche Altersvorsorge, S. 23. Vgl. ausführlich zur betrieblichen Altersvorsorge in Deutschland BRAUN, M. S., Betriebliche Alterssicherung, S. 14-53.

1198 Vgl. JANTZ, K., Soziale Sicherheit, S. 38.

1199 Im GRI-Leitfaden ist der Indikator in die Kategorie „Ökonomie“ eingeordnet, da er angibt, inwiefern Unternehmen Mitarbeitern im Ruhestand eine Teilnahme am Wirtschaftssystem durch Konsum ermöglichen. Da die Altersvorsorge jedoch als Sozialsystem anzusehen ist, wird der Indikator in der vorliegenden Arbeit in den Gesellschaftsbereich eingeordnet.

1200 Vgl. GRI (Hrsg.), G3 Indikatorenprotokoll Ökonomie, S. 7.

1201 Bei einem leistungsorientierten Pensionsplan (*defined benefit*) wird die spätere Pensionszahlung durch den Arbeitgeber garantiert; vgl. BAETGE, J./KIRSCH, H.-J./THIELE, S., Bilanzen, S. 454.

1202 Bei einem beitragsorientierten Pensionsplan (*defined contribution*) verpflichtet sich der Arbeitgeber, „einen eindeutig festgelegten Beitrag an einen externen Pensionsfonds zu zahlen“ (BAETGE, J./KIRSCH, H.-J./THIELE, S., Bilanzen, S. 454).

1203 Vgl. GRI (Hrsg.), G3 Indikatorenprotokoll Ökonomie, S. 7.

Cash-Flow des Unternehmens gedeckt werden muss. Für weitergehende Informationen verweist das Indikatorprotokoll auf IAS 19 (employee benefits).[1204]

Indikatoren in Bezug auf die Auswirkungen auf **weitere Sozialsysteme**, wie bspw. die in der Charta der Grundrechte der EU enthaltenen Rechte auf Leistungen bei Verlust des Arbeitsplatzes (Arbeitslosenversicherung) oder bei Pflegebedürftigkeit (Pflegeversicherung), enthält der GRI-Leitfaden nicht.

584.435 Funktionssystem Bildung

Jeder Mensch hat nach Art. 26 AErkl, Art. 6 Abs. 2, Art. 13 und Art. 14 IPwskR ein Recht auf Bildung. Neben der Durchsetzung dieses Menschenrechtes ist Bildung auch als Grundlage für eine nachhaltige Entwicklung zu sehen, indem Menschen in die Lage versetzt werden, ihr Handeln in einen Zusammenhang mit dieser zu setzen.[1205] Für Unternehmen stellt das Wissen der Mitarbeiter in einer immer mehr auf Wissen basierenden Wirtschaft einen wesentlichen, in manchen Fällen sogar den wesentlichsten Produktionsfaktor dar[1206] und hat demzufolge durch die Gestaltung der Produkte und die Qualität der erbrachten Dienstleistungen einen wesentlichen Einfluss auf den finanziellen Unternehmenserfolg.[1207] Darüber hinaus wird organisationaler Wandel, der erforderlich ist, um das Unternehmen an Veränderungen seiner Umwelt anzupassen, erst durch das Wissen der Mitarbeiter möglich.[1208]

Wissen ist jedoch nicht als unveränderliche Größe anzusehen, sondern kann ohne fortlaufende Fortbildung relativ gesehen abnehmen. Unternehmen können somit durch die **Fort- bzw. Weiterbildung**[1209] ihrer Mitarbeiter einen positiven Einfluss auf deren Wissen haben. Hierdurch wird zum einen die Gesellschaft gefördert, indem die Beschäftigungsfähigkeit der Mitarbeiter erhalten wird.[1210] Weiterbildungsaufwendungen des Unternehmens können ein Indikator für den strategischen Umgang mit dem Erfolgsfaktor Wissen sein. Unter dem Indikator ***LA 10*** ist die *„durchschnittliche jährliche Stundenzahl pro Mitarbeiter, nach Geschlecht und Mitarbeiterkategorie, die der Mitarbeiter aus- oder weitergebildet wurde“*, anzugeben.[1211]

1204 Vgl. hierzu ausführlich TONNE, K., Pensionsverpflichtungen nach IFRS.

1205 Vgl. SCHMIDT, C., Nachhaltigkeit lernen, S. 35; KÜNZLI DAVID, C., Bildung für nachhaltige Entwicklung, S. 27 f. Vgl. ausführlich zum Zusammenhang von Bildung und nachhaltiger Entwicklung KUTT, K./MERTINEIT, K.-D. (Hrsg.), Umweltbildung; KURRAT, A., Bildung für nachhaltige Entwicklung; JUNGK, D./MERTINEIT, K.-D., Betriebliche Umweltbildung, S. 38 f.; ADICK, C./HORNBERG, S., Globales Lernen, S. 33.

1206 Vgl. EVERS, H.-D., Wissensgesellschaft, S. 7; ROLFF, H.-G., Wissensgesellschaft, S. 179; SCHILLER, R., Unternehmenserfolg in der Wissensgesellschaft, S. 188.

1207 MERK, R., Weiterbildung und Unternehmenserfolg, S. 12, 9; BAILOM, F./MATZLER, K./TSCHEMERNJAK, D., Top-Unternehmen, S. 157; BECKER, A., Personal- und Führungskräfteentwicklung, S. 89-93.

1208 Vgl. MÜLLER-SIEBERS, K., Berufliche Handlungsfähigkeit, S. 50 f.

1209 Unter Weiterbildung wird die Vervollkommenung und Erweiterung erlernter Kenntnisse und Fertigkeiten verstanden; vgl. ASSELMEYER, H., Weiterbildung, S. 107.

1210 Gerade vor dem Hintergrund der Abnahme von einfachen Hilfsarbeiten und der Zunahme des Anteils an hoch qualifizierten Tätigkeiten kommt diesem Punkt für die Stabilität der Gesellschaft eine wesentliche Bedeutung zu; vgl. ROLFF, H.-G., Wissensgesellschaft, S. 184.

1211 Der Wortlaut des Indikators wurde im Rahmen der Überarbeitung des G3-Leitfadens geändert und um die geschlechterspezifische Unterscheidung erweitert; vgl. GRI (Hrsg.), G3.1 Sustainability Reporting Guidelines,

Der Leistungsindikator scheint geeignet, zumindest einen tendenziellen Einblick in die Aus- und Fortbildungstätigkeiten des Unternehmens zu gewähren.[1212] Allerdings kann die Qualität der Bildungsaktivitäten je nach Unternehmen und angewandtem Konzept variieren.[1213] Unternehmen könnten ihre Bildungsaktivitäten z. B. weiter nach Hard- oder Softskilltraining sowie nach der Form der Schulung (z. B. Präsenztrainings oder E-Learning)[1214] differenzieren.

Zusätzlich können Unternehmen, sofern die Angaben wesentlich sind, unter dem Zusatzindikator **LA 11**[1215] Programme erläutern, die Mitarbeiter bei lebenslangem Lernen unterstützen[1216] um ihre Beschäftigungsfähigkeit zu sichern[1217] und ihren Berufsausstieg zu erleichtern.[1218] Während die Sicherung der Beschäftigungsfähigkeit der Mitarbeiter ebenfalls dem Unternehmen zu Gute kommt, können Programme zur Erleichterung des Berufsausstiegs lediglich über eine Verbesserung der Reputation den Unternehmenserfolg erhöhen.

Neben der Fortbildung von Mitarbeitern können Unternehmen auch einen Einfluss auf die Bildung von Kindern und Jugendlichen haben. Hierzu besteht zum einen die Möglichkeit von (Bildungs-)Kooperationen zwischen Unternehmen und Schulen bzw. Hochschulen.[1219] Darüber hinaus können Unternehmen Jugendliche, die z. B. durch ihre soziale Herkunft auf dem freien Arbeitsmarkt benachteiligt sind, ausbilden.[1220] Zu diesen Themen, die der (erweiterten) Handlungsverantwortung zugeordnet werden können, enthält der GRI-Leitfaden jedoch keine Leistungsindikatoren.

584.436 Funktionssystem Kultur

Nach Art. 27 AErkl und Art. 15 IPwskR hat jeder Menschen das Recht auf Teilnahme am kulturellen Leben, das als gesellschaftliches Funktionssystem zur Bedürfnisbefriedigung der Menschen

---

S. 31. Unter Aus- oder Weiterbildung werden hierbei alle Arten von praktischer und theoretischer Berufsausbildung, bezahltem Bildungsurlaub, extern wahrgenommener Aus- und Weiterbildungsangebote sowie Schulungen zu bestimmten Themen verstanden. Der Indikator SO 3 („Prozentsatz der Angestellten, die in der Antikorruptionspolitik und den -verfahrensweisen der Organisation geschult wurden"), kann ebenfalls aufgrund der Weiterbildung der Mitarbeiter in den Bereich des Bildungssystems eingeordnet werden. Da jedoch die Auswirkungen auf die Korruption im Vordergrund stehen, wird die Analyse in Abschn. 584.442 vorgenommen.

1212 In Deutschland ist hierbei speziell auf das System der dualen Berufsausbildung hinzuweisen. Vgl. weiterführend z.B. SCHLAFFKE, W./WEIß, R., Duale Berufsausbildung.

1213 Vgl. zur Qualitätsbestimmung in der beruflichen Weiterbildung z. B. BALLI, C./BIEHLER-BAUDISCH, H., Qualität beruflicher Umweltweiterbildung.

1214 Vgl. hierzu weiterführend DITTLER, U., E-Learning.

1215 LA 11: „Programme für das Wissensmanagement und für lebenslanges Lernen, die die Beschäftigungsfähigkeit der Mitarbeiter fördern und ihnen im Umgang mit dem Berufsausstieg helfen".

1216 Zur Notwendigkeit von lebenslangem Lernen in der Wissensgesellschaft vgl. bspw. DEWE, B./WEBER, P. J., Wissensgesellschaft und lebenslanges Lernen; TIPPELT, R., Demografischer Wandel.

1217 Gerade vor dem Hintergrund des demographischen Wandels kommt der Beschäftigung von älteren Arbeitnehmern eine zentrale Bedeutung zu; vgl. BADURA, B., Betriebliches Gesundheitsmanagement, S. 128 f.

1218 Vgl. hierzu bspw. HAINKE, H., Arbeitsschutz für ältere Arbeitnehmer, S. 92 f.

1219 Die Vergabe von Stipendien dürfte für Unternehmen jedoch insb. vor dem Hintergrund des demographischen Wandels und dem damit einhergehenden Fachkräftemangel primär dem Zweck dienen, künftige Fachkräfte frühzeitig an das Unternehmen zu binden.

1220 Vgl. hierzu weiterführend BOHLINGER, S./JENEWEIN, K. (Hrsg.), Ausbildungsabbrecher. Für ein weiter aufgespanntes Spektrum an Ungleichbehandlung im Bildungssystem vgl. HUMMRICH, M. (Hrsg.), Benachteiligung im Bildungssystem.

beiträgt. Aus Unternehmenssicht kann ein ausgeprägtes kulturelles Leben an seinen Standorten Vorteile im Rahmen der Rekrutierung von Mitarbeitern mit sich bringen. Unternehmen können kulturelle Einrichtungen primär über Spenden bzw. Sponsoring, d. h. durch Aktivitäten jenseits ihres Kerngeschäfts, fördern (sofern ihr Kerngeschäft nicht direkt den kulturellen Bereich betrifft, z. B. bei Museen oder Theatern).[1221] Für Unternehmen kann Sponsoring ferner direkte Vorteile mit sich bringen, indem sie ihre Zielgruppen effizienter als durch konventionelle Werbung erreichen.[1222]

Der **GRI-Leitfaden** enthält keine eigenständigen Leistungsindikatoren, die den Einfluss des Unternehmens auf den kulturellen Bereich der Gesellschaft umfassen. Lediglich durch den Indikator ***EC 8*** können *„Entwicklung und Auswirkungen von Investitionen in die Infrastruktur und Dienstleistungen, die vorrangig im öffentlichen Interesse erfolgen, sei es in Form von kommerziellem Engagement, durch Sachleistungen oder durch pro bono-Arbeit"*, dargestellt werden.[1223]

Beeinflusst das Unternehmen die für kulturelle Einrichtungen erforderliche Infrastruktur nicht „vornehmlich im öffentlichen Interesse", sondern im Rahmen seines Kerngeschäfts, müssen diese Auswirkungen nicht angegeben werden, obwohl Auswirkungen des Kerngeschäfts die positiven Auswirkungen von philanthropischem Engagement i. d. R. übertreffen können. Darüber hinaus muss nicht angegeben werden, ob das Engagement auf Dauer angelegt oder kurzfristiger Natur ist.

584.44 Makroindikatoren

584.441 Auswirkungen auf die Menschenrechte und das Gemeinwesen

Der Leitfaden enthält, ebenso wie im Bereich der Ökologie, auch im gesellschaftlichen Bereich Indikatoren, die lediglich indirekt Einflüsse des Unternehmens auf die Gesellschaft wiedergeben. Hierbei ist zu unterscheiden zwischen Einflüssen auf die Menschenrechte, die Einflüsse des Unternehmens auf einer allgemeinen Ebene deutlich machen, und Einflüssen auf die örtliche Gemeinde:

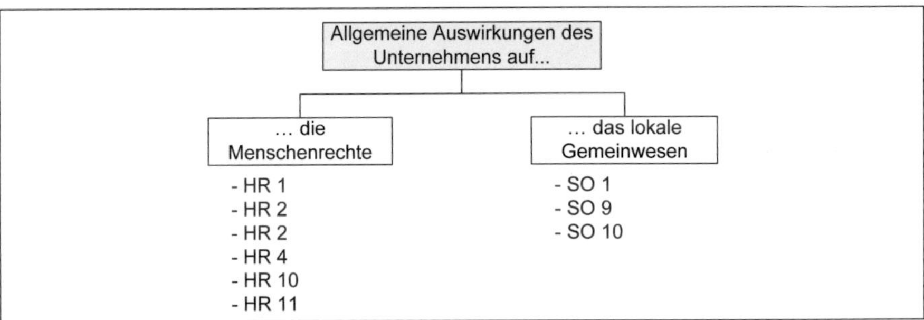

Abbildung 5-39: Einflüsse auf die Menschenrechte und das lokale Gemeinwesen

1221 Vgl. ausführlich zu Nachhaltigkeit und Kultur KAGAN, S./KIRCHBERG, V. (Hrsg.), Sustainability and Arts.

1222 Vgl. LEUTERITZ, A./WÜNSCHMANN, S./SCHWARZ, U./MÜLLER, S., Erfolgsfaktoren des Sponsoring, S. 25 f.

1223 Die Definition des Indikators sowie die Erläuterungen im Indikatorprotokoll wurden im Rahmen der Überarbeitung des G3-Leitfadens nicht geändert.

Zunächst sind unter dem Indikator ***HR 1*** der *Prozentsatz und [die] Gesamtzahl der wesentlichen Investitionsvereinbarungen und Verträge, die Menschenrechtsklauseln enthalten oder die unter Menschenrechtsaspekten geprüft wurden,* anzugeben.[1224] Unter „Investitionen" versteht man in der betriebswirtschaftlichen Literatur i. d. R. die Verwendung finanzieller Mittel.[1225] Da sich die GRI im IP zu HR 1 auf „wirtschaftliche Entscheidungen" des Unternehmens bezieht, kann davon ausgegangen werden, dass diese Definition auch diesem Indikator zu Grunde liegt. Zu untersuchen sind alle Investitionsvereinbarungen, die in der Berichtsperiode abgeschlossen wurden und die entweder dem Erwerb von Anteilen an einem anderen Unternehmen dienen oder „für die Bilanz der Organisation wesentlich"[1226] sind. Hierbei kann davon ausgegangen werden, dass dies Investitionen in das Anlagevermögen der Unternehmen sind (z. B. der Aufbau neuer Produktionsstandorte). Die Wesentlichkeit wird durch die Analyse der Genehmigungspflichten innerhalb des Unternehmens bestimmt.[1227] Ferner sind nach der Überarbeitung des G3-Leitfadens neben Investitionsvereinbarungen auch wesentliche Verträge aller Art in die Analyse einzubeziehen.[1228] Grundsätzlich wird angenommen, dass eine Zunahme des Prozentsatzes an Investitionsvereinbarungen, die Menschenrechtsklauseln enthalten oder auf deren Einhaltung geprüft wurden, die tatsächlich auftretenden Menschenrechtsverletzungen minimiert.

Nicht eindeutig beschrieben ist indes, durch wen die durch die Klauseln oder die Prüfung zu verhindernden Menschenrechtsverletzungen verursacht werden. Zum einen wird im Indikatorenprotokoll zum Indikator HR 1 auf „Probleme der Organisation bei der Einhaltung der Menschenrechte"[1229] verwiesen, zum anderen jedoch auf den Partner, mit dem die Vereinbarungen abgeschlossen wurden. Eine eindeutige Antwort auf diese Frage ist anhand des Indikatorenprotokolls nicht möglich. Angegeben werden können demnach die Klauseln und Prüfungen, die Menschenrechtsverletzungen durch das die Investition ausführende Unternehmen verhindern sollen (Investition in zu erstellendes Anlagevermögen). Erwirbt das Unternehmen Anteile an einem anderen Unternehmen, so beziehen sich die Klauseln bzw. die Prüfung auf die von dem erworbenen Unternehmen (potentiell) begangenen Menschenrechtsverletzungen. Abzugrenzen ist der Indikator von den möglichen Menschenrechtsverletzungen, die im Rahmen der Produktion entlang der Wertschöpfungskette von Zulieferern oder weiterverarbeitenden Unternehmen begangen werden (HR 2).

1224 Durch die Änderung der Definition im Rahmen der Überarbeitung des G3-Leitfadens sind nun auch wesentliche Verträge einzubeziehen; vgl. GRI (Hrsg.), G3.1 Sustainability Reporting Guidelines, S. 35. Nach Ansicht der GRI ist dieser Indikator besonders dann relevant, wenn die Investitionen in Regionen vorgenommen werden, in denen der Schutz der Menschenrechte von besonderer Bedeutung sind; vgl. GRI (Hrsg.), G3 Indikatorenprotokoll Menschenrechte, S. 3. Da Menschenrechte jedoch universell gültig sind und weltweit die gleiche Relevanz besitzen, kann dieser Aussage nicht zugestimmt werden. Besondere Relevanz kann dem Indikator jedoch zugesprochen werden, wenn das Unternehmen in Regionen operiert, in denen die Menschenrechte durch den Staat oder andere Unternehmen und Organisationen regelmäßig missachtet werden.

1225 Vgl. weiterführend zu Klassifikationsmöglichkeiten von Investitionen HÜTTNER, M./HEUER, K. R., BWL, S. 221-223.

1226 GRI (Hrsg.), G3 Indikatorenprotokoll Menschenrechte, S. 3.

1227 Sind Geschäfte durch den Aufsichtsrat zu bestätigen ("bestätigungspflichtige Geschäfte") kann somit in jedem Fall von wesentlichen Investitionen ausgegangen werden.

1228 Vgl. GRI (Hrsg.), G3.1 Indicator Protocol Human Rights, S. 3.

1229 GRI (Hrsg.), G3 Indikatorenprotokoll Menschenrechte, S. 3.

Da ein Unternehmen nicht nur direkt Menschenrechtsverletzungen begehen kann, sondern auch indirekt über die Zusammenarbeit mit Zulieferern oder Auftragenehmern einen Einfluss hat, wird unter dem Indikator ***HR 2*** der *Prozentsatz wesentlicher Zulieferer, Auftragnehmer und anderer Geschäftspartner die unter Menschenrechtsanspekten geprüft wurden und ergriffene Maßnahmen* angeben.[1230]

Hier sind durch das Unternehmen wesentliche Zulieferer, Auftragnehmer und andere Geschäftspartner zu bestimmen, wobei als Basis die in den Berichtsrahmen einbezogenen Unternehmen dienen können. Wesentlich sind Zulieferer und Auftragnehmer dann, wenn sie Hauptlieferanten des Unternehmens sind und für die Mehrheit der Einkäufe stehen, oder wenn das Risiko von Menschenrechtsverletzungen bei den Zulieferern und Auftragnehmern am höchsten eingeschätzt wird.[1231] Anzugeben ist, wieviel Prozent der Verträge mit Zulieferern und Auftragnehmern Menschenrechtsaspekte oder ein Menschenrechtsscreening enthalten. Darüber hinaus ist der Prozentsatz der Verträge mit Zulieferern, Auftragnehmern und anderen Geschäftspartnern anzugeben, der abgelehnt oder nur unter Aufnahme zusätzlicher Rahmenbedingungen zustande gekommen ist. Des Weiteren ist der Prozentsatz der Verträge anzugeben, bei denen Konsequenzen aus einem Menschenrechtsscreening gezogen wurden.[1232]

Problematisch in Bezug auf die Angabepflichten könnte die Definition von Wesentlichkeit sein. Da die GRI Lieferanten als wesentlich ansieht, wenn diese für die Mehrheit der Einkäufe des Unternehmens verantwortlich sind, kann bei wörtlicher Auslegung ein Lieferant nur dann wesentlich sein, wenn mehr als 50 % der Einkäufe über ihn abgewickelt werden.[1233] Die restlichen Einkäufe (max. 49 %) müssen demnach zunächst nicht berücksichtigt werden. Lediglich wenn das Risiko auf Menschenrechtsverletzungen bei ihnen besonders groß ist, werden sie als wesentlich eingestuft. Fraglich ist somit, warum die GRI auf „wesentliche Zulieferer und Auftragnehmer" abstellt. Zunächst verursacht die Erhebung der Daten Aufwand, so dass die Eingrenzung auf wesentliche Zulieferer aus Kostengründen sinnvoll erscheint. Führt dies jedoch dazu, dass Lieferanten mit einem bedeutenden Anteil an den Einkäufen des Unternehmens nicht mit in die Berechnung aufgenommen werden müssen, erscheint eine aus Kostengründen vorgenommene Eingrenzung der Bezugsbasis nicht zielführend.

Um die Bemühungen des Unternehmens zur Minimierung seiner indirekten negativen bzw. Förderung der positiven Auswirkungen auf die Menschenrechte tatsächlich einschätzen zu können, sollte demnach nicht der Prozentsatz der Verträge mit wesentlichen Zulieferern, sondern vielmehr der Prozentsatz der Verträge, gemessen am Einkaufsvolumen des Unternehmens insgesamt, angegeben werden, da hierdurch der Umfang der Geschäftstätigkeit besser bewertet werden kann. Separat angegeben werden sollte hierbei jedoch auch der Prozentsatz der Verträge mit Menschenrechtsklau-

1230 Im Rahmen der Überarbeitung des G3-Leitfadens wurden auch „andere Geschäftspartner" in den Einzugsbereich des Indikators eingeschlossen; vgl. GRI (Hrsg.), G3.1 Sustainability Reporting Guidelines, S. 35.

1231 Vgl. GRI (Hrsg.), G3.1 Indicator Protocol Human Rights, S. 4.

1232 Vgl. GRI (Hrsg.), G3.1 Indicator Protocol Human Rights, S. 4.

1233 Teilt das Unternehmen zur Risikodiversifikation seine Einkäufe auf drei Lieferanten auf, wird kein Lieferant nach dem aktuellen Kriterium als wesentlich eingestuft.

seln, die mit Lieferanten geschlossen wurden, die in Regionen arbeiten, in denen es regelmäßig zu Menschenrechtsverletzungen kommt.

Korrespondierend zum Indikator HR 2 wurde im Rahmen der Überarbeitung des G3-Leitfadens der Indikator ***HR 10*** eingefügt, der den *Prozentsatz und die Gesamtzahl der Betriebsstätten, die unter Menschenrechtsgesichtspunkten geprüft und/oder deren Auswirkungen erfasst wurden,* angibt.[1234] Eine Angabe der tatsächlichen Menschenrechtsverletzungen wird indes auch unter diesem Indikator nicht gefordert. Ebenfalls in der 3.1 Version des GRI-Berichtsrahmens neu enthalten ist der Leistungsindikator ***HR 11***, der die *Anzahl von Klagen bzw. Beschwerden in Bezug auf Menschenrechte, die durch formale Klage- bzw. Beschwerdemechanismen* adressiert wurden, erfasst.[1235] Die Gesamtzahl der Klagen bzw. Beschwerden ist weitergehend nach Gruppen (interne Stakeholder, externe Stakeholder, geschlechterspezifisch und nach weiteren Indikatoren für die Vielfalt) aufzugliedern.[1236] Ebenfalls ist auf diese Art aufgegliedert die Anzahl der Beschwerden, die ausgeräumt werden konnten, aufzugliedern. Hierbei ist separat anzugeben, welche der Beschwerden erst in der aktuellen Berichtsperiode eingereicht wurden.[1237] Eine weitere Erläuterung der den Beschwerden zu Grunde liegenden Sachverhalte wird indes nicht gefordert, so dass die Adressaten lediglich tendenziell einen Einblick in die (möglichen) Menschenrechtsverletzungen erlangen. Ein zwischenbetrieblicher Vergleich dürfte auf der Basis des Indikators ebenfalls nicht möglich sein.

Lediglich für einen Ausschnitt der Menschenrechte, nämlich für Fälle von Diskriminierung, sind unter dem Indikator ***HR 4*** die *„Gesamtzahl der Vorfälle von Diskriminierung und [die] ergriffene[n] korrektiven Maßnahmen"* darzustellen,[1238] wodurch der Indikator die Auswirkungen des Unternehmens auf das Recht auf Gleichheit erfasst.

Eine Diskriminierung, über die zu berichten ist, liegt nach dem IP zu HR 4 dann vor, wenn die Diskriminierung im Rahmen eines förmlichen Verfahrens bei dem Unternehmen oder der zuständigen Behörde angezeigt wurde. Zusätzlich ist auch über Fälle von Diskriminierung zu berichten, die das Unternehmen im Rahmen von internen Überprüfungen festgestellt hat.[1239] Unter „ergriffenen Maßnahmen" sind die Maßnahmen zu verstehen, „die als Konsequenz […] der Vorfälle ergriffen wurden"[1240]. Ferner fordert das IP zu HR 4, die aufgetretenen Fälle von Diskriminierung nach ihrem Fortschritt im Klärungsprozess in die Kategorien „die Organisation hat den Vorfall geprüft", „es wurde ein Plan zur Wiedergutmachung umgesetzt", „die Ergebnisse wurden im Zuge einer routinemäßigen internen Managementüberwachung geprüft" und „der Vorfall ist nicht mehr länger Gegenstand einer Klage" einzuordnen.[1241] Eine explizite Beschreibung der Vorfälle wird direkt weder

---

1234 Vgl. GRI (Hrsg.), G3.1 Sustainability Reporting Guidelines, S. 36.

1235 Vgl. GRI (Hrsg.), G3.1 Sustainability Reporting Guidelines, S. 36.

1236 Vgl. GRI (Hrsg.), G3.1 Indicator Protocol Human Rights, S. 13.

1237 Vgl. GRI (Hrsg.), G3.1 Indicator Protocol Human Rights, S. 13.

1238 Im Rahmen der Überarbeitung des G3-Leitfadens wurde in der Definition des Indikators klargestellt, dass die Maßnahmen „korrektiven" Charakter haben sollten; vgl. GRI (Hrsg.), G3.1 Sustainability Reporting Guidelines, S. 35. Eine wesentliche Änderung der Berichtspflichten ergibt sich hieraus indes nicht.

1239 Vgl. GRI (Hrsg.), G3 Indikatorenprotokoll Menschenrechte, S. 6.

1240 GRI (Hrsg.), G3 Indikatorenprotokoll Menschenrechte, S. 6.

1241 Vgl. GRI (Hrsg.), G3 Indikatorenprotokoll Menschenrechte, S. 6.

nach dem Wortlaut noch nach den Ausführungen des Indikatorprotokolls gefordert. Auch eine Einteilung in Kategorien, wie sie z. B. in § 1 AGG enthalten ist, wird nicht gefordert. Zudem sind die internen Prozesse, die Diskriminierung verhindern sollen, nicht Bestandteil der Angabepflichten von HR 4.

Ferner sind unter den Indikator ***HR 3*** *„die Gesamtzahl der Schulungsstunden von Mitarbeitern für Richtlinien und Verfahrensanweisungen der Organisation, die sich auf Menschenrechtsaspekte beziehen und für die Geschäftstätigkeit maßgeblich sind, sowie [der] Prozentsatz der geschulten Mitarbeiter an der Gesamtbelegschaft*“ anzugeben.[1242] Diesem Indikator liegt die Annahme zu Grunde, dass geschulte Mitarbeiter zu einer Verringerung der Menschenrechtsverletzungen beitragen. Ein Indikator, der die Menschenrechtsverletzungen des Unternehmens vollständig erfasst, wurde indes auch im Rahmen der Überarbeitung des G3-Leitfadens nicht eingefügt.

Des Weiteren können Unternehmen unter dem Zusatzindikator HR 8[1243] Schulungsaktivitäten ihres Sicherheitspersonals in Bezug auf die Einhaltung der Menschenrechte erfassen. Der Zusatzindikator HR 9[1244] enthält Angaben in Bezug auf den Umgang mit Rechten der Ureinwohner an den jeweiligen Produktionsstandorten des Unternehmens.

Neben den Auswirkungen auf die Menschenrechte sollten Unternehmen unter dem Indikator ***SO 1*** über den *Prozentsatz der Betriebsstätten mit implementierten Programmen zum gesellschaftlichen Engagement, zur Erfassung der Einflüsse und zur Entwicklung der Gemeinde* berichten.[1245]

Zunächst ist fraglich was unter dem Begriff „Gemeinwesen“ zu verstehen ist. „Gemeinwesen“ ist ein Sammelbegriff, der das menschliche Zusammenleben außerhalb des Familienverbundes bezeichnet. In der Literatur wird oftmals der Staat als Organisation bzw. die verschiedenen Stufen (Gemeinde/Kommune, Länder, Bund) verstanden.[1246] Somit könnte nach dem Wortlaut des Indikators vermutet werden, dass das Unternehmen seinen Einfluss auf die Organisation Gemeinde/Kommune angeben soll. Im IP indes wird nicht mehr ausschließlich vom „Gemeinwesen“, sondern auch von den Auswirkungen der Geschäftstätigkeit auf die Gesellschaft gesprochen,[1247] so dass der Einfluss auf die Organisation Gemeinde bzw. Kommune, darüber hinaus jedoch auch der direkte und indirekte Einfluss auf die gesellschaftlichen Funktionssysteme Bestandteil des Indikators wäre. Da die Erläuterungen des IP sich neben dem Einfluss auf die einzelne „Gemeinde“ auch auf geographische Gebiete beziehen,[1248] wird nachfolgend davon ausgegangen, dass der Einfluss

1242 Der Indikator HR 3 wurde im Rahmen der Überarbeitung des G3-Leitfadens als Kernindikator klassifiziert.

1243 HR 8: „Prozentsatz des Sicherheitspersonals, das im Hinblick auf die Richtlinien und Verfahrensanweisungen in Bezug auf Menschenrechtsaspekte, die für die Geschäftstätigkeit relevant sind, geschult wurde“.

1244 HR 9: „Gesamtzahl der Vorfälle, in denen Rechte der Ureinwohner verletzt wurden und ergriffene Maßnahmen“.

1245 Die Definition des Indikators sowie die Erläuterungen des Indikatorprotokolls wurden im Rahmen der Überarbeitung des G3-Leitfadens wesentlich geändert.

1246 Vgl. ZACHER, H. F., Forschung, Gesellschaft und Gemeinwesen, S. 1 f., 16; MOSER, W., finanzielle Lage öffentlicher Gemeinwesen, S. 13 f.

1247 Vgl. GRI (Hrsg.), G3.1 Indicator Protocol Society, S. 3.

1248 Vgl. GRI (Hrsg.), G3.1 Indicator Protocol Society, S. 3.

auf die gesellschaftlichen Funktionssysteme innerhalb einer geographischen Region, die sich in der Regel durch die staatliche Organisationsform der Gemeinde/Kommune definiert, darzustellen ist.

In die Berechnung einzubeziehen sind nach den Erläuterungen des IP bspw. Programme, die soziale und ökologische Auswirkungen und ihre Veröffentlichung steuern oder die Entwicklungspläne für die lokale Gemeinschaft erstellen und umsetzen. Darüber hinaus werden Programme zum Dialog mit den Stakeholdern genannt.[1249] Weitere Angabepflichten enthält das IP nicht, so dass davon ausgegangen werden kann, dass für die drei in der Definition des Indikators genannten Gruppen, d. h. für gesellschaftliches Engagement, die Erfassung von Auswirkungen der Geschäftstätigkeit auf die lokale Gemeinschaft und für Entwicklungsprogramme für diese der Prozentsatz der Betriebsstätten, in denen solche Programme implementiert sind, separat anzugeben ist.

Die Angabe von Richtlinien zur Beurteilung der Auswirkungen der Geschäftstätigkeit des Unternehmens ist grds. positiv zu beurteilen. Da die bloße Existenz der Richtlinien keine Rückschlüsse auf ihre Qualität bzw. ihre Anwendung zulässt, sind indes weitere Informationen erforderlich, um die Leistung des Unternehmens einschätzen zu können. Im Rahmen der Überarbeitung des G3-Leitfadens wurde mit den Indikatoren SO 9 und SO 10 Indikatoren neu eingeführt, die diesen Kritikpunkt am G3-Leitfaden beheben. Unter dem Indikator ***SO 9*** sind Sachverhalte mit *wesentlichem Potential oder aktuellen negativen Einflüssen auf das lokale Gemeinwesen* zu erfassen.[1250]

Hierzu sind bspw. die Möglichkeiten des Unternehmens, das Gemeinwesen durch physische oder ökonomische Isolation,[1251] die Inanspruchnahme von Gesundheits- oder Bildungseinrichtungen oder die Nähe zur Betriebsstätte zu identifizieren.[1252] Darüber hinaus sind Risiken zu erfassen, die sich bspw. aus der Abhängigkeit einer lokalen Gemeinde von dem berichtenden Unternehmen aufgrund seiner Stellung als Hauptarbeitgeber oder durch die Nutzung von natürlichen Ressourcen durch das Unternehmen ergeben. Ziel des Indikators ist es, die (möglichen) Auswirkungen des Unternehmens auf die lokalen Gemeinden an seinen Produktionsstandorten darzustellen.[1253] Im Nachhaltigkeitsbericht anzugeben sind neben den Betriebsstätten die Gemeinden, auf die das Unternehmen potentiell oder aktuell wesentliche Auswirkungen haben kann, die Lage dieser Betriebsstätten und Gemeinden sowie die aktuellen oder potentiellen Auswirkungen.[1254] An dieser Stelle kann demnach ein wesentlicher Kritikpunkt am G3-Leitfaden, der sich im Gesellschaftsbereich oftmals lediglich auf die Angabe von Programmen und Strategien und nicht auf die tatsächlichen oder potentiellen Auswirkungen konzentriert hat, beseitigt werden.

Auf dem Indikator SO 9 aufbauend erfasst der ebenfalls im Rahmen der Überarbeitung des G3-Leitfadens neu eingefügte Indikator ***SO 10*** *Maßnahmen bzw. Programme zur Verhinderung oder*

1249 Vgl. GRI (Hrsg.), G3.1 Indicator Protocol Society, S. 3.
1250 Vgl. GRI (Hrsg.), G3.1 Sustainability Reporting Guidelines, S. 38.
1251 Beispiele hierfür sind im Indikatorprotokoll zu SO 9 nicht enthalten.
1252 Vgl. GRI (Hrsg.), G3.1 Indicator Protocol Society, S. 5.
1253 Vgl. GRI (Hrsg.), G3.1 Indicator Protocol Society, S. 5.
1254 Vgl. GRI (Hrsg.), G3.1 Indicator Protocol Society, S. 5.

Abschwächung von potentiellen oder aktuellen negativen Auswirkungen auf das Gemeinwesen, die in Betriebsstätten implementiert wurden.[1255]

Während der Indikator SO 9 die Auswirkungen des Unternehmens auf das Gemeinwesen darstellt, verdeutlicht der Indikator SO 10, welche Strategien bzw. Maßnahmen das Unternehmen verfolgt, um potentielle Auswirkungen zu verhindern oder aktuelle Auswirkungen zu vermindern. Hierzu soll zunächst angegeben werden, ob für die unter SO 9 berichteten Auswirkungen eben diese Maßnahmen implementiert wurden.[1256] Darüber hinaus soll angegeben werden, ob diese Maßnahmen durchgeführt wurden, um lokale Gesetze zu beachten, um die Gesetzeskonformität der Unternehmenshandlungen nach einem Gesetzesverstoß wieder herzustellen oder ob die Maßnahmen auf freiwilliger Basis durchgeführt wurden. Ferner soll berichtet werden, ob die Maßnahmen erfolgreich verlaufen sind.[1257] Gerade die Angabe des Erfolgs der Maßnahmen ist zu begrüßen, da hierdurch die Effektivität der Maßnahmen eingeschätzt werden kann.

Insgesamt kann somit festgestellt werden, dass durch die Änderungen im Rahmen der Überarbeitung des G3-Leitfadens die Auswirkungen des Unternehmens auf lokale Gemeinschaften wesentlich besser dargestellt werden können, da neben allgemeinen Strategien zu Auswirkungen des Unternehmens auch auf konkrete Fälle eingegangen werden kann bzw. sollte.

584.442 Compliance

Unterstellt man, dass Gesetze (und gerade die Grundrechte) der Erhaltung der Gesellschaft dienen, so kann durch wesentliche Bußgelder, die gegen das Unternehmen verhängt wurden, indirekt der Einfluss des Unternehmens auf die Gesellschaft eingeschätzt werden.[1258] Ferner haben Bußgelder direkten Einfluss auf den finanziellen Unternehmenserfolg und können – abhängig von der medialen Aufmerksamkeit – mitunter in erheblichem Maße reputationsschädigend wirken.

Anzugeben sind durch das Unternehmen unter dem Indikator ***SO 8*** *„wesentliche Bußgelder (Geldwert) und [die] Anzahl nicht monetärer Strafen wegen Verstoßes gegen Rechtsvorschriften".*[1259] Unter dem Indikator sind alle Bußgelder, die nicht bereits unter den Indikatoren EN 28[1260] und PR 9[1261] angegeben wurden, zu erfassen. Anzugeben ist der monetäre Gesamtwert der wesentlichen Bußgelder (d. h. die Summe aller Bußgelder), die Anzahl der nicht monetären Strafen und die Fälle, die im Rahmen von Streitbeilegungsmechanismen vorgebracht wurden. Sind in der Berichtsperiode keine Bußgelder gegen das Unternehmen verhängt worden, ist ein Fehlbericht zu geben.[1262] Darüber

1255 Vgl. GRI (Hrsg.), G3.1 Sustainability Reporting Guidelines, S. 38.
1256 Vgl. GRI (Hrsg.), G3.1 Indicator Protocol Society, S. 7.
1257 Vgl. GRI (Hrsg.), G3.1 Indicator Protocol Society, S. 7.
1258 Vgl. Abschn. 242 und 243.
1259 Die Definition des Indikators sowie die Erläuterungen im Indikatorprotokoll wurden im Rahmen der Überarbeitung des G3-Leitfadens nicht geändert.
1260 EN 28: „Geldwert wesentlicher Bußgelder und Gesamtzahl nicht-monetärer Strafen wegen Nichteinhaltung von Rechtsvorschriften im Umweltbereich"; vgl. Abschn. 584.315.
1261 PR 9: „Höhe wesentlicher Bußgelder aufgrund von Verstößen gegen Gesetzesvorschriften in Bezug auf die Zurverfügungstellung und Verwendung von Produkten und Dienstleistungen".
1262 Vgl. GRI (Hrsg.), G3 Indikatorenprotokoll Gesellschaft, S. 10.

hinaus wird das Unternehmen „ermutigt, bei der Mitteilung der Bußgelder und Strafen anzugeben, welche Gesetze schwerpunktmäßig betroffen sind“[1263]. Aufgrund des empfehlenden Charakters der Angabe scheint das Unternehmen jedoch zu dieser Angabe nicht verpflichtet zu sein.

Fraglich ist, ob die Trennung zwischen den Indikatoren SO 8 und PR 9 zielführend ist. Ein Unternehmen kann direkt (im Rahmen der eigenen (Produktions-) Tätigkeit sowie durch philanthropisches Engagement) und indirekt (durch die Auswahl der Lieferanten und durch die Verwendung des Produkts durch den Konsumenten) einen Einfluss auf die Gesellschaft haben. Letztlich ist ausschlaggebend für die Qualität des Berichts, dass alle Maßnahmen abgedeckt werden. Warum von vier Bereichen lediglich die Bußgelder aufgrund der Produktverwendung separiert dargestellt werden sollen, ist nicht nachvollziehbar. Darüber hinaus ist das IP aus systematischen Gesichtspunkten zu kritisieren, da eine Vermischung zwischen verpflichtenden und zusätzlichen Angaben („es wird empfohlen“) innerhalb eines Kernindikators vorgenommen wird.

Eine Sonderrolle in Bezug auf die Einhaltung der Gesetze kommt der **Korruption** zu, durch die alle gesellschaftlichen Funktionssysteme in ihrer Stabilität gefährdet werden können. Ferner können Kosten durch die Gefährdung von Arbeitsplätzen durch unfairen Wettbewerb sowie gesellschaftliche Wohlfahrtverluste entstehen.[1264] Da Korruption stets auf kurzfristige Bereicherung ausgelegt ist, steht sie dem der Nachhaltigkeitsdebatte zu Grunde liegenden Gedanken des langfristigen Denkens diametral gegenüber.[1265] Grundsätzlich kann unter Korruption der „Missbrauch übertragener Macht zum privaten Nutzen“ verstanden werden.[1266] Im deutschen StGB werden neben den Tatbeständen, die sich auf Amtsträger beziehen (Vorteilsgewährung nach §§ 331, 333 StGB sowie Bestechung nach §§ 322, 334 StGB) die Tatbestände der Submissionsabsprachen (§ 298 StGB) sowie der Bestechlichkeit und Bestechung im Geschäftlichen Verkehr (§§ 299, 300 StGB) und der Wähler- sowie Abgeordnetenbestechung (§§ 108b und 108e StGB) genannt.[1267] Die Bandbreite in letzter Zeit aufgetretener Korruptionsskandale reicht von illegalen Parteispenden und schwarzen Kassen in der Politik, Ämterpatronage, Schmiergeldzahlungen an Funktionären in Verbänden des organisierten Sports sowie der Bestechung von Angehörigen privater Wirtschaftsunternehmen.[1268]

Aus Unternehmenssicht kann Korruption zu erhöhten Kosten durch unlautere Auftragsvergabe, Reduzierung des Gewinns durch Schmiergeldzahlungen, den Erwerb von Produkten mit unterdurchschnittlicher Qualität sowie durch die Strafzahlungen bei der Aufdeckung von Korruptionsfällen, indes aber auch zu Umsatzsteigerungen führen.[1269] Anzugeben sind durch das Unternehmen

1263 GRI (Hrsg.), G3 Indikatorenprotokoll Gesellschaft, S. 10.
1264 Vgl. KLINKER, J., Korruption in Unternehmen, S. 9.
1265 Vgl. SCHILLING, A., Korruption, S. 99.
1266 Vgl. BRAASCH, M., (Wirtschafts-)Korruption, S. 364.
1267 Vgl. BRAASCH, M., (Wirtschafts-)Korruption, S. 365.
1268 Vgl. BRAASCH, M., (Wirtschafts-)Korruption, S. 361.
1269 Vgl. KLINKER, J., Korruption in Unternehmen, S. 9.

unter dem Indikator ***SO*** 2 der *„Prozentsatz und [die] Anzahl der Geschäftseinheiten, die auf Korruptionsrisiken hin untersucht wurden“.*[1270]

Die Untersuchung von Geschäftseinheiten in Bezug auf Risiken bildet die Basis für das Management dieser Risiken. Zur Notwendigkeit der Korruptionsbekämpfung aus gesellschaftlicher Sicht sind im IP keine Angaben enthalten.[1271] Außerdem ist unter dem Indikator ***SO 3*** der *„Prozentsatz der Angestellten, die in der Antikorruptionspolitik und den Antikorruptionsverfahren der Organisation geschult wurden“*, anzugeben.[1272] Aus Unternehmenssicht sind Schulungen in Bezug auf Korruption erforderlich, um ein Problembewusstsein der Belegschaft zu schaffen.[1273] Anzugeben ist nach dem Wortlaut des Indikators und des IP der Prozentsatz der Angestellten, die im Berichtszeitraum in Verfahren zur Vorbeugung von Korruption geschult wurden. Hierbei sind die Angaben für Mitarbeiter der „Leitungsebene“ separat zu berichten.[1274]

Zunächst ist in Bezug auf den Indikator SO 3 kritisch anzumerken, dass lediglich die Angabe von Schulungen jeglicher Art gefordert wird. Hierbei wird weder nach der Stundenzahl der Schulungen noch nach deren Art differenziert. Darüber hinaus werden die Angaben des Indikators nicht auf der Evaluation der Geschäftsbereiche mit hohem Korruptionsrisiko (siehe Indikator SO 2) aufgebaut. Die Zulänglichkeit von Schulungsmaßnahmen durch das Unternehmen kann jedoch erst dann beurteilt werden, wenn die Korruptionsgefahr des Geschäftsbereichs und die Art sowie der Umfang der Schulungen in einen Zusammenhang gesetzt und erläutert werden.

Trotz der Evaluation der Korruptionsrisiken (SO 2) und der Schulung der Mitarbeiter (SO 3) werden Korruptionsfälle niemals vollständig verhindert werden können. Aus diesem Grund sind unter dem Indikator ***SO 4*** die *„in Reaktion auf Korruptionsvorfälle ergriffene Maßnahmen“* anzugeben.[1275] Das IP zählt als Beispiele Disziplinarmaßnahmen, Kündigungen von Mitarbeitern und die Beendigung von Geschäftsbeziehungen durch Nichterneuerung der Verträge auf.[1276] Darüber hinaus ist nach dem IP über „alle im Berichtszeitraum abgeschlossenen gerichtlichen Verfahren in Bezug auf korrupte Praktiken“[1277] zu berichten.

Insgesamt ist im Bereich der Angaben zu Korruptionsfällen zu kritisieren, dass zwar Maßnahmen zur Verhinderung von Korruption und Maßnahmen nach dem Eintritt der Korruptionsfälle dargestellt werden sollen, die tatsächlichen Korruptionsfälle und ihre Auswirkungen auf die jeweiligen

1270 Die Definition des Indikators sowie die Erläuterungen im Indikatorprotokoll wurden im Rahmen der Überarbeitung des G3-Leitfadens nicht geändert.

1271 Vgl. GRI (Hrsg.), G3 Indikatorenprotokoll Gesellschaft, S. 5.

1272 Die Definition des Indikators sowie die Erläuterungen im Indikatorprotokoll wurden im Rahmen der Überarbeitung des G3-Leitfadens nicht geändert.

1273 Vgl. MUNZERT, E., Korruptionsbekämpfung, S. 30 f.; WOLF, K., Compliance Management, S. 426. Auf die Gründe für Korruptionsschulungen aus gesellschaftlicher Sicht wird im IP nicht eingegangen; vgl. GRI (Hrsg.), G3 Indikatorenprotokoll Gesellschaft, S. 5.

1274 Vgl. GRI (Hrsg.), G3 Indikatorenprotokoll Gesellschaft, S. 5.

1275 Die Definition des Indikators sowie die Erläuterungen im Indikatorprotokoll wurden im Rahmen der Überarbeitung des G3-Leitfadens nicht geändert.

1276 Vgl. GRI (Hrsg.), G3 Indikatorenprotokoll Gesellschaft, S. 6

1277 GRI (Hrsg.), G3 Indikatorenprotokoll Gesellschaft, S. 6.

gesellschaftlichen Funktionssysteme hingegen nicht dargestellt oder erläutert werden müssen. Die Effektivität der Maßnahmen des Unternehmens ist somit nur indirekt über die verhängten Bußgelder und die ergriffenen Maßnahmen einschätzbar.

584.45 Zusammenfassende Würdigung der gesellschaftsbezogenen Leistungsindikatoren

Im Rahmen der Analyse der die Gesellschaft betreffenden Leistungsindikatoren wurde zunächst untersucht, ob diese die möglichen Auswirkungen des Unternehmens auf die Gesellschaft vollständig darstellen können. Durch die **Umstrukturierung** der Leistungsindikatoren vor dem Hintergrund der Systemtheorie von LUHMANN und den Menschenrechten der Vereinten Nationen kann festgestellt werden, dass der GRI-Leitfaden zu allen allgemeinen Menschenrechten, die durch Unternehmen betroffen werden können, Leistungsindikatoren enthält. In Bezug auf die gesellschaftliche Funktionssysteme betreffenden Leistungsindikatoren ist die Vollständigkeit der Indikatoren in den meisten Fällen ebenfalls gegeben; lediglich zu den Funktionssystemen der Pflege- und Arbeitslosenversicherung sowie zum Recht auf Freizeit sind keine Leistungsindikatoren im GRI-Leitfaden zur Nachhaltigkeitsberichterstattung enthalten. Bei einer detaillierteren Betrachtung der enthaltenen Indikatoren konnte indes festgestellt werden, dass gerade der Einfluss des Unternehmens auf das Wirtschaftssystem primär über Zusatzindikatoren abgedeckt wird. Erfüllt ein Unternehmen lediglich die Mindestanforderungen, um einen Bericht der Anwendungsebene A zu erstellen, können die Auswirkungen auf dieses System durch die Adressaten demnach nur unvollständig eingeschätzt werden. Da das Unternehmen sich jedoch primär in diesem System bewegt, ist dies nicht nachvollziehbar. Ebenfalls nur über einen Zusatzindikator abgedeckt ist das Recht auf angemessenen Lohn sowie auf den Schutz der Privatssphäre.

In Bezug auf die durch die Indikatoren geforderten Angaben ist des Weiteren zu kritisieren, dass oftmals lediglich die Existenz von **Maßnahmen zur Vermeidung** von negativen Auswirkungen zu bestätigen bzw. zu negieren ist. Die tatsächlichen negativen Auswirkungen des Unternehmens auf die Menschenrechte (z. B. im Bereich der Korruption oder der Belästigung von Mitarbeitern am Arbeitsplatz) müssen hingegen nicht angegeben werden, so dass die Leistung des Unternehmens nicht eingeschätzt werden kann. Daraus folgt auch, dass eine Vergleichbarkeit der Leistung des Unternehmens im Zeitablauf und zwischen Unternehmen nicht gegeben ist. Somit wird im Ergebnis das Ziel des Nachhaltigkeitsberichts, nämlich die Darstellung der Auswirkungen des unternehmerischen Handelns auf die Gesellschaft, in Teilen verfehlt. Dieses Defizit scheint grundsätzlich durch die GRI erkannt worden zu sein, da im Rahmen der Überarbeitung des G3-Leitfadens der Indikator SO 9 neu eingefügt wurde, unter dem aktuelle und potentielle negative Auswirkungen auf das Gemeinwesen anzugeben sind und demnach die tatsächlichen Auswirkungen des Unternehmens eingeschätzt werden können. Warum dieses strukturelle Defizit ausschließlich in Bezug auf die negativen Auswirkungen auf das Gemeinwesen und nicht in allen Bereichen korrigiert wurde, ist indes nicht nachvollziehbar. Positiv zu bewerten ist hingegen, dass bei vielen Indikatoren eine Darstellung nach geographischen Regionen möglich ist, so dass die Auswirkungen des Unternehmens in Entwicklungslängern separat angegeben werden (können). Eine Einordnung bzw. Erläuterung der Rolle des Unternehmens vor dem Hintergrund der Demokratietheorie wird jedoch in keinem Fall gefordert.

Ferner ist fraglich, ob sich die Leistungsindikatoren auf die **intra- oder die intergenerative Gerechtigkeit** beziehen. Hierzu kann im Bereich der gesellschaftlichen Leistungsindikatoren festgestellt werden, dass diese sich primär auf die intragenerative Gerechtigkeit beziehen – auf den nachhaltigen Bestand der unterschiedlichen Funktionssysteme wird selten eingegangen. An dieser Stelle unterscheiden sich die Leistungsindikatoren zur Gesellschaft somit substantiell von den Leistungsindikatoren zur Ökologie, die sich primär auf die intergenerative Gerechtigkeit, d. h. auf den Erhalt der ökologischen Umwelt und nicht auf einen fairen Zugang zu dieser beziehen. Ebenso wie im Bereich der Ökologie ist dies vor dem Hintergrund der Brundtland-Definition von nachhaltiger Entwicklung zu kritisieren, da in dieser die Bereiche der intra- und intergenerativen Gerechtigkeit gleichgewichtet werden.

In Bezug auf **philanthropisches Engagement** ist lediglich im Bereich des Funktionssystems Kultur ein die diesbezüglichen Auswirkungen des Unternehmens erfassender Indikator enthalten. Alle weiteren Indikatoren betreffen das Kerngeschäft des Unternehmens. Darüber hinaus sind fast alle Leistungsindikatoren (mit Ausnahme der Leistungsindikatoren zum politischen System) der Handlungsverantwortung zuzuschreiben. Indikatoren zur Wahrnehmung einer evtl. bestehenden unternehmerischen Ordnungsverantwortung sind nicht im GRI-Leitfaden enthalten. Gerade vor dem Hintergrund des angloamerikanischen Verständnisses von CSR, in dem philanthropisches Engagement ein wesentlicher Teil ist, kann ein ausschließlich nach dem GRI-Leitfaden erstellter Nachhaltigkeitsbericht somit nicht alle Informationsbedürfnisse befriedigen. Allerdings formuliert der Leitfaden nur Mindestanforderungen, so dass es Unternehmen freigestellt bleibt, den Nachhaltigkeitsbericht in einem angemessenen Umfang um diesbezügliche Angaben zu erweitern.

Auf eine graphische Darstellung des Verhältnisses von Kern- und Zusatzindikatoren in den Bereichen „aktuelle Einflüsse" und „Initiativen zur Verbesserung der Auswirkungen", wie sie im Bereich der Ökologie vorgenommen wurde,[1278] wird an dieser Stelle verzichtet, da in den gesellschaftlichen Leistungsindikatoren i. d. R. keine Indikatoren zu Initiativen des Unternehmens zur Minimierung seiner (negativen) Auswirkungen auf die Gesellschaft enthalten sind.[1279] Da der überwiegende Teil der behandelten Themen das Kerngeschäft des Unternehmens betrifft und dieses somit nach allen in Abschn. 4 dargestellten Verantwortungsverständnissen die Auswirkungen minimieren sollte, ist das vollständige Fehlen dieser Art von Leistungsindikatoren nicht nachvollziehbar.

Die Anforderungen des Prinzips des **Nachhaltigkeitskontextes** in Bezug auf die nachhaltige Entwicklung der **Gesellschaft** zu erfüllen, gelingt den GRI-Leistungsindikatoren im gesellschaftlichen Bereich deutlich besser als im ökologischen Bereich.[1280] Dies liegt vor allem an der Tatsache, dass viele Indikatoren, die die intragenerative Gerechtigkeit betreffen, eine Verhinderung von Rechtsver-

[1278] Vgl. Abschn. 584.3.

[1279] Da im Gesellschaftsbereich vor allem angegeben werden soll, ob Maßnahmen oder Programme zur Verhinderung von negativen Auswirkungen auf die Menschenrechte bestehen, würde sich diese Indikatorenart abgewandelt auf die Verbesserung der Maßnahmen oder Programme des Unternehmens beziehen.

[1280] Vgl. Abschn. 584.32.

letzungen als Ziel haben (bspw. wird der Minderjährigenschutz gestärkt, wenn das Unternehmen keine Minderjährigen in der Produktion einsetzt).

Insgesamt kann somit festgestellt werden, dass ein Nachhaltigkeitsbericht, der lediglich die Kernindikatoren umfasst, die Einflüsse des Unternehmens auf die nachhaltige Entwicklung der Gesellschaft an vielen Stellen unvollständig widerspiegelt.

In Bezug auf die nachhaltige **Unternehmensentwicklung** ist festzustellen, dass die Auswirkungen auf den Unternehmenserfolg in den jeweiligen Indikatoren oftmals noch nicht einmal qualitativ zu erläutern sind; eine Quantifizierung wird bei keinem Leistungsindikator gefordert. Die Auswirkungen auf die nachhaltige Unternehmensentwicklung können demnach durch die Adressaten aufgrund der gegebenen Pflichtangaben nicht eingeschätzt werden.

584.5 Fazit zur aktuellen Kategorisierung der GRI-Leistungsindikatoren

In Bezug auf die Struktur der GRI-Leistungsindikatoren kann abschließend – wie in Abbildung 5-40 visualisiert - festgestellt werden, dass diese bei der in der vorliegenden Arbeit gewählten Art der Systematisierung der Einflüsse der Unternehmen auf die nachhaltige Entwicklung zu zahlreichen Umkategorisierungen von Leistungsindikatoren führt. Zunächst betrifft dies die in der Umwelt der Gesellschaft befindlichen Güter. Da diese in dem aktuellen GRI-Leitfaden als Unterkategorie der Ökonomie erfasst werden, die Ökonomie, d. h. das Wirtschaftssystem jedoch ein Teil der Gesellschaft ist, enthält der Leitfaden zu diesem Punkt lediglich zwei Leistungsindikatoren.

In Bezug auf die Leistungsindikatoren, die Einflüsse des Unternehmens auf die Ökologie erfassen, ist eine Umstrukturierung nur vereinzelt vorzunehmen. Dies betrifft die Makroindikatoren PR 3 und PR 6, die die Einflüsse von Produkten des Unternehmens auf die Ökologie betreffen.

Wesentliche Umstrukturierungen sind im Bereich der Gesellschaft erforderlich. Diese sind auf den Zirkelschluss in der aktuellen Gliederungssystematik des GRI-Leitfadens zurückzuführen, in der die Gesellschaft ein Teilbereich der Gesellschaft ist. Ebenso führt die künstliche Trennung zwischen Arbeitnehmerrechten und Menschenrechten zu Umstrukturierungen. Darüber hinaus wird ersichtlich, dass manche Leistungsindikatoren die Einflüsse des Unternehmens auf unterschiedliche Bereiche einer nachhaltigen Entwicklung betreffen können (z. B. der Indikator PR 6, der die Auswirkungen der Werbung des Unternehmens erfasst).

Weiterhin ist festzustellen, dass ein wesentlicher Teil der die gesellschaftlichen Auswirkungen des Unternehmens betreffenden Leistungsindikatoren sog. Makroindikatoren sind. Diese stellen zwar tendenziell auf einer aggregierten Ebene die Auswirkungen des Unternehmens auf die Gesellschaft dar; die Zuordnung der Auswirkungen zu einzelnen gesellschaftlichen Funktionssystemen ist indes schwierig bzw. teilweise nicht möglich, was die Klarheit des Berichts beeinflussen kann. Insbesondere fällt auf, dass fünf von sechs der im Rahmen der Überarbeitung des G3-Leitfadens neu eingefügten Indikatoren dem Bereich der gesellschaftlichen Makroindikatoren zuzuordnen sind. Ob durch die Überarbeitung des G3-Leitfadens die Informationsvermittlung über die Nachhaltigkeitsleistung des Unternehmens wesentlich verbessert wurde, kann somit bezweifelt werden.

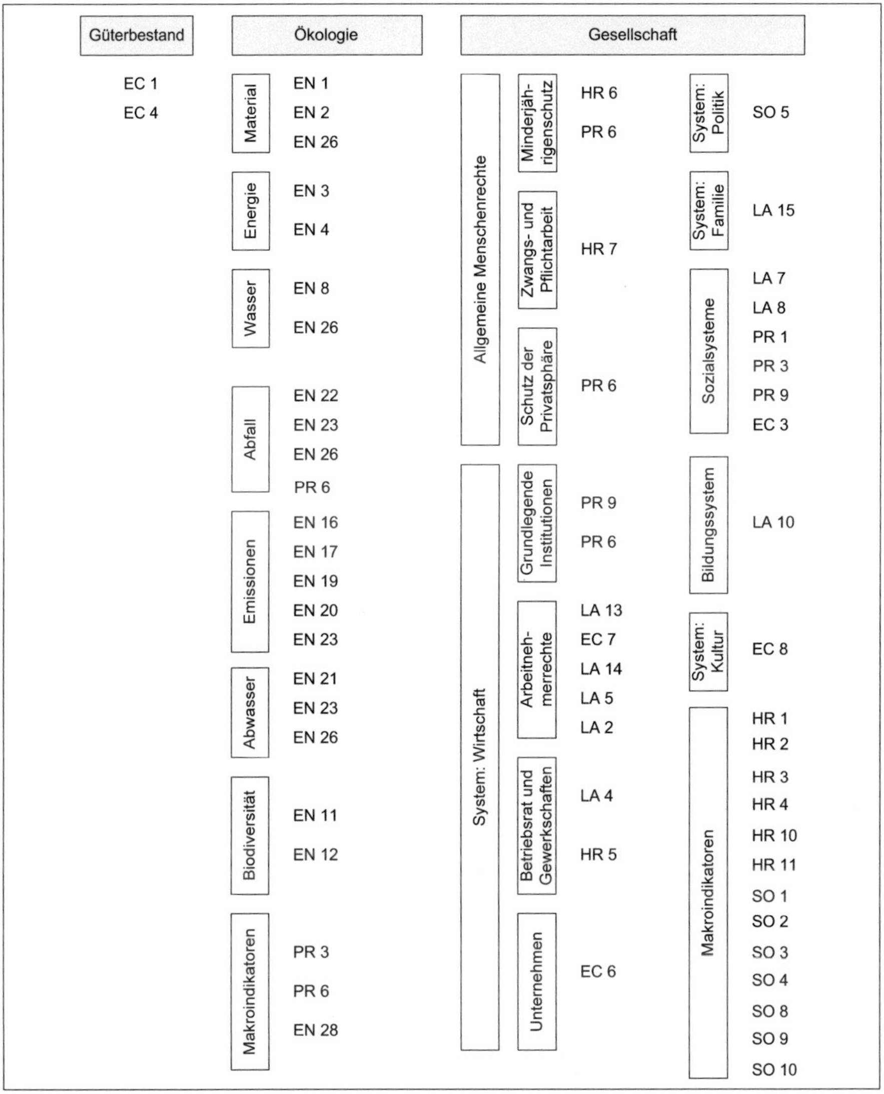

- **Güterbestand**
  - EC 1
  - EC 4
- **Ökologie**
  - Material: EN 1, EN 2, EN 26
  - Energie: EN 3, EN 4
  - Wasser: EN 8, EN 26
  - Abfall: EN 22, EN 23, EN 26, PR 6
  - Emissionen: EN 16, EN 17, EN 19, EN 20, EN 23
  - Abwasser: EN 21, EN 23, EN 26
  - Biodiversität: EN 11, EN 12
  - Makroindikatoren: PR 3, PR 6, EN 28
- **Gesellschaft**
  - Allgemeine Menschenrechte
    - Minderjährigenschutz: HR 6, PR 6
    - Zwangs- und Pflichtarbeit: HR 7
    - Schutz der Privatsphäre: PR 6
  - System: Wirtschaft
    - Grundlegende Institutionen: PR 9, PR 6
    - Arbeitnehmerrechte: LA 13, EC 7, LA 14, LA 5, LA 2
    - Betriebsrat und Gewerkschaften: LA 4, HR 5
    - Unternehmen: EC 6
  - System: Politik: SO 5
  - System: Familie: LA 15
  - Sozialsysteme: LA 7, LA 8, PR 1, PR 3, PR 9, EC 3
  - Bildungssystem: LA 10
  - System: Kultur: EC 8
  - Makroindikatoren: HR 1, HR 2, HR 3, HR 4, HR 10, HR 11, SO 1, SO 2, SO 3, SO 4, SO 8, SO 9, SO 10

Abbildung 5-41: Systematik der GRI-Leistungsindikatoren nach der Umstrukturierung[1281]

1281 Die aktuell im GRI-Leitfaden enthaltene Struktur lässt sich weiterhin an den Bezeichnungen der einzelnen Indikatoren erkennen; vgl. auch Abschn. 52.

59 Anwendungsebenen

Ziel der Anwendungsebenen ist es, „den Lesern des Berichts einen Anhaltspunkt dafür zu geben, in welchem Umfang der GRI-Leitfaden und andere Elemente des Berichtsrahmens bei der Erstellung des Berichts angewendet wurden“[1282]. Darüber hinaus können die verschiedenen Anwendungsebenen denjenigen Unternehmen, die einen Bericht erstellen wollen, einen Anhaltspunkt über mögliche Startpunkte bieten und darauf aufbauend Meilensteine bis zur vollumfänglichen Anwendung des Berichtsrahmens definieren.[1283]

Die Anwendungsebenen unterteilen sich in eine A-, B- und C-Ebene, wobei ein Bericht der Anwendungsebene A die Anforderungen des GRI-Leitfadens vollständig erfüllt.[1284] Werden die Berichte durch einen Unternehmensexternen geprüft, wird der Buchstabe durch ein „+“ erweitert. Die Überprüfung der erreichten Anwendungsebene kann durch das Unternehmen selbst, durch externe Dritte oder durch die GRI vorgenommen werden.[1285]

Im Bereich der DAX-30-Unternehmen verteilen sich die aktuell (März 2011) veröffentlichten Nachhaltigkeitsberichte wie folgt auf die GRI-Anwendungsebenen:

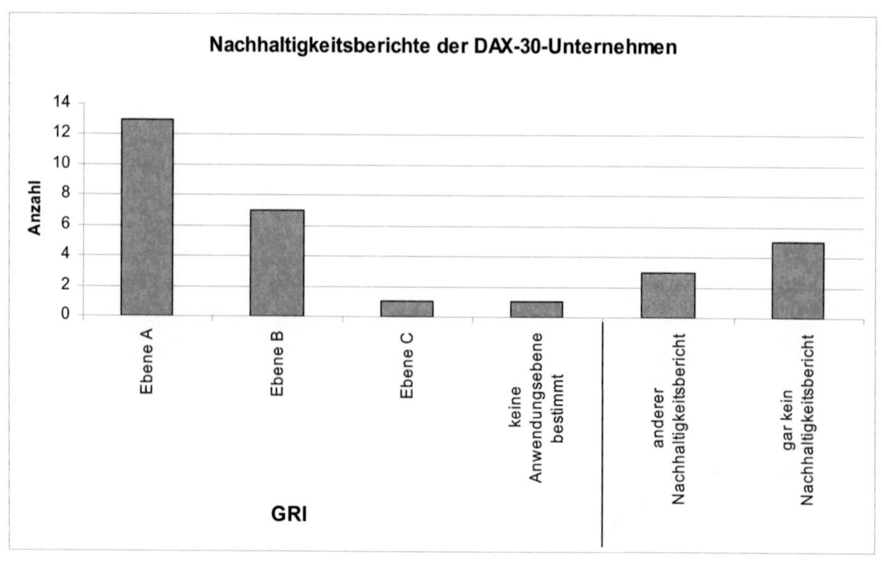

Abbildung 5-42: Anwendungsebenen der DAX-30-Nachhaltigkeitsberichte

1282 GRI (Hrsg.), G3 Leitfaden, S. 5; RIETH, L., CSR Engagement deutscher Unternehmen, S. 229.

1283 Vgl. GRI (Hrsg.), Anwendungsebenen, S. 1.

1284 Vgl. GRI (Hrsg.), Anwendungsebenen, S. 1.

1285 Vgl. GRI (Hrsg.), Anwendungsebenen, S. 1; EISELT, A., Nachhaltigkeitsberichterstattung als Instrument der Corporate Governance, S. 381.

Zur Bestimmung der Anwendungsebene wird auf die Angaben zum Berichtsprofil,[1286] die Angaben zum Managementansatz[1287] und die Leistungsindikatoren[1288] abgestellt. Um die Anwendungsebene A zu erreichen, sind sämtliche Angaben zum Berichtsprofil und zum Managementansatz zu erfüllen. Ebenfalls müssen alle Kernindikatoren im Bericht enthalten sein, sofern sie wesentlich sind.[1289] Sollten Kernindikatoren als unwesentlich eingestuft werden, ist dies zu „erläutern“[1290]. Da die Adressaten durch die Erläuterung in die Lage versetzt werden sollen, die Entscheidung des Unternehmens zur Unterlassung der Angabe nachvollziehen zu können, ist die Unwesentlichkeit des Indikators vor dem Hintergrund der Berichtsprinzipien, insb. dem Prinzip der Wesentlichkeit, darzustellen. Hierbei ist insb. darauf einzugehen, warum der Leistungsindikator aufgrund von unternehmensspezifischen Gegebenheiten keinen wesentlichen Einfluss auf die nachhaltige Entwicklung der Gesellschaft vermitteln kann. Die unbegründete,[1291] bzw. nicht vor dem Hintergrund der nachhaltigen Entwicklung der Gesellschaft gegebene Angabe der Unwesentlichkeit[1292] dürfte nicht ausreichend sein, um die Anforderungen des GRI-Berichtsrahmens zu erfüllen. Die Zusatzindikatoren sind für die Bestimmung der Anwendungsebene nicht relevant; ebenso wird die Einhaltung der GRI-Berichtsprinzipien nicht gefordert.

Aus diesem Grund ist fraglich, inwiefern eine Angabe der Anwendungsebene, die nicht vollumfänglich auf der Grundlage der Berichtsprinzipien bestimmt wird, überhaupt aussagekräftig ist. Die GRI-Kernindikatoren wurden zwar angabegemäß in einem breiten Stakeholderdialog entwickelt, so dass vor dieser Prämisse davon ausgegangen werden kann, dass sie grds. für die Adressaten des Nachhaltigkeitsberichts relevant sind. Darüber hinaus können jedoch unternehmensspezifische Themen für die Einschätzung der Nachhaltigkeitsleistung des Unternehmens ebenfalls wesentlich sein. Da diese Themen im Rahmen der Bestimmung der Anwendungsebene nicht berücksichtigt werden, kann die höchste Ebene „A“ vergeben werden, obwohl der Bericht nicht vollständig ist.

Weiterhin ist es ohne eine Berücksichtigung der Prinzipien für die Sicherung der Berichtsqualität nicht möglich, die Qualität der Berichterstattung in Bezug auf die einzelnen Leistungsindikatoren zu bewerten. Ob Angaben tatsächlich vollständig sind, kann durch die oberflächliche Kontrolle der Vollständigkeit des Nachhaltigkeitsberichts nicht beurteilt werden. Ebenfalls ist zu kritisieren, dass das Protokoll für die Bestimmung der Berichtsgrenzen nicht in die Bestimmung der Anwendungsebene einbezogen wird.[1293]

1286 Vgl. Abschn. 582.

1287 Vgl. Abschn. 583.

1288 Vgl. Abschn. 584.

1289 Wurde ein Sector Supplement für die Branche des Unternehmens veröffentlicht, gelten die in diesem veröffentlichten Indikatoren als Kernindikatoren, die somit für die Bestimmung der Anwendungsebene relevant sind; vgl. GRI (Hrsg.), Anwendungsebenen, S. 2.

1290 GRI (Hrsg.), Anwendungsebenen, S. 2.

1291 Vgl. beispielsweise DAIMLER AG (Hrsg.), Fakten zur Nachhaltigkeit, S. 72

1292 Vgl. bspw. VOLKSWAGEN AG (Hrsg.), Nachhaltigkeitsbericht 2009/2010, S. 61 sowie die zusätzlichen Erläuterungen unter http://www.volkswagenag.com/vwag/nb09bis10/content/de/GRI_Index/_Angaben_zum_Managementansatz__MAs_.html.

1293 Vgl. GRI (Hrsg.), Boundary Protocol, S. 3.

Eine sinnvolle Aussage zu der Frage, ob der Nachhaltigkeitsbericht ein den tatsächlichen Verhältnissen entsprechendes Bild der Nachhaltigkeitsleistung des Unternehmens liefert, kann demnach nur dann getroffen werden, wenn der Nachhaltigkeitsbericht durch einen externen Dritten geprüft wurde. Hierbei muss zunächst die Einhaltung der Berichtsprinzipien bestätigt worden sein, d. h. alle wesentlichen Themen müssen im Bericht enthalten sein.[1294] Darüber hinaus müssen die Themen so aufbereitet sein, dass sie ein ausgewogenes bzw. zutreffendes Bild der Nachhaltigkeitsleistung des Unternehmens geben. Ferner ist zu bestimmen, ob die Berichtspflichten in Bezug auf die Leistungsindikatoren eingehalten wurden. Dies bedeutet, dass der Wortlaut des Indikators zutreffend ausgelegt wurde. Ferner sind die zusätzlichen Anforderungen der Indikatorenprotokolle zu berücksichtigen, da diese die zwischenbetriebliche Vergleichbarkeit der Nachhaltigkeitsberichte sichern. Ob die GRI ohne dementsprechende Prüfungshandlungen eine sinnvolle Einschätzung der Anwendungsebene des Berichts treffen kann, kann somit zumindest bezweifelt werden.

1294 Hierbei ist jedoch zu beachten, dass eine Prüfung der inhaltlichen Vollständigkeit des Berichts, wenn sie überhaupt möglich ist, mit einem hohen Aufwand verbunden sein dürfte, da auch der Prüfer des Berichts nicht über jegliche Auswirkungen des Unternehmens auf die nachhaltige Entwicklung informiert sein kann.

6 Zusammenfassung und Ausblick

Weltweit hat die Verwendung des Nachhaltigkeitsbegriffs und die diesbezügliche Berichterstattung in den letzten Jahren stetig zugenommen, ohne das sich ein einheltiches Verständnis der Begriffe und somit des Inhalts der Berichte abschließend entwickelt hätte.

Vor diesem Hintergrund war der Ausgangspunkt der vorliegenden Arbeit die Frage, wie die nachhaltige Entwicklung der Gesellschaft definiert und operationalisiert werden kann. Als definitorische Basis für eine nachhaltige Entwicklung wird oftmals (so auch von der GRI) das Begriffsverständnis von nachhaltiger Entwicklung der Brundtland-Kommission verwendet, das sich auf die nachhaltige Entwicklung der Gesellschaft bezieht. Problematisch ist indes, dass eine genaue Auseinandersetzung mit der Frage, was eine Gesellschaft auszeichnet, in der Literatur und der gesellschaftlichen Diskussion kaum stattfindet. Wenn jedoch die Bestandteile der Gesellschaft und ihre Funktionsweise nicht ausreichend differenziert betrachtet werden, können konkrete Maßnahmen, wie ein Unternehmen die nachhaltige Entwicklung der Gesellschaft beeinflussen kann, nicht oder nur unzureichend begründet werden. Aus diesem Grund wurde zu Beginn der Arbeit die Brundtland-Definition von nachhaltiger Entwicklung durch die Systemtheorie von LUHMANN ergänzt. Als Ergebnis hieraus wurde die in der Literatur oftmals verwendete Triple Bottom Line, d. h. die Unterteilung in Ökonomie, Ökologie und Gesellschaft, verändert, da die Ökonomie, sprich das Wirtschaftssystem, als ein funktionelles Subsystem der Gesellschaft anzusehen ist. Die grundlegende Aussage der Brundtland-Kommission, nach der eine funktionsfähige Wirtschaft eine Voraussetzung für die nachhaltige Entwicklung der Gesellschaft ist, wird durch diese Herangehensweise indes nicht geändert. Separat betrachtet werden hingegen die durch die Kombination von Produktionsfaktoren erzeugten Güter, die letztlich der Bedürfnisbefriedigung dienen. Darüber hinaus wurde die intra- und intergenerative Gerechtigkeit durch die Gerechtigkeitstheorie von RAWLS definiert, der Gerechtigkeit als Fairness bzw. Chancengleichheit definiert. Diese Begriffe können durch die Kapitalstocktheorie der Weltbank operationalisiert werden, nach der heutige Generationen nur von den Zinsen der Kapitalstöcke, nicht aber von der Substanz leben dürfen (intergenerative Gerechtigkeit). Außerdem muss der Zugang zu den Zinsen der Kapitalstöcke fair sein (intragenerative Gerechtigkeit).

Im dritten Kapitel wurde der Begriff der nachhaltigen Unternehmensentwicklung definiert, der im deutschen Gesellschaftsrecht in § 87 Abs. 1 Satz 2 AktG normiert ist. Im Gegensatz zur nachhaltigen Entwicklung der Gesellschaft ist bei dieser Auslegung des Begriffes „Nachhaltigkeit" die dauerhafte Unternehmensexistenz das angestrebte Ziel; die Gesellschaft stellt als ein Teil der Umwelt des Unternehmens lediglich einen Faktor für eine nachhaltige Unternehmensentwicklung dar. Ziel der nachhaltigen Unternehmensentwicklung ist die langfristige Sicherung der Unternehmensexistenz durch Profitabilität und Wachstum.

Im vierten Kapitel werden unterschiedliche Auffassungen von Unternehmensverantwortung vorgestellt. Begonnen wird hierbei mit der ökonomischen Wirtschaftsethik. Nach HOMANN wird Unternehmensverantwortung in eine Handlungsverantwortung, eine erweiterte Handlungsverantwortung und eine Ordnungsverantwortung eingeteilt. Darüber hinaus ist zwischen den Auswirkungen des unternehmerischen Kerngeschäfts und philanthropischem Engagement zu unterscheiden. Begriffe wie CSR oder CC können ebenfalls in diese Systematik eingeordnet werden.

Das anschließende fünfte Kapitel enthält die Analyse des GRI-Berichtsrahmens zur Nachhaltigkeitsberichterstattung. Zunächst werden vor dem Hintergrund der bestehenden Informationsasymmetrien die **Zwecke** des Nachhaltigkeitsberichts, die in der Dokumentation und der Rechenschaft liegen, herausgearbeitet. Der (theoretisch mögliche) Zweck der Erhaltung des gesellschaftlichen Gesamtkapitals durch Information wird hingegen nicht explizit im GRI-Leitfaden erwähnt. Da zur Erfüllung des Rechenschaftszwecks die Adressaten des Nachhaltigkeitsberichts bestimmt werden müssen, werden an die Zwecke anschließend die Stakeholder als **Adressaten** des Nachhaltigkeitsberichts festgelegt, d. h jede Person, die von den Handlungen des Unternehmens betroffen ist oder in der Lage ist, die Zielerreichung des Unternehmens zu beeinflussen, wird als Adressat des Nachhaltigkeitsberichts angesehen. In dieser Gruppe sind ebenfalls die Shareholder enthalten, deren primäres Interesse der nachhaltigen, d. h. der langfristig profitablen Unternehmensentwicklung entspricht. Eine Typisierung auf eine bestimmte Adressatengruppe, wie in der externen Finanzberichterstattung üblich, wird für die Nachhaltigkeitsberichterstattung nicht vorgenommen. In Bezug auf das **Ziel** des Berichts wird festgestellt, dass dieser die Darstellung der Auswirkungen des Unternehmens auf die nachhaltige Entwicklung der Gesellschaft enthalten soll. Ferner sind jedoch auch die Rückwirkungen, d. h. die Auswirkungen auf die nachhaltige Unternehmensentwicklung, darzustellen.

In Bezug auf die **Berichtsprinzipien** wurde zunächst hergeleitet, dass eine Kategorisierung in „Indikatoren zur Bestimmung des Berichtsinhalts“ und „Indikatoren zur Bestimmung der Berichtsqualität“ nicht zielführend ist, da aufgrund der mit der Wesentlichkeit der Themen zusammenhängenden Vollständigkeit der Inhalt einen wesentlichen Einfluss auf die Berichtsqualität hat. Darüber hinaus wurde als Verbesserungsvorschlag angeregt, die Aufnahme der Themen in den Nachhaltigkeitsbericht lediglich an ihren Einfluss auf die nachhaltige Entwicklung der Gesellschaft bzw. auf die nachhaltige Unternehmensentwicklung zu knüpfen. Vor dem Hintergrund der im „Technical Protocol Applying the Report Content Principles“ enthaltenen Darstellung des Prozesses zur Aufnahme von Themen in den Nachhaltigkeitsbericht ist ferner zu kritisieren, dass aufgrund der aktuellen Ausgestaltung des Prinzips des Nachhaltigkeitskontextes dieser Prozess nicht in den Prinzipien umgesetzt ist. Das Prinzip müsste demnach Kriterien enthalten, anhand derer für die Berichterstattung in Frage kommende Themen identifiziert werden können. Solche Kriterien sind bislang indes nur im Prinzip der Wesentlichkeit enthalten. Darüber hinaus ist vor diesem Hintergrund ebenfalls die Ausgestaltung des aktuell verwendeten Wesentlichkeitsprinzips zu kritisieren, da durch dieses Themen in den Nachhaltigkeitsbericht aufgenommen werden können, die keinen Einfluss auf die nachhaltige Entwicklung der Gesellschaft widerspiegeln. Des Weiteren wurden durch den Vergleich mit den handelsrechtlichen Grundsätzen ordnungsmäßiger Buchführung fehlende Berichtsprinzipien, wie bspw. das Prinzip der Unternehmensfortführung oder der Einzelbewertung, identifiziert. Die aktuelle Prinzipiensystematik ist demnach nicht vollständig, was Auswirkungen auf die Zielerreichung des Nachhaltigkeitsberichts haben kann.

Die **Berichtsgrenzen**, die die in den Nachhaltigkeitsbericht einzubeziehenden Unternehmen festlegen, orientieren sich zunächst an dem in der externen Rechnungslegung verwendeten Konsolidierungskreis der IFRS. Darüber hinaus werden Unternehmen jedoch auch dann in den Nachhaltigkeitsbericht einbezogen, wenn sie vom berichterstattenden Unternehmen wesentlich beeinflusst werden können. Dies ist bspw. der Fall, wenn das berichterstattende Unternehmen der wesentliche Abnehmer des evtl. einzubeziehenden Unternehmens ist und somit die Möglichkeit hat, Verfahrensweisen bei seinem Zulieferer zu beeinflussen. Da Unternehmen demnach die Möglichkeit haben, die Auswirkungen ihrer Lieferkette auf die nachhaltige Entwicklung zu verringern, sind die grds. weiter gefassten Berichtsgrenzen des Nachhaltigkeitsberichts positiv zu beurteilen. Da der Nachhaltigkeitsbericht jedoch mit dem Konzernabschluss vergleichbar sein sollte, ist eine feste Anlehnung an den Konsolidierungskreis nach IFRS zu kritisieren, da Konzernabschlüsse weltweit nicht zwingend nach diesen Standards aufzustellen sind.

In Bezug auf die im GRI-Leitfaden zur Nachhaltigkeitsberichterstattung enthaltenen Leistungsindikatoren wurden zunächst die Leistungsindikatoren analysiert, die die Auswirkungen des Unternehmens auf den in der Umwelt der Gesellschaft angesiedelten **Güterbestand** umfassen. Hierzu ist eine Wertschöpfungsrechnung zu erstellen, die sich an der volkswirtschaftlichen Wertschöpfungsrechnung orientiert. Ziel der Wertschöpfungsrechnung im Nachhaltigkeitsbericht ist es, die Auswirkungen der unternehmerischen Tätigkeit auf den Güterbestand der Volkswirtschaft darzustellen. Grundsätzlich ist die Aufnahme einer Wertschöpfungsrechnung in den Nachhaltigkeitsbericht demnach positiv zu bewerten. Hierbei ist jedoch aus Gesellschaftssicht ausschließlich der Teil der Wertschöpfung zu berichten, der auf der Produktionstätigkeit des Unternehmens oder auf den erbrachten Dienstleistungen beruht. Werden im Anlagevermögen des Unternehmens erfasste Vermögensgegenstände gewinnbringend veräußert, so führt dies zwar zu einer Wertschöpfung für die Aktionäre des Unternehmens, der Wert der veräußerten Güter wird jedoch grds. nicht beeinflusst. Die Erläuterungen zur Wertschöpfungsrechnung im IP trennen indes nicht zwischen diesen, share- bzw. stakeholderbezogenen Sichten. Auch wenn die Aufnahme einer Wertschöpfungsrechnung in den Nachhaltigkeitsbericht grds. positiv zu bewerten ist, ist fraglich, ob eine in Bezug auf die Adressaten undifferenzierte Wertschöpfungsrechnung den Zwecken des Nachhaltigkeitsberichts gerecht wird.

Darüber hinaus sind in Bezug auf die Wertschöpfung des Unternehmens von staatlicher Seite gezahlte Zuschüsse bzw. Subventionen anzugeben. Da das Unternehmen in dieser Höhe keine eigenständige Wertschöpfung erbringt, sondern lediglich bereits produzierte Güter umverteilt werden, ist die separate Angabe der Subventionen vor dem Hintergrund der Zwecke des Nachhaltigkeitsberichts zu begrüßen.

Die Leistungsindikatoren zur **Ökologie** sollen die Einflüsse des unternehmerischen Handelns auf die ökologische Umwelt der Gesellschaft darstellen. Hierzu beziehen sich die Indikatoren auf unterschiedliche Ansatzpunkte, an denen Unternehmen die Ökologie beeinflussen können. Diese sind die Auswirkungen auf den Bestand an natürlichen Ressourcen, die Auswirkungen durch die Verwendung der Ressourcen und die Konsequenzen für die Ökosysteme, d. h. Einflüsse auf die Biodiversität. Der GRI-Leitfaden enthält hier zum einen Leistungsindikatoren, die sich auf die aktuellen Auswirkungen der Produktion und der Produktverwendung beziehen. Zum anderen sind Leistungsindikatoren enthalten, die die Strategie des Unternehmens zur Minimierung seiner Auswirkungen erfassen.

Positiv ist zu beurteilen, dass der GRI-Leitfaden alle Möglichkeiten zur Beeinflussung der Ökologie durch Unternehmen erfasst. Zwar wird der Einfluss in der vor- oder nachgelagerten Lieferkette nicht durch Leistungsindikatoren abgebildet. Vor dem Hintergrund der Berichtsgrenzen und der damit zusammenhängenden Anforderungen an die Genauigkeit der Darstellung der Auswirkungen ist dies jedoch nicht erforderlich, da lediglich der Managementansatz des Unternehmens darzustellen ist. Fraglich ist indes, warum die Initiativen zur Verbesserung der Auswirkungen in Bezug auf die aktuellen Auswirkungen der Produktion lediglich fakultativ, in Bezug auf die Auswirkungen der Produkte jedoch verpflichtend sind. Ebenfalls ist fraglich, warum die aktuellen Auswirkungen der Produktverwendung auf die Ökologie nicht dargestellt werden müssen, damit ein Nachhaltigkeitsbericht die Anforderungen der höchsten Anwendungsebene erfüllt.

Darüber hinaus fällt auf, dass die Leistungsindikatoren zum Einfluss auf die Ökologie primär die intergenerative Gerechtigkeit, d. h. den Erhalt der Ökologie betreffen. Da Unternehmen indes auch durch die Produktionstätigkeit den Zugang bzw. die Verteilung von Ressourcen in der aktuellen Generation und damit die intragenerative Gerechtigkeit beeinflussen können, ist dies nicht nachvollziehbar. Alle Leistungsindikatoren im Bereich der Ökologie beziehen sich auf das Kerngeschäft der unternehmerischen Tätigkeit. Bei Verwendung der Systematik von HOMANN vermitteln die Leistungsindikatoren somit Informationen, inwiefern Unternehmen ihrer Handlungsverantwortung gerecht werden.

Die Analyse der **Auswirkungen des Unternehmens auf die Gesellschaft**, die nach der Systemtheorie von LUHMANN aus differenzierten Funktionssystemen besteht, lehnt sich an die Menschenrechte der Vereinten Nationen an. Diese unterteilen sich in allgemeine Menschenrechte, die grundlegend die Voraussetzung für die Bildung einer differenzierten Gesellschaft darstellen und in Menschenrechte, die spezifische Funktionssysteme betreffen.

Zunächst wurden die GRI-Leistungsindikatoren in die der vorliegenden Arbeit zu Grunde liegenden Gliederung eingeordnet, wodurch Widersprüche der aktuellen Gliederung aufgehoben wurden. Dies betrifft die künstliche Trennung von Arbeitnehmer- und Menschenrechten und die doppelte Verwendung des Gesellschaftsbegriffs, nach dem die Gesellschaft ein Teil der Gesellschaft ist.

Durch diese Umstrukturierung konnten darüber hinaus Lücken in den aktuell bestehenden Leistungsindikatoren aufgedeckt oder, in anderen Teilen, die Vollständigkeit der Leistungsindikatoren bestätigt werden. Fraglich ist hierbei vor allem, weshalb der GRI-Leitfaden keine Leistungsindikatoren zu den Auswirkungen der Unternehmen auf die Vereinbarkeit von Beruf- und Familie enthält. Des Weiteren werden die Auswirkungen auf das Wirtschaftssystem fast ausschließlich durch Zusatzindikatoren erfasst, so dass ein Bericht, der die Mindestanforderungen der Anwendungsebene A enthält, die Auswirkungen des Unternehmens auf dieses System nicht wiedergibt. Ebenfalls zu kritisieren ist die Art der bestehenden Kernindikatoren, die oftmals lediglich die Existenz von Programmen zur Verhinderung negativer Auswirkungen des Unternehmens fordern. Eine Angabe von tatsächlichen Auswirkungen und von Strategien zur ihrer Verringerung werden indes nicht gefordert.

Des Weiteren konnte festgestellt werden, dass die aktuellen Leistungsindikatoren primär Auswirkungen des Unternehmens auf die **intragenerative Gerechtigkeit** enthalten; die langfristige Stabilität der gesellschaftlichen Funktionssysteme wird lediglich am Rande behandelt. Dies steht im Gegensatz zu den die Ökologie betreffenden Leistungsindikatoren, die sich primär auf die intergenerative Gerechtigkeit beziehen. Ein weiterer Unterschied zu diesen Leistungsindikatoren ist das Fehlen von Leistungsindikatoren, die Strategien zur Minimierung negativer Auswirkungen erfassen.

Wie auch im Bereich der Ökologie betreffen die Leistungsindikatoren zu den Einflüssen auf die Gesellschaft primär das Kerngeschäft des Unternehmens. Lediglich im Bereich des Funktionssystems der Kultur sollen Unternehmen ihr **philanthropisches Engagement** darstellen. Im Ergebnis zeigen die Leistungsindikatoren des GRI-Leitfadens somit vor allem, ob Unternehmen ihre Handlungsverantwortung wahrnehmen. Ob Nachhaltigkeitsberichte, die in wesentlichem Umfang auf das philanthropische Engagement des berichterstattenden Unternehmens eingehen, den Anforderungen der GRI-Prinzipien entsprechen, kann vor diesem Hintergrund bezweifelt werden.

Die **Anwendungsebenen** (A, B, C) sollen den Adressaten des Berichts einen Überblick über den Grad der Vollständigkeit in Bezug auf die Angaben zur Strategie und zum Profil des Unternehmens, zum Managementansatz sowie zu den Kernindikatoren des GRI-Leitfadens geben. Da die Notwendigkeit zur Berichterstattung jedoch durch das Prinzip der Wesentlichkeit beeinflusst wird, das in Bezug auf zusätzlich aufzunehmende Themen nicht Bestandteil der Bestimmung der Anwendungsebene ist, kann die Möglichkeit zur Einschätzung der Vollständigkeit des Berichts durch die angegebene Ebene bezweifelt werden. Darüber hinaus sind weitere Berichtsprinzipien erforderlich, damit der Nachhaltigkeitsbericht ein den tatsächlichen Verhältnissen entsprechendes Bild der Nachhaltigkeitsleistung des Unternehmens vermitteln kann. Durch die Anwendungsebene kann bspw. nicht auf die Qualität der einzelnen Angaben geschlossen werden, die z. B. durch das Prinzip des Nachhaltigkeitskontextes wesentlich beeinflusst wird. Im Ergebnis ist die im Bericht angegebene Anwendungsebene somit nicht geeignet, den Adressaten einen Überblick über den Erfüllungsgrad der GRI-Anforderungen an einen Nachhaltigkeitsbericht zu geben.

Insgesamt leistet der GRI-Leitfaden vor dem Hintergrund der fehlenden gesetzlichen Pflichten zur Nachhaltigkeitsberichterstattung einen wesentlichen Beitrag zur Standardisierung der Nachhaltigkeitsberichte, durch die Fehler der Sozialberichterstattung vermieden werden sollen. Vor dem Hintergrund der (verglichen mit der externen Finanzberichterstattung geringen Erfahrung) die Unternehmen wie auch die GRI im Bereich der nichtfinanziellen Berichterstattung haben, ist es indes nicht verwunderlich, dass an vielen Stellen noch Verbesserungsbedarf besteht. In Bezug auf das Ziel des GRI-Nachhaltigkeitsberichts ist zunächst zu kritisieren, dass nicht zwischen den Begriffen der nachhaltigen Entwicklung und der Unternehmensverantwortung bzw. den hierfür verwendeten Synonymen getrennt wird, da nur auf der Basis von eindeutig definierten Konzepten eine konsistente Berichterstattung möglich ist. In Bezug auf die Qualität des GRI-Leitfadens und der weiteren Bestandteile des Berichtsrahmens ergibt sich ein uneinheitliches Bild. So bestehen in Bezug auf die

Berichtsprinzipien und die Leistungsindikatoren, die den Einfluss des Unternehmens auf die Gesellschaft vermitteln sollen, deutliche Verbesserungsmöglichkeiten, was die Vollständigkeit und Zweckdienlichkeit betrifft. Ebenfalls können die Rückwirkungen auf die nachhaltige Unternehmensentwicklung, aufgrund der größtenteils fehlenden Quantifizierung, an vielen Stellen lediglich tendenziell eingeschätzt werden. Eine deutlich höhere Qualität besteht vor allem im Bereich der die Ökologie betreffenden Leistungsindikatoren, die die Auswirkungen des Unternehmens größtenteils gut vermitteln.

Inwiefern sich eine Integration des Nachhaltigkeitsberichts mit der externen Finanzberichterstattung, wie vom IIRC angestrebt, bereits heute anbietet, ist vor dem Hintergrund der noch nicht ausgereiften Nachhaltigkeitsberichterstattung fraglich. Vor allem sollten die unterschiedlichen Perspektiven beachtet werden, aus denen das Thema Nachhaltigkeit betrachtet werden kann. Werden die Auswirkungen für das Unternehmen in den Vordergrund gestellt (was bei einer Integration z. B. in den Lagebericht die logische Konsequenz wäre), besteht die Gefahr, dass die Berichterstattung über die Auswirkungen auf die nachhaltige Entwicklung der Gesellschaft in den Hintergrund gerückt und aus Stakeholdersicht unglaubwürdig wird. Da die positiven Effekte der Nachhaltigkeitsberichterstattung für das Unternehmen an vielen Stellen indirekt durch eine Verbesserung der Unternehmensreputation entstehen, könnte durch eine eingeschränkte Glaubwürdigkeit der Nutzen der Nachhaltigkeitsberichterstattung für Unternehmen eingeschränkt werden. Da Unternehmen letztlich den Spielregeln des Marktes unterliegen, könnte ein verminderter Nutzen weitreichende Auswirkungen auf die Akzeptanz der freiwilligen Nachhaltigkeitsberichterstattung bei Unternehmen haben. Ob vor dem Hintergrund der unterschiedlichen Adressaten, Zwecke, Ziele und vor allem Inhalte der Berichtsinstrumente tatsächlich künftig eine Integration vorgenommen wird, bleibt demnach abzuwarten.

Quellenverzeichnis

Verzeichnis der Kommentare

BECHTHOLD, RAINER, GWB – Kartellgesetz, Gesetz gegen Wettbewerbsbeschränkungen, 6. Aufl., München 2010 (*Bechthold).*

RINGLEB, MICHAEL/KREMER, THOMAS/LUTTER, MARCUS/V. WERDER, AXEL, Deutscher Corporate Governance Kodex, 4. Aufl., München 2010 (*Verfasser* in: Ringleb/Kremer/Lutter/v. Werder, DCGK).

PIPER, HENNING/OHLY, ANSGAR/SOSNITZA, OLAF, Gesetz gegen den Unlauteren Wettbewerb, 5. Aufl., München 2010 (*Verfasser* in: Piper/Ohly/Sisnitza).

Verzeichnis der Aufsätze und Monografien

ABENDROTH, WOLFGANG, Wirtschaft, Gesellschaft und Demokratie in der Bundesrepublik, Frankfurt/Main 1965 (Wirtschaft, Gesellschaft und Demokratie).

ABRAMSON, LORNE/CHUNG, DAN, Socially Responsible Investing: Viable for Value Investors, in: The Journal of Investing 2000, S. 73-80 (Socially Responsible Investing).

ABROMEIT, HEIDRUN, Wozu braucht man Demokratie? Die postnationale Herausforderung der Demokratietheorie, Opladen 2002 (Demokratie).

ACHZET, BENJAMIN, Strategische Rohstoffplanung für elektrische Antriebstechnologien im Automobilbau - Eine Entscheidungshilfe für Lithium, Neodym und Platin, Hamburg 2010 (Strategische Rohstoffplanung).

ADEBAHR, HUBERTUS, Die Fluktuation der Arbeitskräfte - Voraussetzungen und wirtschaftliche Wirkungen eines sozialen Prozesses, Berlin 1971 (Fluktuation der Arbeitskräfte).

ADICK, CHRISTEL/HORNBERG, SABINE, Globales Lernen mit Neuen Medien - Das UNESCO-Lernprogramm 'Teaching and Learning for a Sustainable Future', in: ZEP 2005, S. 31-36 (Globales Lernen).

ADRIAN, WOLFGANG, Strategische Unternehmensführung und Informationssystemgestaltung auf der Grundlage kritischer Erfolgsfaktoren, Bamberg 1988 (Strategische Unternehmensführung).

ALBACH, HORST, Das Management von Vertrauenskapital, in: Werte und Unternehmensziele im Wandel der Zeit, hrsg. v. ALBACH, HORST/MERKLE, HANS L./JACOB, ADOLF-FRIEDRICH/MÜLLER, HORST, Wiesbaden 1993, S. 65-84 (Werte und Unternehmensziele).

ALBACH, HORST, Wertewandel deutscher Manager, in: Werte und Unternehmensziele im Wandel der Zeit, hrsg. v. ALBACH, HORST/MERKLE, HANS L./JACOB, ADOLF-FRIEDRICH/MÜLLER, HORST, Wiesbaden 1994, S. 1-26 (Wertewandel).

ALBACH, HORST/ALBACH, RENATE, Das Unternehmen als Institution - Rechtlicher und gesellschaftlicher Rahmen, Wiesbaden 1989 (Unternehmen als Institution).

ALBAREDA, LAURA/YSA, TAMYKO/LOZANO, JOSEP M./ROSCHER, HEIKE, The Role of Governments in Fostering CSR, in: Corporate Social Responsibility - Reconciling Aspiration with Application, hrsg. v. KAKABADSE, ANDREW/MORSING, METTE, London 2006, S. 112-128 (The Role of Governments in Fostering CSR).

ALBRECHT, ALEXA, Zur Erosion der Menschenrechte im demokratischen Rechtsstaat, Frankfurt/Main 2007 (Menschenrechte im demokratischen Rechtsstaat).

ALBRECHT, DIETRICH, Subventionen - Problematik und Entwicklung, Bonn 1978 (Subventionen).

ALBRECHT, PATRICK, Dialogorientierte Nachhaltigkeitsberichterstattung von Hochschulen, Berlin 2009 (Dialogorientierte Nachhaltigkeitsberichterstattung).

ALPMANN, JOSEF A, Kartell- und Wettbewerbsrecht, 4. Aufl., Münster 2001 (Kartell- und Wettbewerbsrecht).

ALTERMANN, KAREN, Die Zulässigkeit unverlangter E-Mail-Werbung nach der UWG-Novelle - Eine Darstellung der Ansprüche nach dem Wettbewerbsrecht, Zivilrecht einschließlich Unterlassungsklagengesetz, Datenschutzrecht und Markenrecht sowie der Folgen im Strafrecht, Hamburg 2006 (E-Mail-Werbung).

ALTHAMMER, WILHELM, Zur ökonomischen Theorie der Gewerkschaften, Regensburg 1990 (Theorie der Gewerkschaften).

ANKELE, KATHRIN, Unternehmen und gesellschaftliche Verantwortung, in: Einstieg in Nachhaltige Entwicklung, hrsg. v. AMELUNG, NINA/MAYER-SCHOLL, BARBARA/SCHÄFER, MARTINA/WEBER, JANINE, Frankfurt/Main 2008, S. 164-175 (Unternehmen und gesellschaftliche Verantwortung).

ANNAN, KOFI, An Appeal to World Business, in: Learning to Talk - Corporate Citizenship and the Development of the UN Global Compact, hrsg. v. MCINTOSH, MALCOLM/WADDOCK, SANDRA/KELL, GEORG, Sheffield 2004, S. 28-31 (An appeal to world business).

ANTAL, ARIANE BERTHOIN/SOBCZAK, ANDRÉ, Von Sozialbilanzen zu Nachhaltigkeitsberichten: die Entwicklung der Unternehmensberichterstattung, in: Personalführung 2005, S. 74-85 (Sozialbilanzen).

ARBEITSKREIS EXTERNE UNTERNEHMENSRECHNUNG DER SCHMALENBACH-GESELLSCHAFT (Hrsg.), Finanzkommunikation mit XBRL, in: DB 2010, S. 1472-1479 (Finanzkommunikation mit XBRL).

ARNDT, HANS-KNUD, Online-Nachhaltigkeitsberichterstattung durch (Web) Content Management Systeme, in: Internetbasierte Nachhaltigkeitsberichterstattung - Maßgeschneiderte Stakeholder-Kommunikation mit IT, hrsg. v. ISENMANN, RALF/GÓMEZ, JORGE MARX, Berlin 2008, S. 321-336 (Online-Nachhaltigkeitsberichterstattung durch (Web) Content Management Systeme).

ARNOLD, VOLKER, Theorie der Kollektivgüter, München 1992 (Theorie der Kollektivgüter).

ARZBERGER, KLAUS/MURCK, MANFRED/SCHUMACHER, JÜRGEN, Die Bürger - Bedürfnisse, Einstellungen, Verhalten, Königstein 1979 (Die Bürger).

ASSELMEYER, HERBERT, Weiterbildung als Situation permanenter Übergänge, in: Abgrenzungen und Übergänge im Bildungssystem - Festschrift für Karl Neumann, hrsg. v. KEMNITZ, HEIDEMARIE, Braunschweig 2008, S. 107-118 (Weiterbildung).

AßLÄNDER, MICHAEL S./LÖHR, ALBERT, Einführung: Zum Klärungsbedarf der Modevokabel "Corporate Social Responsibility", in: Corporate Social Responsibility in der Wirtschaftskrise - Reichweiten der Verantwortung, hrsg. v. AßLÄNDER, MICHAEL S./LÖHR, ALBERT, München/Mering 2010, S. 11-34 (Modevokabular CSR).

AUFDERHEIDE, DETLEF, Unternehmer, Ethos und Ökonomik - Moral und unternehmerischer Gewinn aus der Sicht der Neuen Institutionenökonomik, Berlin 1995 (Unternehmer, Ethos und Ökonomik).

BACKHAUS-MAUL, HOLGER, Corporate Citizenship in den USA - Innovative Ideen für die deutsche Engagementpolitik, in: Aktuelle Beiträge zu Corporate Citizenship, Diskussionspapiere zum Nonprofit-Sektor Nr. 26, hrsg. v. Aktive Bürgerschaft, Berlin 2004, S. 43-60 (CC in den USA).

BADURA, BERNHARD, Betriebliches Gesundheitsmanagement: Was ist das, und wie lässt es sich erfolgreich praktizieren?, in: Arbeit, Technik, Sicherheit und Gesundheit in der Wissensgesellschaft - Wissensmanagement in lernenden Organisationen, hrsg. v. Bundesanstalt für Arbeitsschutz und Arbeitsmedizin, Dortmund/Berlin 2002, S. 123-142 (Betriebliches Gesundheitsmanagement).

BADURA, BERNHARD/GREINER, WOLFGANG/RIXGENS, PETRA/UEBERLE, MAX, u. a., Sozialkapital - Grundlagen von Gesundheit und Unternehmenserfolg, Berlin/Heidelberg 2008 (Gesundheit und Unternehmenserfolg).

BAEHR, HANS DIETER/KABELAC, STEPHAN, Thermodynamik, 14. Aufl., Berlin/Heidelberg 2009 (Thermodynamik).

BAETGE, JÖRG (Hrsg.), Der Jahresabschluß im Widerstreit der Interessen, Düsseldorf 1983 (Der Jahresabschluß im Widerstreit der Interessen).

BAETGE, JÖRG, Shareholder Value und marktorientierte Unternehmensführung aus Sicht der Wissenschaft, in: Shareholder Value und marktorientierte Unternehmensführung - Konfliktpotenziale und Erfolgsfaktoren, hrsg. v. MEFFERT, HERRIBERT/BACKHAUS-MAUL, HOLGER/BECKER, JOCHEN, Münster 2002, S. 6-20 (Shareholder Value).

BAETGE, JÖRG/KIRSCH, HANS-JÜRGEN/THIELE, STEFAN, Bilanzen, 11. Aufl., Düsseldorf 2011 (Bilanzen).

BAETGE, JÖRG/KIRSCH, HANS-JÜRGEN/THIELE, STEFAN, Konzernbilanzen, 9. Aufl., Düsseldorf 2011 (Konzernbilanzen).

BAETGE, JÖRG/SCHEWE, GERHARD/SCHULZ, ROLAND/SOLMECKE, HENRIK, Unternehmenskultur und Unternehmenserfolg: Stand der empirischen Forschung und Konsequenzen für die Entwicklung eines Messkonzeptes, in: JfB 2007, S. 183-219 (Unternehmenskultur und Unternehmenserfolg).

BAETGE, JÖRG/SCHMIDT, MATTHIAS, Nachhaltigkeit - eine Angelegenheit für den CFO?!, in: IRZ 2010, S. 293-294 (Nachhaltigkeit).

BAETGE, JÖRG/THIELE, STEFAN, Gesellschafterschutz versus Gläubigerschutz - Rechenschaft versus Kapitalerhaltung, in: Handelsbilanzen und Steuerbilanzen - Festschrift zum 70. Geburtstag von Prof. Dr. h. c. Heinrich Beisse, hrsg. v. BUDDE, WOLFGANG DIETER/MOXTER, ADOLF/OFFERHAUS, KLAUS, Düsseldorf 1997, S. 1-24 (Gesellschafterschutz).

BAILOM, FRANZ/MATZLER, KURT/TSCHEMERNJAK, DIETER, Was Top-Unternehmen anders machen, Wien 2010 (Top-Unternehmen).

BALKS, MARITA, Umweltpolitik aus Sicht der Neuen Institutionenökonomik, Wiesbaden 1995 (Umweltpolitik aus Sicht der NIÖ).

BALLI, CHRISTEL/BIEHLER-BAUDISCH, HILDE, Qualität beruflicher Umweltweiterbildung - Kriterien, Berlin 1997 (Qualität beruflicher Umweltweiterbildung).

BALLWIESER, WOLFGANG, Informations-GoB - auch im Lichte von IAS und US-GAAP, in: KoR 2002, S. 115-121 (Informations-GoB).

BALZER, WOLFGANG, Die Wissenschaft und ihre Methoden - Grundsätze der Wissenschaftstheorie, 2. Aufl., Freiburg/München 2009 (Grundsätze der Wissenschaftstheorie).

BARGEN, ROLF-DIETER VON, Subventionen und Subventionspolitik - Eine theoretische und empirische Analyse, Bremen 1987 (Subventionen und Subventionspolitik).

BARTH, CHRISTOF/HAMACHER, WERNER/STOLL, RICO, Präventive Arbeitsschutzstrukturen für Klein- und Mittelbetriebe am Beispiel Lärmminderung und Ergonomie, Dortmund/Berlin 2001 (Präventive Arbeitsschutzstrukturen).

BARTHEL, ARMIN, Die Menschenrechte der dritten Generation, Aachen 1991 (Menschenrechte der dritten Generation).

BASS, HANS H., Industrielle Arbeitsverhältnisse und Arbeiterrechte in China, in: Menschenrechte, Arbeitsverhältnisse und Gewerkschaften in China - internationale Perspektiven, hrsg. v. BASS, HANS H./MARKUS, WAUSCHKUHNM/WOLGEMUTH, KARL, Bremen 1996, S. 3-24 (Arbeiterrechte in China).

BAUER-HARZ, ANJA, Ethik in Unternehmen - Ein Konzept für das Innovationsmanagement, Freiburg im Breisgau 1995 (Ethik in Unternehmen).

BAUER, BARBARA, Der völkerrechtliche Anspruch auf Demokratie - Zur Rolle internationaler Organisationen im weltweiten Demokratisierungsprozeß, Frankfurt/Main 1998 (Anspruch auf Demokratie).

BAUMANNS, ROLF, Unternehmenserfolg durch betriebliches Gesundheitsmanagement - Nutzen für Unternehmer und Mitarbeiter, Stuttgart 2009 (Unternehmenserfolg durch Gesundheitsmanagement).

BEA, FRANZ XAVER, Kritische Untersuchungen über den Geltungsbereich des Prinzips der Gewinnmaximierung, Berlin 1968 (Gewinnmaximierung).

BECK, MICHAEL, Strategische Personalentwicklung - Dargestellt am Beispiel des Vertriebsbereichs von Automobilherstellern in Deutschland, Bamberg 1991 (Strategische Personalentwicklung).

BECKER, ALFRED, Gestaltung der Personal- und Führungskräfteentwicklung, München/Mering 2002 (Personal- und Führungskräfteentwicklung).

BECKER, CHRISTOPH, Insolvenzrecht, 3. Aufl., Köln 2010 (Insolvenzrecht).

BECKER, EGON/JAHN, THOMAS, Sozial-ökologische Transformationen - Theoretische und methodische Probleme transdisziplinärer Nachhaltigkeitsforschung, in: Nachhaltige Entwicklung und Transdisziplinarität, hrsg. v. BRAND, KARL-WERNER, Berlin 2000, S. 67-84 (Transdisziplinäre Nachhaltigkeitsforschung).

BECKER, HARTMUTH, Die Kategorie öffentlicher Güter als Grundlage von Staatstheorie und Staatswissenschaft, Berlin 2002 (Öffentliche Güter).

BECKER, JOCHEN, Marketing-Konzeption - Grundlagen des zielstrategischen- und operativen Marketing-Managements, 9. Aufl., München 2009 (Marketing-Konzeption).

BECKMANN, KAI M./HORST, DIETER, Nachhaltigkeitsberichterstattung im Kontext aktueller Anforderungen an die Unternehmenspublizität, in: Rechnungslegung und Corporate Governance - Reporting, Steuerung und Überwachung der Unternehmen im Umbruch, hrsg. v. FREIDANK, CARL-CHRISTIAN/ALTES, PETER, Berlin 2007, S. 97-118 (Nachhaltigkeitsberichterstattung und Unternehmenspublizität).

BECKMANN, MARTIN, Kreislaufwirtschafts- und Abfallrecht - Einführung in das Abfallrecht, Berlin 2007 (Kreislaufwirtschafts- und Abfallrecht).

BEER, BRIGITTE, Industriearbeit und soziale Sicherheit, Berlin 1980 (Industriearbeit und soziale Sicherheit).

BEERMANN, BEATE/MESCHKUTAT, BÄRBEL, Psychosoziale Faktoren am Arbeitsplatz unter Berücksichtigung von Stress und Belästigung, Dortmund 1995 (Psychosoziale Faktoren am Arbeitsplatz).

BENHABIB, SEYLA, Kulturelle Vielfalt und demokratische Gleichheit - Politische Partizipation im Zeitalter der Globalisierung, Frankfurt/Main 1999 (Vielfalt und Gleichheit).

BENZ, WOLFGANG, Maßnahmen zur Beeinflussung der Fluktuation von gewerblichen Arbeitnehmern, Berlin 1983 (Fluktuation).

BERGHAUS, MARGOT, Luhmann leicht gemacht, 2. Aufl., Köln 2003 (Luhmann leicht gemacht).

BERGMANN, UWE/ZAK, MARTA, Einbindung des Internets in die Nachhaltigkeitskommunikation von Henkel, in: Internetbasierte Nachhaltigkeitsberichterstattung - Maßgeschneiderte Stakeholder-Kommunikation mit IT, hrsg. v. ISENMANN, RALF/GÓMEZ, JORGE MARX, Berlin 2008, S. 175-184 (Nachhaltigkeitskommunikation von Henkel).

BERLIT, WOLFGANG, Wettbewerbsrecht, 7. Aufl., München 2009 (Wettbewerbsrecht).

BETHKE, VOLKER/KOOPMANN, GEORG, Multinationale Unternehmen und Entwicklungsländer - Interessenkonflikte und Verhandlungspositionen, Hamburg 1975 (Multinationale Unternehmen und Entwicklungsländer).

BICK, HARTMUT/HANSMEYER, KARL HEINRICH/OLSCHOWY, GERHARD/ SCHMOOCK, PETER, Angewandte Ökologie - Mensch und Umwelt – Band 1, Stuttgart 1984 (Angewandte Ökologie - Band 1).

BICK, HARTMUT/HANSMEYER, KARL HEINRICH/OLSCHOWY, GERHARD/ SCHMOOCK, PETER, Angewandte Ökologie - Mensch und Umwelt - Band 2, Stuttgart 1984 (Angewandte Ökologie - Band 2).

BIEBER-DELFOSSE, GABRIELLE, Kinder der Werbung - die Einflüsse einer Mediengesellschaft auf das Aufwachsen der Kinder, Zürich 1999 (Kinder der Werbung).

BIEL, JÖRG, Multinationale Unternehmen - Probleme und Kontrolle auf internationaler, regionaler und nationaler Ebene, München 1979 (Multinationale Unternehmen).

BIERWEILER, ALEXIA, Soziale Sicherheit als Grundrecht in der Europäischen Union, Stuttgart/München 2007 (Soziale Sicherheit).

BIRN, KRISTINA, Nachhaltige Entwicklung als Leitbild - Das Beispiel des Biosphärenreservats Manú in Peru, Saarbrücken 2000 (Nachhaltige Entwicklung).

BLANK, JÜRGEN, Sustainable Development, in: Lexikon Nachhaltiges Wirtschaften, hrsg. v. SCHULZ, WERNER F./BURSCHEL, CARLO/WEIGERT, MARTIN/ LIEDTKE, CHRISTA/BOHNET-JOSCHKO, SABINE/KREEB, MARTIN/LOSEN, DIRK/ GEßNER, CHRISTIAN/DIFFENHARD, VOLKER/MANIURA, ANJA, München, Wien 2001, S. 374-385 (Sustainable Development).

BLANKE, MORITZ/GODEMANN, JASMIN/HERZIG, CHRISTIAN, Internetgestützte Nachhaltigkeitsberichterstattung - Eine empirische Untersuchung der Unternehmen des DAX30, Lüneburg 2007 (Internetgestützte Nachhaltigkeitsberichterstattung).

BLUM, ULRICH/DUDLEY, LEONARD/LEIBBRAND, FRANK/WEISKE, ANDREAS, Angewandte Institutionenökonomik - Theorien - Modelle - Evidenz, Wiesbaden 2005 (Angewandte Institutionenökonomik).

BMW Group (Hrsg.), Sustainable Value Report 2007/2008, München 2007 (Sustainable Value Report 2007/2008).

BMW AG (Hrsg.), Sustainable Value Report 2008, München 2009 (Sustainable Value Report 2008).

BOEGNER, TANJA, Work-Life-Balance: Soziales Modell oder ökonomische Chance?, Zürich 2010 (Work-Life-Balance).

BOESCHE, KATHARINA VERA, Wettbewerbsrecht, 2. Aufl., Heidelberg 2007 (Wettbewerbsrecht).

BOHLINGER, SANDRA/JENEWEIN, KLAUS (Hrsg.), Ausbildungsabbrecher - Verlierer der Wissensgesellschaft, Bielefeld 2002 (Ausbildungsabbrecher).

BÖHLMANN, DIETRICH, Ökologie von Umweltbelastungen unserer Atmosphäre, Stuttgart/New York 1991 (Umweltbelastungen).

BOMS, ANNETTE, Unternehmensverantwortung und Nachhaltigkeit - Umsetzung durch das Sustainability Performance Measurement, Lohmar/Köln 2007 (Unternehmensverantwortung und Nachhaltigkeit).

BONIN, GREGOR VON, Die Leitung der Aktiengesellschaft zwischen Shareholder Value und Stakeholder-Interessen, Baden-Baden 2004 (Shareholder Value und Stakeholder-Interessen).

BONUS, HOLGER/BAYER, IVO, Symbolische Umweltpolitik aus der Sicht der Neuen Institutionenökonomik, Münster 1999 (Symbolische Umweltpolitik).

BORGELT, KIRSTEN, Werbung für Kinder, Berlin 2006 (Werbung für Kinder).

BORSCH, PETER/WAGNER, HERMANN-JOSEF, Energie und Umweltbelastung, Berlin/Heidelberg 1992 (Energie und Umweltbelastung).

BRAASCH, MATTHIAS, (Wirtschafts-)Korruption - Kriminologische Annäherung an einen unscharfen Begriff, in: Korruption - eine historische Annäherung, hrsg. v. GRÜNE, NIELS/SLANICKA, SIMONA, Göttingen 2010, S. 361-384 ((Wirtschafts-) Korruption).

BRAUN, FRANK, Rechenschaftslegung zur Umweltbelastung und zum Umweltschutz von Industrieunternehmen, Berlin 1974 (Umweltbelastung und Umweltschutz).

BRAUN, JOHANNA, Unternehmerische Ordnungsverantwortung, Berlin 2009 (Unternehmerische Ordnungsverantwortung).

BRAUN, MICHAEL S., Betriebliche Alterssicherung im Spannungsfeld von betrieblicher Altersversorgung und betrieblicher Altersvorsorge, Aachen 2010 (Betriebliche Alterssicherung).

BREIDENBACH, RAPHAEL, Umweltschutz in der betrieblichen Praxis - Erfolgsfaktoren zukunftsorientierten Umweltmanagements, 2. Aufl., Wiesbaden 2002 (Umweltschutz).

BREMER, RALF, Handel und Umwelt - Statistische Wohlfahrtsaspekte und nachhaltige Entwicklung, Frankfurt/Main 1995 (Handel und Umwelt).

BREYER, FRIEDRICH/ZWEIFEL, PETER S./KIFMANN, MATHIAS, Gesundheitsökonomie, 4. Aufl., Berlin/Heidelbarg 2003 (Gesundheitsökonomie).

BRIESKORN, NORBERT, Menschenrechte - eine historisch-philosophische Grundlegung, Stuttgart 1997 (Menschenrechte).

BRÜHL, KAI, Corporate Governance, Strategie und Unternehmenserfolg - Ein Beitrag zum Wettbewerb alternativer Corporate-Governance-Systeme, Wiesbaden 2009 (Unternehmenserfolg).

BUERGENTHALER, THOMAS/THÜRER, DANIEL, Menschenrechte - Ideale, Instrumente, Institutionen, Zürich/St. Gallen 2009 (Menschenrechte).

BÜHLER, STEFAN/JAEGER, FRANZ, Einführung in die Industrieökonomik, Berlin 2002 (Industrieökonomik).

BUNDESMINISTERIUM FÜR WIRTSCHAFTLICHE ZUSAMMENARBEIT UND ENTWICKLUNG (Hrsg.), Überlebensfrage Wasser - eine Ressource wird knapp, Bonn 1995 (Überlebensfrage Wasser).

BUNDESMINISTERIUM FÜR WIRTSCHAFTLICHE ZUSAMMENARBEIT UND ENTWICKLUNG (Hrsg.), Umsetzung der Kernarbeitsnormen in Entwicklungsländern - Aktionen und Maßnahmen, Bonn 2003 (Umsetzung der Kernarbeitsnormen).

BUNDESREGIERUNG DER BRD (Hrsg.), Perspektiven für Deutschland - Unsere Strategie für eine nachhaltige Entwicklung, Berlin 2002 (Strategie für eine nachhaltige Entwicklung).

BÜNGER, CHRISTIAN, Erfolgreiches Risikomanagement mit COSO ERM - Empfehlungen für die Gestaltung und Umsetzung in der Praxis, Berlin 2009 (Risikomanagement mit COSO ERM).

BUNTENBROICH, DAVID, Menschenrechte und Unternehmen: Transnationale Rechtswirkungen "freiwilliger" Verhaltenskodizes, Frankfurt/Main 2007 (Menschenrechte und Unternehmen).

BURKERT, MICHAEL, Qualität von Kennzahlen und Erfolg von Managern - Direkte, indirekte und moderierende Effekte, Wiesbaden 2008 (Qualität von Kennzahlen).

BURKHARD, PASCAL, Direktinvestitionen und multinationale Unternehmen bei international unterschiedlicher Umweltregulierung, Rosch-Buch 1994 (Umweltregulierung).

BURMEISTER, JULIAN, Belästigung als Wettbewerbsverstoß, München 2006 (Belästigung als Wettbewerbsverstoß).

CAMARA, MACARIO/CHAMORRO, EVA/MORENO, ALONSO, Stakeholder Reporting: The Spanish Tobacco Monopoly (1887-1986), in: European Accounting Review 2009, S. 697-717 (Stakeholder Reporting).

CARROLL, ARCHIE B., The Four Faces of Corporate Citizenship, in: Business and Society Review 1998, S. 1-7 (Four Faces of CC).

CARROLL, ARCHIE B. /BUCHHOLTZ, ANN K. , Business & Society: ethics and stakeholder management, 6. Aufl., Mason 2006 (Business & Society).

CHERU, FANTU/BRADFORD, COLIN, The Millennium Development Goals: Raising the Resources to Tackle World Poverty, New York 2005 (Millennium Goals).

CLAUSEN, JENS, Nachhaltigkeitsberichterstattung von Unternehmen - Prüfanforderungen, in: Jahrbuch Ökologie 2003, hrsg. v. ALTNER, GÜNTER/LEITSCHUH-FECHT, HEIKE/MICHELSEN, GERD/SIMONIS, UDO E./WEIZSÄCKER, ERNST U. VON, München 2002, S. 219-224 (Prüfung der Nachhaltigkeitsberichterstattung).

CLAUSEN, JENS/LOEW, THOMAS, Mehr Glaubwürdigkeit durch Testate? Internationale Analyse des Nutzens von Testaten in der Umwelt- und Nachhaltigkeitsberichterstattung, Hannover/Berlin 2005 (Mehr Glaubwürdigkeit durch Testate).

COENENBERG, ADOLF G./HALLER, AXEL/SCHULTZE, WOLFGANG, Jahresabschluss und Jahresabschlussanalyse - Betriebswirtschaftliche, handelsrechtliche, steuerrechtliche und internationale Grundsätze - HGB, IFRS, US-GAAP, 21. Aufl., Stuttgart 2009 (Jahresabschluss und Jahresabschlussanalyse).

CRANE, ANDREW/MATTEN, DIRK, Business ethics: a European perspective: managing corporate citizenship and sustainability in the age of globalization, Oxford 2007 (Business ethics).

CROMME, GERHARD, Corporate Governance in Germany and the German Corporate Governance Code, in: Corporate Governance: An International Review 2005, S. 362-367 (Corporate Governance).

CRONE, HANS CASPAR VON DER/HOCH, MARIEL, Nachhaltigkeit und Nachhaltigkeitsreporting, in: AJP 2002, S. 40-52 (Nachhaltigkeit und Nachhaltigkeitsreporting).

DAIMLER AG (Hrsg.), 360° - Fakten zur Nachhaltigkeit, Stuttgart 2010 (Fakten zur Nachhaltigkeit).

DAUB, CLAUS-HEINRICH, Stand und Entwicklungstendenzen in der Nachhaltigkeitsberichterstattung, in: Internetbasierte Nachhaltigkeitsberichterstattung - Maßgeschneiderte Stakeholder-Kommunikation mit IT, hrsg. v. ISENMANN, RALF/GÓMEZ, JORGE MARX, Berlin 2008, S. 83-97 (Stand und Entwicklungstendenzen in der Nachhaltigkeitsberichterstattung).

DAUNER-LIEB, BARBARA/PREEN, ALEXANDER VON/SIMON, STEFAN, Das VorstAG - Ein Schritt auf dem Weg zum Board-System?, in: DB 2010, S. 3677-3683 (VorstAG).

DELFS, SÖREN, Grundwasser: Rechtlicher Schutz von Qualität und Quantität, Baden-Baden 2004 (Grundwasser).

DEUTSCHE TELEKOM AG (Hrsg.), Wir leben Verantwortung - Corporate Responsibility Bericht 2010, Bonn 2010 (CR Bericht 2010).

DEUTSCHER BUNDESTAG (Hrsg.), Abschlussbericht der Enquete-Kommission "Schutz des Menschen und der Umwelt - Ziele und Rahmenbedingungen einer nachhaltig zukunftsverträglichen Entwicklung, BT-Drs. Nr. 13/11200 (Abschlussbericht der Enquete-Kommission).

DEUTSCHER BUNDESTAG (Hrsg.), Entwurf eines Gesetzes zur Angemessenheit der Vorstandsvergütung (VorstAG), BT-Drs. Nr. 16/12278 (Entwurf eines Gesetzes zur Angemessenheit der Vorstandsvergütung (VorstAG)).

DEWE, BERND/WEBER, PETER J., Wissensgesellschaft und lebenslanges Lernen - Eine Einführung in bildungspolitische Konzeptionen der EU, Bad Heilbrunn 2007 (Wissensgesellschaft und lebenslanges Lernen).

DGFP (Hrsg.), Unternehmenserfolg durch Gesundheitsmanagement, Bielefeld 2004 (Unternehmenserfolg durch Gesundheitsmanagement).

DGFP (Hrsg.), Wertorientiertes Personalmanagement - ein Beitrag zum Unternehmenserfolg Bielefeld 2004 (Wertorientiertes Personalmanagement).

DIECKHEUER, GUSTAV, Makroökonomik, 5. Aufl., Berlin/Heidelberg 2003 (Makroökonomik).

DIECKMANN, JOHANN, Schlüsselbegriffe der Systemtheorie, München 2006 (Schlüsselbegriffe der Systemtheorie).

DIEDERICHS, MARC, Risikomanagement und Risikocontrolling, 2. Aufl., München 2010 (Risikomanagement und Risikocontrolling).

DIEFENBACHER, HANS, Ökologische Produktpolitik und Sustainable Development, in: Produkt und Umwelt - Anforderungen, Instrumente und Ziele einer ökologischen Produktpolitik, hrsg. v. HELLENBRANDT, SIMONE/RUBIK, FRIEDER, Marburg 1994, S. 25-50 (Ökologische Produktpolitik).

DIEKMANN, JOCHEN/HORN, MANFRED/HRUBESCH, PETER/PRAETORIUS, BARBARA, u. a., Fossile Energieträger und erneuerbare Energiequellen, Jülich 1995 (Fossile Energieträger und erneuerbare Energiequellen).

DILLING, OLAF, Grenzüberschreitende Produktverantwortung - Zum prozeduralen Recht zwischenbetrieblicher Risikobewältigung, Baden-Baden 2009 (Grenzüberschreitende Produktverantwortung).

DIN Deutsches Institut für Normung e.V. (Hrsg.), Arbeitsschutzmanagementsysteme - Spezifikationen. Deutsche Übersetzung von OHSAS 18001:1999, Berlin 2000 (OHSAS 18001).

DITTLER, ULLRICH, E-Learning - Einsatzkonzepte und Erfolgsfaktoren des Lernens mit interaktiven Medien, 2. Aufl., München/Wien 2003 (E-Learning).

DOMSCHKE, WOLFGANG, Grundlagen der Betriebswirtschaftslehre - eine Einführung aus entscheidungsorientierter Sicht, 4. Aufl., Berlin 2008 (Grundlagen der BWL).

DONGES, JUERGEN B./FREYTAG, ANDREAS, Allgemeine Wirtschaftspolitik, 3. Aufl., Stuttgart 2009 (Allgemeine Wirtschaftspolitik).

DRUCKMAN, PAUL, Integrierte Berichterstattung: die Zukunft der Unternehmensberichterstattung?, in: WPg 2010, S. I (Integrierte Berichterstattung).

DUDEN DUDEN (Hrsg.), Deutsches Universalwörterbuch, Mannheim 2007 (Deutsches Universalwörterbuch).

DYLLICK, THOMAS, Konzeptionelle Grundlagen unternehmerischer Nachhaltigkeit, in: Handbuch nachhaltige Entwicklung - Wie ist nachhaltiges Wirtschaften machbar?, hrsg. v. LINNE, GUDRUN/SCHWARZ, MICHAEL, Opladen 2003, S. 235-243 (Unternehmerische Nachhaltigkeit).

ECCLES, ROBERT G./KRZUS, MICHAEL P., One Report - Integrated Reporting for a Sustainable Strategy, Hoboken 2010 (One Report).

ECKELMANN, OLIVER, Strategisches Nachhaltigkeitsmanagement in der pharmazeutischen Industrie - Eine empirische Untersuchung, Wiesbaden 2006 (Nachhaltigkeitsmanagement in der pharmazeutischen Industrie).

EHLERS, DIRK, Allgemeine Lehren der EMRK, in: Europäische Grundrechte und Grundfreiheiten, hrsg. v. EHLERS, DIRK, 3. Aufl., Berlin 2009, S. 25-80 (Europäische Menschenrechtskonvention).

EICHHORST, WERNER/KAISER, LUTZ C./THODE, ERIC/TOBSCH, VERENA, Vereinbarkeit von Familie und Beruf im internationalen Vergleich, Gütersloh 2007 (Vereinbarkeit von Familie und Beruf).

EISELT, ANDREAS, Nachhaltigkeitsberichterstattung als Instrument der Corporate Governance, in: Governance 2009, S. 87-101 (Nachhaltigkeitsberichterstattung als Instrument der Corporate Governance).

EMMERICH, VOLKER, Unlauterer Wettbewerb, 8. Aufl., München 2009 (Unlauterer Wettbewerb).

ENDRES, ALFRED, "Nachhaltige Entwicklung" - Zur Ökonomik des Bangens und des Hoffens, Witten 2002 (Nachhaltige Entwicklung).

ENGELBERT, ANGELIKA, Wandel der Familie - Gefährdung für Kinder?, in: Gefährdungen von Kindern, hrsg. v. GRAEẞNER, GERNOT/MAUNTEL, CHRISTIANE/PÜTTBACH, ELKE, Opladen 1993, S. 59-80 (Wandel der Familie).

ENGELKAMP, PAUL, Zwischen Konkurrenz und Monopol - Eine preistheoretische Untersuchung unter besonderer Berücksichtigung von Anbieterzahl und Produktdifferenzierung, Freiburg im Breisgau 1990 (Konkurrenz und Monopol).

ENGELKAMP, PAUL/SELL, FRIEDRICH L., Einführung in die Volkswirtschaftslehre, 4. Aufl., Berlin/Heidelberg 2007 (Einführung in die VWL).

ENGELMANN, MARC, Die Komplexität von Preissystemen - Theoretische Fundierung, Kundenwahrnehmung und Erfolgsfaktoren, München 2009 (Komplexität von Preissystemen).

ERLEI, MATHIAS/LESCHKE, MARTIN/SAUERLAND, DIRK, Neue Institutionenökonomik, 2. Aufl., Stuttgart 2007 (Neue Institutionenökonomik).

ESTILL, GABRIELE, Ein Blick in die USA: Das Unternehmen als Good Corporate Citizen am Beispiel der Siemens Corporation, in: Corporate Citizenship - Gesellschaftliches Engagement - unternehmerischer Nutzen, hrsg. v. WIELAND, JOSEF/CONRADI, WALTER, Marburg 2002, S. 209-216 (Blick in die USA).

EUCKEN, WALTER, Über die Gesamtrichtung der Wirtschaftspolitik (1946), in: Ordnungspolitik, hrsg. v. OSWALT, WALTER, Münster 1999, S. 1-24 (Wirtschaftspolitik).

Europäische Kommission (Hrsg.), Grünbuch - Europäische Rahmenbedingungen für die soziale Verantwortung der Unternehmen, Brüssel 2001 (Grünbuch der EU).

EVERS, HANS-DIETER, Globalisierung der Wissensgesellschaft - Ansätze einer neuen Entwicklungstheorie, Bielefeld 1999 (Wissensgesellschaft).

EVERS, HANS/SCHMUCKER, HELGA/TEICH, GERHARD, Regionale Unterschiede in den Lebenshaltungskosten, Bad Godesberg 1963 (Unterschiede in den Lebenshaltungskosten).

EWELT-KNAUER, CORINNA, Der Konzernabschluss als Berichtsinstrument der wirtschaftlichen Einheit - Zur Abgrenzung des Vollkonsolidierungskreises sowie zur bilanziellen Abbildung von Transaktionen mit Dritten, Lohmar 2010 (Der Konzernabschluss).

FALKE, WOLFGANG, Das Bedürfnis - Bedürfnisse Jugendlicher und Jugendarbeit, Rheinfelden/Berlin 1993 (Das Bedürfnis).

FARMER, KARL/STADLER, INGEBORG, Marktdynamik und Umweltpolitik, Wien 2005 (Marktdynamik und Umweltpolitik).

FAUTH-HERKNER, ANGELA, Flexible Arbeitszeitmodelle zur Verbesserung der "Work-Life-Balance", in: Fehlzeiten-Report 2003 - Wettbewerbsfaktor Work-Life-Balance, hrsg. v. BADURA, BERNHARD/SCHELLSCHMIDT, HENNER/VETTER, CHRISTIAN, Berlin 2004, S. 91-106 (Flexible Arbeitszeitmodelle).

FELDERER, BERNHARD/HOMBURG, STEFAN, Makroökonomik und neue Makroökonomik, 9. Aufl., Berlin/Heidelberg 2005 (Makroökonomik und neue Makroökonomik).

FETZER, JOACHIM, Die Verantwortung der Unternehmen - eine wirtschaftsethische Rekonstruktion, Gütersloh 2004 (Verantwortung der Unternehmen).

FIEBIG, NORBERT, Anforderungen an die Berichterstattung über Nachhaltigkeit, in: Perspektiven der Finanzberichterstattung und der Corporate Governance, hrsg. v. WAGENHOFER, ALFRED/BRANDT, WERNER, Düsseldorf 2010, S. 113-122 (Berichterstattung über Nachhaltigkeit).

FIGGE, FRANK/SCHALTEGGER, STEFAN, Was ist "Stakeholder Value"? Vom Schlagwort zur Messung, Lüneburg 2000 (Stakeholder Value).

FINE-DAVIS, MARGRET/FAGNANI, JEANNE/GIOVANNINI, DINO/HOJGAARD, LIS, u. a., Fathers and Mothers: Dilemmas of the Work-Life-Balance, Dordrecht 2004 (Dilemmas of the Work-Life-Balance).

FISCHER, GUIDO, Ökologie und Management - Eine Einführung für Studium und Praxis, Zürich 1996 (Ökologie und Management).

FISCHER, JOHANNES/GRUDEN, STEFAN/IMHOF, ESTHER/STRUB, JEAN-DANIEL, Grundkurs Ethik - Grundbegriffe philosophischer und theologischer Ethik, Stuttgart 2007 (Grundkurs Ethik).

FISCHER, THOMAS M., Kostenmanagement strategischer Erfolgsfaktoren, München 1993 (Kostenmanagement strategischer Erfolgsfaktoren).

FISCHER, THOMAS M./SAWCZYN, ANGELIKA/BRAUCH, BENEDIKT, Nachhaltigkeit und Sustainability Accounting, in: Controlling zwischen Shareholder Value und Stakeholder Value, hrsg. v. WALL, FRIEDERIKE/SCHRÖDER, REGINA W., München 2009, S. 261-283 (Nachhaltigkeit und Sustainability Accounting).

FITSCHEN, THOMAS, Der "Global Compact" als Zielvorgabe für verantwortungsvolles Unternehmertum - Idee mit Zukunft oder Irrweg für die Vereinten Nationen?, Berlin 2004 (Global Compact als Zielvorgabe).

FLICKINGER, NORBERT, XBRL in der betrieblichen Praxis - Elektronisches Business-Reporting nach internationalem Standard, Berlin 2007 (XBRL in der betrieblichen Praxis).

FOERSTE, ULRICH, Insolvenzrecht, 3. Aufl., München 2006 (Insolvenzrecht).

FORSTER, ANJA/ERZ, ANTONIA/JENEWEIN, WOLFGANG, Employer Branding - Ein konzeptioneller Ansatz zur markenorientierten Mitarbeiterführung, in: Behavioral Branding, hrsg. v. TOMCZAK, TORSTEN/ESCH, FRANZ-RUDOLF/KERNSTOCK, JOACHIM, 2. Aufl., Wiesbaden 2009, S. 277-294 (Employer Branding).

FÖRSTER, CHRISTIAN, Soziale Verantwortung von Unternehmen rechtlich reguliert - Corporate Social Responsibility (CSR) auf dem Prüfstand, in: RIW 2008, S. 833-840 (CSR rechtlich reguliert).

FRANK, ERNST, Unfallverhütung als gesellschaftspolitische Forderung, in: Arbeitssicherheit als unternehmerische Aufgabe, hrsg. v. Landesvereinigung der industriellen Arbeitgeberverbände Nordrhein-Westfalens e.V., Düsseldorf 1962, S. 29-36 (Unfallverhütung).

FRANZ, PETER, Nachhaltigkeitsberichterstattung im Internet - Zukunftsträchtige Kommunikation für Corporate Social Responsibility, in: Internetbasierte Nachhaltigkeitsberichterstattung - Maßgeschneiderte Stakeholder-Kommunikation mit IT, hrsg. v. ISENMANN, RALF/MARX GÓMEZ, JORGE, Berlin 2008, S. 185-200 (Nachhaltigkeitsberichterstattung im Internet).

FREEMAN, R. EDWARD, Strategic Management. A Stakeholder Approach, Marshfield 1984 (Strategic Management).

FREEMAN, R. EDWARD/VELAMURI, S. RAMAKRISHNA, A New Approach to CSR: Company Stakeholder Responsibility, in: Corporate Social Responsibility - Reconciling Aspiration with Application, hrsg. v. KAKABADSE, ANDREW/MORSING, METTE, London 2006, S. 9-23 (A New Approach to CSR).

FRENKEL, MICHAEL/JOHN, KLAUS DIETER, Volkswirtschaftliche Gesamtrechnung, München 2006 (Volkswirtschaftliche Gesamtrechnung).

FRENZ, WALTER/UNNERSTALL, HERWIG, Nachhaltige Entwicklung im Europarecht - Theoretische Grundlagen und rechtliche Ausformung, Baden-Baden 1999 (Nachhaltige Entwicklung im Europarecht).

FRIEDMAN, MILTON, The Social Responsibility of Business is to Increase its Profits, in: The New York Times Magazine 1970, S. 122 (Responsibility of Business).

FRIEDMAN, MILTON, Kapitalismus und Freiheit, 6. Aufl., München 2009 (Kapitalismus und Freiheit).

FRIEDRICH, DIETER, Systemtheorie und ökonomische Modelle - Einführung in systemtheoretische Grundlagen, Konzeptionen und Methoden der Wirtschaftstheorie und Ökonometrie, Freiburg im Breisgau 1984 (Systemtheorie und ökonomische Modelle).

FRIELING, ROLAND, Gibt es einen sittlichen Mindestlohn für Arbeitnehmer?, Münster 1991 (Sittlicher Mindestlohn).

FRINGS, ELLEN, Back to the Roots. Ein Alternativkonzept für Nachhaltigkeitsberichte von Unternehmen, in: Ökologisches Wirtschaften 2003, S. 25-26 (Back to the Roots).

FUCHS, MAXIMILIAN, Soziale Sicherheit in der Dritten Welt, Baden-Baden 1985 (Soziale Sicherheit).

FUGGENTHALER, THOMAS, Nachhaltigkeitsrisiken - Das Risikomanagement von Nachhaltigkeitsrisiken in Projekten und Joint Ventures auf der Basis des GRI-Standards, in: ZRFG 2008, S. 166-169 (Nachhaltigkeitsrisiken).

G.I.B. - Gesellschaft für innovative Beschäftigungsförderung mbH (Hrsg.), Vereinbarkeit von Familie und Beruf - Projektansätze und Wege für Qualifizierungsträger, Unternehmen und erwerbstätige Eltern, Bottrop 2004 (Familie und Beruf).

GAZDAR, KAEVAN/KIRCHHOFF, KLAUS RAINER, Unternehmerische Wohltaten: Last oder Lust?, München 2003 (Unternehmerische Wohltaten).

GEFFKEN, ROLF, Der Preis des Wachstums - Arbeitsbeziehungen und Arbeitsrecht in der VR China, Hamburg 2005 (Arbeitsbeziehungen und Arbeitsrecht in China).

GEIGER, WALTER/KOTTE, WILLI, Handbuch Qualität - Grundlagen und Elemente des Qualitätsmanagements: Systeme - Perspektiven, 5. Aufl., Wiesbaden 2008 (Handbuch Qualität).

GELBRICH, KATJA/WÜNSCHMANN, STEFAN/MÜLLER, STEFAN, Erfolgsfaktoren des Marketing, München 2008 (Erfolgsfaktoren).

GENERSCH, ELKE/OHE, WERNER VON DER/KAATZ, HANNES/SCHROEDER, ANNETTE, u. a., Das Deutsche Bienen-Monitoring-Projekt: eine Langzeitstudie zur Untersuchung periodisch auftretender hoher Winterverluste bei Honigbienenvölkern, in: Adipologie 2010, S. 1-28 (Bienen-Monitoring-Projekt).

GEORGE, ROMAN, Gesetzlicher Mindestlohn - Was kann Deutschland von den Nachbarn lernen?, Marburg 2007 (Gesetzlicher Mindestlohn).

GERIKE, REGINE, Wie kann das Leitbild nachhaltiger Verkehrsentwicklung konkretisiert werden? Ableitung grundlegender Aufgabenbereiche, Dresden 2006 (Nachhaltige Verkehrsentwicklung).

GLASER, ANDREAS, Nachhaltige Entwicklung und Demokratie, Tübingen 2006 (Nachhaltige Entwicklung und Demokratie).

GÖBEL, ELISABETH, Neue Institutionenökonomik - Konzeption und betriebswirtschaftliche Anwendung, Stuttgart 2002 (Neue Institutionenökonomik).

GÖBEL, ELISABETH, Strategisches versus ethisches Stakeholdermanagement, in: Unternehmensethik - Forschungsperspektiven zur Verhältnisbestimmung von Unternehmen und Gesellschaft, hrsg. v. SCHUMANN, OLAF/BRINK, ALEXANDER/BESCHORNER, THOMAS, Marburg 2010, S. 95-108 (Strategisches vs. ethisches Stakeholdermanagement).

GODEMANN, JASMIN/HERZIG, CHRISTIAN/BLANKE, MORITZ, Dialogorientierte Nachhaltigkeitsberichterstattung im Internet - Untersuchung der DAX-30-Unternehmen, in: Internetbasierte Nachhaltigkeitsberichterstattung - Maßgeschneiderte Stakeholder-Kommunikation mit IT, hrsg. v. ISENMANN, RALF/MARX GÓMEZ, JORGE, Berlin 2008, S. 371-387 (Dialogorientierte Nachhaltigkeitsberichterstattung).

GOGGER, MARTIN, Insolvenzrecht, 2. Aufl., München 2006 (Insolvenzrecht).

GOLLER, MONIKA, Arbeitsunfall- und Berufskrankheitenrisiko bei grenzüberschreitenden Beschäftigungsverhältnissen, Regensburg 2007 (Arbeitsunfall- und Berufskrankheitenrisiko).

GRABAU, SVEN, Der Deutsche Corporate Governance Kodex - am Beispiel der DAX 30-Unternehmen, Saarbrücken 2009 (Deutscher Corporate Governance Kodex).

GREVE, GOETZ, Erfolgsfaktoren von Customer-Relationship-Management-Implementierungen, Wiesbaden 2006 (Erfolgsfaktoren von CRM).

GRI (Hrsg.), Automotive Sector Supplement, Amsterdam 2004 (Automotive Sector Supplement).

GRI (Hrsg.), GRI-Boundary Protocol, Amsterdam 2005 (Boundary Protocol).

GRI (Hrsg.), GRI-Anwendungsebenen, Amsterdam 2006 (Anwendungsebenen).

GRI (Hrsg.), Indicator Protocols Set: Labor Practices & Decent Work, Amsterdam 2006 (G3 Indicator Protocol Labor Practices & Decent Work).

GRI (Hrsg.), Indikatorenprotokoll Arbeit, Amsterdam 2006 (G3 Indikatorenprotokoll Arbeit).

GRI (Hrsg.), Indikatorenprotokoll Gesellschaft, Amstardam 2006 (G3 Indikatorenprotokoll Gesellschaft).

GRI (Hrsg.), Indikatorenprotokoll Menschenrechte, Amsterdam 2006 (G3 Indikatorenprotokoll Menschenrechte).

GRI (Hrsg.), Indikatorenprotokoll Ökonomie, Amsterdam 2006 (G3 Indikatorenprotokoll Ökonomie).

GRI (Hrsg.), Indikatorenprotokoll Produktverantwortung, Amsterdam 2006 (G3 Indikatorenprotokoll Produktverantwortung).

GRI (Hrsg.), Indikatorenprotokoll Umwelt, Amsterdam 2006 (G3 Indikatorenprotokoll Umwelt).

GRI (Hrsg.), Leitfaden zur Nachhaltigkeitsberichterstattung, Amsterdam 2006 (G3 Leitfaden).

GRI (Hrsg.), Sustainability Reporting Guidelines, Amsterdam 2006 (G3 Sustainability Reporting Guidelines).

GRI (Hrsg.), Reference Document Report Content & Materiality Revisions Recommendations, Amsterdam 2010 (Reference Document Content & Materiality Revisions).

GRI (Hrsg.), Indicator Protocol Environment, Amsterdam 2011 (G3.1 Indicator Protocol Environment).

GRI (Hrsg.), Indicator Protocol Human Rights, Amstardam 2011 (G3.1 Indicator Protocol Human Rights).

GRI (Hrsg.), Indicator Protocol Labor Practices and Decent Work, Amsterdam 2011 (G3.1 Indicator Protocol Labor Practices).

GRI (Hrsg.), Indicator Protocol Product Responsibility, Amsterdam 2011 (G3.1 Indicator Protocol Product Responsibility).

GRI (Hrsg.), Indicator Protocol Society, Amsterdam 2011 (G3.1 Indicator Protocol Society).

GRI (Hrsg.), Sustainability Reporting Guidelines, Amsterdam 2011 (G3.1 Sustainability Reporting Guidelines).

GRI (Hrsg.), Technical Protocol Applying the Report Content Principles, Amsterdam 2011 (Technical Protocol Report Content Principles).

GRI/Global Compact (Hrsg.), Verbindungen schaffen - Die GRI-Leitlinien und die Fortschrittsmitteilung des UN Global Compact, Amsterdam 2007 (Verbindungen schaffen).

GRIMMEL, ECKHARD, Kreisläufe der Erde, 3. Aufl., Münster 2004 (Kreisläufe der Erde).

GRÜNDER, WERNER, Chinas Integration in die Weltwirtschaft - Auswirkungen auf die chinesische Volkswirtschaft, Hamburg 2010 (Integration in die Weltwirtschaft).

GUTENBERG, ERICH, Grundlagen der Betriebswirtschaftslehre, 24. Aufl., Berlin/Heidelberg 1983 (Grundlagen der BWL).

GUTENBERG, ERICH, Zur Theorie der Unternehmung, in: Schriften und Reden von Erich Gutenberg, hrsg. v. Albach, Horst, Berlin 1989 (Theorie der Unternehmung).

HABERER, AXEL F., Umweltbezogene Informationsasymmetrien und transparenzschaffende Institutionen, Marburg 1996 (Umweltbezogene Informationsasymmetrien).

HABISCH, ANDRÉ/WILDNER, MARTIN/WENZEL, FRANZ, Corporate Citizenship (CC) als Bestandteil der Unternehmensstrategie, in: Handbuch Corporate Citizenship - Corporate Social Responsibility für Manager, hrsg. v. HABISCH, ANDRÉ/SCHMIDPETER, RENÉ/NEUREITER, MARTIN, Berlin 2008, S. 3-43 (Corporate Citizenship als Bestandteil der Unternehmensstrategie).

HAFEMANN, BURKHARD, Aristoteles' transzendentaler Realismus - Inhalt und Umfang erster Prinzipien der Metaphysik, Berlin 1998 (Aristoteles' transzendentaler Realismus).

HAGEN, RAINER VON, Betriebliche Umweltpolitik - Kurative und präventive Aspekte, Wiesbaden 1992 (Betriebliche Umweltpolitik).

HAHN, RÜDIGER, Multinationale Unternehmen und die "Base of the Pyramid" - Neue Perspektiven von Corporate Citizenship und Nachhaltiger Entwicklung, Wiesbaden 2009 (Multinationale Unternehmen).

HAINKE, HOLGER, Präventive Strategien des Arbeitsschutzes für leistungsgewandelte ältere Arbeitnehmer, Dortmund 1995 (Arbeitsschutz für ältere Arbeitnehmer).

HAIST, FRITZ/FROMM, HANSJÖRG, Qualität im Unternehmen - Prinzipien - Methoden - Techniken, München 1989 (Qualität im Unternehmen).

HALLER, AXEL, Wertschöpfungsrechnung, Stuttgart 1997 (Wertschöpfungsrechnung).

HALLER, AXEL/ERNSTBERGER, JÜRGEN, Global Reporting Initiative - Internationale Leitlinien zur Erstellung von Nachhaltigkeitsberichten, in: BB 2006, S. 2516-2524 (GRI).

HAMM, BRIGITTE/KOCH, HANNES, Soziale und ökologische Verantwortung - Zur Umsetzung des Global Compact in deutschen Mitgliedsunternehmen, Frankfurt/Main 2010 (Umsetzung des Global Compact).

HANLEY, NICK/SHOGREN, JASON F./WHITE, BEN, Introduction to Environmental Economics, Oxford/New York 2001 (Environmental Economics).

HAPPEL, MARKUS A., Wertorientiertes Controlling in der Praxis, Lohmar 2001 (Wertorientiertes Controlling).

HARDTKE, ARND, Das CSR-Universum, in: Gesellschaftliche Verantwortung von Unternehmen - von der Idee der Corporate Social Responsibility zur erfolgreichen Umsetzung, hrsg. v. HARDTKE, ARND/KLEINFELD, ANNETTE, Wiesbaden 2010, S. 13-77 (CSR).

HATCH, MARY JO/MIRVIS, PHILIP H., Designing a Positive Image: Corporate Branding and Social Responsibility, in: Advances in Appreciative Inquiry 2010, S. 35-55 (Corporate Branding and Social Responsibility).

HAUFF, MICHAEL VON/KLEINE, ALEXANDRO, Nachhaltige Entwicklung - Grundlagen und Umsetzung, München 2009 (Nachhaltige Entwicklung).

HAYEK, FRIEDRICH AUGUST VON, Die reine Theorie des Kapitals, Tübingen 2006 (Theorie des Kapitals).

HECKNER, FRANK, Identifikation marktspezifischer Erfolgsfaktoren - Ein heuristisches Verfahren angewendet am Beispiel eines pharmazeutischen Teilmarktes, Bern/Berlin 1998 (Marktspezifische Erfolgsfaktoren).

HEILBRONER, ROBERT L. (Hrsg.), In the Name of Profit, New York 1972 (In the Name of Profit).

HEINEN, EDMUND, Die Zielfunktion der Unternehmung, in: Zur Theorie der Unternehmung - Festschrift zum 65. Geburtstag von Erich Gutenberg, hrsg. v. KOCH, HELMUT, Wiesbaden 1962, S. 9-72 (Die Zielfunktion der Unternehmung).

HEINEN, EDMUND, Grundlagen betriebswirtschaftlicher Entscheidungen - Das Zielsystem der Unternehmung, 3. Aufl., Wiesbaden 1976 (Grundlagen der Entscheidungen).

HELM, SABRINA, Unternehmensreputation und Stakeholder-Loyalität, Wiesbaden 2007 (Unternehmensreputation und Stakeholder-Loyalität).

HENKEL KGAA (Hrsg.), Geschäftsbericht 2008, Düsseldorf 2009 (Geschäftsbericht 2008).

HERMANN, STEFFEN, Corporate Sustainability Branding - Nachhaltigkeits- und stakeholderorientierte Profilierung von Unternehmensmarken, Wiesbaden 2005 (Corporate Sustainability Branding).

HERZIG, CHRISTIAN, Managementinstrumente für eine nachhaltige Unternehmensentwicklung, Lüneburg 2002 (Nachhaltige Unternehmensentwicklung).

HERZIG, CHRISTIAN/PIANOWSKI, MATHIAS, Nachhaltigkeitsberichterstattung, in: Betriebliches Umweltmanagement - Nachhaltiges Wirtschaften in Unternehmen, hrsg. v. BAUMAST, ANETTE/PAPE, JENS, 3. Aufl., Stuttgart 2008, S. 217-232 (Nachhaltigkeitsberichterstattung).

HERZOG, ULRICH, Sexuelle Belästigung am Arbeitsplatz, Heidelberg 1997 (Sexuelle Belästigung am Arbeitsplatz).

HEßHAUS, WERNER, Unternehmensführung und Unternehmensziele, Wiesbaden 1977 (Unternehmensführung und Unternehmensziele).

HEUSKEL, DIETER, Ausblick: Von der sozialen zur strategischen Perspektive - ein hoffnungsvoller Ausblick zur Zukunft der CSR, in: Handbuch Corporate Citizenship - Corporate Social Responsibility für Manager, hrsg. v. HABISCH, ANDRÉ/SCHMIDPETER, RENÉ/NEUREITER, MARTIN, Berlin 2008, S. 519-521 (Von der sozialen zur strategischen Perspektive).

HEWEL, BRIGITTE/NEUBÄUMER, RENATE, Einführung, in: Volkswirtschaftslehre - Grundlagen der Volkswirtschaftstheorie und Volkswirtschaftspolitik, hrsg. v. NEUBÄUMER, RENATE/HEWEL, BRIGITTE/LENK, THOMAS, 5. Aufl., Wiesbaden 2011, S. 3-32 (Einführung in die VWL).

HILDEBRANDT, PAULA-MARIE, Der Global Compact: Das Unternehmen Nachhaltigkeit, in: Einstieg in Nachhaltige Entwicklung, hrsg. v. AMELUNG, NINA/MAYER-SCHOLL, BARBARA/SCHÄFER, MARTINA/WEBER, JANINE, Frankfurt/Main 2008, S. 176-189 (Der Global Compact).

HINSCH, WILFRIED (Hrsg.), Zur Idee des politischen Liberalismus - John Rawls in der Diskussion, Frankfurt/Main 1997 (Politischer Liberalismus).

HINZ, SILKE K. B., Erwerbsarbeit im Wandel - unter besonderer Berücksichtigung der Frauenerwerbstätigkeit und der Vereinbarkeit von Beruf und Familie, Tönning 2008 (Erwerbsarbeit im Wandel).

HIRSCHLAND, MATTHEW J., Corporate Social Responsibility and the Shaping of Global Public Policy, New York 2006 (CSR and Global Public Policy).

HITZBLECK, SOFIA, Reputation als Schlüssel zum Unternehmenserfolg - Wie Kommunikation Unternehmenswert schafft, Baden-Baden 2011 (Reputation und Unternehmenserfolg).

HÖFFE, OTFRIED, Gerechtigkeit - eine philosophische Einführung, 4. Aufl., München 2010 (Gerechtigkeit).

HOFMANN, STEFAN, Nachhaltigkeitsberichterstattung: Information oder Manipulation? Sustainability Reporting im Spannungsfeld zwischen Wahrheit und Beschönigung, in: ZCG 2007, S. 131-137 (Information oder Manipulation).

HOHAUS, BENEDIKT/WEBER, CHRISTOPH, Die Angemessenheit der Vorstandsvergütung gem. § 87 AktG nach dem VorstAG, in: DB 2009, S. 1515-1520 (Angemessenheit der Vorstandsvergütung).

HOHMEYER, OLAV, Soziale Kosten des Energieverbrauchs, Berlin 1988 (Kosten des Energieverbrauchs).

HÖLZ, HANNS, Der UN Global Compact, in: Handbuch Corporate Citizenship - Corporate Social Responsibility für Manager, hrsg. v. HABISCH, ANDRÉ/ SCHMIDPETER, RENÉ/NEUREITER, MARTIN, Berlin 2008, S. 511-517 (UN Global Compact).

HOLZAMER, BERND, Externe Effekte - Theoretische Grundlagen und wirtschaftspolitische Problematik, München 1967 (Externe Effekte).

HOMANN, KARL, Ökonomik: Fortsetzung der Ethik mit anderen Mitteln, in: Wirtschaftsethik im Diskurs. Eine kritische Auseinandersetzung mit Karl Homann, hrsg. v. FONARI, ALEXANDER/NACKE, STEFAN, Münster 2002, S. 19-50 (Ökonomik: Fortsetzung der Ethik mit anderen Mitteln).

HOMANN, KARL, Gesellschaftliche Verantwortung der Unternehmen - Philosophische, gesellschaftstheoretische und ökonomische Überlegungen, in: Betriebswirtschaftslehre und gesellschaftliche Verantwortung, hrsg. v. SCHNEIDER, URSULA/STEINER, PETER, Wiesbaden 2004, S. 1-16 (Gesellschaftliche Verantwortung der Unternehmen).

HOMANN, KARL/SUCHANEK, ANDREAS, Ökonomik - eine Einführung, 2. Aufl., Tübingen 2005 (Ökonomik).

HOMBURG, CHRISTIAN/KROHMER, HARLEY, Marketingmanagement - Strategie - Instrumente - Umsetzung - Unternehmensführung, 3. Aufl., Wiesbaden 2009 (Marketingmanagement).

HORN, CHRISTOPH/SCARANO, NICO (Hrsg.), Philosophie der Gerechtigkeit - Texte von der Antike bis zur Gegenwart, Frankfurt/Main 2002 (Philosophie der Gerechtigkeit).

HÖSCHEN, NICOLE/VU, ANNETTE, Möglichkeiten und Herausforderungen der Prüfung von Nachhaltigkeitsberichten, in: WPg 2008, S. 378-387 (Prüfung von Nachhaltigkeitsberichten).

HUBER, JOSEPH, Nachhaltige Entwicklung - Strategien für eine ökologische und soziale Erdpolitik, Berlin 1995 (Nachhaltige Entwicklung).

HUCKE, ANJA/AMMANN, HELMUT, Der Deutsche Corporate Governance Kodex, Herne/Berlin 2003 (Deutscher Corporate Governance Kodex).

HUMMEL, HANS-PETER, Vom Erfolgsfaktoren- zum ressourcensichernden Nachhaltigkeitsmanagement - Ein Bezugsrahmen zur Sicherung eines dauerhaften Unternehmenserfolgs, Berlin 2008 (Ressourcensicherndes Nachhaltigkeitsmanagement).

HUMMRICH, MERLE (Hrsg.), Benachteiligung im Bildungssystem, Frankfurt/Main 2009 (Benachteiligung im Bildungssystem).

HÜPEN, ROLF, Nachfrage nach dauerhaften Gütern, Wartungsaufwand und geplante Obsoleszenz, in: Wirtschaftslehre zwischen Modell und Realität, hrsg. v. HÜPEN, ROLF/WERBECK, THOMAS, Stuttgart 1998, S. 75-90 (Dauerhafte Güter, Wartungsaufwand und geplante Obsoleszenz).

HÜTTNER, MANFRED/HEUER, KAI R., Betriebswirtschaftslehre, 3. Aufl., München 2004 (BWL).

IAO (Hrsg.), Übereinkommen Nr. 29 über Zwangs- oder Pflichtarbeit, Genf 1930 (Übereinkommen Nr. 29 über über Zwangs- oder Pflichtarbeit).

IAO (Hrsg.), Übereinkommen Nr. 87 über die Vereinigungsfreiheit und den Schutz des Vereinigungsrechts, San Francisco 1948 (Übereinkommen Nr. 87 über über die Vereinigungsfreiheit und den Schutz des Vereinigungsrechts).

IAO (Hrsg.), Übereinkommen Nr. 98 über die Anwendung der Grundsätze des Vereinigungsrechtes und des Rechtes zu Kollektivverhandlungen, Genf 1949 (Übereinkommen Nr. 98 über über die Anwendung der Grundsätze des Vereinigungsrechtes und des Rechtes zu Kollektivverhandlungen).

IAO (Hrsg.), Übereinkommen Nr. 100 über die Gleichheit des Entgelts männlicher und weiblicher Arbeitskräfte für gleichwertige Arbeit, Genf 1951 (Übereinkommen Nr. 100 über über die Gleichheit des Entgelts männlicher und weiblicher Arbeitskräfte für gleichwertige Arbeit).

IAO (Hrsg.), Übereinkommen Nr. 105 über die Abschaffung der Zwangsarbeit, Genf 1957 (Übereinkommen Nr. 105 über über die Abschaffung der Zwangsarbeit).

IAO (Hrsg.), Übereinkommen Nr. 111 über die Diskriminierung in Beschäftigung und Beruf, Genf 1958 (Übereinkommen Nr. 111 über über die Diskriminierung in Beschäftigung und Beruf).

IAO (Hrsg.), Übereinkommen Nr. 138 über das Mindestalter für die Zulassung zur Beschäftigung, Genf 1973 (Übereinkommen Nr. 138 über über das Mindestalter für die Zulassung zur Beschäftigung).

IAO (Hrsg.), Recording and Notification of Occupational Accidents and Diseases, Genf 1996 (Occupational Accidents and Diseases).

IAO (Hrsg.), Übereinkommen Nr. 182 über das Verbot und unverzügliche Maßnahmen zur Beseitigung der schlimmsten Formen der Kinderarbeit, Genf 1999 (Übereinkommen Nr. 182 über über das Verbot und unverzügliche Maßnahmen zur Beseitigung der schlimmsten Formen der Kinderarbeit).

INTERNATIONALES ARBEITSAMT (Hrsg.), Beitrag zur Frage der internationalen Gegenüberstellung der Lebenshaltungskosten, Genf 1933 (Gegenüberstellung der Lebenshaltungskosten).

INWINKL, PETRA/SCHNEIDER, GEORG, Überblick über das neue Gesetz zur Angemessenheit der Vorstandsvergütung (VorstAG), in: WPg 2009, S. 971-979 (Vorstandsvergütungsgesetz).

JACOBS, ALFRED, Der internationale Vergleich der Lebenshaltungskosten, Berlin 1957 (Vergleich der Lebenshaltungskosten).

JAMES, KARLI/LEWIS, HELEN/FITZPATRICK, LEANNE/SONNEVELD, KEES, Sustainable Packaging Systems Development, in: Handbook of Sustainability Research, hrsg. v. LEAL FILHO, WALTER, Frankfurt/Main 2005, S. 371-407 (Sustainable Packaging).

JANIK, ACHIM, Investor Relations in der Unternehmenskommunikation, Wiesbaden 2002 (Investor Relations in der Unternehmenskommunikation).

JANSSEN, GABRIELE, Die Lösemittelbilanz, Landsberg am Lech 2006 (Lösemittelbilanz).

JANTZ, KURT, Probleme der sozialen Sicherheit in klassischer und moderner Sicht, in: Sozialstaatsprinzip und soziale Sicherheit, hrsg. v. REUSS, WILHELM/JANTZ, KURT, Stuttgart 1960, S. 32-48 (Soziale Sicherheit).

JENSEN, MICHAEL C./MECKLING, WILLIAM H., Theory of the Firm, Managerial Behaviour, Agency Costs and Ownership Structure, in: Journal of Financial Economics 1976, S. 205-360 (Theory of the Firm).

JONKER, JAN/STARK, WOLFGANG/TEWES, STEFAN, Corporate Social Reponsibility und nachhaltige Entwicklung, Heidelberg 2011 (CSR und nachhaltige Entwicklung).

JUNG, UDO, Average Prudent Investor (API), in: Lexikon der Rechnungslegung und Abschlussprüfung, hrsg. v. LÜCK, WOLFGANG, 4. Aufl., München 1998, S. 68 (Average Prudent Investor).

JUNGK, DIETER/MERTINEIT, KLAUS-DIETER, Ansätze und Praxis betrieblicher Umweltbildung: Beiträge zur Nachhaltigkeit?, in: Nachhaltigkeit, Wissensgesellschaft und lebenslanges Lernen, hrsg. v. FISCHER, ANDREAS/VOGEL, THOMAS, Bielefeld 2000, S. 37-58 (Betriebliche Umweltbildung).

KAGAN, SACHA/KIRCHBERG, VOLKER (Hrsg.), Sustainability: a new frontier for the arts and cultures, Frankfurt/Main 2008 (Sustainability and Arts).

KAJÜTER, PETER, Risikoberichterstattung: Empirische Befunde und der Entwurf des DRS 5, in: DB 2001, S. 105-111 (Risikoberichterstattung).

KAJÜTER, PETER, Prüfung der Risikoberichterstattung im Lagebericht, in: BB 2002, S. 243-249 (Risikoberichterstattung).

KAJÜTER, PETER, Wertorientierte Unternehmensführung, in: Betriebswirtschaft für Führungskräfte, hrsg. v. BUSSE VON COLBE, WALTHER/COENENBERG, ADOLF G./KAJÜTER, PETER/LINNHOFF, ULRICH, 2. Aufl., Stuttgart 2002, S. 257-286 (Wertorientierte Unternehmensführung).

KAJÜTER, PETER, Die Regulierung des Risikomanagements im internationalen Vergleich, in: ZfCM 2004, S. 12-25 (Regulierung des Risikomanagements).

KAJÜTER, PETER/ESSER, SIMON, Risiko- und Chancenberichterstattung im Lagebericht - Eine empirische Analyse der HDAX-Unternehmen, in: IRZ 2007, S. 381-390 (Risiko- und Chancenberichterstattung).

KARASCHEWSKI, WERNER, Externe Effekte in statischer, dynamischer und räumlicher Sicht, Freiburg im Breisgau 1967 (Externe Effekte).

KASTENHOLZ, HANS G./ERDMANN, KARL-HEINZ/WOLFF, MANFRED, Perspektiven einer nachhaltigen Entwicklung - eine Einführung, in: Nachhaltige Entwicklung - Zukunftschancen für Mensch und Umwelt, hrsg. v. KASTENHOLZ, HANS G./ERDMANN, KARL-HEINZ/WOLFF, MANFRED, Berlin 1996, S. 1-8 (Perspektiven einer nachhaltigen Entwicklung).

KERBER, WOLFGANG, Wettbewerbspolitik, in: Vahlens Kompendium der Wirtschaftstheorie und Wirtschaftspolitik - Band 2, hrsg. v. BENDER, DIETER/BERG, HARTMUT/CASSEL, DIETER/GABISCH, GÜNTER/GROSSEKETTLER, HEINZ/ HARTWIG, KARL-HANS, 9. Aufl., München 2007, S. 369-434 (Wettbewerbspolitik).

KERSCHBAUMER, JUDITH/PERRENG, MARTINA, Betriebliche Altersvorsorge - Analyse und Handlungsempfehlungen, Frankfurt/Main 2003 (Betriebliche Altersvorsorge).

KERSTING, WOLFGANG, Kritik der Gleichheit - Über die Grenzen der Gerechtigkeit und der Moral, Weilerswist 2005 (Kritik der Gleichheit).

KIM, KICHEOL, Interaktive Nachhaltigkeitsberichterstattung im Internet - Konzept und Bestandsaufnahme der Global-Fortune-500-Unternehmen, in: Internetbasierte Nachhaltigkeitsberichterstattung - Maßgeschneiderte Stakeholder-Kommunikation mit IT, hrsg. v. ISENMANN, RALF/MARX GÓMEZ, JORGE, Berlin 2008, S. 355-369 (Interaktive Nachhaltigkeitsberichterstattung im Internet).

KIM, MI-KYONG, Frauenarbeit im Spannungsfeld zwischen Beruf und Familie, Opladen 2000 (Frauenarbeit).

KLEMM-BAX, SILKE, Erfolgsfaktoren: Ein unscharfer Modellansatz zur Bestimmung des Unternehmenserfolgs auf der Grundlage empirischer Daten, Paderborn 2000 (Erfolgsfaktoren).

KLINKER, JAN, Korruption in Unternehmen - Maßnahmen zur integrierten Prävention, Saarbrücken 2007 (Korruption in Unternehmen).

KNIGHT, PETER, The Knight Shift - Held to Account Bean counters are not enough. The greater need is for independently minded verifiers, in: Tomorrow: global environment business 1999, S. 26-27 (Held to Account).

KNISCH, HARALD, Müllexporte - Entsorgung auf Kosten der Armen, Kassel 1991 (Müllexporte).

KNORR, ANDREAS, Umweltschutz, nachhaltige Entwicklung und Freihandel, Stuttgart 1997 (Nachhaltige Entwicklung und Freihandel).

KOELEN, PETER, Investitionstheoretische Bewertungskalküle in der IFRS-Rechnungslegung - Möglichkeiten und Grenzen einer unternehmenswertorientierten Berichterstattung, Lohmar 2009 (Bewertungskalküle in der IFRS-Rechnungslegung).

KOHL, TIM, Holistische Wirtschaftsethik - Grundlegung und Anwendung auf die Managergehälter, Stuttgart 2009 (Holistische Wirtschaftsethik).

KÖHLER, STEFAN/WILLE, VOLKER, Infrastruktur in einer mobilen Gesellschaft - Einführung in das Thema, in: Infrastruktur in einer mobilen Gesellschaft, hrsg. v. KÖHLER, STEFAN, Hannover 2007, S. 1-8 (Mobile Gesellschaft).

KÖHRMANN, HANNES, Die Rechnungslegung kommunaler Gebietskörperschaften - Eine Analyse der Regelungen des NKF und der IPSAS, Lohmar 2009 (Rechnungslegung kommunaler Gebietskörperschaften).

KÖNIG, MATTHIAS, Nachhaltigkeit im Unternehmen, in: Ethisches Management - Grundlagen eines wert(e)orientierten Führungskräfte-Kodex, hrsg. v. BRINK, ALEXANDER/TIBERIUS, VICTOR A., Bern/Stuttgart 2005, S. 481-498 (Nachhaltigkeit im Unternehmen).

KOTLER, PHILIP/ARMSTRONG, GARY/WONG, VERONICA/SAUNDERS, JOHN, Grundlagen des Marketing, 5. Aufl., München 2011 (Grundlagen des Marketing).

KOTLER, PHILIP/LEE, NANCY R., Social Marketing für eine bessere Welt - Praxishandbuch für Politik, Unternehmen und Institutionen, München 2010 (Social Marketing).

KPMG (Hrsg.), Integrated Reporting - Closing the Loop of Strategy, Amsterdam 2010 (Integrated Reporting).

KRADOLFER, EDGAR, Nachhaltige Entwicklung in der Trägheit gesellschaftlichen Wandels - Konzeptionelle Überlegungen für eine PR für nachhaltige Entwicklung am Beispiel der Ernährung in der Schweiz, Frankfurt/Main 2001 (Nachhaltige Entwicklung und gesellschaftlicher Wandel).

KRAMER, ULRICH/BURIAN, KLAUS/GERBRACHT, PETRA/HEGNER, FRIEDHART, Wettbewerbsstärke und bessere Vereinbarkeit von Familie und Beruf - kein Widerspruch, Berlin 1998 (Wettbewerbsstärke und Vereinbarkeit von Familie und Beruf).

KROMSCHRÖDER, BERNHARD, Risiko - Risikoforschung - Risikokommunikation, in: Nachhaltige Entwicklung - Strategie für das 21. Jahrhundert? Eine interdisziplinäre Annäherung, hrsg. v. GEISS, JAN/WORTMANN, DAVID/ZUBER, FABIAN, Opladen 2003, S. 123-142 (Risiko).

KRUMBHOLZ, MARCUS, Die Qualität publizierter Lageberichte - Ein empirischer Befund zur Unternehmenspublizität, Düsseldorf 1994 (Qualität publizierter Lageberichte).

KÜHLING, JÜRGEN/SEIDEL, CHRISTIAN/SIVRIDIS, ANASTASIOS, Datenschutzrecht, Frankfurt/Main 2008 (Datenschutzrecht).

KUNATH, OLIVER, Systemdynamische Werttreiberplanung - Strategische Erfolgsfaktoren, finanzielle Werttreiber und System Dynamics, Hamburg 2009 (Systemdynamische Werttreiberplanung).

KÜNZLI DAVID, CHRISTINE, Zukunft mitgestalten - Bildung für eine nachhaltige Entwicklung - Didaktisches Konzept und Umsetzung in der Grundschule, Bern 2007 (Bildung für nachhaltige Entwicklung).

KURRAT, ANIKA, Bildung für eine nachhaltige Entwicklung in der Grundschule, Berlin 2010 (Bildung für nachhaltige Entwicklung).

KÜTING, KARLHEINZ/WEBER, CLAUS-PETER, Der Konzernabschluss, 12. Aufl., Stuttgart 2010 (Der Konzernabschluss).

KUTT, KONRAD/MERTINEIT, KLAUS-DIETER (Hrsg.), Von der beruflichen Umweltbildung zur Berufsbildung für eine nachhaltige Entwicklung, Bonn 2000 (Umweltbildung).

LACKMANN, JULIA, Die Auswirkungen der Nachhaltigkeitsberichterstattung auf den Kapitalmarkt, Wiesbaden 2009 (Auswirkungen des Nachhaltigkeitsberichts auf den Kapitalmarkt).

LANGE, CHRISTOPH/AHSEN, ANNETTE VON, Externes Umweltschutz-Reporting, in: DBW 2002, S. 447-450 (Externes Umweltschutz-Reporting).

LANGE, CHRISTOPH/DALDRUP, HERBERT, Grundsätze ordnungsmäßiger Umweltschutz-Publizität - Vertrauenswürdige Berichterstattung über die ökologische Lage in Umwelterklärungen und Umweltberichten, in: WPg 2002, S. 657-668 (Grundsätze ordnungsmäßiger Umweltschutz-Publizität).

LANGE, KLAUS (Hrsg.), Nachhaltigkeit im Recht, Baden-Baden 2003 (Nachhaltigkeit im Recht).

LEFFSON, ULRICH, Die Grundsätze ordnungsmäßiger Buchführung, 7. Aufl., Düsseldorf 1987 (GoB).

LEINER, BERND, Einführung in die Statistik, 9. Aufl., München 2004 (Statistik).

LEISINGER, KLAUS M., Globalisierung, minima moralia und die Verantwortung multinationaler Unternehmen, in: Unternehmensethik und die Transformation des Wettbewerbs - Shareholder-Value - Globalisierung - Hyperwettbewerb, hrsg. v. KUMAR, BRIJ NINO/OSTERLOH, MARGIT/SCHREYÖGG, GEORG, Stuttgart 1999, S. 319-341 (Globalisierung und Verantwortung multinationaler Unternehmen).

LETTL, TOBIAS, Kartellrecht, 2. Aufl., München 2007 (Kartellrecht).

LEUTERITZ, ANJA/WÜNSCHMANN, STEFAN/SCHWARZ, UTA/MÜLLER, STEFAN, Erfolgsfaktoren des Sponsoring, Göttingen 2008 (Erfolgsfaktoren des Sponsoring).

LINGNAU, VOLKER, Sustainability Accounting - Möglichkeiten und Grenzen der Berücksichtigung von Nachhaltigkeitsaspekten im Rechnungswesen, in: Nachhaltiges Wirtschaften - Integrierte Konzepte, hrsg. v. HAUFF, MICHAEL VON/LINGNAU, VOLKER/ZINK, KLAUS J., Baden-Baden 2008, S. 77-104 (Sustainability Accounting).

LOEW, THOMAS/ANKELE, KATHRIN/BRAUN, SABINE/CLAUSEN, JENS, Bedeutung der CSR-Diskussion für Nachhaltigkeit und die Anforderungen an Unternehmen, Berlin 2004 (CSR-Diskussion und Nachhaltigkeit).

LOEW, THOMAS/ANKELE, KATHRIN/BRAUN, SABINE/CLAUSEN, JENS, Bedeutung der internationalen CSR-Diskussion für Nachhaltigkeit und die sich daraus ergebenden Anforderungen an Unternehmen mit Fokus Berichterstattung, Berlin 2004 (Bedeutung der internationalen CSR-Diskussion für Nachhaltigkeit).

LOHR, WOLFGANG, Öffentliche Güter und externe Effekte - Eine Wohlfahrtstheoretische Analyse, Konstanz 1989 (Öffentliche Güter und externe Effekte).

LÜBKE, VOLKMAR, Was tun deutsche Unternehmen gegen Kinderarbeit?, Hannover 1999 (Kinderarbeit).

LUCE, REBECCA A./BARBER, ALISON E./HILLMAN, AMY J., Good Deeds and Misdeeds: A Mediated Model of the Effect of Corporate Social Performance on Organizational Attractiveness, in: Business and Society Review 2001, S. 397-415 (Corporate Social Performance and Organizational Attractiveness).

LUHMANN, NIKLAS, Soziale Systeme - Grundriß einer allgemeinen Theorie, Frankfurt/Main 1984 (Soziale Systeme).

LUHMANN, NIKLAS, Grundrechte als Institutionen - Ein Beitrag zur politischen Soziologie, 3. Aufl., Berlin 1986 (Grundrechte).

LUHMANN, NIKLAS, Die Kunst der Gesellschaft, Frankfurt/Main 1995 (Die Kunst der Gesellschaft).

LUHMANN, NIKLAS, Die Gesellschaft der Gesellschaft, Frankfurt/Main 1998 (Gesellschaft der Gesellschaft).

LUHMANN, NIKLAS, Einführung in die Systemtheorie, 5. Aufl., Heidelberg 2009 (Einführung in die Systemtheorie).

LUNAU, YORK, Erwartungen der Bürger an Unternehmen, in: Handbuch Corporate Citizenship - Corporate Social Responsibility für Manager, hrsg. v. HABISCH, ANDRÉ/SCHMIDPETER, RENÉ/NEUREITER, MARTIN, Berlin 2008, S. 477-482 (Erwartungen der Bürger).

LUNAU, YORK/WETTSTEIN, FLORIAN, Die soziale Verantwortung der Wirtschaft - Was Bürger von Unternehmen erwarten, München 2004 (Soziale Verantwortung der Wirtschaft).

LUNDIE, SVEN/LENZEN, MANFRED, Quantitative Nachhaltigkeitsberichterstattung ohne Systemgrenzen, in: Internetbasierte Nachhaltigkeitsberichterstattung - Maßgeschneiderte Stakeholder-Kommunikation mit IT, hrsg. v. ISENMANN, RALF/MARX GÓMEZ, JORGE, Berlin 2008, S. 99-111 (Quantitative Nachhaltigkeitsberichterstattung ohne Systemgrenzen).

MAAß, FRANK, Kooperative Ansätze im Corporate Citizenship - Erfolgsfaktoren gemeinschaftlichen Bürgerengagements von Unternehmen im deutschen Mittelstand, München 2009 (Kooperative Ansätze im CC).

MACHARZINA, KLAUS, Unternehmensführung - das internationale Managementwissen, 7. Aufl., Wiesbaden 2010 (Unternehmensführung).

MACPHERSON, CRAWFORD BROUGH, Demokratietheorie, München 1977 (Demokratietheorie).

MAHAMMADZADEH, MAHAMMAD, Sustainability Balanced Scorecard, in: Betriebliches Umweltmanagement - Nachhaltiges Wirtschaften in Unternehmen, hrsg. v. BAUMAST, ANETTE/PAPE, JENS, 3. Aufl., Stuttgart 2008, S. (Sustainability Balanced Scorecard).

MARSCHALL, WOLFGANG/WYSS-GIACOSA, PAOLA VON/ISLER, ANDREAS (Hrsg.), Genauigkeit, Bern 2008 (Genauigkeit).

MASLOW, ABRAHAM H., Motivation und Persönlichkeit, Olten 1977 (Motivation und Persönlichkeit).

MAUL, DANIEL, Menschenrechte, Sozialpolitik und Dekolonisation - Die Internationale Arbeitsorganisation (IAO) 1940-1970, Essen 2007 (Internationale Arbeitsorganisation).

MAXWELL, TUDOR JAMES, Corporate Governance and Sustainability: Board Management for Strategic Responses to Climate Change, Bamberg 2006 (Corporate Governance and Sustainability).

MEFFERT, HERIBERT/KIRCHGEORG, MANFRED, Marktorientiertes Umweltmanagement - Grundlagen und Fallstudien, 3. Aufl., Stuttgart 1998 (Marktorientiertes Umweltmanagement).

MEFFERT, HERIBERT/MÜNSTERMANN, MATTHIAS, Corporate Social Responsibility in Wissenschaft und Praxis - eine Bestandsaufnahme, Münster 2005 (CSR in Wissenschaft und Praxis).

MEFFERT, HERIBERT/RAUCH, CHRISTIAN/LEPP, HANNA LENA, Sustainable Branding - mehr als ein neues Schlagwort?!, in: Marketing Review St. Gallen 2010, S. 28-35 (Sustainable Branding).

MEKAT, MARTIN CHRISTOPHER, Der Grundsatz der Wesentlichkeit in Rechnungslegung und Abschlussprüfung, Baden-Baden 2009 (Wesentlichkeit in der Rechnungslegung).

MERK, RICHARD, Weiterbildung und Unternehmenserfolg in mittelständischen Unternehmen, in: Systematische Weiterbildung und Unternehmenserfolg, hrsg. v. Bildungswerk der ostwestfälisch-lippischen Wirtschaft - BOE e.V., Bielefeld 1998, S. 9-22 (Weiterbildung und Unternehmenserfolg).

MERTENS, HEIDE, Hausfrau - Karrierefrau? Vereinbarkeit von Beruf und Familie als Herausforderung, Münster 1996 (Vereinbarkeit von Beruf und Familie).

MEYER, JUSTUS, Wirtschaftsprivatrecht, 6. Aufl., Berlin 2006 (Wirtschaftsprivatrecht).

MÖLLER, EVELIN, Unternehmen pro Umwelt - Ansätze ganzheitlichen Denkens in Politik und Wirtschaft, Architektur, Produktentwicklung und Design, München 1989 (Pro Umwelt).

MONEN, KATHRIN, Das Verbot der Diskriminierung - Eine Untersuchung aufgrund der Rasse, des Geschlechts und der sexuellen Identität im deutschen und U.S.-amerikanischen Privatrecht, Düsseldorf 2007 (Verbot der Diskriminierung).

MOSER, WALTER, Kriterien zur Beurteilung der finanziellen Lage öffentlicher Gemeinwesen, Bern 1982 (finanzielle Lage öffentlicher Gemeinwesen).

MOXTER, ADOLF, Fundamentalgrundsätze ordnungsmäßiger Rechenschaft, in: Bilanzfragen - Festschrift zum 65. Geburtstag von Prof. Dr. Ulrich Leffson, hrsg. v. BAETGE, JÖRG/MOXTER, ADOLF/SCHNEIDER, DIETER, Düsseldorf 1976, S. 87-100 (Fundamentalgrundsätze).

MUCHLINSKI, PETER, The Development of Human Rights Responsibilities for Multinational Enterprises, in: Business and Human Rights, hrsg. v. SULLIVAN, RORY, Sheffield 2003, S. 33-51 (Human Rights Responsibilities).

MÜLLER-CHRIST, GEORG, Nachhaltiges Ressourcenmanagement - eine wirtschaftsökologische Fundierung, Marburg 2001 (Nachhaltiges Ressourcenmanagement).

MÜLLER-CHRIST, GEORG, Umweltmanagement, München 2001 (Umweltmanagement).

MÜLLER-SIEBERS, KARL, Berufliche Handlungsfähigkeit als Ziel der Weiterbildung, in: Systematische Weiterbildung und Unternehmenserfolg, hrsg. v. Bildungswerk der ostwestfälisch-lippischen Wirtschaft e.V., Bielefeld 1998, S. 47-56 (Berufliche Handlungsfähigkeit).

MÜLLER, ARMIN, Grundzüge eines ganzheitlichen Controllings, München/Wien 1996 (ganzheitliches Controlling).

MÜLLER, ARMIN, Umweltorientiertes betriebliches Rechnungswesen, München 2010 (Umweltorientiertes betriebliches Rechnungswesen).

MÜLLER, GUDRUN, Work-Life-Balance in einem modernen Dienstleistungsunternehmen, in: Beteiligungsorientierte Unternehmenskultur - Erfolgsfaktoren, Paxisbeispiele und Handlungskonzepte, hrsg. v. NERDINGER, FRIEDEMANN W./WILKE, PETER, Wiesbaden 2009, S. 101-114 (Work-Life-Balance).

MUNK, KATHARINA, Ökologie, Evolution, Stuttgart 2009 (Ökologie).

MUNZERT, EBERHARD, Administrative Möglichkeiten zur Korruptionsbekämpfung, in: Korruption in Deutschland, hrsg. v. DENZER, KARL JOSEF, Bielefeld 1996, S. 25-36 (Korruptionsbekämpfung).

NAGEL, HANS-DIETER/GREGOR, HEINZ-DETLEF (Hrsg.), Ökologische Belastungsgrenzen - Critical Loads & Levels - Ein internationales Konzept für Luftreinhaltepolitik, Berlin 1999 (Ökologische Belastungsgrenzen).

NARODOSLAWSKY, MICHAEL, Kreislaufwirtschaft, Ressourcenschonung und Nachhaltigkeit, in: Abfall, Energie und Klima - Wege und Konzepte für eine integrierte Ressourcennutzung, hrsg. v.

JOHNKE, BERNT/SCHEFFRAN, JÜRGEN/SOYEZ, KONRAD, Berlin 2004, S. 41-53 (Kreislaufwirtschaft, Ressourcenschonung und Nachhaltigkeit).

NENTWIG, WOLFGANG/BACHER, SVEN/BRANDL, ROLAND, Ökologie kompakt, 2. Aufl., Berlin/Heidelbarg 2009 (Ökologie).

NERMERICH, DANIEL, Mindestlohn - eine kritische Einordnung, Frankfurt/Main 2009 (Mindestlohn).

NEUBÄUMER, RENATE/HEWEL, BRIGITTE, Volkswirtschaftliches Rechnungswesen, in: Volkswirtschaftslehre - Grundlagen der Volkswirtschaftstheorie und Volkswirtschaftspolitik, hrsg. v. NEUBÄUMER, RENATE/HEWEL, BRIGITTE/LENK, THOMAS, 5. Aufl., Wiesbaden 2011, S. 155-208 (Volkswirtschaftliches Rechnungswesen).

NEUHAUS, ASTRID, Das "Arbeitnehmerkündigungsverhalten" als Teilaspekt einer allgemeinen Theorie von Fluktuation, Münster 2010 (Arbeitnehmerkündigungsverhalten).

NEZMESKAL-BERGGÖTZ, SUSANNA, Compliance Management und Unternehmenskultur - Das wertebasierte Compliance-Programm der Deutsche Post DHL, in: Handbuch Compliance-Management, hrsg. v. WIELAND, JOSEF/STEINMEYER, ROLAND/GRÜNINGER, STEPHAN, Berlin 2010, S. 365-384 (Compliance Management und Unternehmenskultur).

NOLL, ANDREAS, Die Begründung der Menschenrechte bei Luhmann - Vom Mangel an Würde zur Würde des Mangels, Basel/Genf 2006 (Menschenrechte bei Luhmann).

ODUM, EUGENE P., Ökologie, 3. Aufl., Stuttgart/New York 1999 (Ökologie).

OECD (Hrsg.), OECD-Leitsätze für multinationale Unternehmen, Paris 2000 (Leitsätze für multinationale Unternehmen).

OTTMAN, JACQUELYN A., The New Rules of Green Marketing - Strategies, Tools, and Inspiration for Sustainable Branding, Sheffield 2011 (New Rules of Green Marketing).

PAAR, SIMONE, Die Kommunikation von Corporate Citizenship, Bamberg 2005 (Kommunikation von CC).

PEARCE, DAVID W./WARFORD, JEREMY J., World without End, Oxford 1993 (World without End).

PELLENS, BERNHARD/FÜLBIER, ROLF UWE/GASSEN, JOACHIM/SELLHORN, THORSTEN, Internationale Rechnungslegung, 7. Aufl., Stuttgart 2008 (Internationale Rechnungslegung).

PEPLINSKI, KATRIN, Arbeitszeitflexibilisierung - Das Fundament jeglicher Work-Life Balance Maßnahmen, in: Erfolgreiche Umsetzung von Work-Life Balance in Organisationen - Strategien, Konzepte, Maßnahmen, hrsg. v. ESSLINGER, SUSANNE ADELHEID/SCHOBERT, DENIZ B., Wiesbaden 2007, S. 245-256 (Arbeitszeitflexibilisierung).

PETERSEN, DANIELA, Industrielle Umweltkostenrechnung - Aufgaben und Methoden, Göttingen 2003 (Industrielle Umweltkostenrechnung).

PFUHL, FABIAN, Von erlaubter Verkaufsförderung und strafbarer Korruption, Tübingen 2009 (Verkaufsförderung und Korruption).

PIEPER, ANNEMARIE, Ethik und Ökonomie - Historische und systematische Aspekte ihrer Beziehung, in: Sozialphilosophische Grundlagen ökonomischen Handelns, hrsg. v. BIEVERT, BERND/HELD, KLAUS/WIELAND, JOSEF, Frankfurt/Main 1990, S. 86-101 (Ethik und Ökonomie).

POMMERENING, THILO, Gesellschaftliche Verantwortung von Unternehmen - Eine Abgrenzung der Konzepte Corporate Social Responsibility und Corporate Citizenship, Rom 2005 (Gesellschaftliche Verantwortung von Unternehmen).

PORTER, MICHAEL E./KRAMER, MARK R., The Competitive Advantage of Corporate Philanthrophy, in: Harvard Business Review 2002, S. 1-15 (Corporate Philanthrophy).

PRIDDAT, BIRGER P., Politik unter Einfluss - Netzwerke, Öffentlichkeiten, Beratungen, Lobby, Wiesbaden 2009 (Politik unter Einfluss).

PROGNOS AG (Hrsg.), Nachhaltige Entwicklung im Energiesektor?, Heidelberg 1998 (Nachhaltige Entwicklung im Energiesektor).

PUTNAM, ROBERT D., Bowling alone. The Collapse and Revival of American Community, New York 2000 (Bowling Alone).

PwC (Hrsg.), The True Value of Water - Best Practices for Managing Water Risks and Opportunities, New York 2011 (True Value of Water).

QUICK, REINER/KNOCINSKI, MARTIN, Nachhaltigkeitsberichterstattung - Empirische Befunde zur Berichterstattungspraxis von HDAX-Unternehmen, in: ZfB 2006, S. 615-650 (Nachhaltigkeitsberichterstattung - Empirische Befunde).

RADKE, VOLKER, Nachhaltige Entwicklung - Ökonomische Implikationen, Hagen 1993 (Nachhaltige Entwicklung).

RAT FÜR NACHHALTIGE ENTWICKLUNG (Hrsg.), Unternehmerische Verantwortung in einer globalisierten Welt - Ein deutsches Profil der Corporate Social Responsibility, Berlin 2006 (Unternehmerische Verantwortung).

RATZINGER, JOSEPH, Marktwirtschaft und Ethik, in: Stimmen der Kirche zur Wirtschaft, hrsg. v. ROOS, LOTHAR, Köln 1986, S. 50-58 (Marktwirtschaft und Ethik).

RAVEN, PETER H./EVERT, RAY F./EICHHORN, SUSAN E., Biologie der Pflanzen, 4. Aufl., Berlin 2006 (Biologie).

RAWLS, JOHN, A Theory of Justice, Oxford 1972 (A Theory of Justice).

REESE-SCHÄFER, WALTER, Politische Theorie der Gegenwart in fünfzehn Modellen, München/Wien 2006 (Politische Theorie der Gegenwart).

REESE-SCHÄFER, WALTER, Politisches Denken heute, 2. Aufl., Oldenburg 2007 (Politisches Denken heute).

RENN, ORTWIN/DEUSCHLE, JÜRGEN/JÄGER, ALEXANDER/WEIMER-JEHLE, WOLFGANG, Leitbild Nachhaltigkeit - Eine normativ-funktionale Konzeption und ihre Umsetzung, Wiesbaden 2007 (Leitbild Nachhaltigkeit).

RENN, ORTWIN/KNAUS, ANJA/KASTENHOLZ, HANS, Wege in eine nachhaltige Zukunft, in: Agenda 21 - Vision: Nachhaltige Entwicklung, hrsg. v. BREUEL, BIRGIT, 2. Aufl., Frankfurt/Main 1999, S. 17-74 (Wege in eine nachhaltige Zukunft).

RIECKHOFF, HELGE, Vergütung des Vorstands mit langfristiger Anreizwirkung - Retrospektive vs. prospektive Bestimmung der mehrjährigen Bemessungsgrundlage, in: AG 2010, S. 617-622 (Vergütung des Vorstands).

RIEß, WERNER, Bildung für nachhaltige Entwicklung - Theoretische Analysen und empirische Studien, Münster 2010 (Bildung für nachhaltige Entwicklung).

RIETH, LOTHAR, Global Governance und Corporate Social Responsibility: Welchen Einfluss haben der UN Global Compact, die Global Reporting Initiative und die OECD Leitsätze auf das CSR Engagement deutscher Unternehmen?, Leverkusen 2009 (CSR Engagement deutscher Unternehmen).

ROBBINS, LIONEL, On the Nature and Significance of Economic Science, 2. Aufl., London 1935 (Nature and Significance of Economic Science).

RODE, OLIVER, Der Deutsche Corporate Governance Kodex - Funktionen und Durchsetzungsmechanismen im Vergleich zum britischen Combined Code, Frankfurt/Main 2009 (Corporate Governance Kodex).

RÖDL, KARIN, Auswirkungen von Unternehmenskultur und Unternehmenszielen auf die Gestaltung von Anreizsystemen, Hamburg 2006 (Gestaltung von Anreizsystemen).

ROGALL, HOLGER, Akteure der Nachhaltigkeit, in: Einstieg in Nachhaltige Entwicklung, hrsg. v. AMELUNG, NINA/MAYER-SCHOLL, BARBARA/SCHÄFER, MARTINA/WEBER, JANINE, Frankfurt/Main 2008, S. 191-202 (Akteure der Nachhaltigkeit).

RÖHL, KLAUS F., Rechtssoziologie, Köln 1987 (Rechtssoziologie).

ROLFF, HANS-GÜNTER, Schule in der Wissensgesellschaft, in: Bildung und Schule auf dem Weg in die Wissensgesellschaft, hrsg. v. EICKELMANN, BIRGIT, Münster 2010, S. 179-190 (Wissensgesellschaft).

ROST, HARALD, Work-Life-Balance - Neue Aufgaben für eine zukunftsorientierte Personalpolitik, Opladen 2004 (Work-Life-Balance).

RÜEGG-STÜRM, JOHANNES, Organisation und organisationaler Wandel - Eine theoretische Erkundung aus konstruktivistischer Sicht, 2. Aufl., Wiesbaden 2003 (Organisationaler Wandel).

RUMP, JUTTA/EILERS, SILKE/GROH, SIBYLLE, Vereinbarkeit von Beruf und Familie - Modeerscheinung oder ökonomische Notwendigkeit?, Sternenfeld 2008 (Vereinbarkeit von Beruf und Familie).

RWE AG (Hrsg.), Unsere Verantwortung. Bericht 2009, Essen 2010 (Unsere Verantwortung).

SABATHIL, PETER, Zur Fluktuation von Arbeitskräften - Determinanten, Kosten und Nutzen aus betriebswirtschaftlicher Sicht, München 1976 (Fluktuation von Arbeitskräften).

SACKMANN, SONJA A., Erfolgsfaktor Unternehmenskultur - Mit kulturbewusstem Management Unternehmensziele erreichen und Identifikation schaffen, Wiesbaden 2004 (Erfolgsfaktor Unternehmenskultur).

SAGAFI-NEJAD, TAGI/DUNNING, JOHN H., The UN and Transnational Corporations - From Code of Conduct to Global Compact, Bloomington 2008 (UN and Transnational Corporations).

SARTORI, GIOVANNI, Demokratietheorie, 3. Aufl., Darmstadt 2006 (Demokratietheorie).

SAURER, PETER, Eigentumsrechte und externe Effekte, Clausthal-Zellerfeld 1977 (Eigentumsrechte und externe Effekte).

SCHEELE, ALEXANDER, Strategieorientierte Lageberichterstattung - Eine kritische Analyse internationaler Entwicklungen vor dem Hintergrund des Management Commentary des IASB, Lohmar/Köln 2007 (Strategieorientierte Lageberichterstattung).

SCHEFFLER, FRITZ/SCHACHTSCHABEL, PAUL SCHEFFLER, FRITZ/SCHACHTSCHABEL, PAUL (Hrsg.), Lehrbuch der Bodenkunde, Heidelberg 2010 (Bodenkunde).

SCHEMEL, HANS-JOACHIM/WEDEKIND, KRISTIN-CHARLOTTE/BRÜCKMANN, TOMAS, Umweltqualität als kommunaler Standortfaktor, Ludwigsburg 1994 (Umweltqualität als Standortfaktor).

SCHERER, ANDREAS G., Die multinationale Unternehmung als politischer Akteur in der globalisierten Welt, in: Unternehmensethik - Forschungsperspektiven zur Verhältnisbestimmung von Unternehmen und Gesellschaft, hrsg. v. SCHUMANN, OLAF/BRINK, ALEXANDER/BESCHORNER, THOMAS, Marburg 2010, S. 151-165 (Unternehmen als politischer Akteur).

SCHEWE, GERHARD, Unternehmensverfassung - Corporate Governance im Spannungsfeld von Leitung, Kontrolle und Interessenvertretung, Berlin 2005 (Unternehmensverfassung).

SCHILLER, ROBERT, Unternehmenserfolg in der Wissensgesellschaft, Zürich 2007 (Unternehmenserfolg in der Wissensgesellschaft).

SCHILLING, AKATSHI, Korruption im Wirtschaftssystem Deutschland - Auswirkungen, Präventionsstrategien und ethische Betrachtung, in: Korruption im Wirtschaftssystem Deutschland, hrsg. v. SCHILLING, AKATSHI/DOLATA, UWE, 3. Aufl., Murnau am Staffelsee 2004, S. 17-101 (Korruption).

SCHLAFFKE, WINFRIED/WEIß, REINHOLD, Das duale System der Berufsausbildung - Leistung, Qualität und Reformbedarf, Köln 1996 (Duale Berufsausbildung).

SCHLIEPHACKE, JÜRGEN, Am wenigsten lohnen sich Betriebsunfälle - Die Höhe der Beitragskosten zeigt den Sicherheitsgewinn, in: Arbeitssicherheit - Schlüssel zum Unternehmenserfolg, hrsg. v. SILLER, EWALD/SCHLIEPHACKE, JÜRGEN, Frankfurt/Main 1989, S. 25-28 (Betriebsunfälle).

SCHLOTBÖLLER, DIRK, Diskriminierung - eine kritische Analyse der Arten, Ursachen und Handlungsansätze, Hamm 2008 (Diskriminierung).

SCHMALENBACH, EUGEN, Über den Weiterbau der Wirtschaftslehre der Fabriken, in: Zeitschrift für handelswissenschaftliche Forschung 1913/14, S. 317-323 (Weiterbau der Wirtschaftslehre).

SCHMEISSER, WILHELM/RÖNSCH, MARIA/ZILCH, ISABEL, Shareholder Value Approach versus Corporate Social Responsibility: Eine unternehmensethische Einführung in zwei konträre Ansätze, München 2009 (Shareholder Value versus CSR).

SCHMIDT ALBINGER, HEATHER/FREEMAN, SARAH J., Corporate Social Performance and Attractiveness as an Employer to Different Job Seeking Populations, in: Journal of Business Ethics 2000, S. 243-253 (Corporate Social Performance and Attractiveness).

SCHMIDT, CHRISTINE, Nachhaltigkeit lernen? Der Diskurs um Bildung für nachhaltige Entwicklung aus der Sicht evolutionstheoretischer Anthropologie, Opladen 2009 (Nachhaltigkeit lernen).

SCHMIDT, INGO, Obsoleszenz und Mißbrauch wirtschaftlicher Macht, in: Wirtschaft und Wettbewerb 1971, S. 868-877 (Obsoleszenz und Mißbrauch wirtschaftlicher Macht).

SCHMIDT, REINHARD H./WEIß, MARCO, Shareholder vs. Stakeholder: Ökonomische Fragestellungen, Frankfurt/Main 2003 (Shareholder vs. Stakeholder).

SCHNEIDER, HELMUT/GERLACH, IRENE/JUNCKE, DAVID/KRIEGER, JOHN, Betriebswirtschaftliche Ziele und Effekte einer familienbewussten Personalpolitik, Münster/Berlin 2008 (Familienbewusste Personalpolitik).

SCHNEIDER, KLAUS, Überlegungen zur Reform der Corporate Governance aus Perspektive des Anlegerschutzes, in: WPg 2011, S. 70-76 (Reform der Corporate Governance).

SCHRADER, TOBIAS, Nachteilige Kinderarbeit, Hamburg 2008 (Nachteilige Kinderarbeit).

SCHUBERT, BIANCA, Shell in der Krise - Zum Verhältnis von Journalismus und PR in Deutschland dargestellt am Beispiel der "Brent Spar", Münster 2000 (Shell in der Krise).

SCHUBERT, RUDOLF, Ökologie, 3. Aufl., Jena 1991 (Ökologie).

SCHULTE, OLIVER, Fast-Close-Abschlüsse und Schadenrückstellungen nach HGB, IAS/IFRS und US-GAAP, Wiesbaden 2006 (Fast-Close-Abschlüsse).

SCHULZ, WERNER F./BURSCHEL, CARLO/LOSEN, DIRK, Corporate Responsibility Reporting - Zum Stand der unternehmerischen Nachhaltigkeitsberichterstattung, in: UmweltWirtschaftsForum 2001, S. 34-39 (Corporate Responsibility Reporting).

SCHUMANN, JOCHEN/MEYER, ULRICH/STRÖBELE, WOLFGANG, Grundzüge der mikroökonomischen Theorie, 8. Aufl., Berlin/Heidelberg 2006 (Mikroökonomische Theorie).

SCHUMPETER, JOSEPH, Kapitalismus, Sozialismus und Demokratie, Bern 1946 (Kapitalismus, Sozialismus und Demokratie).

SEIBERT, ULRICH, Finanzmarktkrise, Corporate Governance, Aufsichtsrat, in: DB 2009, S. 1167-1171 (Finanzmarktkrise, Corporate Governance, Aufsichtsrat).

SEITZ, NICOLA/BROSCH, ELENA, Soziale Sicherungssysteme im Kontext Nachhaltiger Entwicklung, in: Nachhaltige Entwicklung - Das neue Paradigma in der Ökonomie, hrsg. v. HAGEMANN, HARALD/VON HAUFF, MICHAEL, Marburg 2010, S. 289-316 (Soziale Sicherungssysteme und nachhaltige Entwicklung).

SELCHERT, FRIEDRICH W./KARSTEN, JÜRGEN, Inhalt und Gliederung des Anhangs - ein Gestaltungsvorschlag, in: BB 1985, S. 1889-1894 (Inhalt und Gliederung des Anhangs).

SENGHAAS-KNOBLICH, EVA/DIRKS, JAN/LIESE, ANDREA, Internationale Arbeitsregulierung in Zeiten der Globalisierung, Münster 2003 (Internationale Arbeitsregulierung).

SINNHOLD, HEIKO, Unternehmenswert und People Care, in: Wettbewerbsorientiertes Personalmanagement - Steuerung und Entwicklung von Kompetenzen und Fähigkeiten, hrsg. v. WAGNER, DIETER/ACKERMANN, KARL-FRIEDRICH, 2. Aufl., Potsdam 2003, S. 66-89 (Unternehmenswert und People Care).

SPREEMANN, KLAUS, Asymmetrische Information, in: ZfB 1990, S. 571-586 (Asymmetrische Information).

STEDE, BIRGIT, Abfallexport: Billige Entsorgung - gebilligte Entsorgung?, Sinzheim 1997 (Abfallexport).

STEVEN, MARION/LETMATHE, PETER/SCHWARZ, ERICH J., Grundsätze ordnungsmäßiger Umweltberichterstattung, in: BB 1997, S. 2207-2213 (Grundsätze ordnungsmäßiger Umweltberichterstattung).

STIGLBAUER, MARKUS, Corporate Governance Berichterstattung und Unternehmenserfolg - Eine empirische Untersuchung für den deutschen Aktienmarkt, Wiesbaden 2010 (Corporate Governance Berichterstattung und Unternehmenserfolg).

STRECK, THILO, Abfallrechtliche Produktverantwortung, Frankfurt/Main 1998 (Abfallrechtliche Produktverantwortung).

STREECK, WOLFGANG, Internationale Wirtschaft, nationale Demokratie?, in: Internationale Wirtschaft, nationale Demokratie - Herausforderungen für die Demokratietheorie, hrsg. v. STREECK, WOLFGANG, Frankfurt/Main 1998, S. 11-58 (Internationale Wirtschaft, nationale Demokratie).

STREIT, MANFRED E., Theorie der Wirtschaftspolitik, 6. Aufl., Stuttgart 2005 (Wirtschaftspolitik).

SUCHAN, STEFAN/WINTER, STEFAN, Rechtliche und betriebswirtschaftliche Überlegungen zur Festsetzung angemessener Vorstandsbezüge nach Inkrafttreten des VorstAG, in: DB 2009, S. 2531-2539 (Vorstandsbezüge).

SUCHANEK, ANDREAS, Ökonomische Ethik, 2. Aufl., Tübingen 2007 (Ökonomische Ethik).

TEPASSE, HEINRICH, Zeitvariante Produktionsfunktion des Erzeugungsprozesses von Sekundärenergiearten in Energieversorgungsunternehmen, Berlin 1977 (Erzeugungsprozess von Sekundärenergiearten).

THIEME, JÖRG H., Wirtschaftssysteme, in: Vahlens Kompendium der Wirtschaftstheorie und Wirtschaftspolitik - Band 1, hrsg. v. BENDER, DIETER/BERG, HARTMUT/CASSEL, DIETER/GABISCH, GÜNTER/GROSSEKETTLER, HEINZ/HARTWIG, KARL-HANS, 9. Aufl., München 2007, S. 1-52 (Wirtschaftssysteme).

THOMMEN, JEAN-PAUL/ACHLEITNER, ANN-KRISTIN, Allgemeine Betriebswirtschaftslehre, 6. Aufl., Wiesbaden 2009 (Allgemeine BWL).

THOMSEN, SILKE, Produktverantwortung - Rechtliche Möglichkeiten und Grenzen einer Kreislaufwirtschaft, Baden-Baden 1998 (Produktverantwortung).

THURM, RALPH, Eine zukunftsfähige Entwicklung braucht Transparenz, in: Nachhaltige Entwicklung: Grundlage einer neuen Wirtschaftsethik, hrsg. v. DIETZFELBINGER, DANIEL/THURM, RALPH, München 2004, S. 97-116 (Transparenz).

THURM, RALPH, Zukunftsperspektiven der Nachhaltigkeitsberichterstattung aus Sicht der Global Reporting Initiative, in: Internetbasierte Nachhaltigkeitsberichterstattung - Maßgeschneiderte Stakeholder-Kommunikation mit IT, hrsg. v. ISENMANN, RALF/MARX GÓMEZ, JORGE, Berlin 2008, S. 217-229 (Zukunftsperspektiven der Nachhaltigkeitsberichterstattung).

TIESS, GÜNTER, Rohstoffpolitik in Europa - Bedarf, Ziele und Ansätze, Wien 2009 (Rohstoffpolitik in Europa).

TILEBEIN, MEIKE, Nachhaltiger Unternehmenserfolg in turbulenten Umfeldern - Die Komplexitätsforschung und ihre Implikationen für die Gestaltung wandlungsfähiger Unternehmen, Frankfurt/Main 2005 (Nachhaltiger Unternehmenserfolg).

TIPPELT, RUDOLF, Demografischer Wandel und das Lernen Älterer, in: Der lernende Mensch in der Wissensgesellschaft - Perspektiven lebenslangen Lernens, hrsg. v. WOLTER, ANDRÄ/WIESNER, GISELA/KOEPERNIK, CLAUDIA, Weinheim 2010, S. 35-52 (Demografischer Wandel).

TONNE, KNUT, Rechnungslegung für Pensionsverpflichtungen nach IFRS (IAS 19) - Anwendungsprobleme und Lösungsansätze, Düsseldorf 2009 (Pensionsverpflichtungen nach IFRS).

TOWNSEND, COLIN R./BEGON, MICHAEL/HARPER, JOHN L., Ökologie, 3. Aufl., Heidelberg 2008 (Ökologie).

TROJAN, ALF/LEGEWIE, HEINER, Nachhaltige Gesundheit und Entwicklung - Leitbilder, Politik und Praxis der Gestaltung gesundheitsförderlicher Umwelt- und Lebensbedingungen, Frankfurt/Main 2001 (Nachhaltige Gesundheit und Entwicklung).

TROPP, JÖRG, License to Communicate Corporate Social Responsibility, in: Die Moral der Unternehmenskommunikation. Lohnt es sich, gut zu sein?, hrsg. v. SCHMIDT, SIEGFRIED J./TROPP, JÖRG, Köln 2009, S. 193-213 (Communicate CSR).

TURBAN, DANIEL B./GREENING, DANIEL W., Corporate Social Performance and Organizational Attractiveness to Prospective Employees, in: Academy of Management Journal 1996, S. 658-672 (Attractiveness to Prospective Employees).

TÜV Rheinland (Hrsg.), OHSAS 18001 - Forderungen und Hinweise, Köln 2001 (OHSAS 18001).

ULRICH, PETER/FLURI, EDGAR, Management - Eine konzentrierte Einführung, Bern/Stuttgart 1995 (Management).

UMWELTBUNDESAMT (Hrsg.), Sustainability in Germany - Creating a lasting environmentally compatible future, Berlin 2002 (Sustainability in Germany).

UNEP (Hrsg.), Handbook for the Montreal Protocol on Substances that Deplete the Ozone Layer, Nairobi 2009 (Handbook for the Montreal Protocol).

UNEPFI/MERCER (Hrsg.), Demystifying Responsible Investment Performance, Genf/Toronto 2007 (Demystifying Responsible Investment Performance).

UNGERICHT, BERNHARD/RAITH, DIRK/KORENJAK, THOMAS, Corporate Social Responsibility oder gesellschaftliche Unternehmensverantwortung?, Wien/ Berlin 2008 (CSR oder gesellschaftliche Unternehmensverantwortung).

UNIVERSITÄT BONN (Hrsg.), Anthropogene Klima- und Umweltveränderungen, Bonn 1994 (Anthropogene Klima- und Umweltveränderungen).

UNICEF (Hrsg.), Zur Situation der Kinder in der Welt 2008, Frankfurt/Main 2008 (Zur Situation der Kinder).

VOGT, DETLEF RAINER, Soziales Informationssystem und externe Effekte, Freiburg in der Schweiz 1975 (Soziales Informationssystem und externe Effekte).

VOIGT, STEFAN, Institutionenökonomik, 2. Aufl., Paderborn 2009 (Institutionenökonomik).

VOLKSWAGEN AG (Hrsg.), Driving ideas - Nachhaltigkeitsbericht 2009/2010, Wolfsburg 2010 (Nachhaltigkeitsbericht 2009/2010).

WALDKIRCH, RÜDIGER, Unternehmen und Gesellschaft - Zur Grundlegung einer Ökonomik von Organisationen, Wiesbaden 2002 (Unternehmen und Gesellschaft).

WALL, FRIEDERIKE/SCHRÖDER, REGINA W., Zwischen Shareholder Value und Stakeholder Value: Neue Herausforderungen für das Controlling?!, in: Controlling zwischen Shareholder Value und Stakeholder Value - Neue Anforderungen, Konzepte und Instrumente, hrsg. v. WALL, FRIEDERIKE/SCHRÖDER, REGINA W., München 2009, S. 3-18 (Zwischen Shareholder und Stakeholder Value).

WBCSD/WORLD RESOURCES INSTITUTE (Hrsg.), The Greenhouse Gas Protocol, Genf/Washington 2004 (Greenhouse Gas Protocol).

WEBER, BIRGIT, Nachhaltige Entwicklung und Weltwirtschaftsordnung - Probleme, Ursachen, Lösungsmöglichkeiten, Opladen 1998 (Nachhaltige Entwicklung und Weltwirtschaftsordnung).

WEGENER, BERNHARD W., Wirtschaftsgrundrechte, in: Europäische Grundrechte und Grundfreiheiten, hrsg. v. EHLERS, DIRK, 3. Aufl., Berlin 2009, S. 154-178 (Wirtschaftsgrundrechte).

WEIß, RALF, Konzeptualisierung betrieblicher Lernprozesse für eine nachhaltige Unternehmensentwicklung, Lüneburg 1998 (Betriebliche Lernprozesse).

WELTBANK (Hrsg.), Weltentwicklungsbericht 2003: Nachhaltige Entwicklung in einer dynamischen Welt, Bonn 2003 (Weltentwicklungsbericht 2003).

WELTKOMMISSION FÜR UMWELT UND ENTWICKLUNG (Hrsg.), Unsere gemeinsame Zukunft, Greven 1987 (Unsere gemeinsame Zukunft).

WENKE, KLAUS-GEORG, Theorie der Wertschöpfung und Wertschöpfungsrechnung, Mainz 1987 (Wertschöpfungsrechnung).

WERDER, AXEL VON, Neue Entwicklungen der Corporate Governance in Deutschland, in: ZfBf 2011, S. 48-62 (Entwicklungen der Corporate Governance).

WIELAND, JOSEF, Corporate Citizenship-Management, in: Corporate Citizenship - Gesellschaftliches Engagement - unternehmerischer Nutzen, hrsg. v. WIELAND, JOSEF/CONRADI, WALTER, Marburg 2002, S. 9-24 (CC-Management).

WILDERER, PETER A./SCHROEDER, EDWARD D./KOPP, HORST, Global Sustainability - The Impact of Local Cultures, Darmstadt 2005 (Global Sustainability).

WILDERMANN, HORST, Unternehmensentwicklung - Methoden für eine nachhaltige profitable Unternehmensführung, München 2003 (Unternehmensentwicklung).

WILLIMANN, IVO/EGLI-BROZ, HELENA, Ökologie: Einführung in die Wechselwirkungen zwischen Mensch und Natur, Zürich 2003 (Ökologie).

WINDFUHR, MICHAEL, Durchsetzung sozialer Menschenrechte. Problemdimension und Vergleich der Reichweite zivilgesellschaftlicher Kampagnen und Initiativen, in: Perepherie 1999, S. 6-25 (Durchsetzung sozialer Menschenrechte).

WISSENSCHAFTLICHER BEIRAT DER BUNDESREGIERUNG GLOBALE UMWELTVERÄNDERUNGEN (Hrsg.), Jahresgutachten 1998: Welt im Wandel - Strategien zur Bewältigung globaler Umweltrisiken, Berlin 1999 (Jahresgutachten 1998).

WITTIG, RÜDIGER/STREIT, BRUNO, Ökologie, Stuttgart 2004 (Ökologie).

WÖHE, GÜNTER/DÖRING, ULRICH, Einführung in die Allgemeine Betriebswirtschaftslehre, 24. Aufl., München 2010 (Einführung in die BWL).

WOLF, KLAUS, Compliance Management - Elemente in der Unternehmenspraxis, in: BBK 2010, S. 421-433 (Compliance Management).

WELTKOMMISSION FÜR UMWELT UND ENTWICKLUNG (Hrsg.), Unsere gemeinsame Zukunft, Oxford 1987 (Unsere gemeinsame Zukunft).

ZABEL, HANS-ULRICH, Wirtschaft und Umwelt - Systembetrachtungen unter Erfolgsgesichtspunkten, in: Unternehmenserfolg durch Umweltschutz, hrsg. v. KREIKEBAUM, HARTMUT/SEIDEL, EBERHARD/ZABEL, HANS-ULRICH, Wiesbaden 1994, S. 1-30 (Wirtschaft und Umwelt).

ZACHER, HANS F., Forschung, Gesellschaft und Gemeinwesen, Heidelberg 1992 (Forschung, Gesellschaft und Gemeinwesen).

ZENTES, JOACHIM/SCHRAMM-KLEIN, HANNA, Nachhaltigkeitsberichterstattung - eine neue Dimension der Rechnungslegung, in: Berichterstattung für den Kapitalmarkt, hrsg. v. WEBER, CLAUS-

PETER/LORSON, PETER/PFITZER, NORBERT/KESSLER, HARALD/WIRTH, JOHANNES, Stuttgart 2009, S. 183-209 (Nachhaltigkeitsberichterstattung).

ZIEKOW, JAN, Die Berücksichtigung sozialer Aspekte bei der Vergabe öffentlicher Aufträge, Köln 2007 (Auftragsvergabe und soziale Aspekte).

ZIMMERMANN, WALTER, Grundriss des Insolvenzrechts, 8. Aufl., Heidelberg/München 2010 (Grundriss des Insolvenzrechts).

ZIRWAS, JOHANNES, Ursachen der Fluktuation gewerblicher Arbeitnehmer - Empirisch-vergleichende Untersuchung zu Ralf Dahrendors Theorie des sozialen Konflikts, Augsburg 1971 (Fluktuation gewerblicher Arbeitnehmer).

Rechnungslegung und Wirtschaftsprüfung

Herausgegeben von Prof. (em.) Dr. Dr. h. c. Jörg Baetge, Münster, Prof. Dr. Hans-Jürgen Kirsch, Münster, und Prof. Dr. Stefan Thiele, Wuppertal

Band 26
Frank M. Hülsberg
Sorgfaltspflichten bei Unternehmenserwerben – Haftungsvermeidung für Vorstände, Geschäftsführer und Aufsichtsräte
Lohmar – Köln 2010 • 340 S. • € 63,- (D) • ISBN 978-3-89936-965-6

Band 27
Tim Eckert
Ausschüttungsrestriktionen als Instrument der Kapitalerhaltung – Eine vergleichende Analyse von Nennkapitalsystem und Solvenztest unter Einbezug einer Monte-Carlo-Simulation
Lohmar – Köln 2010 • 268 S. • € 57,- (D) • ISBN 978-3-89936-989-2

Band 28
Corinna Ewelt-Knauer
Der Konzernabschluss als Berichtsinstrument der wirtschaftlichen Einheit – Zur Abgrenzung des Vollkonsolidierungskreises sowie zur bilanziellen Abbildung von Transaktionen mit Dritten
Lohmar – Köln 2010 • 304 S. • € 59,- (D) • ISBN 978-3-89936-996-0

Band 29
Kathrin Köhling
Barwertorientierte Fair Value-Ermittlung für Renditeimmobilien in der IFRS-Rechnungslegung – Empfehlungen zur Konkretisierung eines Bewertungskalküls
Lohmar – Köln 2011 • 304 S. • € 59,- (D) • ISBN 978-3-8441-0041-9

Band 30
Tim Hoffmann
Unternehmerische Nachhaltigkeitsberichterstattung – Eine Analyse des GRI G3.1-Berichtsrahmens
Lohmar – Köln 2011 • 292 S. • € 59,- (D) • ISBN 978-3-8441-0057-0